高等院校石油天然气类规划教材

储层实验测试分析简明教程

朱毅秀　主编

石 油 工 业 出 版 社

内 容 提 要

本书主要介绍油气储层研究中的主要实验测试技术、方法及应用。重点介绍常规岩矿分析和系列仪器分析，具体介绍样品选取方法与规则、普通薄片和铸体薄片鉴定、粒度分析与重矿物分析、储层物性分析、X 射线衍射分析、扫描电子显微镜与微束分析法、电子探针波谱及能谱分析、阴极发光显微分析、荧光薄片显微镜分析、包裹体分析、稳定同位素分析、光谱学分析和储层敏感性分析等内容，阐述了各测试技术的基本原理、样品制备方法、资料解释及其在不同储层中的应用。

本书可作为高等院校资源勘查工程、地质资源与地质工程、地质学等相关专业本科生和研究生的教材或教学参考书，也可以作为油气资源（常规和非常规）储层研究人员和地质实验室技术人员的参考资料。

图书在版编目（CIP）数据

储层实验测试分析简明教程/朱毅秀主编．
北京：石油工业出版社，2022.12
高等院校石油天然气类规划教材
ISBN 978－7－5183－5663－8

Ⅰ.①储… Ⅱ.①朱… Ⅲ.①储集层-实验-高等学校-教材 Ⅳ.①P618.130.2

中国版本图书馆 CIP 数据核字（2022）第 187055 号

出版发行：石油工业出版社
　　　　　（北京市朝阳区安定门外安华里 2 区 1 号楼　100011）
　　　　　网　　址：www.petropub.com
　　　　　编辑部：（010）64251362
　　　　　图书营销中心：（010）64523633
经　　销：全国新华书店
排　　版：三河市聚拓图文制作有限公司
印　　刷：北京中石油彩色印刷有限责任公司

2022 年 12 月第 1 版　2022 年 12 月第 1 次印刷
787 毫米×1092 毫米　开本：1/16　印张：20.75
字数：538 千字

定价：58.00 元
（如发现印装质量问题，我社图书营销中心负责调换）
版权所有，翻印必究

前言

测试技术是科学技术的重要部分，任何一门学科的发展都与测试技术的发展密不可分，测试技术的更替、发展与学科发展、演化的各阶段相适应，很多新技术、新仪器的出现直接导致学科发展的飞跃。因此，了解和掌握各种相关现代测试技术是科学工作者所必须具备的重要素质。

样品宏观分析、薄片与微束显微分析、荧光与 X 射线等物理学分析、同位素及光谱类元素组分联机整体分析、包裹体等原位分析、微组分和有机质微孔为主的立体表征分析技术，是地球科学研究中最常见、也是最重要的一系列现代测试技术，它们在矿物学、岩石学、矿床学、地球化学、地层学、石油地质学、应用矿物岩石学、岩矿材料（非金属材料）学等研究中起着十分重要的作用，同时也是岩石矿物分析中不可缺少的重要手段。因此也可以说，这些测试技术的基本原理和主要应用是地学相关专业学生所应掌握的专业知识。

中国石油大学（北京）沉积学专业，矿物学、岩石学、矿床学专业，地质学理学硕士与博士专业和地质资源与地质工程硕士与博士专业一直开设储层测试技术相关课程，至今已三十多年；新世纪初地质工程专业、资源勘查工程专业本科生开设"地质分析测试技术"课程，近些年地质学专业本科生开设"岩石矿物实验分析"课程。因而研究生和本科生系列岩石矿物实验测试技术课程已开设多年，一直使用任课教师自编的讲义。本书主编曾在 2006 年和 2007 年两次编写《地质分析测试技术讲义》，2008 年编写《地质分析测试技术简明教程》（试用稿），2011 年 10 月编写《地质分析测试技术简明教程》（征求意见稿），并送请相关专家审阅，得到多位专家建设性与指导性意见。2013 年《地质分析测试技术》得到石油工业出版社规划教材立项，在石油工业出版社相关部门领导与协商下组织多家高校队伍编写，因多方原因一度暂停，2019 年和 2020 年多方协商再次启动编写工作，并调整定名为《储层实验测试分析简明教程》。

通过对大量油气储层勘探开发生产中岩矿实验资料、数据的收集、整理和归纳，同时结合前人已发表的专著、期刊等测试成果，进一步修订多年的讲义后，综合多届学生使用情况反映与意见，听取多位专家修改意见进行进一步修改，厘定具有油气特色的岩石矿物测试的内容，摒弃过时知识，增加实用性，注重实践性，突出油气储层测试分析技术特色。在编写过程中以科学性、系统性和实用性为准则，精选内容，合理安排，尽可能有利于教学和学生自学。

本书所叙述的储层实验测试技术可分为常规分析、仪器分析及配套或选择性分析三大类。每一种测试技术都从仪器结构与原理、实验方法、样品制备、储层研究中的应用等方面进行了叙述。

本书绪论、第一章、第二章、第四章到第七章、第十二章由朱毅秀编写；第三章、第八章、第九章由朱毅秀、杨程宇编写；第十章由张同钢、朱毅秀编写；第十一章由杨程宇编写。杨秀云、秦凯越、阎昭良、孙克秋等清绘部分图件并协助文献资料和相关标准的收集、整理。全书由朱毅秀统稿。

由于编者水平有限，书中难免有错误和欠妥之处，欢迎读者不吝批评指正。

编者

2022 年 7 月

目 录

绪论 ··· 1
    第一节　岩石矿物分析技术 ·· 1
    第二节　油气储层分析测试技术 ·· 10
第一章　储油气层样品处理和薄片分析 ·· 14
    第一节　油气生储盖层检测样品取样与初处理 ··· 14
    第二节　碎屑岩普通薄片鉴定 ··· 24
    第三节　碳酸盐岩和其他岩石普通薄片鉴定 ··· 30
    第四节　岩石铸体薄片分析 ·· 45
第二章　粒度分析与重矿物分析 ··· 53
    第一节　粒度分析 ·· 53
    第二节　重矿物分析 ··· 63
第三章　储层物性分析 ·· 70
    第一节　孔隙度分析 ··· 70
    第二节　渗透率分析 ··· 73
    第三节　孔隙结构分析 ·· 77
    第四节　含油（气）饱和度分析 ·· 86
    第五节　细粒岩储层物性分析 ··· 88
第四章　X射线衍射分析 ··· 97
    第一节　X射线及其产生的原理 ·· 97
    第二节　X射线衍射仪 ·· 99
    第三节　X射线分析的制样方法与主要用途 ··· 102
    第四节　X射线衍射谱图与常见矿物X射线衍射谱图特征 ······························ 108
    第五节　X射线衍射分析在油气地质中的应用 ·· 114
第五章　电子显微镜分析 ··· 120
    第一节　微束分析法与表面分析法 ·· 120
    第二节　电子显微镜概述 ·· 125
    第三节　扫描电子显微镜工作原理及样品制备 ··· 131

  第四节 黏土矿物及其他矿物在扫描电镜分析中的特征……………………………… 138
  第五节 扫描电镜在沉积学及油气储层研究中的应用…………………………………… 144
  第六节 扫描电镜在地质学中的其他应用………………………………………………… 150

第六章 电子探针波谱与能谱分析……………………………………………………………… 153
  第一节 电子探针波谱仪与能谱仪基本原理……………………………………………… 153
  第二节 电子探针与能谱仪功能与制样…………………………………………………… 158
  第三节 电子探针及能谱仪分析在矿物学研究中的应用………………………………… 162
  第四节 电子探针及能谱仪与其他仪器结合及应用……………………………………… 165

第七章 阴极发光显微分析………………………………………………………………………… 169
  第一节 阴极发光概述………………………………………………………………………… 169
  第二节 阴极发光显微镜的仪器结构与工作原理………………………………………… 170
  第三节 常见矿物的阴极发光特征………………………………………………………… 173
  第四节 阴极发光在矿物学中的应用……………………………………………………… 181
  第五节 阴极发光在岩浆岩和变质岩岩石学中的应用…………………………………… 183
  第六节 阴极发光显微镜在成岩作用及储层研究中的应用……………………………… 186

第八章 荧光显微镜分析…………………………………………………………………………… 191
  第一节 荧光显微镜工作原理与基本结构………………………………………………… 191
  第二节 荧光显微镜在含油气岩石中的鉴定内容………………………………………… 195
  第三节 荧光显微镜分析在油气地质研究中的应用……………………………………… 200
  第四节 荧光显微镜分析在煤与油页岩研究中的应用…………………………………… 202

第九章 包裹体分析……………………………………………………………………………… 207
  第一节 包裹体概述…………………………………………………………………………… 207
  第二节 流体包裹体分析方法……………………………………………………………… 210
  第三节 流体包裹体在油气地质学中的应用……………………………………………… 223
  第四节 包裹体在岩石矿物学中的应用…………………………………………………… 228

第十章 稳定同位素分析……………………………………………………………………………… 230
  第一节 稳定同位素概述……………………………………………………………………… 230
  第二节 稳定同位素分析测试原理及样品制备方法……………………………………… 236
  第三节 稳定同位素分析在地层学研究中的应用………………………………………… 242
  第四节 稳定同位素在储层地质学中的应用……………………………………………… 245
  第五节 稳定同位素在其他地质方面的应用……………………………………………… 250

第十一章 光谱学分析简介………………………………………………………………………… 252
  第一节 红外光谱分析原理与应用………………………………………………………… 252
  第二节 电子顺磁共振分析原理与应用…………………………………………………… 256
  第三节 核磁共振分析原理与应用………………………………………………………… 261

第四节	激光拉曼光谱分析原理与应用	265
第十二章	**储层敏感性分析**	270
第一节	速敏性分析	271
第二节	水敏性分析	276
第三节	盐敏性分析	280
第四节	酸敏性分析	282
第五节	碱敏性分析	286
第六节	储层的应力敏感性分析	288
参考文献		291
附录　图版		294

绪论

第一节 岩石矿物分析技术

一、岩石矿物分析概述

矿物是地壳中经各种地质作用形成的，具有特定的（但一般并非固定的）化学成分和内部晶体结构的，在一定物理化学条件下相对稳定的自然物体，是地壳中岩石、矿石、黏土的组成单位。岩石是由一种或几种造岩矿物或部分天然玻璃组成的、具有一定结构和稳定外形的固态集合体。它是组成地壳的主要物质，是地壳发展和演化过程中由于各种地质作用所形成的天然产物，是具一定结构构造的矿物集合体。

岩石矿物分析是测定岩石、矿物的化学组成及有关组分在不同赋存状态下的含量的一门学科。以岩石矿物为主的地质体分析就是岩矿分析，它是分析化学的重要应用领域，是分析化学中各种原理的方法在岩石和矿物组分、结构、性质、效能等分析方面的应用，对应成分（组成）测试技术、结构测试技术和性能测试技术等。岩矿分析几乎涉及自然界天然存在的所有元素。地质体和地质矿物材料生成年代久远，又在复杂、难以完全模拟的环境条件下经过长期演化，因此种类繁多、结构复杂、成分多变，所以岩矿分析是分析化学各应用领域中最复杂和最活跃的任务之一。

传统岩石矿物分析一般分为简项分析、组合分析、全分析、单矿物分析、矿石物相分析及元素相态分析等。全分析是指对岩石、矿物组分的全面分析，它的目的是全面了解岩石、矿物中各种组分的含量，通常在进行此项分析工作之前，先做光谱半定量分析，根据光谱分析结果，确定全分析的项目。单矿物分析的目的是研究矿物的组成、查明某些元素的赋存状态、确定矿物名称及其化学式等。分析目的不同，对分析准确度的要求也不一致，确定矿物的名称，测定其主要组分及含量就够了；确定矿物的组成，则应对其化学成分作全面而准确的分析。

地质矿物材料是可直接利用其物理、化学性能的天然矿物与岩石，或以天然矿物岩石为主要原料加工、制备而成，而且组成、结构、性能和使用效能与天然矿物与岩石原料存在直接继承关系的材料，它是应用矿物岩石学研究的主体，是建立在岩矿分析基础上的地质学应用。矿物材料的主要原料是天然矿物和岩石，因此矿物材料的研究对象有一定的特殊性，运用现代测试技术研究地质矿物材料时，有时需要适当考虑这种特殊性，但地质矿物材料研究的内容和手段与其他材料类型基本相同，因此可以将材料学中的大量现代测试技术应用于岩矿分析。

二、岩石矿物分析简史

岩石矿物分析的历史，应该说与分析化学是同源的，甚至与元素发现的历史也是相伴的。在分析化学的早期发展中，岩石矿物分析长期处于无机分析的前沿。从18世纪到19世纪中期，天然矿物材料的化学组成一直是许多化学家的热门课题。岩矿分析不仅为元素的发现、矿产资源的开发利用和近代工业革命作出贡献，而且也推动了地学的发展，特别是成为岩石学、矿物学、地球化学、同位素地质学及年代学的基础。地球化学的奠基人克拉克就是一位著名分析化学家、岩矿分析者。岩石矿物分析一个多世纪的发展大体经历了以下主要发展阶段：

1. 20 世纪 50 年代前的湿化学分析时代

20世纪50年代前，地质分析主要以湿化学方法为主。以硅酸岩、碳酸岩岩石主要组分系统分析流程的确定和以EDTA滴定法（乙二胺四乙酸滴定法）为主的快速分析流程的建立是这一时期的最主要成果，完全体现了分析化学在地质试样分析领域中的应用，所用的分析技术大多是以重量法、容量法和比色法为主，直接或间接测定83个稳定的无机元素，利用无机化学方法测定各个元素平均含量。它为地质材料基本组分的研究奠定了方法基础，成为地质分析发展历史中一个重要里程碑，成为早期矿物学、岩石学、地层学等学科的基础。

在20世纪40年代，由于光电效应的发现、光电技术的发展促进了多种仪器分析方法的发展，冲破了以经典方法为主岩矿分析的局面，预示将有一个新时代的到来。

2. 20 世纪 50 年代到 80 年代的多种单体仪器分析时代

20世纪50年代至80年代初是多种仪器分析技术相继出现和迅速发展的时期，特别是原子吸收光谱（AAS）、X射线荧光光谱（XRF）和中子活化分析（NAA）技术的引入大大改变了岩石矿物分析的面貌，主、次量组分的分析更加迅速和准确，许多实验室开始用XRF代替传统的手工操作的全分析流程；痕量元素分析得到迅速发展，多种痕量元素分析方法层出不穷、互为补充，使检测不断改善；电子微束分析技术的引入开辟了微区矿物学研究的新天地，根本改变了"单矿物"分析依赖湿化学分析的做法。这是岩矿分析发展中最活跃的时期，也是新的飞跃的前奏。

在20世纪的50年代到70年代，各式各样的应用仪器进行分析的技术在悄然发展。X射线荧光光谱、原子吸收光谱以及中子活化分析技术在整个化学分析中有效应用，在很大程度上对岩石矿物的分析面貌进行了改造。时至20世纪80年代初，现代科学技术向分析化学领域的迅速渗透，现代物理学、数学、电子学等理论以及激光、等离子体、微波等技术的高速发展，使分析化学学科在理论上和实践上都得到了显著的进步。20世纪80年代中期实现了对多种类型地质样品中主、次、痕量多元素的XRF测定，并为广大地质分析者所接受而成为能"替代"传统化学方法的岩矿全分析的主导方法。此时对于主、次量组分的分析相比之前在速度和准确率上都有了很大的提升，在一些实验室中，XRF方法逐渐取代了传统的手工操作分析流程，不同的痕量元素分析方法相继出现，并且可以取长补短，使痕量元素分析方法不断取得快速发展。

20世纪80年代出现的电感耦合等离子体光谱仪（ICP-AES）和电感耦合等离子体质谱仪（ICP-MS）对应的一系列的应用研究与开发活动，促成了多项重要成果，并逐步成为当时和随后90年代岩矿分析的支柱技术之一。使用这些仪器开展了岩石矿物中痕量、稀土元素测定，岩石矿物主、次、痕量元素全分析，多种单矿物中主、次、痕量元素测定，天然水样痕量元素的分离富集和测定，地质样品中 μg/g 级至 ng/g 级痕量元素的测定，pg/g 级的铂族及金族元素测定等。这些仪器解决了困扰地质分析和地球化学家多年的全部痕量稀土元素（REEs）的测定和岩石主、次、痕量多元素快速分析两大难题，为稀土元素研究和全岩多元素快速全分析提供了前所未有的强有力手段，使之成为分析元素范围最广、含量跨度最大的多元素同时分析方法。此类设备的技术优势是具高灵敏度、多元素同时分析能力，在岩矿分析中得到了最充分发挥和展示，形成了高灵敏度、高精度、低消耗的现代地质分析方法。

同时，电子微束分析技术也被引入微区矿物学这一研究领域，从根本上改变了之前在单矿物分析上只能使用湿化学分析这一方法的历史。元素分析已不再仅仅或不再主要依据化学反应，而是引进一切可能的新技术（激光、等离子体、微波、中子、电子或离子束等），利用与元素（或同位素）有关的物质特征（电、磁、电磁波、电子或离子能量等）进行方法学研究。这个时期是地质分析发展历史当中最积极和活跃的一个时期，同时也预示着整个地学与地质分析会有一个新的飞跃。

到20世纪80年代末，岩石矿物分析涉及面大大拓宽，其分析试样来自地球和地球外的无机固态天然物质。定性测定元素种类，测定元素包括周期表中的全部自然元素，测定含量范围从99%到 ppm 级、ppt 级甚至到 ppb 级，不仅要求测定元素含量，还要测定元素的存在形态。从分析取样量看，可从几十克到数毫克、再到单颗矿物，甚至可以肉眼不易看到的一个矿物包裹体为取样。岩矿分析技术得到全面发展与开拓，常见试样的前处理经典化学法（重量法与容量法为主），以及光度法、电化学分析、色谱分析、原子吸收光谱分析、原子荧光分析、原子发射光谱分析、射线分析、放射性活化分析、质谱分析、流动注射分析；单矿物全分析和岩石土壤全分析、化学分析方法国家标准和地质地球化学标准样品的研制及相互比对等岩矿分析方法与分析技术。岩矿元素分析以化学分析方法为主逐步进入以仪器分析为主，形成综合技术运用的格局。

3. 20世纪80年代末到21世纪初的自动化多仪器联用分析时代

20世纪80年代末到本世纪初前几年，随着现代科技的进步，特别是电子计算机的普遍应用使分析技术得以迅速发展，分析技术快速进入自动化、智能化和信息化时代。电感耦合等离子体发射光谱（ICP-AES）特别是电感耦合等离子体质谱（ICP-MS）的广泛应用，使传统岩石矿物元素分析为主的岩矿分析的格局发生重大变化。现代化的仪器分析方法在各地质实验室成为日常分析的主角，高精度、高准确度、低消耗及高自动化的多元素（包括同位素）同时分析是其突出特点，岩矿分析的整体分析技术已相当成熟。微区分析特别是微区痕量分析及元素微区分布特征研究手段迅速崛起，并确定了它在岩矿分析中的重要地位。与整体分析一样，显微分析也已发展出一个从主、次量到痕量、超痕量的完整分析体系。

20世纪90年代分析化学经历着深刻变革，致使不少传统观念也在发生着许多变化；此时地学研究的尺度不仅扩大到宇宙天体，也将研究的目光投向微小地质体的内部，在微米、亚微米甚至分子水平上研究地质构造、变质作用、岩石矿物特征、成因及演化等。这些向岩矿分析提出的大量新课题，也促使其研究内容和相应观念发生相应变化。此时岩矿分析将更积极地引入新技术，涉足新领域，迎接新挑战，接受新任务。岩矿成分分析中整体分析技术的日益成熟、显微分析的迅速发展、元素分布分析向人们展现出的微区元素构成的新风貌。

1) 整体分析

地质材料大多数是不均匀的，由微小矿物及其包体和围岩组成的复杂集合体。岩矿成分分析的一般程序是先将送至实验室的全样加工（破碎、研磨和混匀等）成符合分析所需粒度要求的（一般在160~300目不等）均匀样品。从这个样品的任何部分取样（当然应大于保证其可视为"均匀"样品的最小取样量）进行分析，其结果对原送样品都具有代表性。这个结果实际上是代表元素（或组分）在整个样品中的平均含量。这类分析称为整体分析。

整体分析涉及传统岩矿成分分析所用的所有方法。全自动X射线荧光光谱（XRF）法已成了硅酸盐全分析和多种地质样品主、次量元素测定最强有力的手段。原子吸收光谱（AAS）的普及、感应耦合等离子体光谱仪（ICP-AES）的广泛应用和中子活化分析（NAA）技术的进步大大扩大了仪器痕量元素分析的种类和可测元素的含量范围。电感耦合等离子体质谱仪（ICP-MS）在超痕量分析和同位素测定方面获得成功应用。电化学分析法、光度法、荧光法、色谱等技术的发展，在解决许多特殊问题特别是大型多元素分析仪器难以测定的元素（或组分）的分析方面发挥着重要作用。测定方法仪器化，分析过程自动化、智能化。硼酸盐熔融制样技术使XRF实现了对主元素的高精度测量；高压封闭溶样使ICP-AES在岩石主元素分析中发挥了很大作用，微波溶样技术的发展更是此时岩矿分析中的一个重要成果。

化学分析为各种仪器测定方法的联用奠定了基础，经典化学（湿化学）法的改进使它在众多仪器分析方法广泛使用时仍在仲裁分析、标准样品分析等方面发挥着重要的甚至是难以替代的作用。

整体分析技术为无机元素分析的通用技术，在岩矿分析中仍将是日常的、主要的分析。高精度、高准确度、自动化和智能化的多元素快速分析技术将是整体分析技术的主要发展方向。岩矿分析的元素测试技术在20世纪80年代至90年代形成以仪器分析为主、化学方法为辅的分析技术格局，并逐步向新时代形成的以XRF、ICP-AES/MS高精度、高灵敏度多元素分析为主，其他方法为辅的岩矿分析技术体系过渡。这些仪器也成为整体分析技术的主导手段。在元素定量分析领域，仪器分析在主量元素分析中已占据主导地位，此时ICP-MS分析方法已成为微量元素分析的主流技术。

2) 显微分析

各种微束技术的进步和地学微观研究的需要使矿物岩石微区、微粒研究得到迅速发展。利用各种微束或探针技术来分析在光学显微镜下所选微区物质的化学成分，称为显微分析（又称微区分析）。许多显微分析手段可同时进行形貌观察和结构测定。目前显微分析的空间分辨率在微米级，检出限在1~500ppm水平。显微分析主要包括定点分析和扫描分析，前者是主要的、最常用的显微分析。

显微分析是借助于各种微束技术的进步而发展的。除通常的"三束"技术（电子束、激光束和离子束）外，X射线微束得到了迅速发展。主要是指由同步加速器电子贮存环中产生的高强度 X 射线或再经准直和聚焦而得到的微米级 X—射线束。X 射线激光虽也有发展，但仍是在软 X 射线波段。利用全反射原理制成的毛细管 X 光透镜已可将 X—光管产生的 X 射线聚成 $100\mu m$ 的微束并获得应用。

利用相应的探测器来接收微束与待测物质相互作用而产生的多种信息可组成多种显微分析方法。显微分析与整体分析相比，显微分析是一种微区原位分析手段，可直接对显微观察下感兴趣部分进行分析，这是任何整体分析方法难以做到的。显微分析的相对灵敏度与整体分析的许多方法相当或还差些，但其绝对灵敏度却要高几个数量级，被分析部分的几何尺度在微米级，重量尺度在微克级，这类分析更注重其空间分辨率和检出限指标。由于微束与物质相互作用是复杂的物理过程，可产生与物质的化学表征有关的多种信息，因此在获得成分信息的同时，还可进行形态观察、结构测定和价态分析。显微分析比整体分析更需要不同学科人员的相互配合和密切合作。显微分析分析对象（感兴趣区）的选择、分析要求的提出和结果的解释都与要研究的问题紧密相关，因此分析人员应对相关学科的基本问题和重大进展有较多的了解。

显微分析为人类研究和认识微观物质的化学特征提供了强有力手段，其局限也是明显的，显微分析远不如整体分析那么成熟；由于标准化样品制备困难，准确度的评价较难，有些方法的定量分析仍没很好的解决；另外这类分析所用设备大多数造价较高，难以普及。

3）元素分布分析

利用微束技术对在光学显微镜下所选区域进行扫描分析，可获得元素的分布图（线分布、面分布、深度分布和断层），以比较研究元素的区域（或相）分布特征，这类分析被称为元素空间分布分析。

在作宏观研究和总体评价时需要的是有代表性的整体分析数据；在作微观观察和个别研究时则需要的是显微分析的结果；当要将相邻区域（例如不同相）进行对照和研究各元素在不同相间的分配及变化趋势时，只有元素分布分析才能给出清晰、直观而又简单明快的说明。显微分析方法的建立和发展为分布分析奠定了基础，现代计算机图形处理技术为分布分析结果提供了直观形象的表达方式。实际上，分布分析是在显微分析的基础上的"宏观"研究，它将进一步深化人们对物质微观构成的认识。这对于元素在岩石矿物中的赋存状态，在不同矿物中的配分和迁移规律乃至岩石矿物成因与演化等研究具有重要意义。

分布分析现已包括元素的线分布、面分布、深度分布和断层分布，分别由相应的扫描来完成，即线扫描、面扫描、逐层蒸发（或溅射）和 CT 扫描。

整体分析在科学研究与生产实践中是普遍应用的技术，显微分析和分布分析则是物质微观研究所不可缺少的。材料科学、生命科学和地学是显微分析最活跃的应用领域。在物质微观研究中，形貌观察、成分与价态分析和结构测定紧密相联。纳米分析技术正在悄然兴起。和整体分析一样，显微分析、分布分析以及动态分析，价态、形态和结构的测定也是分析者的使命。

20 世纪 90 年代也是岩矿分析发展最弱的时段、地质分析实验室的困惑期。1985 年我国开始经济体制改革和科技体制改革，实验室改革全面展开，从计划经济的事业费拨款转向按合同和项目拨款，各实验室开始了漫长的改革探索之路。进入 90 年代，地质行业处在发展的低谷，勘探矿区锐减，测试任务大幅下降，地质勘探及油气为主的能源工业处于一个特殊时期（1999 年国际原油价格曾低至 9 美元/桶）。这一阶段我国实验室业务发展受到重挫，实验室通过开拓技术市场、发展多种经营来增加收入、维持生存，这期间实验测试队伍萎缩到 1000 多人。

各种分析技术的联用不同分析技术和分析仪器的联用，可以在发挥各自特点的基础上扩大仪器功能及应用范围，联用技术对岩矿分析是适应的。

在 20 世纪的末期，各个领域都融入了电子计算机技术，其应用使岩矿分析走进新时代。其中引入电感耦合等离子体发射光谱，对改变传统的岩矿分析格局起到了十分重要的作用；通过计算机的引入，各种具有高分析能力的仪器应用于不同的地质实验室。用这些仪器检出的结果具有很高的精度以及准确度。将多元素进行同时分析是这些高精度仪器最大的特点，此时对岩石与矿物组分定性与定量的元素分析非常成熟，元素微区分布特征和微区分析方法中的微区痕量分析这两种研究手段在这一时期也发展非常迅速，同时在岩矿分析当中占据了非常重要的地位。计算机技术的应用使岩矿分析走进了新时代。

4. 21 世纪初至今的全面自动化智能化和信息化地质分析时代

20 世纪 90 年代以来，国际地学的研究领域和学科方向正在发生重大变化。20 世纪 90 年代末，我国地质机构也有重大调整，深刻影响了中国地质分析机构与技术的发展。20 世纪 90 年代各类地质实验室相继建立，此时仅地矿部门的地质实验室就达 400 余个，再加上冶金、有色金属、建材、化工、煤炭、石油、核工业等部门，从业技术人员超万人，相关地质矿产实验室解决了一系列岩矿分析技术难题，在分析测试新技术研究、地质标准物质研制和生态环境地球化学研究等方面取得了许多重要成果，并获得多项国家及省部级奖励。

1990 年，Geoanalysis90′在加拿大召开；1997 年 6 月国际地质分析者协会创立。从此"地质分析"（geoanalysis）一词已为越来越多的分析者所接受，它比"岩矿分析"具有更广泛、更深刻的内涵，更能表达地质材料分析领域的现代发展。

2006 年举办的"第六届国际地质和环境材料分析大会"（Geoanalysis 2006）进一步体现了之前的几届国际地质分析大会所表现出的地质分析领域的发展成果与紧密围绕现代地球科学发展需求的特点，充分体现了地质实验测试技术从单纯资源分析向资源环境分析并重的发展趋势。地质实验测试技术从传统的无机分析向有机分析、形态分析；从宏观的整体分析向微观的微区原位分析；从单纯元素分析向同位素分析；从单元素化学分析向以大型分析仪器为主的多元素同时分析；从实验室内分析向野外现场分析拓展。适应现代分析测试仪器发展的绿色样品制备技术和制备方法、海量分析数据的自动化处理也成为当今地质分析研究的热点。质量控制，地质实验测试方法标准和相关技术规范的研究和制（修）订，标准物质的研制，功能强大、自动化程度高的专业化地质分析仪器及其辅助装置的研发也越来越引起国际地质分析界的重视。这些已成为新时代全球地质实验测试技术发展的新趋势。

地质分析是现代地学，尤其是地球化学、岩石学、矿物学和环境与生态地质学强有力的技术支撑。地质分析是地质工作的眼睛。随着现代地质工作领域的不断扩大，分析测试技术的创新和应用越来越重要。地质学家已将研究重点从矿床地质转向环境地质。由此，地质实验测试任务也将涉及有机分析，元素的价态、形体形态和结构分析，流体和包裹体的成分分析等，以求不断开拓微观和亚微观地质信息的研究。

2006 年举办的"第六届国际地质和环境材料分析大会"展示了地质分析的进展与新世纪初地质分析发展特征。

其一，地质和环境材料分析技术取得显著的进步。研究热点主要表现在微区和原位分析、形态和环境分析等高新技术领域，绿色分析技术正在被越来越多的实验室关注。开拓"三微"分析技术，在微量单矿物分析、痕量和超痕量元素分析、微粒激光技术和微区扫描技术等方面已取得一定进展。

其二，地质和环境材料分析技术研究与应用结合越来越紧密。最典型的例子是地球化学勘探和地球化学填图，多元素分析方法和多方法分析体系的建立，使地球化学填图元素达到76种，使得有可能研究元素周期表中几乎所有元素的全球性、区域性和地方性分布，让人类更多地了解地球环境和地球资源的潜力。同位素地球化学和地质年代学研究是地质分析技术应用的另一个重要领域，高分辨二次离子探针质谱、激光烧蚀等离子质谱技术可以针对地质样品微米级区域测定地质年龄，多接收器等离子质谱等技术有效降低了同位素分析的检测限，提高同位素比值测定的准确度。

其三，分析实验室质量控制研究进一步深入。国际标准化组织出版的许多指南和技术标准中，对地质分析最为重要的是指南33"有证标准物质的使用"和指南35"标准物质认证"。各国地质分析家努力探索样品分析质量控制办法，除执行相关指南和标准外，积极参加实验室间的数据比对，加大标准物质研制工作。2003年，中国就成功研制了微区分析用稀土标准物质和世界首例Re-Os年龄标准物质，同时开始研制硅、氧同位素标准物质。实验室信息管理系统（LIMS）在地质分析实验室质量保证体系中的应用，已从概念性抽象描述进展到与标准物质合理使用、分析方法的选择等实验室日常分析任务紧密结合，并已投入实际使用。

地质分析发展特征之一是分析技术本身的进步。现代地质分析技术在很大程度上取决于分析仪器的进步。随着分析仪器的改进，进一步降低了分析的检测限制，提高了测定的选择性和精密度，有效提高元素和同位素比值测定分析能力，使实验室能在更宽的范围提供元素分析和同位素比值分析结果。同样，分析仪器的进步也将提高微区分析能力和成果三维或多维的立体展示能力。第二个特征是分析技术的应用的拓展。地质分析技术的应用将跟随地质学研究的需求而变化，如"蓝色天空"探索性研究和行星探测等。当前，地球化学研究正在围绕对人类社会有影响的地质学过程开展研究，如火山活动、海啸、环境忍受性（包括气候变化等）以及能源和矿产资源的持续供给。地质分析的发展将致力于这些科学领域。

"地质分析"从"岩矿分析"走来，并将向涉及更广领域的"天然材料分析"扩展。计算机技术的应用使地质分析走进了智能化、自动化以及信息化的分析时代，岩矿分析进入一个高度自动化、智能化、信息化与综合化的新时代。使整体分析与显微分析得到进一步发展，整个分析的发展方向和趋势一定是高准确度、高精度、智能化以及自动化的多元素快速分析技术，有机和无机生化分析成为一个新发展方向，将整个环境不被破坏以及实现"零排放"作为现代地质、化学分析的研究发展方向。无污染或低污染的"绿色"分析技术和样品制备技术方法的开发也成为当今国内地质实验测试技术发展的趋势。地质材料的研究、发现作为整个人类发展的最重要原料中最重要的一个环节，对于它的研究科学家们始终是保持着饱满的热情，随着整个社会发展都趋于高科技时代，相信整个地质对提高地质分析技术的发展和改革是具有划时代的意义的。

岩石、土壤、沉积物或矿物等地质样品的元素含量、元素形态和同位素比值等可以为研究地球演化、环境变化、矿床成因、矿产资源分布等重大地球科学问题提供重要信息。岩矿分析测试是获取上述地质资料的重要技术手段。在2011年至2020年，我国的岩矿分析测试技术呈现出快速的多维度的发展趋势，在元素定量和同位素比值分析方面建立了大量新技术新方法，在地质样品前处理、参考物质研制和定值、分析仪器和关键部件研制等多个方面取得了众多原创性成果。土地质量地球化学评价需要测定有益、有害元素和有机污染物。测试工作量大，技术、质量要求很高，需要改进技术，建立以现代分析技术为主的高效率、低成本、低污染的快速灵敏分析方法。

几十年来，中国实验测试技术从无机分析拓展到有机分析，从元素分析拓展到形态分析，从整体分析拓展到微区分析，从实验室分析拓展到野外现场分析，完成了从陆地到海洋，从岩石、土壤、沉积物到地下水，从地质找矿到地质科研，从资源到环境的各类样品测定，为地质工作提供了海量数据。制定了一批技术标准和分析规程，研制了几百种岩石矿物等各类地质样品标准物质。地矿实验工作从小到大，从弱到强，从传统走向现代，从国内走向国际。形成了一支攻坚克难、勇于创新的地质实验测试队伍，一个装备精良的地质分析实验室网络，一套适用于我国地质工作要求的技术方法体系、质量控制体系和标准化体系。几十年的发展展示，地质工作的需求是实验测试发展的动力，合理人才结构和仪器配置是实验测试发展的基础，科学管理体制和运行机制是地质实验测试发展的保证。

在 2011 年至 2020 年，在岩石与矿物分析测试领域在元素含量分析、放射性成因同位素和非传统稳定同位素分析、地质样品前处理技术、岩矿标准物质研制和定值、主流分析仪器及关键部件研发等方面，我国都有不凡的进展与原创性研究成果，同位素分析、微区分析、形态分析、现场分析和有机分析技术快速发展，催生出部分达到国际领先水平的岩矿分析新技术和新方法，极大地推动了我国地球科学研究的进展。

借助成熟分析技术的 X 射线荧光光谱（XRF）、快速准确分析技术的电感耦合等离子光谱（ICP-AES）及其他技术完成岩石和矿物主量元素分析；用全岩/全矿物溶液 ICP-MS/ICP-AES 分析和微区原位分析、电子探针与质谱设备等准确测定样品中的微量元素含量；固体微区分析的前沿技术激光剥蚀电感耦合等离子体质谱（LAICP-MS）测定岩石矿物的主量元素和微量及痕量元素。矿物微区面扫描技术的发展大大提高了矿物微量元素及其同位素的空间分辨率。在元素定量分析领域，新世纪仪器分析在主量元素分析中已占据主导地位，ICP-MS 分析方法已成为微量元素分析的主流技术，元素分析发展热点主要在于微区和原位分析，微区原位分析已成为地质分析的重要发展方向。

同位素分析已成为地质与环境分析的新热点，同位素地质年代学测定方法是地学研究最重要的技术支撑之一，也是现代地质分析的重要内容。同位素分析包括放射与稳定同位素分析，同位素地球化学与地质年代学以地球以及宇宙天体中同位素的形成、丰度以及自然变化过程中的分馏、演化规律为理论基础，开展地质样品或天体样品的计时、示踪和测温等研究，根据放射性同位素衰变规律，确定地质体形成和地质事件发生的时代，以研究地球和行星物质的形成历史和演化规律。同位素地球化学按照应用研究可分为同位素示踪和同位素年代学两部分，按照同位素成因可分为稳定同位素地球化学和天然放射成因同位素地球化学。后者主要研究天然放射性同位素母体—子体的同位素比值及其规律和应用，如 $^{40}K—^{40}Ca—^{40}Ar$ 和 $^{87}Rb—^{87}Sr$ 等同位素体系。在同位素地质测年技术上，应用离子探针或激光探针测定矿物内部微区同位素地质年龄的技术发展方兴未艾。非传统稳定同位素体系是相对传统稳定同位素体系（即 H、C、N、O 和 S 体系）的金属元素和一些非金属元素的同位素体系。自 20 世纪末至 21 世纪初以来，随着质谱技术的发展，人们能够利用 MCHCP-

MS准确测定大量的非传统稳定同位素体系，由此诞生了非传统稳定同位素地球化学这一新兴学科。

三、现代地学对岩矿分析技术的需求

地学发展对分析技术的需求是岩矿分析发展的原动力；分析科学技术的进步是其发展的必要条件。现代地球科学研究领域不断拓展，国家对自然资源开发的需求和人类保护生存环境的责任共同对岩矿分析测试工作提出了新的要求。

传统地学研究的主体是地球自身特别是地壳，因此有许多难解之谜。当人们从天文角度将地球放在整个宇宙背景中并与其他天体对比研究时，大大开阔了地学家们的眼界；当人们从占地球表面71%的海洋和全球观点来研究时，人们的地球观就发生了巨大变化；当人们认识到保护地球这个人类共同的生存环境是当代地学研究的一个极重要而又迫切的任务时，环境地学上升到了重要地位。现代地学研究工作的深入与研究领域的扩展向岩矿分析提出大量新课题，也给现代地质分析的发展开辟了广阔新天地。

行星地质、天体化学、海洋地质、极地地质、深部地质研究推动了新技术方法的出现，特别是对遥感技术、现场分析及各种传感器技术的强烈需求。

当代地学家不仅将地学研究扩展到宇宙天体，更将研究的触角伸到微小地质体的内部，要在微米、亚微米甚至原子水平上研究更深层次的地学问题。微观地学研究直接促进了各种显微观察与显微分析技术的发展。

当今资源与环境密不可分。环境地学的发展和对新能源矿产的需求推动了有机地球化学、生物地球化学分析技术及形态、价态和同位素分析技术的进步。环境地学和"双碳"目标相一致，它有力保证了目标的可实现。

环境地质分析是目前热点，为重点讨论的主题之一。污染源分析、毒性元素来源与分布、利用同位素比值判定元素对环境的影响等研究受到了广泛重视。形态分析被广泛用于研究遗传或毒性元素在受污染沉积物、固体废弃物和土壤中存在的形式和种属，并可提供有关它们的迁移、沉积等环境和地球化学信息。例如Cd、Pb、U等在生物循环和环境中的沉淀及对人体的影响，毒性元素在不同河系、地域及矿物和土壤中的存在形式、迁移途径与规律等都是重要的研究课题。

古环境、古气候、古生态学的发展使那些能揭示具有自记年结构的天然时钟物质（叠层石、石笋、珊瑚、贝壳及树木年轮等）中古环境信息的新技术方法也备受地学家的关注。

现在整个地质研究正朝着高科技、信息化、高效率的方向不断的发展，融入高科技是整个发展的必然。我国对于地质分析工作也非常重视，在各个方面都进行了不断的投入，给予了很多必要的支持，在某种程度上非常大地推动了整个地质分析研究工作。地质分析正在逐步走进一个高科技的时代，同时开始了一个良性的循环，也使地质分析这门科学发展更快造福人类。地质实验测试技术从传统的单纯无机分析发展为无机分析和有机分析并重，多方位、多技术、多手段为矿产资源、农业和生态环境等领域的研究和调查提供基础数据，是近年来地质实验测试技术发展的最突出的特点。环境有机地球化学和能源有机地球化学实验测试技术的研究和应用已取得显著成果。

21世纪，地球科学研究的趋势是以从地表走向深部、从定性走向定量为特征。全面开创地质科学研究与应用的新局面，对微区分析、微量分析、原位分析、高精度同位素分析有着极其广泛的需求。重大地质工程、基础地质、成矿和找矿理论等方面的创新性研究，强烈依赖于实验测试数据的准确度和精确度，测试是地学研究突破的关键。我国要实现从地质大国到地质强国的跨越，必须实现测试技术的突破与创新。

第二节 油气储层分析测试技术

一、石油地质实验分析内容

对勘探区的石油地质条件进行综合分析与评价的基础资料来自生储盖层的实验测试，主要包括以下三个方面：

（1）地层古生物测试与评价，主要确定地层年代，以进行地层划分、对比。

（2）有机地球化学测试，主要确定生油岩有机质类型、丰度、成熟度，对生油能力进行评价。

（3）储、盖层测试，主要确定岩石类型、胶结物特征，孔隙特征，对储集及封盖能力进行评价。油气储层分析测试属于石油地质实验分析一部分。

正确的分析化验资料的获取依赖于取样的正确性。取样的正确性包括样品的位置及代表性、样品的质量和重量两个方面。

二、储层相关的石油地质分析测试技术

石油地质分析测试是石油地质研究和油气勘探的基础，实验技术的发展带动和促进油气地质勘探理论的进步，油气勘探理论的突破依赖于实验技术的创新。随着油气勘探的深入，石油地质分析测试技术得到了长足的发展，许多新的分析测试仪器及技术在油气勘探中得到了广泛的应用，涉及油气生成、运移、聚集、保存和油田开发等各个领域。因此石油地质分析测试技术的发展在油气地质综合研究和油气地质勘探决策中具有重要意义。

1. 分析测试仪器

分析测试技术的进步必然与一定的分析测试仪器有密切的关系。目前油气勘探地质实验分析仪器主要有3个系列：以气相色谱仪、液相色谱仪、红外光谱仪、紫外光谱仪、元素光谱仪、原子吸收光谱仪、等离子吸收光谱仪组成的成分分析仪器系列；以生物显微镜、实体显微镜、偏光显微镜、荧光显微镜、阴极发光显微镜、激光共聚焦显微镜、冷热台等组成的实验观察鉴定系列；以色谱—质谱仪、同位素质谱仪、扫描电镜、CT扫描仪、核磁共振仪、电子探针、X射线衍射仪、多组分显微荧光探针、激光拉曼光谱仪、色谱—质谱—质谱仪（GC-MS-MS）等组成的大型分析仪器系列。

2. 分析测试技术

1) 有机地化测试技术

（1）岩石超临界抽提技术：以具有高扩散性和低黏滞性的超临界状态的CO_2流体作为萃取介质，使混合物快速有效地发生物相分离，抽提能力加强，抽提信息增加，尤其对煤成

烃和碳酸盐岩成烃机理研究具有重要作用。

（2）烃源岩模拟实验技术：模拟地质体的实际情况并对所得的一系列气态、液态和残留物的分析鉴定，可以连续、系统、定量地研究油气生成的过程、机理及演化模式，研究有机质成烃过程，恢复原始有机碳，计算总生油量、初次运移量和运移系数，并测定生油岩的活化能。

（3）有机岩石学分析测试技术：对全岩石光片及干酪根进行透射光、反射光、荧光、元素及同位素分析，确定有机质的显微组成、丰度、类型及成熟度，为烃源岩的类型划分及生烃能力（尤其是高成熟烃源岩的）评价提供了有利的手段。

（4）岩石热解技术：对烃源岩的有机质丰度、成熟度及储集层的含油气性进行快速评价。

（5）色谱—质谱—质谱分析技术：色谱与质谱的联用及双色质技术，极大地提高了生物标志化合物的检测灵敏度和精度，为油气源的对比及运移方向的确认提供了有力的证据。

（6）有机质同位素分析技术：从全碳同位素发展到单体烃碳同位素及当前的氢同位素分析技术，对油气源对比、形成环境及烃类运移聚集的研究起着重要的作用。

（7）显微红外光谱分析：为有机质显微组成的化学成分和结构的分析、演化程度及生烃潜力的评价提供了有效的手段。

2）沉积及储盖层测试技术

（1）储层特征与成因综合分析技术：分析储层孔隙形成的有机—无机反应及与储层孔隙的分布，并将源岩、储集岩和孔隙流体作为一个完整的成岩作用系统，主要的分析手段是地层水有机酸的成分和含量、酸碱度及氧化还原电位、微量元素的特征、矿物及胶结物的组成及与孔渗之间的关系。

（2）成岩作用与模拟实验技术：这类技术主要包括薄片技术、铸体技术、阴极发光技术、荧光分析技术及图像与结构分析技术。随着计算机处理技术的提高，图像处理技术也得到了广泛的应用，主要是对微孔隙结构以及非均质性的定性与定量方面的分析、计算。其次是各种针对成岩作用的模拟实验技术，它用于进行深度、温度、压力及介质条件之间的关系研究，用于对岩石的硅质胶结作用、碳酸盐岩的次生成岩作用、矿物的转化与交代的分析，对了解沉积环境、成岩作用及孔隙演化趋势均具有重要作用。

（3）包裹体分析与成岩演化模拟技术：进行包裹体显微测温、成分分析、流体压力的估算，据此认识成岩流体特征与成岩过程，开展成岩过程模拟，并以此认识烃类向储集层运移聚集的过程，以研究油藏注入史。获得储层埋藏史和热演化史，绘制不同时期包裹体的流体势等值线分布图，确定烃类运移方向、聚集地带，为确定油气勘探靶区提供依据，为研究油气生成、运移聚集提供可靠的数据以指导油气勘探。

（4）成岩矿物的同位素分析技术：包括同位素年代学，用于了解成岩流体与烃类形成的先后次序，判断成岩矿物与油气藏的形成时间、成岩矿物形成次序与过程、成藏速度以及烃类运移方向。成岩元素如碳、氧同位素分析，可以了解全球海平面的变化，对沉积环境及地层纵向变化进行分析。

（5）储集层和盖层的物性分析：主要包括热对流成岩模拟实验技术，孔隙度、渗透率、模拟地层压力下孔隙度渗透率的测试技术，视密度、洗油等测试技术和储盖层微孔结构（压汞法、吸附法、扩散系数法、比表面法）的测试及评价技术。

(6) 油气层保护研究中的分析实验技术：用于分析研究储层岩石学特征，从微观形态及微区成分上对储层岩石进行岩石矿物成分及结构分析、胶结物特征及充填作用分析、孔隙及喉道连通性分析等，并进行室内模拟、地层敏感性评价和损害机理的确认。油气田开发过程中，特别是注水、注气开发中，可以观察到黏土矿物变化、水—岩反应形成新矿物等各种现象，进而提出油气层保护措施。

(7) 黏土矿物伊利石结晶度及其分析测试技术：通过黏土矿物的不同类型、含量变化、结晶度等有序度的指标可以很好地分析成岩作用过程，尤其是对黏土矿物的成分及结构进行分析，以确定埋藏深度、分析热演化史、反映油气成熟度、恢复盆地埋藏史。

3) 油气和油气藏测试技术

(1) 薄层色谱—氢火焰离子检测技术：实现在油藏地球化学剖面上可以清晰地看到各小层原油族组成的细微变化，有助于准确辨识残余油的边界或油水界面位置。

(2) 岩石热解气相色谱分析技术：用于快速识别烃源岩和储层中的烃类化合物，可以确定不同的含油气组成与含量，确定岩石含油性质及含油级别。

(3) 轻烃分析测试技术：包括天然气、原油以及烃源岩的轻烃分析。轻烃成因的研究和轻烃指纹参数的开发应用依赖于轻烃测试技术的发展，实现油—气—源岩三位一体对比分类研究。

(4) 含氮、氧化合物分析测试技术：油气藏中烷基苯酚和含氮化合物（主要是咔唑类化合物）的分布组成及含量的变化，是研究油气运移、聚集及成藏历史的很重要的内容。

(5) 碳同位素分析测试技术：碳同位素是反映沉积有机质母质类型的重要指标，在油气源对比中具有重要意义。烃类气体的单体烃碳同位素可以较好地给出天然气的成因类型、成熟度、运移演化及气源对比的信息。

(6) 有机质热类型及演化史分析测试技术：确定有机质类型及成熟度，划分烃源岩成熟阶段、测定最高古地温和恢复最大古沉积厚度，开展热演化史和生烃史的研究，对指导一个地区的勘探具有重要意义。

三、储层实验分析

油气储层是石油勘探开发的直接目的层。开展储层研究，逐步深入掌握储层分布和性质是石油勘探和油气田开发中一项十分重要的工作。要从地下找油，必须对储层展开研究，而储层最终要为油藏工程服务，一切油藏研究要建立在大量可靠的储层实验分析数据的基础上，这些分析数据涉及储层每一个方面。

几十年来，储层研究日益从宏观向微观方向发展，如：孔隙中的黏土杂基、地层微粒引起的一系列伤害以及对各种注入化学剂的吸附损耗以致改造性；次生孔隙的发现和形成机理也促进了孔隙演化史及成岩作用的研究的发展；细粒岩储层微纳级孔隙表征与描述。储层的描述与预测日益从定性向定量方向发展，描述储层砂体空间展布规律，储层宏观、微观非均质性描述，从静态向动态发展，从勘探走向开发，成岩从定性向成岩相与成岩演化过程描述。储层研究涉及矿物学、岩石学、沉积学、古生物学、构造地质学、油层物理学、地球化学、油田化学、地球物理、岩石力学、流体力学、流变学以及钻井工程、采油工程等学科和专业，多学科、多专业协同攻关，才会有更全面的发展。

储层研究特点与实验分析技术的发展是密不可分的。在储层地质学方面实验技术的发展使地质学这门传统的概念科学向定量化大大前进了一步。显微镜与扫描电镜、电子探针及能谱仪、X射线衍射仪等各种储层实验设备使重建古环境、沉积岩成岩史、孔隙演化史、储层形成史、储层动态演化过程的研究有了很大的突破。储层地质学已形成了一套评价陆相储层和复杂环境形成的细粒岩储层的地震、测井、试井测试技术，形成了一套完整而标准化的地质实验技术与方法。

储层实验测试技术包括样品的选送、铸体薄片鉴定、扫描电镜、电子探针能谱分析、粒度分析、阴极发光分析、荧光包裹体测定、稳定同位素测定、孔浸饱及孔隙结构测定、X射线衍射分析、原子吸收光谱无机元素分析、阳离子交换量测定、膨胀率测定、敏感性实验等，实验测得数据包括各类岩石（主要为储集层）的成分、岩石类型、结构、构造。自生矿物属性包括黏土矿物的类型、含量、产量、微量元素成分含量，孔隙类型及大小，岩石含油气性（油气的类型、分类、产状等），成岩作用对岩石及其储集性能的改造等等。储层实验测试主要展示储层的岩石学特征、沉积岩的胶结物特征、孔隙分布特征，成岩阶段划分、沉积相、储层性能评价以及可能引起的油层伤害与防止油层损害措施的参数。运用储层实验测试技术所获得的这些资料与参数为储层岩石学及储层性质的综合评价提供了最基础的证据。

几十年来，由于引进了大量的现代化仪器和装置，我国储层实验技术方法有了飞跃的发展，为储层评价深入开展创造了条件。储层实验测试的大型设备国产化将是储层研究者未来奋斗的方向。

第一章 储油气层样品处理和薄片分析

第一节 油气生储盖层检测样品取样与初处理

对于用于油气藏的生烃、储集及封盖层分析的样品，要有一定的质量要求，包括样品本身的质量以及样品所处位置的正确性。用于单井或区域生储盖特征评价的样品还必须确定其取样的位置，各个实验测试方法要求的样品岩性及样品数量也各不相同。

在对油气勘探开发地区或盆地、构造进行具体勘探开发生产的中，根据勘探的特点，需要钻探不同类型（性质和目的）的井，如地质井、参数井、预探井、评价井。为达到不同的钻探目的，必须对这些井展开生储盖层评价，以对勘探区的油气地质条件作出综合分析。评价的基础资料来自于生储盖层的实验测试，主要包括以下几个方面：

（1）地层古生物测试与评价，主要确定地层年代，以进行地层划分、对比。

（2）有机地球化学测试，以确定烃源岩有机质的类型、丰度、成熟度、生烃潜力和沉积环境等，并对烃源岩作出评价，进行油气源对比和油气运移研究。

（3）储盖层测试，确定岩石类型、胶结物特征、孔隙特征，对储集及封盖能力作出评价。

（4）原油、天然气、水样品分析项目测试及其地质应用。

正确的分析化验资料的获取依赖于取样的可靠性，包括：样品的层位位置及代表性；样品的品质、足量和无污染。

一、岩心及岩屑样品的选取

为了取得具有代表性的岩心，必须根据取心要求和分析目的，在现场选取岩样，在主要含油层段，取样密度必须适当加密。岩心筒取到地面后，为防止由于毛管力作用使钻井液渗入到岩心内部，应立刻将岩心取出。在从岩心筒中取心时，应尽量避免产生人为的破碎和裂缝。

岩心由岩心筒取出后，应迅速擦掉或用小刀刮掉滤饼，不能用水或其他液体加以冲洗。岩心从岩心筒中取出后，应快速检查处理、排列次序与编号、选样，岩心暴露于泥浆或大气中，均会影响以后的分析结果。试验结果指出：岩心在大气条件下即使暴露了几分钟，也可能导致所含水分及轻质烃的损失；在空气中暴露的时间不到半小时，岩心中所含水分将损失10%~25%。这些损失尤其影响孔隙度、饱和度及荧光含量的测定。

岩屑样品应进行选样工作，应组织人力选择能代表本层位的砂岩或泥岩及其它岩类的岩屑样品。同时，必须用水淘洗，洗去钻井液物质，再在放大镜或低倍显微镜下选择供生储集层分析用的岩屑样品。注意不要混入上层位岩屑或钻井液物质。

在钻井过程中，由于裸眼井段长度多超千米，钻井液性能的变化及钻具在井内频繁活动等因素的影响，使已钻过的上部岩层经常从井壁剥落下来，混杂于来自井底的岩屑之中。如何区分这些真假并存的岩屑，是提高岩屑录井质量、准确建立地下地层剖面的又一重要环节。

鉴别真假岩屑应从以下几方面综合考察：

（1）观察岩屑的色调和形状。色调新鲜、其形状为棱角状或呈片状者，通常是新钻开地层的岩屑。要注意岩性和胶结程度的差别在形状上也会造成差异，如软泥岩屑常呈球粒状，泥质胶结疏松的砂岩呈豆状；反之在井内久经磨损而成圆形。岩屑表面色调模糊而呈大块者多为上部井段已出现过的滞后岩屑或者掉块。

（2）注意新成分的出现，在连续取样中如果发现有新成分岩屑出现，表明进入了新地层。

（3）从岩屑中各种岩屑的百分含量变化来鉴别。从某种岩性的岩屑百分含量增减来判断进入什么岩性的地层。

（4）利用钻时、气测资料进行验证。

岩屑样品在现场必须用20目的筛子（1mm）过筛，下部小于1mm的细颗粒供古生物分析用，过筛后的岩屑剔除滚石、假岩屑，根据取样设计要求选取泥岩岩屑或砂岩岩屑进行生储层分析。应在实体显微镜下检查所挑取样品的质量。

二、样品的包装与保存

1. 用于油层物性鉴定、荧光分析的岩心样品

对于测饱和度的岩心样品，其包装与保存的目的是减少液体的蒸发损失和岩样内液体的流动；对于要求保持原始润湿性的岩样，则要求防止岩样表面被污染，或暴露大气中被氧化；对于疏松或胶结性差的岩心，就需要采取适当的支撑保护措施，防止在搬运过程中压坏或碰撞破碎。保存技术的选择，一方面要考虑到储存时间及准备测定的目的；另外一方面是考虑就地测定分析还是运送到较远的外地测定分析。目前常用的保存岩样的方法有以下几种：

（1）容器密封法，岩样可直接装进容器，也可用铝箔、聚乙烯或其他合适的塑料包裹后密封在容器中。容器中不能倒入其他液体，但是能倒入测定液，将称量后的岩样泡在测定液进行密封。

（2）管子密封法，将岩样装进钢、铝或塑料管中，两端用带O型密封圈的堵头封住。

（3）用抽空气体的塑料袋保存样品。

（4）干冰冷冻法保存岩样。

（5）用金属箔或塑料条带缠裹岩样。

（6）岩样表面塑料涂层法，使用的塑料应当是熔点低（最好低于93.3℃）、熔化后黏度小而且不会渗入到岩心孔隙中，与岩心中的油、水不会起反应。

2. 用于其他目的的岩心、岩屑样品

按分析目的的需要选取样品，一般在现场将岩心剖开，其中一半长期保存，另一半进行岩性描述、沉积相观察、物性分析及其他各种实验测试，而后选取样品进行包装。包装时先用软纸或棉花裹好，再用布、牛皮纸或其他包装物包装捆好，内附标签。标签内容包括：产地、井号、时代、层位、井深、岩性、取样时间、取样条件、取样人和分析项目。不同分析项目的包装材料与要求不同：

（1）用于古生物分析的样品：必须用棉花、棉纸或软纸包装后再用布袋或牛皮纸包装捆好，内附标签。

（2）用于生油有机地球化学分析样品：不能用塑料纸等含有机成分的物品包装，须用玻璃瓶、金属罐、锡箔袋、布袋、牛皮纸袋等进行包装，以免污染样品而影响分析准确性，并附上标签。

（3）用于储层分析的样品：用布口袋或牛皮纸口袋进行包装，附上标签。

（4）油样：在井上取油样，无论从油管、油池或其他地方取样，均须用洁净工具采取，用密封玻璃瓶装，保证运输过程中不松动。填写标签于瓶上，并详细记录出油情况、取样条件、取样日期、井深和层位等地质情况及分析项目。

（5）气样：可用排水（饱和盐水）取气法，取气量为取气瓶的1/3，在饱和盐水中密封，以气瓶倒置取出存放，注意不能混入空气，一个样品最少同时取两个平行样，在现场安排合适地方取其一个试气，证实确已取妥后，将其平行样严密封好，作好编号与记录，样品和记录一并交实验室立即分析，不得长时间放置，暂时不能分析者须用冰箱保存，在冰箱中保存控制在2~3个月以内。

（6）用于轻烃分析的岩屑样品：①要卡准井深，注意钻井液返回时间和岩屑迟到时间；②等距离的系统取样（如20m间隔）；③从钻井液池捞取岩屑，用清水稍加冲洗，约洗去80%钻井液，迅速放入密闭金属样品罐，不得使用可能产生烃类物质的密封材料；④岩屑上面加1/3~1/5清水，再加几滴防腐剂（淡盐水）；⑤封好并编号迅速运回实验室立即分析，不宜搁置太久，在冰箱中保存不要超过2~3个月。

三、地层古生物和生储盖层测试取样要求

1. 地层古生物测试分析取样

1）取样要求

为了实现地层的划分与对比，必须逐层采集样品，并且利用钻井设计和综合地质完井报告及录井图了解地层界线，依据相关标准依井段、地层界线取样，通常在地层界线附近加密采集。样品的岩性以灰、深灰、黑色即暗色泥质岩为主，如遇红色、砖红色以及石膏岩盐地层，除了系统采取以外，应特别注意在红层中颜色较深的夹层取样，对含灰质较多的砂质岩类和砂砾岩中的泥质夹层也须适当采集。

2）取样密度

取岩心样：认真观察泥、页岩的岩性，注意岩性变化，并用放大镜寻找岩样上是否有介

形和藻类等微体古生物的存在，对含化石的岩心必须采集，对可能含化石的岩心，通常一段泥岩样取上、中、下三块样品，或平均每米一块。

3) 取岩屑样

10~20m采一包样，应在混合均匀后采取，要粗细兼顾。

4) 取样重量

孢粉50~100g，微体古生物不得少于100g。

2. 生油岩有机地化分析取样

1) 取样要求

生油层取暗色泥岩（绿灰、灰、深灰、黑色）、深灰色泥质灰岩及煤、利用综合录井图及井上实物剖面确定所取岩性并和实际岩心、岩屑对照，如有油气，则必须取油、气样。

2) 取样密度

进行生油分析的目的层要系统采样。小样（简项）分析每20m取1个；大样（全项）分析约100m取1个，如遇特殊变化（煤夹层等）则加密取样，但每个地层组至少取2块；在综合录井图上（或剖面上）确定采样位置并制订采样计划。

3) 取样重量

小样（简项）每个10~15g，大样（全项）岩屑500g，岩心250g。

4) 生油分析项目

小样（简项）分析：热解、有机碳。

大样（全项）分析：小样分析后，泥岩中有机碳（TOC）>0.4%，在碳酸盐岩中有机炭（TOC）>0.1%时可继续进行大样分析。具体分析项目有族组分、饱和烃色谱、饱和烃色谱—质谱、芳烃色谱（或色谱—质谱）、干酪根制备（粗样）、镜质组反射率、元素、红外和碳同位素等。

油样：具体分析项目包括族组分、饱和烃色谱、族组成同位素、饱和烃色谱—质谱、芳烃色谱、芳烃色谱—质谱等、原油物性系列分析等。

气样：具体分析项目包括气相色谱，甲烷、乙烷、丙烷、丁烷的碳同位素，气体密度体积系数等。

罐顶气轻烃分析：检测的气态烃范围为甲烷、乙烷、丙烷、丁烷、戊烷，最高为己烷、庚烷。

3. 储层分析取样

储层分析取样包括在地面露头敲取样品或在井场及岩心库取钻井岩心样品。为解决储层问题需取系统剖面，其取样密度可按不同时代、层位以及分析目的和不同分析项目的要求而定。取岩层的新鲜面而不取风化面；取基岩而不取转石；取有代表性并适合分析目的要求的样品。

1) 取样要求

用于单井储层评价的样品有砂岩、碳酸盐岩及泥岩三部分。

泥岩分析：主要建立混层黏土矿物的纵向变化剖面，以及取得沉积环境纵向变化的微量元素特征。

砂岩及碳酸盐岩分析：了解岩石类型、母岩区、胶结物、孔隙、成岩作用，进行储层性质评价。

2）取样重量及取样密度

应根据探井—地质井、参数井、预探井、评价井和详探井等的不同、不同时代、层位以及分析目的和不同分析项目的要求决定取样密度，具体取样要求见表 1-1。

表 1-1 储层分析（砂岩、泥岩、碳酸盐岩）样品取样要求简表

样品类品		分析项目	样品量或外形尺寸	取样密度	
				岩心	岩屑
砂岩	小样	薄片	50g		20~30m 一包
		粒度			
		X 衍射			
		扫描电镜			
		荧光			
	大样	薄片	50~60g	孔、渗、饱分析在含油岩心段 8 块/m；在不含油岩心处 1~4 块/m；其他分析项目减少	100m 一包
		X 衍射			
		扫描电镜			
		荧光、包裹体			
		孔、渗、饱			
		压汞分析	岩心柱直径 2.54cm，长度 2.54cm		
		压缩系数			
		覆压孔渗			
		敏感性	200~250g		
		岩石比表面	≥20g		
		碳酸盐含量	≥20g		
		泥质总量	100g		
		膨胀率测定	20g		
		阳离子交换量	5g		
		重矿物	100g		
		原子吸收光谱或 ICP 发射光谱	≥2g		
泥岩		无机元素	15g	1 块/m	20~30m 一包；界限处加密
		X 衍射			
		孢粉颜色 R_o T_{max}，℃	50g（干酪根粗样）		
		有机酸测定	10~15g	干酪根（干酪根细样）	
			20mL	油田水	
泥、砂岩 碳酸盐岩		碳酸盐碳氧同位素分析	分离物；几毫克至几十毫克 石灰岩：1g 其他岩石：10g	根据需要采样	

一般来讲，泥岩每 20~30m 取样 1 个，砂岩及碳酸盐岩岩心每 1m 取样 8 个，砂岩及碳酸盐岩岩屑每 20~30m 取样 1 个；在主要含油层段取样密度要加大，在次要含油层段，取样密度可适当减少，也就是以等距离的系统取样为主，再根据特殊情况适当加密或减少。

小样（简样）每 20~30m 一包，重量为 50g；

大样（全样）每 100m 一包，重量为 200~250g。

4. 盖层测试取样

不同的测试项目对岩心的选取要求不同，根据盖层岩性的变化、非均质程度及其代表的深度，选取有代表性的岩心并妥善保管。

应在现场或岩心库取样。

根据地质条件选取目的层之上或侧畔的盖层，如果盖层的厚度较薄（小于 5m），每 0.5~1m 选一个样品，如果盖层的厚度较厚，每 1~2m 选一个样品。样品用直接出筒的全直径岩心，长度 5~10cm，样品要标明井号、层位、井深、样号。

四、样品的描述和登记

1. 样品描述

野外取样时，要选其重要方位绘制野外地质素描图，说明其地质顺序、产状、构造、接触关系、样品位置等地质现象。

井下取样，应将有关的地质资料如井位示意图、柱状剖面图、简要地质情况、取样位置、取样时间、取样条件及其他资料进行收集、记录、整理。

接着进行岩心岩屑描述。岩心的观察描述是正确认识岩心的过程。对于含油气岩心的观察描述应及时进行，以免油气逸散挥发而漏失资料。

1）含气试验

将岩心置入水下 2mm 深进行仔细观察。如有气泡冒出，应记录其部位、连续性、延续时间、声响程度、有无硫化氢味等，并及时用红铅笔将冒气位置圈出。

2）含油试验

除观察岩心柱面含油情况外，必须对可能含油的岩心作含油试验，具体方法有滴水试验法、四氯化碳试验法、丙酮试验法、荧光试验法、直照法、点滴法、系列对比法、毛细分析法等。

3）岩心含油级别的确定

碎屑岩含油级别划分为饱含油、含油、油浸、油斑、油迹、荧光六级。

非碎屑岩含油气产状分为含油、油斑、荧光、含气四级。

4）岩心描述内容

（1）岩性：如颜色、岩石名称、矿物成分、结构、胶结物及胶结程度，特殊矿物及其他含有物等。

（2）相标志：如沉积结构（粒度、成分、颗粒形态、颗粒排列情况等）、沉积构造（各种层面构造、如水流波痕、泥裂、雨痕、重载荷模、枕状、滑动构造以及各种层理构造）、生物特征（种类、含量、保存情况等）。

（3）储油物性：孔隙度、渗透性、孔洞缝发育情况与分布特征等。

（4）含油气性：岩心含油级别。

（5）其他：岩心倾角测定、断层的观察、接触关系的判断等。

5）岩屑描述内容

岩屑描述的方法一般是：大段摊开，宏观细长，远看颜色，近查岩性；干湿结合，挑分岩性；分层定名，按层描述。

2. 样品登记

选取的样品要详细记录岩性、取样条件、出油情况、取样日期、样品的井深和层位等地质情况及分析项目，样品和记录一并送交实验室。

实验室按着预定的储层分析项目，结合岩心情况，研究制定每个样品的分析项目，进行实验室统一编排分析号码，制分析通知单。岩心样品可用切片机切开或敲打分开，留出陈列、观察、特殊分析研究用样，各项目取样分析。

确定分析项目后，实验室与送样人一起商讨分析流程，尽量节约样品，又使各项目间尽量相互有机衔接，按顺序化验，尽快作出结果。

五、岩心岩屑处理

岩心岩屑样品从井场取回来后，必须经过处理才能进行相关测试分析。

1. 地层古生物岩心岩屑处理

1）孢粉分析

岩石及原油样品经物理、化学方法处理，使孢粉化石与岩石及原油分开，经重液浮选分离，富集制片。

2）微体化石分析

（1）碎样：坚硬岩样用岩石破碎机破碎，一般硬度的泥质岩和砂岩用手锤击碎，碎后粒径不小于4mm。

（2）洗样：含油样品须先用汽油（或四氯化碳、洗涤剂）去除油质；不含油的样品直接用水浸泡；黏性较大的软泥质样品须先用10%~20%（质量分数）浓度的过氧化氢或过氧化钠浸泡；不易泡散的泥质岩样须加10%~30%（质量分数）浓度的碳酸氢钠或氢氧化钠（或其他分离剂）溶液以文火煮沸，促其分散；处理后的样品用清水冲洗，去除泥质，底部岩样的分析筛孔直径不得大于0.10mm。

（3）烘样：冲洗后的样品，应及时用烘样设备（或适当方法）烘干。

（4）筛样：烘干的样品，须用2.00、1.00、0.15mm孔径的分析筛过筛；对古生代轮藻类样品，须用3.00、2.00、1.00mm孔径的分析筛过筛。

（5）挑样：将过筛后的各级样品依次分别置于显微镜下，逐行挑选化石（显微镜放大倍数不得小于12）；对于急样，可先挑选少数有代表性的化石，以供鉴定并及时提供成果；常规样品中的化石必须全部挑出（包括其他门类化石）；挑出的化石应按门类分别装入不同的化石盒中；如化石异常丰富（超过150个者），在挑出不同类型化石达150个以后，将余样封存，并在化石盒和分析记录上注明。

2. 生油岩测试的岩心岩屑处理

1）碎样

首先将岩心或岩屑洗干净，除去表面污染物，结干后将测试样品粉碎至 0.09mm 以下。但用于干酪根镜检、R_o 分析时，岩样用较大粗颗粒直接进行干酪根分离。在碎样时要远离有机溶剂，避免有机物质污染。

2）可溶有机质的萃取及分离

岩石中可溶有机质的萃取，目前较普遍使用的是索氏抽提法，以氯仿作为萃取溶剂。近些年来也相继出现超声抽提、搅拌抽提、气体加压抽提等，目前抽提效率最高的是快速抽提装置，萃取物为氯仿沥青。

可溶有机质——氯仿沥青"A"的分离测定依据相关标准方法完成样品处理。将岩样粉碎至粒径小于 0.18mm，称重 200g，放在索氏抽提器中，恒温水浴加热至 800℃ 左右，用氯仿反复抽提，通常泥岩抽提 72h、石灰岩 48h、煤 100h，瓶底氯仿放入铜中去硫，将抽提物倒在称量瓶中，自然挥发称量获得氯仿沥青"A"。

称取氯仿沥青"A" 0.02~0.05g 或原油样品（需脱水，40℃，在真空度为 5.33×10^4Pa 下恒重），放入 50mL 具塞三角瓶中，加入 30mL 正已烷（有的实验室用 30~60℃ 的石油醚）摇匀，静置过夜，使沥青质沉淀。

使用柱层析法或柱或棒状薄层色谱液相色谱仪分离出饱和烃、芳烃、胶质，进行进一步分析测试。

3）不溶有机质——干酪根的分离

称取 30~100g 岩样放入酸反应罐中，反复多次使用盐酸及氢氟酸处理，每次处理后用蒸馏水洗涤至中性，再用重液浮选，待分层后取出上部干酪根进行下一步测试。

若烧失量大于 75%，纯度大于 65%，黄铁矿含量小于 28% 时，干酪根制备及纯度合格。

4）有机碳测定

首先除去无机碳。样品粉碎过筛至 0.149mm 粒径以下，称取 0.05~1g 在坩埚中用盐酸加热充分反应，反复用盐酸泡洗直到反应结束。用蒸馏水反复冲洗坩埚，再用烘箱烘干，待仪器分析测定。

5）热解色谱分析

生油岩及煤等样品粉碎至孔径在 0.149mm 以下，样品重量在 100mg 左右供热解色谱分析。

3. 储层测试的岩心岩屑处理

1）油层物理样品要求

钻取岩石长度 2.5cm 左右，直径 2.5cm 的岩心柱经洗油，供油层物性测试使用，允许误差 0.5mm。

2）岩石薄片的制备

（1）普通薄片磨制方法（包括岩屑样品的磨制）。

矿物岩石在显微镜鉴定之前，必须先磨成透光的薄片，一般取 30mm×30mm×3mm 大小的岩片粘在载玻片上，磨制成 0.03mm 的薄片，用于常规的偏光显微镜鉴定。其制作流程为登记编号选样取样（切片）→固结岩样（煮胶）→磨制底平面→载片→磨制薄片（粗、细、精磨)→染色→盖片→恒温老化处理→清除余胶→贴标签。

该流程注意要点包括以下9个方面。

① 取样：多用切片机切制。样品切成的大小一般为20mm×20mm或25mm×25mm、厚度为3~5mm的小方块，切口要平整，有利于磨制底平面。

② 煮胶：若样品有掉颗粒、散碎、剥落时要进行煮胶处理、方法是将切出岩块干燥后直接用501或502胶进行胶结处理，可加热样品多加热煮制。

③ 磨制底平面：分别用W_{100}号、W_{28}号碳化硅金刚砂与W_7号白色刚玉金刚砂在玻璃板上用手工将岩样粗磨、细磨及精磨，将岩样磨出光亮无擦痕的平面。

④ 载片：有两种方法，其一为固体冷杉胶法，在加热岩样及载玻片至80~100℃条件下用冷杉胶粘合载片与岩样，胶的厚度为0.01mm，注意赶走气泡。其二为矿岩胶法，对于不能加热的岩样用Hy—矿岩胶载片，可在50~60℃的烘烤箱中恒温2~4h，干燥地区可在室温下固化12h左右。

⑤ 磨制薄片：在磨片机上粗切一刀至0.07~0.05mm；在磨片机上用W_{100}、W_{200}号碳化硅金刚砂将薄片磨制成0.04mm为止；在玻璃板上用W_7白色刚玉金刚砂磨到0.03mm。在偏光显微镜下石英为一级灰白干涉色，碳酸盐矿物达高级白色干涉色。

⑥ 染色法：将精磨后的薄片晾干，将其50%面积浸入茜素红—S、铁氰化钾混合溶液中，约45~60s后取出，用清水轻冲洗涤，最后阴干。

茜素红-S溶液的配制。量取2mL浓盐酸，用1000mL蒸馏水稀释，制成0.2%的稀盐酸，溶解0.1g茜素红—S于100mL的稀盐酸中。

铁氰化钾溶液的配制。量取1.5mL的浓盐酸，用100mL的蒸馏水稀释制成0.15%的稀盐酸，然后溶解2g铁氰化钾。

混合液的配制。将茜素红—S溶液和铁氰化钾溶液以3：2混合，制成混合溶液。或取配好的茜素红—S溶液2.5mL和0.0125g铁氰化钾混合，制成混合溶液。

⑦ 盖片：用液化的冷杉胶涂在岩样上，在酒精灯上稍加热后把盖玻片压在岩样上。

⑧ 恒温老化。在电烘箱中进行恒温老化，使盖片胶变老化不能流动，老化的温度可选择为45~55℃之间，恒温12h。

⑨ 清理：清除余胶，贴标签。

(2) 铸体薄片磨制方法。

铸体薄片的主要用于研究储层岩石孔隙度、孔隙类型及分布，该种薄片已在国内外储层研究中普遍使用。所铸树脂颜色国标上通用为蓝色；我国使用树脂颜色有蓝色、红色，少量为绿色和黄色。

铸体薄片的原理是将配制的环氧树脂在一定温度和压力下注入岩石孔隙中，利用环氧树脂与固化剂发生固化反应，便线性环氧树脂基因交联成网状结构的巨大分子，成为坚硬的固态树脂，显示孔隙及孔隙结构特征。铸体工作流程如下：

① 样品的选择和处理。将要做铸体的样品切制成20mm×20mm×5mm的方块或直径为20mm的圆片，厚度为5mm，双面平整。

② 样品烘干。在烘箱中烘干样品，温度为105℃左右，时间为4h，烘干样品置入干燥器备用。

③ 装样。将烘干的样品装在大品径试管中（试管直径25mm）按编好看顺序装放，样

品之间用云母片隔开，在试管口留出 30~40mm 的空间。

④ 真空灌注。抽真空时真空系统内真空度与当天大气压相比，相差 0~400Pa 为合格，根据不同岩心抽空 1~4h 后，将环氧树脂灌注入玻璃管中，继续抽空 15min 即可。

⑤ 恒温聚合养护。将抽好真空的试管放入恒温水浴中，从 30~50℃一直到 75℃，使环氧树脂进行聚合，这是完成铸体的重要的一步。

⑥ 加压灌注及加温固化。也可用加压灌注方法。固化后的铸体样品耐磨、耐压、其固态树脂应无裂缝、无气泡。

⑦ 铸体样品的酸蚀。供扫描电镜分析用。将铸好的样品磨制成 10mm×10mm×3mm 的方块，正反两面需打磨平整。碳酸盐岩铸体样品，一般用 5%的盐酸酸蚀；砂岩铸体样品先在 5%盐酸中酸蚀 1 小时，再用 20%氢氟酸酸蚀。酸蚀后仅剩的铸体骨架，岩石部分酸蚀深度为 0.3~0.8mm。

⑧ 磨制铸体薄片。按常规方法磨制，但不煮胶。

阴极发光片磨制（主要供阴极发光显微镜鉴定使用）。磨制要求：所用胶必须不发光、一般为 502 胶，厚度为 0.05mm，不盖片，必须进行抛光，含油多的样品必须经洗油再磨制。

荧光片磨制（主要供荧光显微镜鉴定使用）。磨制要求：所用胶必须不发光、一般为 502 胶，厚度为 0.05mm，不盖片，制片过程中不允许加热（防止烃类物质散失）。

包裹体薄片的磨制（主要供包裹体鉴定使用）。磨制要求：岩样必须两面抛光，其厚度不低于 0.08mm，制出的岩片要用两载玻片夹持，用透明胶带封贴两端后粘贴标签。

多用片的磨制。磨制要求：使用先经过铸体的岩样。使用不发光的 HY—1 矿岩胶，磨制厚度为 0.035mm，不盖片，要进行抛光处理。

3）黏土分析样品制备

黏土分离包括：采样、选样、称样、碎样、洗油、蒸馏水浸泡、湿磨、制备和提取悬浮液、离心沉淀、烘干、研磨、称重和包装等步骤。

4）微束分析样品制备（扫描电镜、电子探针及能谱分析）

样品预处理，按洗油、磨制、酸化、净化、干燥程序进行处理。

样品固定到样品桩上的粘接，使用乳胶或导电胶粘接，并进行编号。

镀膜技术，为使样品导电，需要将镀膜材料用喷镀仪喷在样品上，用于扫描电镜分析样品镀金，用于电子探针波谱及能谱分析样品镀碳。

5）同位素分析样品制备

储层分析中大多用磷酸法分解碳酸盐矿物，利用反应生成的 CO_2 进行碳氧同位素的质谱分析。

6）原子吸收及发射光谱样品制备

试样要求 5g 左右，一般粉碎至粒度小于 0.125mm，难溶样品粒度为 0.07mm，烘干待用。

4. 盖层测试的岩心岩屑处理

了解地层岩石类型与测定项目，确定取样方式。

1）常规孔隙度、渗透率、突破压力和扩散系数的取样

用金钢石取心钻头或手式制作，将岩心钻切成圆柱形，对疏松岩心，冷冻后可用钻床取

样，遇水易碎的可用煤油做循环水取样，取样方向应垂直层理面。

取小圆柱样品，一般直径为2.5cm，常规孔隙度、渗透率、突破压力要求最小长度与直径比为1，扩散系数要求最小长度为1cm。

常规孔隙度、渗透率样品如果含油，应先洗油。

2）激光粒度、比表面—孔径分布的取样

激光粒度：取有代表性岩样5~10g，用铁研钵粉碎成1.5~2.5mm的颗粒。

比表面—孔径分布：取有代表性岩样50~100g，粉碎过筛，取粒径0.28~0.45mm的样品5~10g。

3）压汞的取样

如果易钻样品用柱塞样，选样要求同上述常规孔隙度、渗透率、突破压力和扩散系数的取样；如果不易制样，可用不规则样品，一般样品体积应大于20mm×25mm×25mm。

第二节　碎屑岩普通薄片鉴定

常见储集岩为砾岩、砂岩、粉砂岩、黏土岩和碳酸盐岩等，其基本岩性特征可以通过薄片分析体现。常见岩石类型的薄片鉴定主要包括岩石的物质组成、结构与显微构造、成岩及成因等内容。

一、砾岩

砾岩为粒径大于或等于2mm的、碎屑颗粒含量大于或等于50%的碎屑岩。偏光显微镜下一般只能鉴定细砾岩，鉴定时使用低倍镜。在手标本鉴定的基础上进一步鉴定砾石成分与填隙物的成分和结构等。砾岩填隙物成分包括杂基和胶结物。其中杂基为充填于砾石之间，与砾石同时沉积的机械混入物，由黏土、粉砂和砂组成。常见的胶结物有硅质、铁质和钙质。

砾岩中各种组分的含量统计、描述内容和命名原则如下：

(1) 薄片鉴定时仅统计陆源碎屑颗粒、非陆源碎屑颗粒、填隙物分别占岩石薄片面积的百分含量，碎屑成分的含量统计视工作需要而定。

(2) 描述碎屑颗粒成分、填隙物成分、岩石结构、构造和成岩作用特征。

(3) 砾岩中砂质含量大于或等于10%且小于25%时，命名为含砂砾岩；含量大于或等于25%且小于50%时，命名为砂质砾岩。

(4) 当砾石以某种成分为主时（即含量大于或等于50%），参与命名，如花岗质砾岩。

(5) 当含有非陆源碎屑组分和填隙物时，其命名参照砂岩命名原则。

(6) 综合命名顺序为非陆源碎屑+填隙物+砂、砾石成分+砾岩，如灰质含中砂花岗质砾岩。

二、砂岩

砂岩为粒径大于或等于0.0625mm且小于2mm、碎屑颗粒含量大于或等于50%的碎屑岩。

1. 成分及含量

1）碎屑组分

这一部分工作要指出碎屑组分在整个薄片中的含量占比。含量测定采用目估法，大致比例如图1-1所示。

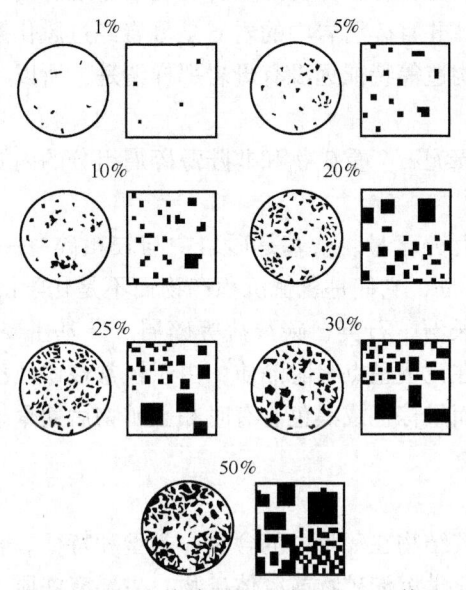

图1-1　薄片及手标本估计颗粒百分含量（目估法）示意图

（1）石英组分。

石英矿物和燧石之和占碎屑颗粒的含量及其特征。描述石英的形态、波状消光、裂纹、次生加大等特征（见附录图版1）。

石英矿物呈现无色、透明、粒状、无解理，有时有裂纹分布。折光率略高于树胶，突起糙面不显著，表面光滑。干涉色一级灰白，最高时可达一级淡黄，一轴晶，正光性。除此以外，常见波状消光现象及气液体或其他矿物的包裹体。

（2）长石。

这一部分工作要测出长石在碎屑颗粒中的含量占比及其特征。

长石分为钾长石和斜长石，描述形态、解理、交代蚀变及其产物、风化程度、次生加大、溶蚀等特征（见附录图版2）。长石在碎屑岩中含量仅次于石英，由于长石较石英易风化，应区分"新鲜的"和"风化的"。

在砂岩中最常见的长石是正长石和微斜长石，还有酸性斜长石，中基性斜长石少见。根据光性特征，应区别正长石、微斜长石、透长石和斜长石。通常在砂岩中由于颗粒较小，正长石的卡氏双晶不明显，而其他光性又与石英很相似，主要根据其折光率略低于树胶、颗粒表面常因风化而不光洁，呈浅棕色土状，发育的解理和晶形呈长条状等特点与石英区别。

长石易风化，正长石和微斜长石常风化成高岭石，使长石表面呈浅棕黄色、土状。斜长石风化后易产生绢云母，绢云母与白云母光性相似，绢云母呈极小鳞片状。长石风化后透明程度减低。长石风化程度常分级表示，若是长石粒表大部分被风化物质掩盖，则风化程度深；若不及1/4，则风化程度浅，两者之间为风化中等。

（3）岩屑。

这一部分工作要测出岩屑在碎屑颗粒中的含量占比及特征。

在砂岩中可见到各种成分的岩石碎屑，分为岩浆岩岩屑、火山碎屑岩岩屑、变质岩岩屑和沉积岩岩屑。在镜下要准确鉴定出各种岩屑，并描述其交代蚀变与溶蚀等特征［见图版3(a)、(b)］。具备岩浆岩、变质岩和各类沉积岩的镜下鉴定基础，根据研究工作的需要对各类岩屑进一步细分和描述。并且碎屑岩中的岩屑是母岩经过风化搬运，在一定环境下沉积而成，本身的成分、结构、构造等特征远没有母岩那样清楚，所以鉴定时要十分小心才是。

（4）其他。

其他成分包括云母、绿泥石、重矿物和非陆源碎屑组分的内源屑、火山碎屑、炭屑等。

2）杂基

统计其占整个岩石的百分含量。杂基是砂岩中与较粗碎屑一起沉积下来的细粒填隙组分，粒度一般小于0.0313mm，它们是机械沉积产物而不是化学沉淀组分，其主要成分为陆源黏土矿物、片状矿物、长石、石英、碳酸盐等碎屑。杂基主要指泥质和细粉砂，也包括泥、粉泥晶碳酸盐矿物。在镜下呈点状隐晶质，由于经常被铁质浸染而带浅褐色，在含油砂岩中、杂基常被原油浸染而呈棕色或黑色。有时黏土矿物后期重结晶，呈细小鳞片状或纤维状矿物。

3）胶结物

这一部分工作要测出胶结物在薄片中的含量、类型和特征。胶结物是指沉积物或沉积岩在成岩作用过程中形成的化学沉淀矿物或胶体矿物。主要有铁质、硅质、碳酸盐矿物等。

（1）铁质：最常见的铁质胶结物为赤铁矿或褐铁矿，在显微镜下为红色、褐色、不透明或半透明。

（2）硅质：有石英、玉髓和蛋白石等。蛋白石无色透明，折光率比树胶低很多，为1.4~1.6，正交光下全消光，是均质体矿物。玉髓无色透明，折光率与树胶接近，在正交光下可见玉髓呈小米粒状的微晶结构或呈放射纤维状组成的球粒状、十字花状或扇形的集合体，呈一级灰白干涉色。

（3）碳酸盐矿物：以方解石和白云石为主。在染色（用茜素红s和铁氰化钾的混合物）片中可区分开方解石、铁方解石和白云石、铁白云石。方解石染成红色，铁方解石染成紫红色，白云石不染色，铁白云石染成蓝色。

除此以外，有时有石膏、硬石膏、海绿石等物质作为胶结物。一块岩石中若有两种以上的胶结物，应注意不同胶结物之间、胶结物与颗粒之间的接触关系，以判断其生成顺序。

胶结物成分确定后，应估计其含量，挑选代表性的几个视域，估计每个视域中碎屑颗粒占多少面积，胶结物占多少面积，将几个视域的所得面积平均一下，就直接得出其百分含量。

2. 结构

1）颗粒结构

颗粒结构的描述包括颗粒的粒度、分选性、磨圆度等。

（1）粒度。

粒度是指碎屑颗粒的大小，粒度分级见表1-2。粒度的度量以粒状碎屑长轴为准，其表示方式为最大粒径和主要粒径区间。

表 1-2 碎屑颗粒粒级分类表

粒级 类	亚类	粒径 mm	φ值
砾	粗砾	64~<256	>-8~-6
	中砾	4~<64	>-6~-2
	细砾	2~<4	>-2~1
砂	粗砂	0.5~<2	>-1~1
	中砂	0.25~<0.5	>1~2
	细砂	0.125~<0.25	>2~3
	极细砂	0.0625~<0.125	>3~4
粉砂	粗粉砂	0.0313~<0.0625	>4~5
	细粉砂	0.0156~<0.0313	>5~6
泥		<0.0156	>6

（2）分选性。

砂级碎屑颗粒的分选程度分为三级，即好、中、差。

① 好：同一粒级含量大于或等于碎屑总量的75%。

② 中：同一粒级含量占碎屑总量的50%及以上，但小于75%。

③ 差：碎屑粒级集中趋势不明显。

当粒径跨粒级而主要粒径又接近粒级界限值时，仍以"好"或"中"表示分选性。

（3）磨圆度。

磨圆度划分为棱角、次棱、次圆、圆、极圆五级，见图1-2。

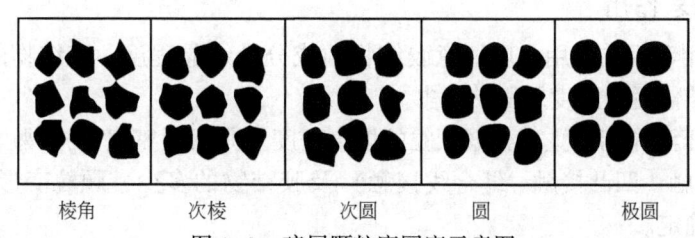

图 1-2 碎屑颗粒磨圆度示意图

2）填隙物结构

填隙物结构可分为均一的和非均一的（凝块状的）结构；也可分非晶质和晶质结构。晶质结构可进一步细分为隐晶的（微晶），显晶的（镶嵌状的、薄膜状的、次生加大状、丛生栉壳状的），连生的。

3）孔隙结构

孔隙结构包括孔隙含量、类型、大小、几何形状、连通性、分选性。

4）支撑类型

支撑类型可分为杂基支撑型与颗粒支撑型两种类型。

杂基支撑型：碎屑颗粒彼此不接触而呈漂浮状，碎屑颗粒间充填大量杂基。

颗粒支撑型：碎屑颗粒彼此接触，形成支架结构。

5）胶结类型

根据胶结物和杂基在岩石中的分布状况、自身的结构特征以及与颗粒之间的相互关系，可将其划分为多种类型。砂岩胶结类型分为基底型、孔隙型、接触型、压嵌型、连晶型、薄膜型、次生加大型、凝块型和晶粒镶嵌型共9种胶结类型。

6）颗粒接触方式

颗粒接触方式包括：未接触，颗粒呈漂浮状，相互之间不接触；点接触，颗粒之间呈点状接触；线接触，颗粒之间呈线状接触；凹凸接触，颗粒之间呈曲线状接触；缝合线接触，颗粒之间呈曲线状接触并有压溶作用。

3. 显微构造

描述显微镜下可见的构造，如颗粒排列方式、结核、显微粒序层理、微细纹理、微冲刷面、同生变形构造及生物扰动构造等。

4. 其他

说明砂岩的含油情况，含化石情况。

5. 综合定名

矿岩的定名方式为定名：颜色+构造+粒度+成分，如灰白色块状中粒长石砂岩。有时也将自生矿物等反映在岩石名称上，如灰绿色海绿石石类砂岩。

依据砂岩的物质成分与结构特征来综合命名。如粒级划分，砂岩中单粒级含量大于或等于50%时定主名，含量大于或等于25%且小于50%时定副名，按照副名在前、主名在后的顺序命名，如中细粒砂岩，含量小于25%的粒级一般不参与命名。综合命名顺序为非陆源碎屑、填隙物、粒级、陆源碎屑成分，如含砂屑灰质细粒长石砂岩。可依据行标《岩石薄片鉴定》（SY/T 5368—2016）来命名砂岩。

6. 砂岩的成岩作用

（1）胶结作用和固结作用：应注意胶结物的成分及结晶程度、胶结物的结构或世代关系，以便了解胶结作用的强度及固结历史。

（2）压实及压溶作用：主要根据颗粒的填集程度（是否紧密填集）、颗粒间的接触强度（由点接触—线接触—凹凸接触—缝合线接触）及胶结物的多少，颗粒变形，如云母弯曲、假杂基等来加以确定。

（3）重结晶作用：砂岩的重结晶作用主要发生在填隙物当中，如方解石胶结物形成连生胶结，硅质胶结物形成再生石英（次生加大边）、黏土杂基形成正杂基等均为重结晶现象。

（4）交代作用及自生矿物的形成：交代作用的发生与外来物质的加入和介质Eh、pH条件的变化有关。通过对矿物交代共生关系的研究，可能了解砂岩的成岩变化历史。

（5）溶解、溶蚀作用：溶解作用主要发生在碎屑及充填物易溶组分中，通常岩屑与长石颗粒、粒间充填物（杂基和早先胶结物）常经历蚀变作用并溶解形成相应的粒内孔隙与粒间孔隙等，是储层形成与改造的重要控制因素。

7. 砂岩成因分析

通过砂岩标本和薄片的研究，应当对岩石的特点加以总结分析，作出某些成因推论和提出一些问题。成因分析应考虑碎屑成分受陆源区母岩性质及大地构造状况控制关系，成分成熟度与风化作用的强弱和搬运距离的远近关系，结构成熟度（分选、磨圆及杂基含量）、沉积构造特征和搬运沉积介质的性质、搬运方式及对碎屑的改造作用的关系，并推断沉积环境，依据胶结物的成分、结构、胶结类型、自生矿物、颗粒接触关系等判断成岩环境及成岩历史，依据岩石及胶结物颜色、成分推断古气候。

三、黏土岩

黏土岩指岩石组分中粒径小于 0.005mm 或 0.0039mm 的组分含量大于 50% 的碎屑岩，也指黏土矿物含量大于 50% 的沉积岩。黏土岩通常称为泥岩和页岩，或称为泥（页）岩［见图版4中（a）~（d）］。

1. 黏土岩描述内容

在手标本鉴定的基础上可进一步鉴定黏土岩成分和结构构造，并综合定名。具体描述内容包括陆源碎屑组分、黏土矿物、内源屑、自生矿物、炭化植物碎屑、重质油、沥青等的含量、分布及岩石的结构、构造等。

1）组分描述

组分描述包括说明黏土岩所含机械混入物成分和含量，自生矿物种类、大小、形状和含量，生物化石的类型和含量等。某些黏土矿物也能在镜下鉴定出来。

蒙脱石在薄片中无色，有时带黄、绿或粉红颜色，并有多色性。负突起，折光率随其中的铁和镁含量的增加而增高。晶体为鳞片状，平行 {001} 解理完全。干涉色为二级，但由于颗粒极为细小，而往往不超过一级黄，主要鉴定特征为晶形、突起及干涉色。

高岭石在薄片中无色透明，有时为浅黄色。晶体为片状、鳞片状，平行 {001} 解理完全。低正突起。干涉色为一级灰白色。

水云母（伊利石水云母）在薄片中无色，有时带淡绿色、淡黄褐色。晶体叶片状，低—中正突起。干涉色可达二级顶部，但常见为一级黄红。近于平行消光。

2）结构鉴定

黏土岩中常见的结构有黏土结构、含粉砂（或砂）黏土结构、粉砂（或砂）质黏土结构、含鲕粒黏土结构、斑状黏土结构等。

3）构造描述

黏土岩的构造描述分为宏观和微观两种类型。宏观构造包括各种层理、层面构造以及其他内部构造。常见的显微构造有显微鳞片构造、显微毡状构造、显微定向构造、显微水平层理、显微水平互层层理、显微递变层理等。

4）裂缝与次生变化

裂缝是黏土岩形成油气储集空间的主要类型，其他次生变化与黏土矿物转化是黏土岩主要的成岩作用。

2. 黏土岩命名

通常，如果能鉴定出黏土矿物成分则按成分定名，如灰白色高岭石黏土岩，但一般不易定出黏土矿物成分。黏土岩定名主要包括主要成分、次要成分（或特殊成分）和构造等，如灰白色钙质泥岩、灰黑色碳质页岩等。

黏土岩命名原则如下：

（1）矿物成分命名。当某种矿物含量大于或等于50%时，在主名"泥（页）岩"前直接加上该矿物名称，如高岭石泥岩；含量大于或等于25%且小于50%时，命名为"××质"，如灰质泥岩；含量大于或等于10%且小于25%时，一般不参与命名。当两种或两种以上矿物含量均大于或等于25%且小于50%时，采用少前多后的顺序参与命名。

（2）含砂、粉砂的命名。目估大于或等于0.0156mm的碎屑总量，含量大于或等于10%且小于25%时，命名为"含××"，如含粉砂泥岩；含量大于或等于25%且小于50%时，命名为"××质"，如粉砂质泥岩。

（3）沥青物质或油母质含量大于或等于5%，并以黏土矿物为主的页岩，命名为油页岩。

（4）内源屑、炭质命名。当某种组分含量大于或等于10%且小于25%时，命名为"含××"，如含鲕粒泥岩；含量大于或等于25%且小于50%时，命名为"××"，如炭质泥岩。

（5）同期火山碎屑物质命名。粒径小于2mm的同沉积期火山碎屑物质含量大于或等于10%且小于50%时，命名为"凝灰质××"。

（6）当某种沉积构造成为岩石的显著特征时，应参与命名，如虫孔泥岩。

综合命名顺序为：沉积构造+内源屑（或同期火山物质、炭质）+砂（或粉砂）+成分+泥（页）岩，如水平层理含粉砂灰质泥岩，生物扰动粉砂质泥岩。

第三节　碳酸盐岩和其他岩石普通薄片鉴定

一、碳酸盐岩

在手标本肉眼观察鉴定的基础上，偏光显微镜下系统描述鉴定碳酸盐岩薄片，主要内容包括矿物成分、结构组分和结构类型、显微结构、成岩作用、孔隙和裂缝、环境分析、岩石综合命名，同时辅助素描图或显微相片展示。

1. 矿物成分与含量

碳酸盐岩常见矿物成分包括：碳酸盐矿物，主要是方解石、白云石，其次是铁白云石、铁方解石、菱铁矿、菱镁矿和菱锰矿等；自生的非碳酸盐矿物，常见石膏、硬石膏、重晶石、天青石、石英、海绿石等；陆源碎屑混入物，常见黏土矿物、石英、长石以及一些重矿物等。矿物含量按面积百分比统计。凡属交代矿物，都应计入矿物百分比中，但裂缝或洞内任何充填物均不计入。

1）碳酸盐矿物

碳酸盐矿物（方解石和白云石）具有相似的光学特征。单偏光镜下无色透明，糙面显著，有闪突起现象，正交镜下为高级白干涉色，近于垂直c轴的切面也可见彩色干涉色、一轴晶负光性。在偏光显微镜下应根据它们的自形程度、环带、雾心结构以及双晶特点加以区别。方解石的晶形大多为规则粒状，双晶纹平行菱形的长对角线。白云石晶形一般较好，多为自形，常见规则的菱形晶体，可见环带结构，成岩期白云化形成的白云石具"雾心亮边"

现象，白云石少有双晶，双晶纹大多平行于菱面体解理短对角线或与其长对角线平行，有时在同一切面中两种方向均有出现。区分碳酸盐矿物主要采用薄片染色法。

(1) 方解石和白云石区分。

茜素红—S 溶液可区分方解石和白云石。将 0.1g（100mg）的茜素红—S 粉末溶解于 100mL 的浓度为 0.2% 的稀盐酸中，配制成茜素红—S 溶液，将其滴于未加盖片的薄片上，等 10~30s 后，方解石、高镁方解石、文石都呈深红色，白云石、菱镁矿、石膏等不染色。

(2) 含铁和含镁碳酸盐矿物区分。

用茜素红—S 和铁氰化钾的组合染色试剂确定方解石的白云石中含不含镁或含铁量。把 1g 茜素红—S 和 5g 铁氰化钾一起溶于 100mL 的浓度为 0.2% 的稀盐酸中，配制成混合溶液。按染色后颜色深浅不同可以对 Fe 含量进行半定量鉴定。其染色结果为：无铁（Fe^{2+}）方解石显粉红—红色，贫铁（Fe^{2+}）方解石显淡紫色，富铁（Fe^{2+}）方解石显紫红色，无铁（Fe^{2+}）白云石不染色，含铁白云石（Fe^{2+}/Mg^{2+}）<1 显亮蓝色，铁白云石（Fe^{2+}/Mg^{2+}）>1 显暗蓝色。

混合溶液现用现配效果最好，染色时间以 45s 到 60s 为宜，染过的岩石薄片可清水自然流冲、晾干后鉴定。混合溶液用棕色玻瓶或黑纸包封玻瓶，以防氧化变质。

方解石和白云石的含铁量可以反映其形成环境的氧化还原程度（Eh 值）。在氧化环境中，铁以 Fe^{3+} 存在，无 Fe^{2+} 离子，而 Fe^{3+} 不能进入方解石和白云石晶格中；在还原环境中，铁以 Fe^{2+} 存在，Fe^{2+} 可以进入方解白云石晶格中，形成含铁方解石和含铁白云石。铁方解石和铁白云石常作为成岩矿物出现在胶结物中。深部成岩、晚期成岩阶段往往是还原环境，经常出现含铁碳酸盐矿物，方解石稠白云石中 Fe^{2+} 含量愈多，表明该矿物形成时间越晚，埋藏深度越大。

2) 自生非碳酸盐矿物

自生的非碳酸盐矿物的鉴定，内容包括矿物成分、形态、自形程度、晶粒大小、分布特点及其在岩石中的百分含量。

在观察矿物成分时，对石英等硅质矿物要特别注意，它们既可能是陆源的，也可能是自生的。自生硅质矿物常具有成岩环境意义，其特征是晶形好，没有磨圆，干净透明，可见其周围的碳酸盐包裹体产出形式有三种：孤立的、完好的晶体充填于裂隙中，不交代其他矿物；交代其他碳酸盐矿物（颗粒或胶结物）或充填于裂隙中，交代碳酸盐矿物的硅质矿物中常见被交代矿物的细小包裹体；作为硅质胶结物，在淡水潜流带或渗流带的特殊环境中，碳酸盐颗粒之间的胶结物可以是石英，并且可以显示世代现象。

3) 陆源碎屑矿物

陆源黏土矿物粒度细，常呈隐晶，透明度低、浑暗，镜下不易鉴定，可以大致估计一下其百分含量。

石英、长石、岩屑（黏土岩、硅质岩、碳酸盐岩等）以及重矿物等陆源碎屑颗粒，应该描述其大小、外形特征（常具有一定程度的磨蚀外形和氧化外壳）、圆度、分选、分布状况以及在岩石中的含量。

2. 组构组分

碳酸盐岩组构组分是碳酸盐岩的结构类型和结构组分的总称。碳酸盐岩的结构在一定程度上反映了岩石的成因，它是岩石的重要鉴定标志，也是岩石分类命名的重要依据。碳酸盐岩的组构组分包括颗粒（粒屑）、原地生长生物组构、自成粘结和晶粒结构四大类，及其相应的残余组构或单一晶粒结构。

1）颗粒（粒屑）

颗粒结构由颗粒、泥晶和亮晶三种结构组分组成，它们的不同含量的组合常组成泥晶结构、颗粒泥晶结构、泥晶颗粒结构、亮晶颗粒结构等四种碳酸盐岩颗粒结构类型。

(1) 颗粒的结构。

注意观察颗粒数量、类型、粒度、磨圆度、分选性等内容，其中颗粒类型特别重要，首先要区分的是盆内颗粒还是盆外颗粒。盆内颗粒包括内碎屑、鲕粒、豆粒、球粒、菌藻团块、生物碎屑和生物化石、核形石、变形粒和礁岩角砾；盆外颗粒指陆源碎屑颗粒。现重要描述下列几种颗粒。

① 内碎屑。

要描述内碎屑大小（长轴和短轴长度）、形状、矿物成分、内部结构、圆度、表面特征（是否具氧化圈）、分选以及在颗粒中的百分含量。内碎屑按颗粒直径大小（长轴长度）可以划分为砾屑、砂屑、粉屑、泥屑［见图版3中（c）~（h）］。砂屑和粉屑还可以再细分，与碎屑岩中的碎屑颗粒的粒级划分和命名相当。

② 鲕粒。

确定薄片中鲕粒存在与否，最根本的要看是否有核心和同心圈结构，只能据颗粒大小、形态、分布状况和成岩现象推断它们是否属于鲕粒范畴。

鲕粒的描述主要包括鲕粒类型、特征及占颗粒的百分含量。描述各种类型的鲕粒的形状、大小、内部结构，应尽可能描述同心层的矿物成分（主要由泥晶方解石组成）、厚度、层数等，鲕粒核心的类型（砂屑、生物颗粒、球粒、石英等）、核心的大小。如果是生物颗粒作为鲕粒的核心，应指出生物化石的种类及完整性。

鲕粒的类型有以下几种。

a. 正常鲕：同心层厚度大于核心的直径。

b. 表鲕：同心层厚度小于核心的直径，有的表鲕仅具一层皮壳。

c. 复鲕：在一个鲕粒中，包括两个或两个以上小的鲕粒。

d. 偏心鲕：鲕粒核心偏离中心位置。

e. 放射鲕：同心层具放射结构。

f. 变形鲕：包括同生变形鲕和压溶变形鲕。

g. 残余鲕：鲕粒经过强烈的白云石化、硅化等交代作用或强重结晶作用，其内部结构被破坏，仅剩残余。

h. 单晶鲕和多晶鲕：经重结晶或溶解—沉淀作用，整个鲕粒基本上由一个核及同心圈层和多个核及多组碳酸盐圈层体组成。由一个碳酸盐晶体矿物形成单晶鲕，由多个碳酸盐矿物晶体组成多晶鲕。溶解—沉淀成因的多晶鲕可具世代现象。

i. 负鲕（空心鲕）：鲕粒内部被选择性溶蚀，形成粒内溶蚀孔隙。

j. 藻鲕：在藻参与下形成的鲕粒。有藻类作用的鲕粒表现为具密集纤维放射状；密集的同心圆状，色暗，富含有机质；同心层某个地方突然凸出，机械磨蚀作用无法解释；鲕粒表皮有泥晶化边，由于泥晶化边或泥晶包壳的保护，可以使鲕粒形成负鲕或变晶鲕。

③ 豆粒。

豆粒是具有核心和同心层且粒径大于或等于 2mm 的球状颗粒。

④ 生物颗粒。

生物颗粒是很重要的颗粒类型之一，主要为生物碎屑和生物化石。镜下可根据生物的形态、矿物组成、显微结构等标志要求鉴定出它们所属的大的门类，以及在颗粒中所占的百分含量。

⑤ 球粒。

球粒是一种较细的（粉砂—细砂级）不具内部结构的、泥晶的、球形或卵形-椭球形的、分选良好的颗粒。镜下主要描述球粒形状、大小、矿物成分、内部结构、分布特点以及在颗粒中所占的百分含量。一些富含有机质、色暗、圆度高的均—泥晶碳酸盐集合体则为粪球粒。

⑥ 菌藻团块。

菌藻团块包括菌藻粒屑、葡萄石、巴哈马石，成因均与藻有关，色暗、富含有机质、菌藻迹明显，多为结构不均、形状不规则的颗粒。藻团粒形态不规则，不具同心层结构。藻屑是破碎的颗粒，形状更不规则，相互之间藕断丝连。在偏光显微镜下描述菌藻团块的类型、大小、成分、内部结构特征、分布状况以及在颗粒中所占的百分含量。

⑦ 核形石。

由菌藻类组成，同心层宽窄不均、形态多变的包粒。核形石与鲕粒区别在于核形石粒径大、形状不规则、不具核心。

⑧ 变形粒。

外形呈拖拉状、链锁状、蝌蚪状、扁豆状、勾线状的变形颗粒。

⑨ 礁岩角砾。

（2）泥晶。

泥晶指粒径小于 0.01mm 的碳酸盐质点，既可作为粒间填隙物，又可单独组成岩石。泥晶与碎屑岩中的杂基相当，但它不是陆源的，根据组成泥晶的矿物成分分为灰泥和云泥。镜下特点为半透明、微褐色的碳酸盐质点，极易重结晶，经重结晶后增大的方解石（白云石）晶体易与亮晶方解石（白云石）混淆。在偏光显微镜下描述泥晶的成分、大小、晶形、结构、分布特点，岩石中的百分含量。

（3）亮晶。

亮晶包括粒间或骨架间以化学方式沉淀结晶出来的矿物（又称亮晶胶结物）；生物体腔、空腔或洞中充填的以化学方式沉淀结晶出来的矿物。

亮晶胶结物颗粒沉积以后，由粒间水以化学沉淀方式生成的化学沉淀物质，主要为（铁）方解石、（铁）白云石以及石膏等。亮晶胶结物和泥晶重结晶易混淆。在偏光显微镜下描述亮晶胶结物的矿物成分、晶粒大小、自形程度、结构特点、分布状况以及在岩石中的百分含量等。

2）原地生长生物组构

原地生长生物组构包括骨架组构、障积组构和依附粘结组构。

（1）骨架组构：原地生长的固着生物所形成的坚硬骨架［见图版 3 中（c）］。

（2）障积组构：由枝状、丛状生物阻碍灰泥、生屑等颗粒的移动，滞留于生物骨架之间所形成的组构（见图版 3 中（g）、（h）］。

（3）依附粘结组构：本身不能独立成岩，作为原地生长组构的依附物。

生物礁是典型具此类组构的碳酸盐岩，生物礁由原地和异地礁碳酸盐岩组成。原地碳酸盐岩构成礁核，包括障积岩、粘结岩和骨架岩三种类型岩石，分别代表三个成礁阶段和成礁方式。原地礁碳酸盐岩中的骨架岩是鼎盛造礁时期形成的，其结构组分包括生物格架和格架孔隙中的填物（包括碎屑颗粒、泥晶、亮晶），其中碎屑颗粒主要是礁体破碎形成的。

对于生物格架，应描述造礁生物种类、骨架的显微结构、矿物成分、骨骼切面特征、大小分布特点。注意结合手标本，估计生物格架在岩石中的百分含量。对于特殊的结构应重点描述，如生物骨骼结构、原生海绵状孔隙结构和多圈层玛瑙纹栉壳状结构等。

3) 自成粘结组构

自成粘结组构分为层纹组构、叠层组构、绵层组构和黏连组构四种。

（1）层纹组构：指近于平整的、由菌藻迹组成的细微纹层。特点是具明暗细纹、断续水平层状，无空腔但常有鸟眼状构造相伴生。其中基本纹层厚为毫米级者，称为纹层状；基本纹层厚为厘米级者，称为条带状。

（2）叠层组构：由暗色富菌藻层和浅色富屑层叠覆而成，包括层状叠层和球状叠层。层状叠层为富菌藻的基本层组成明暗起伏、遍含空腔，形成波状、层状、柱状、锥状叠层，或波—柱状、波—锥状的复合体叠层。球状叠层为富菌藻纹层包绕粘结成大型球状、球团状的同心包层，具原地生长生态，一般球径大于3cm。

（3）绵层组构：富菌藻层间有大量空腔，状如海绵，由菌藻迹组成"格架"，其间空隙为亮晶充填或半充填。其特点是空腔极其发育，数量可以多于菌藻迹；"格架"内外均为亮晶充填；不具层状。

（4）黏连组构：由颗粒或格架和黏连物两种组分组成。特点是颗粒或格架由菌藻泥黏连成为不规则状；空腔发育，但不及绵层组构发育；黏连物为色调暗的富菌藻灰泥。有时呈流动状。

4) 晶粒结构

晶粒结构是指由晶体支撑的碳酸盐或其他盐类矿物组成的岩石结构。按晶粒大小分为巨晶、粗晶、中晶、细晶、粗粉晶、细粉晶和泥晶（<0.01mm）七级。粒径的度量以粒状晶体长轴为准。按晶体的自形程度，晶粒形态分为自形晶、半自形晶和它形晶，依晶粒的聚合特征分为扇状、放射状、花瓣状、球粒状、桑椹状等。

具晶粒结构的碳酸盐岩镜下分析时，不能将晶粒和颗粒、晶粒之间的物质和颗粒之间的填隙物混为一谈，具晶粒碳酸盐岩具有晶粒结构、晶粒之间的物质少量或无；具颗粒结构的碳酸盐岩具有颗粒和填隙物。在观察描述晶粒结构组分时，应注意观察晶体自形程度、相对大小、绝对大小、不同级别晶粒的相对含量、晶粒之间相互穿插和包裹关系等内容。

另外还有残余组构，此处不再详述。

3. 构造

1) 物理成因构造

（1）流动构造：常见的有冲刷痕、波痕、显微层理等。

（2）示底构造：指生物体腔、鸟眼等孔隙内，下部由沉积物填积，上部为亮晶矿物充填的明暗、粗细构造。明暗、粗细间形成一个水平分界面，代表沉积时的沉积面。

（3）滑塌构造：水下沉积物在重力作用下向下滑动形成的一种变形构造。

（4）水成岩脉：水成岩脉构造的特征是脉壁宽度不等，形状常为弯曲状；如粒屑由下向上挤入，则"脉壁"多发生变形，并向上逐渐尖灭，有时也可见颗粒由上向下注入的情况。

2）暴露构造

（1）渗流构造：一般包括渗流粉砂和渗流豆（鲕）。渗流粉砂是指孔隙（空洞）中充填的泥屑、粉屑等细组分，可有水平、斜交、交错层纹，表明岩石处在渗流带时具含有泥砂、泥晶的水流活动。渗流豆（鲕）是指具有同心层纹构造、原地沉淀生成的豆（鲕）状颗粒，是一种静态下的暴露构造。

（2）干裂：平面上呈规则多边形，纵切面呈"V"字形，切割原生构造。其充填物粗于围岩，可有铁质浸染，大多数干裂经撕裂、收缩后形成片状砾。

（3）席状裂隙：席状裂隙又称斑马纹构造，呈黑白频繁间互、细密弯曲的条纹构造。

（4）帐篷构造：指呈尖顶状的书页状薄层碳酸盐岩拱隆。

（5）环粒裂纹构造：指颗粒周围被不等厚的亮晶矿物环绕，环周以外都是灰泥组分。它是古土壤内干缩作用的反映。

3）化学成因构造

（1）雏鸡状构造：呈不规则的暗色细纹，结核状或团块状，暗色丝线状微纹同浅色膏团之间形成鸡丝状、鸡笼状，浅色部分状似"雏鸡"。

（2）晶痕构造：是石盐、石膏等易溶矿物在松软的沉积物表面上结晶生长，后经溶解消失，留下晶体形态特征的印痕。

（3）压溶构造：压溶构造在碳酸盐岩中多以缝合线形式表现，压溶面上常有黏土、黄铁矿、有机质等。

（4）叠锥构造：多为压溶成因，为锥轴大致平行排列的纤维状方解石组成，在锥面上往往有不溶残余物，发育完善者称为"锥形叠加"，发育欠完善者称为"雏形叠锥"。

（5）结核构造：由含铁、铝、锰、磷、硅、钙、镁等元素的矿物组成的各种形态的集合体。

4）生物—化学沉积构造

常见的生物—化学沉积构造有葡萄状构造。

5）生物沉积构造

（1）生物遗迹：指生物的足迹、爬迹、潜穴、觅食等遗留的痕迹。

（2）生物扰动构造：生物扰动构造呈斑状、条状、透镜状以及杂乱状等，其特征是粗细层纹、深浅颜色层理的混杂现象。

（3）鸟眼构造：在细结构的沉积物中，因气泡、收缩、藻类腐烂等作用，形成鸟眼状、斑点状、树杈状、多角状孔隙具亮晶充填或半充填的一种构造。

（4）植物根痕：植物根痕多出现于碳酸盐岩中的古土壤夹层中，由植物根须炭化或钙化形成，切穿层理为其显著特征。

构造一般是宏观的，应在野外观察为主，在偏光显微镜下只能看到微型的构造或对宏观构造作一些补充观察，镜下应着重观察一些特殊的显微构造。

显微层理，多为连续和断续的条纹状、微波层状层理、显微透镜状层理、显微递变层理。同时显微镜下可见微型冲刷、充填构造、结核构造、缝合线构造以及成岩收缩缝等。可见结核状、鸡笼铁丝状和揉皱状石膏。小型的鸟眼构造、示底构造、干裂生物钻孔、潜穴及生物扰动等。生物格架礁碳酸盐岩中可见生物包裹缠绕构造、示底构造以及重力方向相反的纹理等。

4. 成岩作用

碳酸盐岩的成岩作用直接和古沉积环境的恢复，孔、洞、缝等储集空间的发育以及油气聚集有着密切的关系。因碳酸盐岩自身特征，其成岩作用的观察分析是比较难的。成岩作用类型很多，主要有溶解作用、矿物的转化作用和重结晶作用、胶结作用、交代作用、压实作用和压溶作用等。注意观察这些成岩作用在不同成岩阶段（同生期、早成岩期、晚成岩期、表生期），不同成岩环境（海底成岩环境和大气淡水成岩环境、浅—中埋藏成岩环境、深埋藏成岩环境、表成岩环境）中的特点和识别标志。

5. 孔隙和裂缝

在碳酸盐岩储层研究中发现，孔、洞、缝系统的改造是剧烈的，有时甚至是彻底的，不少成岩后生作用的改造已变得很难辨认原来的面貌。开展成岩后生变化的系统研究，进而探索在地质历史时期不同阶段孔、洞、缝系统的空间分布规律，才有可能对碳酸盐油气储集层作出客观的科学的评价。

碳酸盐岩中的孔隙有原生和次生两种基本类型，以次生孔隙发育为特征，在油气勘探活动中，人们更多地关心溶解作用形成的次生孔隙、白云化以及白云化形成的次生孔隙以及构造裂隙。从孔隙结构类型来讲，主要有粒内、粒间、晶间、生物格架、生物穿孔、遮蔽、鸟眼、铸模等孔隙，还有溶孔、溶洞、溶缝、溶沟及缝合线等孔缝。应注意观察和研究孔隙的大小、类型、数量、成因和形成阶段；描述裂隙的方向、组数、大小、充填情况、成因和形成阶段等。

为了详细了解成岩作用对储集层特性的影响，可作定量分析工作，对成岩次生孔隙作定量评价。最简便而可靠的方法是在显微镜下对薄片各种成岩作用进行统计。如分别统计溶蚀、白云化、方解石化，重结晶形成的次生微孔隙和裂缝的面孔率占总面孔率的百分数，这种统计有很大的理论和实际意义。

6. 岩石综合定名

首先，按成分分类和定名，这也是组构命名的基础。矿物成分命名的原则与碎屑岩的成分命名原则完全相同，根据矿物成分和百分含量实行"含××""××质""××岩"的三级命名。

其次，按碳酸盐岩组构组份命名，如颗粒组构得考虑颗粒、灰（云）泥及亮晶组分类型及百分含量，仍是以三级命名原则开展组构分类和命名。

另外，考虑附加特征及习惯进行岩石名称，主要考虑岩石的颜色，成岩后生作用类型、特殊的自生矿物（如海绿石持殊的构造（如鸟眼构造）等。已经惯用的名称（如竹叶状灰岩、豹皮灰岩、叠层石白云岩、瘤状灰岩等）仍要沿用下来。例如，灰白色白云化含海绿石亮晶残余鲕粒白云质石灰岩，灰色白云化鸟眼构造泥晶球粒含云石灰岩，灰色去白云化细晶含灰白云岩，灰色块状层孔虫生物格架礁灰岩。

综合定名格式。附加岩石名称（颜色+成岩后生作用类型+特殊矿物+特殊构造）+岩石基本名称（结构命名+矿物成分命名），主要岩石类型有泥晶灰岩或白云岩，粒屑泥晶灰岩或白云岩，泥晶粒屑灰岩或白云岩，亮晶粒屑灰岩或白云岩。

7. 环境分析

以颗粒碳酸盐为例，环境分析包括颗粒形成环境、颗粒沉积环境以及成岩后生变化环境分析。颗粒形成环境和颗粒沉积环境两者可以是一致的；也可以不一致。颗粒形成后，如果在原地沉积下来，两种环境就是一致的，颗粒形成后，如果经异地搬运后沉积下来，那么两种环境不一致。

分析颗粒形成环境，应分析颗粒的类型、大小、分选、磨圆等岩石学标志，结合古生物和地化标志，指出形成颗粒的环境特点（水体盐度、深度、水动力强弱、能量高低）。

二、火山碎屑岩

1. 火山碎屑岩组分

火山碎屑岩是火山作用产生的各种碎屑物堆积或沉积后，经熔结、压结、水化学胶结等成岩作用形成的岩石。火山碎屑岩主要由火山碎屑物质组成，也可含一定数量的熔岩物质或正常沉积物。火山碎屑的主要类型、成因及特征见表1-3。在薄片下可确定火山碎屑物由岩屑（岩石碎屑）、晶屑（晶体碎屑）、玻屑（玻璃碎屑）组成。

表1-3 火山碎屑类型、成因及特征表

火山碎屑类型	火山碎屑形态	成因及特征
岩屑	刚性岩屑	早先凝固的熔岩、火山通道围岩及火山基底岩石，经火山爆发碎裂而成的碎屑，多呈不规则状、棱角状
岩屑	半塑性岩屑（火山弹）	半凝固的熔浆团块在喷出过程中旋转冷凝而成，多呈纺锤形、椭圆形、面包壳状等，发育气孔构造
岩屑	塑性岩屑（浆屑）	富含挥发分黏度较大的熔浆喷出时形成的炽热塑性熔浆团块，堆积时尚未凝固，可被压扁、拉长，多呈透镜状、火焰状，内部可含斑晶、气孔、杏仁体等
晶屑	刚性晶屑	多数为熔浆中早期析出的斑晶、少数为已固结的岩石，在火山喷发过程中炸碎脱离出来而成的晶体碎屑，常呈棱角状，具裂纹、熔蚀及暗化边等
玻屑	半塑性玻屑	富含挥发分黏度大的熔浆喷发时，迅速冷却成半凝固状态的多孔状玻璃，炸开且骤然冷却而成，多呈凹面棱角状、撕裂状，有的内部多孔呈浮岩状
玻屑	塑性玻屑	黏度大的熔浆喷发冷却成多孔玻璃，炸碎堆积时呈炽热可塑状态，常被压扁拉长呈透镜状、揉皱状，边缘常熔蚀圆化

2. 火山碎屑岩结构

1）普通火山碎屑结构

该结构由含量大于或等于90%的火山碎屑以压结作用方式形成。按火山碎屑粒径进一步划分为以下三种类型。

(1) 集块结构：火山碎屑粒径大于或等于64mm，含量大于或等于50%。

(2) 火山角砾结构：火山碎屑粒径大于或等于2mm且小于64mm，含量大于或等于50%。

(3) 凝灰结构：火山碎屑粒径小于2mm，含量大于或等于50%。

2）熔结火山碎屑结构

该结构主要由大量塑性火山碎屑以熔结（焊接）作用方式形成，可含少量晶屑和刚性岩屑。按火山碎屑粒径可进一步划分为熔结集块结构、熔结角砾结构、熔结凝灰结构。

3）火山碎屑熔岩结构

该结构为介于火山碎屑岩和熔岩之间的过渡类型岩石结构，火山碎屑被熔浆胶结。按火山碎屑粒径可进一步划分为集块熔岩结构、角砾熔岩结构、凝灰熔岩结构。

4）沉火山碎屑结构

该结构为介于火山碎屑岩和正常沉积岩之间的过渡类型岩石结构，以火山碎屑为主，混入含量大于或等于10%且小于50%的正常沉积物。按火山碎屑粒径可进一步划分为沉集块结构、沉角砾结构、沉凝灰结构［见图版4中（e）～（h）］。

5）火山碎屑沉积结构

该结构以正常沉积物为主，混入含量大于或等于10%且小于50%的火山碎屑。按正常沉积物的粒径可进一步划分为凝灰质砂状结构、凝灰质粉砂状结构、凝灰质泥状结构。

除上述结构外，在火山集块、火山角砾、凝灰质之间，随着各种粒级含量的变化，还有一些过渡类型结构，如凝灰角砾结构、沉凝灰集块结构等。

3. 火山碎屑岩命名

根据成因、组分含量、成岩方式及碎屑粒度等，可将火山碎屑岩分为三大类（表1-4）。

表1-4 火山碎屑岩分类表

类			火山碎屑熔岩类	正常火山碎屑岩类		火山—沉积碎屑岩类	
亚类				熔结火山碎屑岩亚类	普通火山碎屑岩亚类	沉积火山碎屑岩亚类	火山碎屑沉积岩亚类
火山碎屑含量，%			10~<75	≥75	≥90	50~<90	10~<50
成岩方式			熔浆胶结为主	熔结为主	压结为主	压结为主	压结和水化学胶结
构造特征			定向不显	似流动构造	层理构造不显	层理构造明显	层理构造明显
碎屑粒径 mm	≥64		集块熔岩	熔结集块岩	集块岩	沉集块岩	凝灰质巨（角）砾岩
	2~<64		角砾熔岩	熔结角砾岩	火山角砾岩	沉火山角砾岩	凝灰质（角）砾岩
	<2	0.0625~<2	凝灰熔岩	熔结凝灰岩	凝灰岩	沉凝灰岩	凝灰质砂岩
		0.0156~<0.0625					凝灰质粉砂岩
		<0.0156					凝灰质泥岩

与石油储层密切相关的岩石为凝灰岩、沉凝灰岩及火山碎屑沉积岩。在薄片鉴定中要密切注意火山碎屑岩中原生或次生的孔、洞、缝的发育、保存与充填情况。

三、岩浆岩

1. 岩浆岩矿物成分

岩浆岩的矿物成分的鉴定十分重要，可按如下步骤进行。

（1）用低倍物镜概略地区分暗色矿物和浅色矿物（暗色矿物突起高，有颜色；浅色矿物突起低，无色透明）。

(2) 鉴定暗色矿物，包括其种类、特征、含量等。主要种类为橄榄石、辉石、角闪石和黑云母。

(3) 鉴定浅色矿物，包括其种类、特征、含量等。主要种类为长石（碱性长石和斜长石）、石英、白云母。

(4) 鉴定副矿物。岩浆岩常见的副矿物有磁铁矿、磷灰石、榍石、锆英石等，可根据光性特征（如颜色、晶形、突起、干涉色）鉴别，最后估计其百分含量。由于这些矿物含量极少（通常不到1%，偶尔可达5%），且有时颗粒细小，易被忽略或遗漏，故鉴定时应当仔细。

(5) 鉴定次生矿物。常见的次生矿物有绿泥石、伊丁石、方解石、褐铁矿等。

当被鉴定的岩石为斑状结构时，应先分开斑晶和基质，再根据上述的鉴定步骤依次鉴定斑晶中的矿物成分，并分别估计它们的百分含量（可直接对斑晶估计百分含量，亦可以斑晶作100%），然后再观察基质，尽可能鉴定出基质中的矿物。最后估计斑晶和基质的百分含量。

矿物成分的描述顺序应当是主要矿物→次要矿物→副矿物，最后描述次生矿物。描述时应当指出它们的颗粒大小、形状、自形程度、次生变化、保存情况和主要光学特征等。斜长石一定要测出种类，辉石要区别出晶系（斜方辉石还是单斜辉石）。

矿物成分的百分含量计算一般采用目估法。

2. 岩浆岩结构与显微构造

岩浆岩的结构就是指岩石的结晶程度、颗粒大小、形状特征以及这些物质彼此间的相互关系等所反映的特征。岩浆岩的构造是指岩浆岩中各组成部分之间的排列方式和充填方式。

对结构的观察，首先应当指出其结晶程度（全晶质结构、半晶质结构、玻璃质结构）、颗粒的相对大小（等粒、不等粒、似斑状）和绝对大小（粗粒>5mm，中粒5~1mm，细粒1~0.1mm，微粒<0.1mm和隐晶质）、颗粒的自形程度（自形、半自形、它形），再描述矿物之间相互关系等。最后作出结构的全面描述，如全晶质半自形等粒中粒结构，全晶质它形细粒结构等。

对结构进行描述时也可采用专属的结构名称，例如岩石中辉石和斜长石大致各占一半，颗粒大小、自形程度相近，可描述为辉长结构；又如辉石和斜长石大致各占一半，斜长石形成三角架，其间充填辉石颗粒，则可描述为辉绿结构。

岩浆岩的专属结构鉴定描述非常重要，它不仅是许多岩石大类的鉴定特征，而且在岩石命名时有其特殊的处理方式：首先是直接参加命名，且往往是许多岩石大类的基本名称；再就是在岩石命名时，要省去与专属结构具体描述内容相同的部分。如黑色块状全晶质自形半自形细粒辉长岩，应直接命名为黑色块状辉长岩。常见的岩石专属结构有：辉长结构、辉绿结构、间粒结构（又称为粗玄结构、煌绿结构或玄武结构）、花岗、玻晶交织结构（又称为安山结构）、文像结构、粗面结构、响岩结构、伟晶结构、细晶结构、煌斑结构等[见图版5中(e)、(h)]。

矿物颗粒的绝对大小可用肉眼估计，也可用目镜微尺直接测量。

矿物的穿插、交生、反应边等结构在手标本上不易被发现，而在镜下很容易观察，故应详细描述，如交生结构（即矿物颗粒彼此镶嵌在一起，如文像结构、条纹结构、蠕虫结构等）、环带结构（如斜长石、辉石的环带结构）、反应边结构（早期结晶的矿物与残余岩浆相反应而形成的一些结构，如辉石的反应边结构）等。

在进行结构观察的同时，可根据矿物相对的自形程度以及矿物间的互相穿插和包裹关系来确定其结晶顺序。一般认为被包裹的矿物结晶早于包裹它的矿物。对于自形程度，一般说来同一岩石中自形晶析出较早，它形晶析出较晚，但应注意这一原则不能无条件地搬用，各类岩石中有很多例外情况。

某些岩石的构造还需在显微镜下进行观察，如喷出岩中经常出现气孔构造、杏仁构造、流纹构造、珍珠构造等。要观察气孔的充填程度及杏仁的矿物成分多在显微镜下进行［见图版5中（f）］。

3. 岩浆岩次生变化

岩石的次生变化在镜下易于观察，如去玻化（非晶质的重结晶现象），橄榄石的蛇纹石化，辉石的纤闪石化，黑云母的绿泥石化，斜长石的钠黝帘石化、绿泥石化、绢云母化，钾长石的高岭土化，这些现象都应当仔细观察描述［见图版5中（g）］。

4. 岩浆岩命名

单一岩石薄片镜下鉴定命名的主要依据是结构和矿物成分的特点。根据岩石结构，首先区分出深成岩、浅成岩和喷出岩，然后再根据长石的有无、含量和性质，根据石英的有无及含量，区分出超基性岩、基性岩、中性岩和酸性岩，再根据暗色矿物的种类和含量，定出岩石名称（表1-5）。

表1-5 岩浆岩岩石类型及特征

主要岩类		结构	构造	矿物成分
超基性岩	橄榄岩	粒状结构、包橄结构	块状构造	橄榄石、辉石为主，少量角闪石、黑云母、斜长石
	金伯利岩	斑状结构、细粒结构	块状构造、角砾状构造	主要为橄榄石、镁铝榴石、金云母，次为铬铁矿、蛇纹石、辉石、碳酸盐等
	苦橄岩	斑状结构、微晶结构、嵌晶结构	块状构造	橄榄石、辉石为主，少量角闪石、黑云母、斜长石
基性岩	辉长岩	辉长结构	带状构造、球状构造	主要为基性斜长石、辉石，少量橄榄石、角闪石等
	辉绿岩	辉绿结构	块状构造、带状构造	主要为基性斜长石、辉石，少量橄榄石、角闪石
	玄武岩	斑状结构、间粒结构、间隐结构、填间结构	气孔构造、杏仁构造、柱状节理、枕状构造	主要为基性斜长石、辉石，次为橄榄石、铁质氧化物、正长石、石英等
中性岩	闪长岩	半自形粒状结构	块状构造、条带状构造	主要为斜长石、角闪石，次为辉石、黑云母、石英、钾长石
	闪长玢岩	斑状结构	块状构造	主要为斜长石、角闪石，次为辉石、黑云母、石英、钾长石
	安山岩	斑状结构、交织结构、玻基交织结构	气孔构造、块状构造	斜长石、角闪石、辉石、黑云母、石英等
	粗面岩	斑状结构、粗面结构	流纹构造、气孔构造	碱性长石、斜长石、黑云母、霞石等

续表

主要岩类		结构	构造	矿物成分
酸性岩	花岗岩	花岗结构、文象结构	块状构造、斑杂构造	主要为石英、钾长石、斜长石，次为黑云母、白云母、角闪石、辉石等
	花岗斑岩	花岗斑状结构、微花岗结构	块状构造	主要为石英、钾长石、斜长石，次为黑云母、白云母、角闪石、辉石等
	流纹岩	斑状结构、球粒结构、霏细结构	流纹构造、气孔构造	主要为石英、钾长石、斜长石，次为黑云母、角闪石等

若能结合野外岩石或手标本的描述，则镜下鉴定后的岩石命名原则仍是：颜色+构造+结构（+其他）+岩石基本名称。

岩石的专属构造在岩石命名时，也和专属结构一样重要，并采用同样的处理方式，如紫褐色流纹岩，因流纹构造在流纹岩中最常见、最典型。

具斑状结构的浅成岩命名时，当主要矿物为斜长石和暗色矿物时，以相应的深成岩名称作词头，以"玢岩"作词尾，如闪长玢岩。当主要矿物为碱性长石、石英、似长石时，以相应的深成岩名称作词头，以"斑岩"作词尾，如正长斑岩。

岩浆岩中的孔、洞、缝发育可以作为储集空间，在薄片鉴定中应阐述其成因分布、控制因素及其与油气的关系。我国岩浆岩储层的岩石类型以熔岩为主，最主要的是玄武岩和安山岩、次火山岩、流纹岩和脉岩类。

四、变质岩

对变质岩的鉴定，应对组成变质岩的主要矿物、次要矿物、特征变质矿物进行鉴定及描述，并目估矿物含量。对矿物粒径大小进行测量（晶体短轴长度），将鉴定内容填入鉴定表。

1. 变质岩矿物成分

矿物应按矿物含量多少加以描述，描述的具体内容和顺序为：矿物名称，百分含量（目估），颗粒大小、形状，主要光性特征，次生变化及矿物间的相互关系（是否具有交代现象）。若为斑状结构，可先描述变斑晶而后描述变基质，并尽可能指出基质成分。描述时，要特别注意变质矿物的鉴别与描述。

变质岩内含常见矿物为石英、方解石、钾长石、角闪石、辉石、磷灰石等；普通可见的矿物为绿泥石、白云母、钠长石、刚玉等；特征矿物为红柱石、硅线石、堇青石、蓝晶石、符山石等。

2. 变质岩结构

变质岩的结构、构造特点反映了变质岩的形成过程及其所经受的变质作用类型、作用因素、作用方式和程度，对变质岩的分类命名也具有极其重要的意义。

变质岩的结构种类繁多，变化也大，每一种结构只是反映了变质岩在结构特征上的某一个侧面。变质岩的结构一般分4类，即碎裂结构、变余结构、变晶结构、交代结构。

偏光显微镜描述变质岩结构方法与手标本观察相同。在观察变晶结构时，一般先从粒度相对大小开始（等粒变晶结构、不等粒变晶结构、斑状变晶结构），再观察粒度的绝对大小（粗粒变晶结构>3mm，中粒变晶结构1~3mm，细粒变晶结构0.1~1mm，显微变晶结构<0.1mm），然后进一步观察相互关系。对于斑状变晶结构，则应分别观察变斑晶和变基质的结构特点等。

描述变质岩结构命名时，对变晶结构可根据粒度大小、颗粒形状、相互关系，择其主要者予以命名。如发现有几种结构特征同时存在，应指出它们之间的关系，并加以综合。如过渡类型的结构，可将主要的放在后面，次要的放在前面，如鳞片花岗变晶结构，即说明花岗变晶结构是主要的。有不同类型结构同时存在时，应分别描述命名。对斑状变晶结构的岩石，变斑晶和变基质都应仔细观察、并要分别命名，如鳞片粒状变晶基质的斑状变晶结构。有些岩石的变基质同时可具角岩结构（如具显微变晶结构，矿物成分呈分散状或其他未定向排列的热变质岩）、变余泥晶结构、显微鳞片变晶结构等，应进行综合描述。

3. 变质岩构造

变质岩的构造可分为变余构造（仍部分保留原岩的构造特征）、变成构造（变质作用后形成的构造）和混合岩构造三类。

变余构造常见变余层理构造、变余气孔（杏仁）构造、变余流动构造等。正变质岩中常见的变余构造有变余气孔构造、变余杏仁构造、变余流纹构造等。副变质岩中常见的变余构造有变余层理构造、变余泥裂构造、变余波痕等构造。

变成构造中常见的变质岩构造为斑点状构造、板状构造、千枚状构造、片状构造、片麻状构造、条带状构造、块状构造等。

混合岩构造常见角砾状构造、网状构造、条带状构造、眼球状构造等。

变质岩构造的观察和描述可与手标本对照进行。

4. 变质岩命名

根据结构、构造特点及矿物成分并参考野外产状进行命名，也可把肉眼观察及镜下观察结合起来命名。

变质岩的命名与矿物成分、结构构造有直接关系，其命名的方法是：首先根据变余结构、碎裂结构、变晶结构命名，再根据构造及矿物成分进一步命名（表1-6、表1-7）。

表1-6 主要变质岩岩石类型及特征

变质作用	岩石名称	原岩	矿物组合 主要矿物	矿物组合 次要矿物	结构	构造
动力变质作用	构造角砾岩	任何岩类	未变形岩屑		角砾状	无定向构造
动力变质作用	碎裂岩、碎斑岩	任何岩类	变形岩屑	糜棱物质	碎裂，碎斑碎粒	块状
动力变质作用	眼球状片麻岩	粗粒火成岩	长石"眼球"	糜棱质，稳定矿物	变晶	眼球状
动力变质作用	糜棱岩	任何岩类	粉碎岩石		糜棱	平行定向
动力变质作用	千糜岩	任何岩类	粉碎岩石	云母	千枚糜棱	千枚糜棱

续表

变质作用		岩石名称	原岩	矿物组合		结构	构造
				主要矿物	次要矿物		
接触变质作用		角岩	泥岩及泥质砂岩	不同矿物		角岩	斑点、条带状
		夕卡岩	石灰岩，白云岩	柘榴石或绿帘石	方解石、石英等	斑状变晶	
		大理岩		方解石或白云石	透闪石、透辉石	等粒变晶	
		蛇纹石大理岩	白云岩	蛇纹石、方解石	Ca，Mg硅酸盐		
蚀变作用（交代作用）		石英岩	纯石英砂岩	石英	多变	变余、变温	块状
		青盘岩	中基性火山岩、岩浆岩	绿泥石、绿帘石、钠长石	黄铁矿、碳酸盐类矿物	不同程度保留原始结构	块状
		云英岩	花岗岩类	石英、浅色云母	长石、碳酸盐矿物	不同程度保留原始结构	块状
区域变质	低级区域变质	板岩	泥岩，页岩，泥质粉砂岩	微晶绿泥石、云母	石英石、钠长石	变余	变余微层理，板状，千枚状
		千枚岩				千枚状	
	中级区域变质	云母片岩	泥质岩，页岩泥质粉砂岩	云母、绿泥石、石英	长石，绿帘石	均粒鳞片变晶，斑状变晶	片状
		石墨片岩	碳质页岩	石墨	绿泥石		
		钙质片岩	泥质灰岩白云岩	方解石	石墨，Ca，Mg硅酸盐		
		绿片岩	基性火成岩铁质泥岩	绿帘石	磁铁矿		
	高级区域变质	石榴子石片岩	任何岩类	石榴子石	角闪石	鳞片变晶，斑状变晶	片状
		十字石片岩	页岩，泥岩	十字石，云母，石英	蓝晶石，石榴子石		
		夕线石片岩	不纯细砂岩	夕线石	石英，云母，石榴子石		
		角闪石片岩	镁铁质火成岩	角闪石，长石	石榴子石，石英		
		片麻岩	纯砂岩，页岩，酸性火成岩	角闪石，长石	云母，角闪石，电气石	中粗粒鳞片变晶	片麻岩条带状
		角闪岩	基性火成岩铁质泥岩	角闪石，长石，石英斜长石	石榴子石，绿帘石，云母	粒状变晶	片状，片麻状，条带状
		麻粒岩	任何岩类	长石，石英或辉石	石榴子石，蓝晶石，电气石	粒状变晶	块状

表 1-7 常见混合岩类型及特征表

岩石类型		结构	构造
混合岩化变质岩类	混合岩化片麻岩	中粗粒鳞片粒状变晶	片麻状、条带状
	混合岩化变粒岩	细粒鳞片粒状变晶	片状、平行状、块状
	混合岩化浅粒岩	细粒变晶	块状、平行状
	混合岩化斜长角闪岩	粒状变晶	片状、片麻状、条带状
注入混合岩类	长英质黑云（角闪）斜长片麻条带混合岩、花岗质黑云（角闪）斜长片麻角砾状混合岩等	中粗粒鳞片粒状变晶、交代	条带状、角砾状、眼球状
	长英质黑云（角闪）斜长变粒条带状混合岩、花岗质黑云（角闪）斜长变粒角砾状混合岩等	细粒鳞片粒状变晶、交代	
	长英质斜长角闪条带混合岩、花岗质斜长角闪角砾状混合岩等		
	浅粒岩质混合岩		
混合片麻岩类	斜长混合片麻岩	粒状变晶、交代	眼球状、条带状、条痕状
	二长混合片麻岩		
混合花岗岩类	斜长混合花岗岩		阴影状、雾迷状
	二长混合花岗岩		
	碱长混合花岗岩		

注：混合岩为区域混合岩化作用形成。变质程度达到角闪岩相以上除了大理岩和石英岩外均可形成混合岩。

（1）具变余结构者，多为变质轻微的岩石，往往残留着原岩的结构特征。命名时，在原岩的名称前冠以"变质"或"变"字即可，如变质砾岩、变质砂岩、变闪长岩、变安山岩等。

（2）具碎裂结构者，依其受动力变质作用的程度分为碎裂岩和糜棱岩。若辨别出原岩，可将原岩名称放在上述名称之后，如碎裂花岗岩、糜棱花岗岩等。经动力变质后，稳定矿物变成斑晶者，称为残斑变岩［见图版 5 中（a）~（d）］。

（3）具变晶结构的岩石按构造分为无定向构造和定向构造两大类，然后再根据结晶程度细分。

① 无定向构造者（矿物无定向排列），按结晶程度分为显晶质岩石和隐晶质岩石。显晶质岩石可采用公认名称，如大理岩、夕卡岩、云英岩等。还可根据矿物特征进一步命名，如透辉石夕卡岩、透闪石大理岩、电气石云英岩等。若具两种矿物，则可将含量少的矿物放于前面，含量多的矿物放在后面，如符山石透辉石夕卡岩（符山石含量少）。岩石全部由某一种矿物组成而又无公认名称时，可在矿物名称之后加"岩"字，如符山石岩、阳起石岩、绿泥石岩等。若岩石由两种矿物组成，又无公认名称时，可将这两种矿物列于前面，后加"岩"字，如石榴子石符山石岩、符山石阳起石岩。如区域变质岩显晶质无定向构造、块状构造的岩石，可见长英质粒岩类、角闪质岩类、麻粒岩类、榴辉岩类、大理岩类和石英岩类等。

隐晶质岩石中，具角岩结构，由黏土岩变来者命名为角岩；由火山岩变来的隐晶质或细粒的、由石英组成的岩石命名为次生石英岩。

上述两种具无定向构造的岩石中，若含有特征矿物，可按特征矿物进一步命名，如红柱石角岩、堇青石角岩、叶腊石次生石英岩、绢云母次生石英岩等。

② 具定向构造的岩石，也可按结晶程度分为显晶质岩石和隐晶质岩石。前者包括片岩、

片麻岩，后者包括板岩、千枚岩［见图版5中（c）、（d）］。另外，还有一种过渡性岩石称角闪岩。

在薄片下观察裂隙空间、大小、密度、面孔率、生成顺序等；对基岩风化壳（古潜山）中原生与次生孔洞大小、形状、延伸方向、面孔率及存在的碎裂缝进行描述。

第四节 岩石铸体薄片分析

铸体薄片研究法是将染色树脂注入到被洗净和抽空的岩心孔隙内，待树脂凝固后，再将岩心切片（按需要的方位，定向或不定向）放在显微镜下观察。铸体薄片中带色的树脂部分可代表岩石二维空间的孔隙、裂缝及孔缝关系，因此可以很方便地直接观察到岩石薄片中的面孔率、孔隙、喉道及孔喉配位数等。

铸体薄片可以鉴定描述岩石的成分、结构和构造特征，统计相关组分的含量，确定岩石名称，基本类似于前两节普通薄片鉴定内容。利用铸体薄片可以定性与定量描述储层储集空间类型、孔隙类型与形态、相互关系、充填期次、成因与演化等特征，测量薄片中孔隙和裂缝的孔径大小、喉道宽度、孔隙配合数、喉道连通系数等，判断孔喉连通性及定量表征孔喉关系等。

一、不同储层储集空间类型确定

利用铸体薄片可以描述储层储集空间类型与特征，不同类型岩石的储层空间类型不同。借助铸体薄片可描述碎屑岩储层的孔洞类型、大小、分布、面孔率、溶蚀程度、重质油情况、沥青充填情况等；描述碳酸盐岩储层的裂缝数量、裂缝大小（长度及宽度）、密度、面缝率、裂缝系统空间排列方向、生成期次、充填物成分、充填程度、沥青浸染情况等。

1. 碎屑岩储集空间类型

碎屑岩储集空间类型分为孔、洞、缝三大类十八亚类（表1-8）。

表1-8 碎屑岩储集空间类型表

类	亚类			大小, mm
孔	原生	粒间孔		
		粒内孔		
		微孔		
	次生	粒间溶孔		<2
		粒内溶孔		
		颗粒溶孔（溶蚀面积占颗粒面积的1/2~2/3）		
		超大孔		
		铸模孔	粒模孔	
			晶模孔	
			生模孔	
		晶间孔		

续表

类	亚类		大小，mm
洞	次生	溶洞	≥2
缝		层间缝	
		收缩缝	
		贴粒缝	
		成岩缝	
		构造缝	
		溶蚀缝	

2. 碳酸盐岩储集空间类型

碳酸盐岩储集空间类型分为孔、洞和裂缝。碳酸盐岩储层中的孔、洞根据其成因和产状等分为22个亚类（表1-9）。

表1-9 碳酸盐岩储集空间类型表

类	亚类			大小，mm
孔	原生		粒间孔	<2
			粒内孔	
			生物钻孔	
		晶间孔	粒间晶间孔	
			粒内晶间孔	
			鸟眼孔	
			空腔孔	
			骨架孔	
			体腔孔	
			粒间溶孔	
			粒内溶孔	
	次生	铸模孔	生模孔	
			粒模孔	
			晶模孔	
			晶间溶孔	
			晶内溶孔	
			非组构溶孔	
			空腔溶孔	
			骨架溶孔	
			缝内溶孔	
洞	原生		生物骨架间洞	≥2
	次生		溶洞	

碳酸盐岩储层中裂缝发育，显微镜下鉴定各种类型的裂缝，见表1-10。

表 1-10 碳酸盐岩裂缝类型表

类	亚类	形状	特征
构造缝	立缝、斜缝	规则、交叉状、方格状、侧羽状、棋盘状	组系分明，缝壁平直，切割力强，延伸较远，期序明显
	网缝	网纹、网格状、角砾状	不规则、破碎状，切割围岩呈杂乱状
溶蚀缝	构造—溶蚀缝	不规则串珠状	延伸方向一致，缝壁凹凸不平
	溶蚀缝、溶沟	弯曲、沟渠状	无方向性
	古风化缝	漏斗状、蛇曲状、香肠状	缝内常有陆源碎屑或围岩碎块充填，并常见氧化铁质浸染
成岩缝	压溶缝	锯齿状	缝壁常有不溶物残留
	层间缝	平整状	随层理变化
	层内缝	平行状	仅限于层内
	收缩缝	不规则弯曲状	常见于层间

3. 岩浆岩和火山碎屑岩储集空间类型

岩浆岩和火山碎屑岩的储集空间按照成因可分为 2 大类 15 亚类，见表 1-11。

表 1-11 岩浆岩和火山碎屑岩储集空间类型表

类	亚类	成因	特征
原生孔缝	原生气孔	含挥发分的岩浆喷出地表时由于压力降低挥发分逸散后留下来的未被充填的孔隙	气孔的形态有圆形、椭圆形、长条状等不规则形态，大小不等，分布均匀
	残余气孔	被次生矿物部分充填后的剩余气孔	其形态多为球形、多边形或围边棱角状等不规则形状
	晶间孔	微晶矿物之间的孔隙	多发育在火山岩的基质中
	火山角砾间孔	在火山作用强烈爆发期，先期已固结的火山岩被后期沿火山通道上升的熔岩流震裂或震碎，角砾相互支撑形成的孔隙	布于火山角砾间，呈不规则状
	矿物炸裂缝	岩浆喷发时，由于快速冷却和压力释放，矿物斑晶炸裂形成的微裂缝	多位于斑晶矿物内，呈不规则状
	冷凝收缩缝	岩浆喷发后快速冷却，由于矿物与基质内部应力差异导致不均一收缩而成	柱状节理、气孔、球粒、斑晶与基质间的冷凝收缩缝等
次生孔缝	晶内溶蚀孔	长石、石英、辉石、角闪石等矿物或斑晶被溶蚀产生的孔隙	溶孔形状不规则，常沿解理发生溶蚀，如果完全被溶蚀，则成为铸模孔
	晶间溶蚀孔	在原生晶间孔的基础上溶蚀扩大形成	孔隙形状不规则
	基质溶蚀孔	基质中易溶组分如微晶长石、暗色矿物和玻璃质等被溶蚀而成	孔径小，分布密，常与裂缝、溶孔连通
	次生矿物溶蚀孔	岩浆固结成岩后形成的次生矿物（包括蚀变矿物、胶结物、热液矿物）中的溶蚀孔	孔隙形状不规则，分布无规律
	火山灰溶蚀孔	由火山灰溶蚀后形成	孔径小，分布密，常与裂缝、溶孔连通
	杏仁体溶蚀孔	由杏仁体经过部分溶蚀形成	见于残余气孔与残余杏仁体内，形状不规则

续表

类	亚类	成因	特征
次生孔缝	构造裂缝	成岩后受构造应力作用所产生的裂缝	分为高角度、低角度、水平裂缝，常与气孔和基质溶孔连通
	残余构造缝	构造裂隙被后期热液矿物不完全充填	裂缝壁上生长有次生矿物，沿缝脉有不规则形状晶洞或晶间孔
	风化淋滤缝	裂缝被充填后由于溶蚀作用重新开启成为有效储集空间	溶蚀裂缝边缘不规则，溶蚀呈港湾状

火山碎屑沉积岩的储集空间类型与碎屑岩储集空间类似，火山碎屑熔岩的储集空间类型介于正常火山碎屑岩与岩浆岩储集空间之间，可分别借鉴并描述其成因、类型、分布、大小和面孔率等［见图版5中（g）］。

4. 变质岩储集空间类型

变质岩储集空间仍为孔隙和裂缝，变质岩储集空间成因类型划分见表1-12。

表1-12　变质岩储集空间类型表

类	亚类	成因及特征
孔隙	变晶晶间孔	变晶矿物间的孔隙，多见于结晶程度较粗的矿物间
	变余粒间孔	变质作用不彻底而保留下的原岩中的粒间孔隙
	破碎粒（砾）间孔	因受应力作用造成的岩石破碎，在矿物、岩石碎屑之间形成的孔隙；或因温度、冰冻等物理因素造成岩石的破碎、崩解，原地堆积，在碎块之间形成的孔隙
	溶蚀孔（或洞）	前期形成的孔隙，诸如变晶间、变余粒间、破碎粒间、矿物晶体内，经溶蚀作用扩大新增的孔隙
裂缝	构造裂缝	构造应力作用在岩石内产生的呈平面或曲面延伸，或集中成带状或扇形的缝隙
	风化裂缝	岩石暴露于地表，因风化、崩解、剥蚀作用产生的裂隙
	溶蚀缝	前期形成的缝隙被溶蚀扩大，或充填的裂隙遭受溶蚀，常见类型包括解理溶蚀缝、构造溶蚀缝等
	片理缝、板理缝	沿片理或板理形成的缝隙，受力或受风化作用后更明显
	解理缝	沿矿物解理所形成缝隙，广泛见于各类有解理的矿物，受力或受风化作用后更明显

5. 储集空间描述

储集空间的描述，应关注不同岩性储层的孔洞类型、大小、分布、面孔发育程度、溶蚀程度、重质油、沥青充填情况等特征。

描述不同岩性储层的裂缝数量、裂缝大小（长度及宽度）、密度、面缝率、裂缝系统空间排列方向、生成期次、充填物成分、充填程度、沥青浸染情况等。

二、不同储集空间定量描述

利用铸体薄片不仅可以定性分析不同储层的储集空间类型和描述储集空间发育程度与充

填特征，而且可以定量分析孔隙、裂缝及孔缝关系，可以测量整个铸体薄片中的孔径大小、喉道宽度，并采用最大值和主要区间值表示，定量统计孔径与喉道。

1. 面孔率计算

面孔率是指铸体薄片中未充填的孔隙喉道面积占岩石薄片总面积的百分比，它可以用目估法确定，也可以用显微测量法测量。面孔率和孔隙度相当，但二者数值并不相等，一般面孔率偏低。二者不能进行简单的换算，这是因为孔隙空间的形状复杂，分布极不均匀所致。

常用铸体薄片在偏光显微镜下用面积法进行孔隙的测定。所谓面积法指在显微镜下测定岩石孔隙结构系统时，不单测量孔隙的直径，同时也测量其所占的面积。它的测量步骤如下：

1）选择适宜的观测系统

应根据储集层的岩性及孔隙特点，选择合适的视域进行测量。对于粗粉砂至粗砂这些粒级范围的孔隙测定，放大倍数为100倍为佳。

2）选择合适的孔隙半径分组间距

分组间距最好是等值的，一般采用 $25\mu m$，若孔隙太小则可以 $10\mu m$ 为间距。确定分组间距后，便可制作孔隙半径统计表。通常一个一个视域地统计孔隙跨过方格数量，方格由等间距线围成，并换算成孔隙半径数据。

实验中请注意，由于不同型号显微镜的目镜和物镜不同，放大倍数也有差别，所以在将以方格长度计量的孔隙半径换算成微米时应各自作换算。同时实验前要用仪器自带或标准公司提供的毫微米标尺对仪器刻度进行标定与偏差计算。

3）孔隙直径和面积的测量

储集层中的孔隙其形状、大小的变化是十分复杂的，所以测量孔隙直径时应注意测量方向位置的选择。对于圆形孔隙应选内切圆直径表示，对于椭圆形孔隙应选短轴距离进行测量。

面积测量：绝对面积测量，用物台微尺标定出目镜方格网中一个方格的边长，令其为 l（mm），数出图像面积边界所占据的目镜方格数，令其为 n，则待测面积 $S=nl^2$（mm²）。相对面积测量，不标定目镜方格边长，直接数出待测图象所占方格数即可。

统计的视域的多少应视孔隙大小和分布均匀性而定。一般孔隙较细而又均匀的薄片，可以比孔隙变化大而分布不匀的薄片少统计些视域。

4）计算孔隙参数

根据孔隙半径测量统计表中提供的数据，可以绘制孔隙直方图和频率曲线图，并以此为基础，求出表征孔隙分布特征的一些参数：

（1）最大孔径值。

（2）孔径中值（累积频率曲线上50%处的孔径值）。

（3）孔径平均值，计算式为

$$R_s = \frac{\sum R_i B_i}{100} \tag{1-1}$$

式中　R_s——孔径平均值；

R_i——各孔径分类组中值；

B_i——对应于各 R_i 的各类孔隙百分比。

（4）孔径分散率，计算公式为

$$D=\frac{\sum(R_i-R_s)^2}{100} \tag{1-2}$$

式中　D——孔径分散率；

R_i——孔径分类组中值；

R_s——孔径平均值。

（5）面孔率，即薄片中孔隙喉道面积占薄片总面积的百分数。它可以用目估法确定，也可以用显微测量法测量。面孔率和孔隙度相当，但二者数值并不相等，也不能进行简单的换算，这是因为孔隙空间的形状复杂、分布极不均匀所致。从测量方法来看，实际工作中多用点计法、线计法和方格网法。面积法计算公式为

$$m=\frac{s_k}{s_s} \tag{1-3}$$

式中　m——面孔率；

s_k——薄片观测的孔隙总面积；

s_s——薄片观测视域总面积。

另外，还有孔隙配位数和喉道连通系数的测量与统计，孔隙配位数系指一个孔隙所连通的其他相邻的孔隙数，砂岩储层孔隙配位数多为 2~6。每一条喉道两端所连结的其他喉道的数目称为喉道连通系数，储层中此系数为 2~10。可以利用铸体薄片孔隙和喉道发育程度与空间分布状况，直接测量出薄片所代表样品的孔隙配位数和喉道连通系数。在此基础上利用显微镜下孔隙和喉道空间分布规律建立不同岩性、不同地区、不同层段的孔隙和喉道网络分布与关系几何模型，利用模型推算出无薄片区域的不同岩性的孔隙配位数和喉道连通系数。

2. 裂缝测量

在储层的孔隙系统中，裂缝所占储集空间的总容积的比例是很小的。与孔隙相比，裂缝所能提供流体储存的空间是极其有限的。但从流体在孔隙系统中的渗滤特征考虑，裂缝却对改善储层，特别是改善具极低渗透性的储层的渗透能力具有极其重要的作用。正如人们对裂缝性碳酸盐岩油气层所描述的那样：孔隙是油气储存的主要空间，裂缝是油气渗滤的主要通道。

通过铸体薄片观察裂缝，不仅可以了解岩石成分与结构、裂缝的分布与数量、裂缝的张开度与充填状况，以及成岩后各种作用的影响，而且可以求得描述裂缝特征的结构参数。这些资料无疑对油气田的开发具有一定的作用。

1）岩石铸体薄片裂缝面密度

裂缝面密度是指单位面积内裂缝的条数。岩石铸体薄片面积对规则的岩石薄片，可直接测量求得；对不规则的薄片，用厘米格透明纸或求积仪求得，然后统计该面积内不同类型的裂缝条数，有

$$T_1=\frac{n}{A} \tag{1-4}$$

式中 T_1——单位面积中的裂缝条数，条/mm²；
　　n——裂缝数，条；
　　A——岩石铸体薄片面积，mm²。

2）岩石铸体薄片裂缝面长度

裂缝面长度是指单位面积内裂缝的累积长度，测出岩石铸体薄片面积（A），测量裂缝总长度，有

$$T_2 = \frac{L}{A} \tag{1-5}$$

式中 T_2——单位面积中的裂缝长度，mm/mm²；
　　L——裂缝的累积长度，mm。

3）岩石铸体薄片裂缝线密度与体积密度

取垂直裂缝组系的线段法线，量其长度，并统计法线切过的裂缝条数，有

$$T_3 = \frac{n}{D} \tag{1-6}$$

式中 T_3——线密度，条/mm；
　　n——法线切过的裂缝数，条；
　　D——法线长度，mm。

裂缝体积密度的计算式为

$$T = 1.57\frac{L}{A} \tag{1-7}$$

式中 A——岩石铸体薄片面积，mm²；
　　L——薄片中裂缝长度，mm。

4）岩石铸体薄片面缝率

面缝率是指未充填的裂缝总面积与岩石铸体薄片面积之比，又称为裂缝率。求出岩石铸体薄片面积，测量出裂缝平均宽度和裂缝长度，有

$$M = \frac{L \cdot b}{A} \tag{1-8}$$

式中 M——面缝率；
　　L——裂缝平均长度，mm；
　　b——裂缝平均宽度，mm；
　　A——岩石铸体薄片面积，mm²。

5）裂缝渗透率

裂缝渗透率 K_r 的计算公式为

$$K_r = \frac{Ab^3 L}{S} \tag{1-9}$$

式中 A——裂缝系数；
　　b——裂缝平均宽度。

裂缝系数与裂缝和所切薄片的夹角有关（表1-13）。

表1-13　常见裂缝系统的 A 值（据陈碧钰，1987）

裂缝系统的几何形态	A（裂缝系数）
只有一组平行（对层面而言）裂缝系统	$3.42×10^6$
两组相互垂直正交的裂缝系统	$1.71×10^6$
三组互相垂直的裂缝系统	$2.28×10^6$
杂乱分布的裂缝系统	$1.71×10^6$

铸体薄片人工观测是薄片法孔隙结构研究的基础，但其测量、统计较慢，工作量很大。为此，显微图像自动识别技术很有必要，也是该领域的发展方向。

第二章

粒度分析与重矿物分析

第一节　粒度分析

　　粒度就是颗粒的大小，是碎屑沉积物的重要结构特征。粒度分析是对沉积岩或沉积物矿物颗粒大小进行统计测量和数据处理的总称，其目的在于取得粒度分布参数（如粒度中值、分选系数等），分析其分布规律以便为岩石分类定名（如砾、砂、粉砂、黏土等）、岩相古地理分析、岩石物理性质研究提供粒度数据。它是用来研究其储油性能的重要参数，有时也用粒度资料作为地层对比的辅助手段。这种方法主要研究现代碎屑沉积物和古代碎屑沉积岩。它已广泛地应用于沉积学的研究之中，特别是逐渐发展成为沉积环境研究和储层物性评价的重要标志。粒度分析是储层实验测试常规分析手段之一。

　　随着水力学及沉积学研究的不断深入，已取得了粒度与水流速度、流量、水深等条件之间的关系，同时积累了不同环境的不同水动力条件和搬运方式，获得了它们所形成的粒度特征的大量资料，确认粒度分布与环境的密切关系。这就使得粒度分析成为反映原始沉积条件的物理标志。并逐步推广到石油及其他沉积矿床的勘探工作的实践中，成为沉积环境研究中一种不可缺少的方法。粒度分析也是源汇分析的重要方法与有效手段。

一、粒度和粒度分析基本概念

　　沉积岩或沉积物中矿物颗粒的大小称为沉积岩的粒度或沉积物的粒度，它用颗粒的直径来度量。但由于沉积岩中颗粒形状极不规则，要对"直径"予以定义是十分困难的。目前用粒度测量方法所包含的几何意义或物理意义来定义直径，常用这些直径表示颗粒大小。

　　筛析直经：颗粒所能通过的最小的正方形筛孔直径，称为筛析直径。

　　自由降落直径：在各种物理性质均相同的流体中，与矿物颗粒的密度、体积和沉降速度相同的球体的直径叫自由降落直径，简称沉降直径。水介质沉降分析给出的直径即属此种直径，是一种当量直径。

　　视直径：在颗粒任意切面上按规定方向测得的直径叫视直径。切面中最大弦长是唯一的，所以叫视长直径。薄片粒度分析中一般均测量视长直径。

真直径：在颗粒的规定方向上用尺子直接测量的直径叫真直径。除砾石外，大部分沉积岩颗粒的真直径无法测量，仅具有理论上的意义，如砂、黏土和碳酸盐岩颗粒等。

粒度分析就是对颗粒大小或颗粒直径的测量，分析中必须要有统一的粒级划分标准，否则资料混乱，无法相互对比、引用。目前我国较为广泛采用的有两种标准，一是以10为级数的粒级分类，这种分级用于野外观察描述中，它不适用于研究环境的粒度分析；粒度分析中广泛采用的另一粒级划分标准，即为乌登—温德沃思标准，它以毫米为单位、2为底数，以2的 n 次方（$n=0$、± 1、± 2、± 3）向两端展开，形成以1为基数，公比为2的等比级数数列，如表2-1所示。

表2-1 乌登—温德沃思粒级分类表

沉积物类型	小数形式 mm	整数及分数形式 mm	指数形式 mm	ϕ 值	标准筛数目	搬运方式
巨砾	256	256	2^8	-8		滚动搬运
中砾	64	64	2^6	-6		
小砾	4	4	2^2	-2		
细砾	2	2	2^1	-1	10	
极粗砂	1	1	2^0	0	20	
粗砂	0.5	1/2	2^{-1}	1	35	跳跃搬运
中砂	0.25	1/4	2^{-2}	2	70	
细砂	0.125	1/8	2^{-3}	3	120	
极细砂	0.0625	1/16	2^{-4}	4	240	
粗粉砂	0.0313	1/32	2^{-5}	5	400	悬浮搬运
中粉砂	0.0156	1/64	2^{-6}	6		
细粉砂	0.0078	1/128	2^{-7}	7		
极细粉砂	0.0039	1/256	2^{-8}	8		
黏土						

碎屑岩粒度颗粒直径变化范围较宽，颗粒直径表示方法采用了 ϕ 值、毫米值（表2-1）和微米值。粒级划分方案很多，在油气勘探开发生产实践中常见碎屑岩储层，碎屑颗粒按粒级分为四大类，即砾、砂、粉砂、泥（表2-2）。

由于实验室粒度分析测得多为以毫米为单位的真值，故需将真值换算成 Φ 值，可将 $\Phi = -\log 2D$ 变成以自然数为底的对数：$\Phi = -\log 2D = -\ln D / \ln 2$。

表2-2 粒级分类表

粒度分类		分级界限	
大类	小类	μm	ϕ
砾	巨砾	>256000	<-8
	粗砾	<256000~64000	>-8~-6
	中砾	<64000~4000	>-6~-2
	细砾	<4000~2000	>-2~-1

续表

粒度分类		分级界限	
砂	粗砂	<2000~500	>-1~1
	中砂	<500~250	>1~2
	细砂	<250~125（或100）	>2~3
粉砂	粗粉砂	<125（或100）~62.50	>3~4
	细粉砂	<62.50~3.90	>4~8
泥	—	<3.90	>8

用于粒度分析的方法很多，从原始的手工测量到电子计算机控制的自动化仪器测量，目前主要应用筛析法、激光法、光透法、图像法等（表2-3）。根据沉积物或沉积岩特征呈现颗粒的大小及岩石胶结致密程度不同，选用不同方法进行粒度分析方法。例如，对于不易解离（颗粒与胶结物不易分开）、胶结致密的碎屑岩，常采用薄片粒度分析法；对于粗粒的沉积物（砾石）或疏松的粗粒沉积岩（砾岩），通常采用直接测量法；对于砂级碎屑沉积物或胶结疏松的砂岩，多用筛析法；对于粉砂和黏土级沉积物或沉积岩可用沉速分析法或激光粒度分析仪测试。目前，薄片粒度分析法使用较广，用图象分析仪处理。

表2-3 不同粒度分析方法基本特征对比表

分析方法		粒径类型	粒径范围 μm	胶结程度	样品类型	方法评述
激光法		散射投影圆直径	0.02~3500	中等疏松	砂岩、粉砂岩和泥岩	操作简便，测试速度快，测试粒径下限低，重复性好，样品需解散。样品用量少
筛析法		筛分粒径	45~64000	中等疏松	砾岩、砂岩和粗粉砂岩	经典方法，简单直观，结果受筛孔变形影响较大，样品需解散，样品用量多
光透法		沉降粒径	<100	中等疏松	粉砂岩和泥岩	操作繁琐，样品需解散，需过湿筛，测试时间长
图像法	宏观图像法	视长轴径	>1000	致密 中等疏松	砾岩和巨砂岩	采用岩心宏观扫描图像样品，样品无需解散，破碎率低，测试颗粒完整，颗粒少，时间长，结果代表性较差，一般测量致密粗碎屑岩样品
	微观图像法	视长轴径	31~2000	致密 中等疏松	砂岩和粗粉砂岩	采用岩心薄片样品，样品无需解散，破碎率低，测试颗粒完整，颗粒少，时间长，结果代表性较差。一般测试致密细碎屑岩样品
	图像联合法	视长轴径	>31	致密 中等疏松	砾岩、砂岩和粗粉砂岩	采用岩心宏观扫描图像和岩心薄片样品，测试碎屑颗粒和基质粒度分布，测试结果需合并，一般测试致密碎屑岩样品
激光筛分联合法		散射投影圆直径；筛分粒径	0.02~64000	中等疏松	砾岩、砂岩、粉砂岩和泥岩	两种方法测试，在粗砂粒级过筛。筛上样品采用筛分法，筛下样品采用激光法，测试结果需合并，适用于可解散的碎屑岩样品
筛分光透联合法		筛分粒径；沉降粒径	45~64000	中等疏松	砾岩、砂岩。粉砂岩和泥岩	两种方法测试，在粗粉砂粒级过筛，筛上样品采用筛分法，筛下样品采用光透法，测试结果需合并，适用于可解散的碎屑岩样品

二、粒度分析样品制备

1. 样品预处理

破碎与清洗样品。根据岩性松解样品,用研钵破碎样品、粉碎为小于 5mm 的小块。在温度 400℃下热解样品、恒定时间不低于 4h,实现热解法除油或其他方法洗油。利用超声波清洗器或其他方法清洗岩样。采用加入过量的 6%过氧化氢溶液处理样品所含有机质,再将样品移至电热水浴锅中加热并搅拌,煮沸样品 2min,直至无气泡产生,除去二氧化碳和余氧。

胶结物处理。对于固结岩样则需要按不同胶结物成分进行化学处理,其方法为:方解石胶结物一般用加入过量的 10%~15%盐酸溶液,直至无气泡产生。白云石或菱铁矿胶结物,常采用加入过量的 10%~15%盐酸加热煮沸溶解。用过量的 20%盐酸加热煮沸溶解掉浊沸石、褐铁矿或硬石膏胶结物。加入过量的 5%~10%硝酸加热煮沸溶解黄铁矿胶结物。加入 36.5%浓盐酸溶解蛋白石或非晶质二氧化硅胶结物。用较长时间清水浸泡,置于水浴锅并加热去除黏土矿物及石膏胶结物。

对用酸处理后的样品,加水反复冲洗,直至 pH 试纸显示中性。再将样品放入恒温烘箱内,在 105℃下烘干,自然冷却后取出待用。

2. 常见粒度分析方法的样品制备

1)激光法粒度样品制备

根据激光粒度分析仪负载量,采用均分法取相应量的预处理样品或称样品质量。加入适量净化水,用橡胶研磨锤反复研磨、直至颗粒完全解散为止。颗粒解散后进一步处理样品。其一向样品加入 0.2%的六偏磷酸钠溶液 3 滴到 5 滴、搅拌均匀,并成稠糊状浆体,以备激光湿法分析。其二将样品放入恒温干燥箱中烘干,自然冷却后取出,用橡胶研磨锤研磨样品,直至样品完全解散,以备激光干法或湿法分析。其三依据仪器测量范围,采用标准筛将激光干湿联合法测试的样品分离,筛上样品烘干后称其质量,以备激光干法分析,筛下样品以备激光湿法分析。

2)筛析法粒度样品制备

采用四分法取上述预处理的样品,并称其质量。将样品倒入瓷研钵中,研磨至颗粒完全解散,并置于塑料量杯中,研磨时不能破坏颗粒大小和形状。塑料量杯中的样品悬浮液静置 8h 后,倒出量杯中多余的水,再将样品移至瓷碗内,放入恒温干燥箱内烘干。自然冷却后取出样品置于干燥器内,以备筛析法分析。

在筛析法中,颗粒是否反复清洗,也大大影响分析结果,甚至造成粒度分布曲线的差异。早先多是这样处理的,对预处理后的样品需洗酸,并进一步研磨,使颗粒间及颗粒与表面泥质完全分开,然后用小于(0.0063mm)铜筛湿筛,使小于 0.0063mm 的颗粒用水冲入沉降筒内,留在筛上的颗粒烘干后再进行筛析法检测。

3)光透法粒度样品制备

根据光透式粒度分析仪负载量,采用均分法取相应量的预处理样品。加入净化水,用橡胶研磨锤反复研磨,并有足够量的细颗粒产生为止。将研磨过的样品倒入孔径为 0.045mm

或0.050mm的高框标准筛上，用净化水反复冲洗至清水为止，使细颗粒全部冲入烧杯容器中，此悬浮液以备光透法分析。

激光筛分联合法和筛分光透联合法是上述各自分析方法样品制备的组合。通常采用标准筛将样品分离，筛上样品称其质量后开展筛析法分析，筛下样品在激光筛分联合法中作为激光湿法分析的样品。筛分光透联合法则是净化水反复冲洗至水清为止的，得到全部细颗粒组分，此细颗粒为光透法分析的样品。

三、常见粒度分析方法

在碎屑岩粒度分析中，对同一样品，视其不同粒级的颗粒密度相等，质量分数和体积分数在数值上相等。

1. 激光法

1）方法原理

载有悬浮颗粒的溶液由循环泵带动通过样品池，平行激光束入射到被测颗粒上被衍射和散射，散射光角度随粒径大小而变化，由透镜收集并聚集到光电检测器上。光电检测器上的总散射强度是单个散射波的叠加，用反演算法对测得数据进行处理，从而得到颗粒大小的分布信息。即平行激光束入射到被测样品颗粒产生散射，然后由多元光电检测器测量这些光束得到散射光强度，再通过光学模型和数学过程处理散射光强度数据，从而得出粒度分布。激光法分为激光湿法、激光干法和激光干湿联合法。

2）激光湿法

激光湿法的分析步骤为：启动激光粒度分析仪，预热30min，设置湿法硬件，调入程序并运行。设置湿法测量软件，进行仪器激光校正和背景测量。设置泵入速度、搅拌速度、超声强度、激光扫描次数等参数。将待测样品按仪器负载量加入样品池中，再加入0.2%的六偏磷酸钠溶液3~5滴。按湿法检测开关，仪器自动或手动分析，得出粒度分布结果。仪器自动给出第i粒级颗粒体积分数为X_{JSi}。

大于第i粒级颗粒累积体积分数的计算见公式（2-1）：

$$P_{JSi} = \sum_{i=1}^{n} X_{JSi} \qquad (2-1)$$

式中　P_{JSi}——激光湿法大于第i粒级颗粒累积体积分数，%；

X_{JSi}——激光湿法第i粒级颗粒体积分数，%。

3）激光干法

激光干法的分析步骤为：启动激光粒度分析仪，预热30min，设置干法硬件，调入程序并运行。设置干法测量软件，进行仪器激光校正和背景测量。设置振动强度、进样压力、样品接收强度、检测时间等参数。将待测样品按仪器负载量加入样品槽中。按干法检测开关，仪器自动或手动分析，得出粒度分布结果。仪器自动给出第i粒级颗粒体积分数为X_{JGi}。

大于第i粒级颗粒累积体积分数的计算见下式：

$$P_{JGi} = \sum_{i=1}^{n} X_{JGi} \qquad (2-2)$$

式中　P_{JGi}——激光干法大于第i粒级颗粒累积体积分数，%；

$X_{\mathrm{JG}i}$——激光干法第 i 粒级颗粒体积分数，%。

4）激光干湿联合法

筛下样品按前述规定采用激光湿法分析，筛上样品按前述规定采用激光干法分析。第 i 粒级颗粒体积分数的计算见公式（2-3）：

$$X_{Ji} = \frac{X_{\mathrm{JG}i}M_{\mathrm{JG}} + X_{\mathrm{JS}i}(M_{\mathrm{J}} - M_{\mathrm{JG}})}{M_{\mathrm{J}}} \tag{2-3}$$

大于第 i 粒级颗粒累积体积分数的计算见下式：

$$P_{Ji} = \sum_{i=1}^{n} X_{Ji} \tag{2-4}$$

式中　X_{Ji}——激光干湿联合法第 i 粒级颗粒体积分数，%；

M_{JG}——分样后用于激光干法分析的样品质量，g；

M_{J}——激光干湿联合法测试样品质量，g；

P_{Ji}——激光干湿联合法大于第 i 粒级颗粒累积体积分数，%。

2. 筛析法

1）方法原理

将解散后的碎屑颗粒倒入按照上粗下细顺序组成的一套标准筛中，通过充分振筛，将不同粒级的碎屑颗粒分开，称量各粒级碎屑颗粒质量，求得碎屑颗粒的粒度分布结果。早期常见机械振筛仪，现在多用自动程度较高的自动振筛仪或电动筛分仪。

机械筛析法是用 $\frac{1}{8}\phi \sim \frac{1}{4}\phi$ 间距的不同孔径的筛网将碎屑颗粒自粗至细逐级过筛分开，求得各粒级的重量百分比，最适用于砂级碎屑，适用的粒度下限为 4ϕ 为好。选用筛子的数目及网目范围，其原则为要保证样品的粗细尾部能测得精细，因此要视样品粗细而定标准筛目，如对细砾—粗砂粒或含砾砂粒的样品、粒度粗，粗端筛子数量应适当增如。此方法振筛时间长、噪声大，试样损失率大，洗涮筛子、累积数据等方面均用手工操作，分析速度慢、精度差。仅适合现场实验、实验样品总量较小、学生学习及较粗样品等时使用。目前多用电动振筛仪器分析。

2）分析步骤

将 0.25ϕ 间隔的标准筛按照上粗下细顺序组成套筛；将称量过的碎屑颗粒样品倒入标准套筛的最上层，移入筛分仪的机座上，进行振筛。振筛时间按取样量确定，通常为取样量不大于 50g，振筛时间为 3min 到 10min；取样量大于 50g，振筛时间为 10min 到 15min。将筛分后的样品分级依次倒入已做标记的蒸发皿中，用天平逐级称量，并记录数据。筛分后底盘中样品称量后倒入该样的悬浮液或粉末样品中，以备激光法或光透法分析。

筛分校正系数的计算见下式：

$$K = \frac{M_{\mathrm{S}}}{M_{\mathrm{SH}}} \tag{2-5}$$

校正后第 i 粒级颗粒质量的计算见下式：

$$M_{\mathrm{S}i} = K \cdot M_{\mathrm{SH}i} \tag{2-6}$$

第 i 粒级颗粒质量分数的计算见下式：

$$X_{\mathrm{S}i} = \frac{M_{\mathrm{S}i}}{M_{\mathrm{S}}} \times 100 \tag{2-7}$$

大于第 i 粒级颗粒累积质量分数的计算见下式：

$$P_{Si} = \sum_{i=1}^{n} X_{Si} \qquad (2-8)$$

式中　K——筛分校正系数；
　　　M_S——筛分试样总质量，g；
　　　M_{SH}——筛分后颗粒总质量，g；
　　　M_{Si}——校正后第 i 粒级颗粒质量，g；
　　　M_{SHi}——校正前第 i 粒级颗粒质量，g；
　　　P_{Si}——筛分法第 i 粒级颗粒质量分数，%；
　　　P_s——筛分法大于第 i 粒级颗粒累积质量分数，%。

3. 光透法

1) 方法原理

当一束平行光照射到悬浮液时，悬浮液中的碎屑颗粒对光有散射和吸收作用，从而产生光强度的衰减，根据兰伯特—比尔定律，透射光强度随着颗粒数及粒径的变化而变化，通过数据处理后可得出所测样品的粒度分布结果，这就是光透法的原理。

2) 分析步骤

开机预热，启动仪器，运行检测程序。将制备的悬浮液放入烧杯中，加入 0.2% 六偏磷酸钠溶液 3~5 滴，置入超声波清洗器中进行分散。超声波分散的时间和强度以能使团聚的颗粒充分解散为宜。输入测试粒径的分级数、粒径值、颗粒密度、测试方式等参数。读取测试前悬浮液的温度，并输入此温度下水的密度和黏度值。将已制备好的悬浮液倒入样品池中调制合适的浓度，搅拌或摇匀后放入仪器测量，得出粒度分析结果。

仪器自动给出第 i 粒级颗粒体积分数为 X_{Gi}。

大于第 i 粒级颗粒累积体积分数的计算见下式：

$$P_{Gi} = \sum_{i=1}^{n} X_{Gi} \qquad (2-9)$$

式中　X_{Gi}——光透法第 i 粒级颗粒体积分数，用百分数表示；
　　　P_{Gi}——光透法大于第 i 粒级颗粒累积体积分数，用百分数表示。

4. 图像法

对于固结紧密、难于松解的砂岩或粉砂岩，都不能采用筛析法和光透法，只能采用薄片及其他手段，可以采取颗粒图像方法进行粒度分析。有时由于样品数量过少，难于作筛析，也只好用薄片及其他图像法观察粒度。薄片粒度分析测得的是一定粒度的颗粒数百分比（或测出某粒级在视域中的平均面积百分比，一个样品至少磨制 5 个样片以上，每个样片至少观测 10 个视域以上，然后取平均数）。要将颗粒数百分比值换算成各粒级的重量百分比，使其与其他方法所得数据一致，以便对比与绘图等应用。

1) 图像粒度分析法方法原理

根据体视学原理，三维空间内特征点的特征可以用二维截面内特征点的特征来表征。图像分析方法是将岩心扫描宏观图像或岩心薄片微观图像摄取到计算机中，在计算机上对二维图像进行扫描，并对特征点的像素群进行测量统计、编辑处理、得到二维图像的特征值，从而得出碎屑岩粒度分布结果。图像法分为宏观图像法、微观图像法和图像联合法。

岩心扫描宏观图像测定的颗粒总数大于100个，岩心薄片微观图像测定的颗粒总数大于400个。在图像法粒度分析结果中，ϕ值大于5的粒度组分被称为"细粉砂和泥"，可视为一个大类参加岩石粒度定名。

2）宏观图像法

宏观图像法的分析步骤为：依据相关标准规定采集岩心扫描宏观图像。按照岩心的实际长度确定标尺，并在软件中设定扫描图像。采集图像，选取相应的颗粒提取方法；对提取颗粒的图像进行去噪、填孔、边缘平滑和鼠标交连等分割出颗粒。选择视域内的完整颗粒进行测量，破碎颗粒的各部分要当作一个统一体来测量，视域边缘不完整的颗粒不予测量。每个颗粒按粒级划分统计后，进行筛析校正。用目估法确定碎屑颗粒基质含量，校正后给出粒度分析结果。

筛析校正方程见下式：

$$D_{Si} = 0.3815 + 0.9027 D_{Ti} \tag{2-10}$$

颗粒直径由式(2-10)校正后，通过计算即可得到筛析校正后的第i粒级颗粒体积分数为X_{SJHi}。再经基质含量校正，得到宏观图像法第i粒级颗粒体积分数，见式(2-11)：

$$X_{THi} = X_{SJHi}(1 - X_{JZ}) \tag{2-11}$$

大于第i粒级颗粒累积体积分数的计算见下式：

$$P_{THi} = \sum_{i=1}^{n} X_{THi} \tag{2-12}$$

式中 D_{Si}——筛析校正后的颗粒粒径，用ϕ值表示；

D_{Ti}——筛析校正前的颗粒粒径，用ϕ值表示；

X_{THi}——宏观图像法第i粒级颗粒体积分数，%；

X_{SJHi}——宏观图像法筛析校正后的第i粒级颗粒体积分数，%；

X_{JZ}——基质含量，%；

P_{THi}——宏观图像法大于第i粒级颗粒累积体积分数，%。

3）微观图像法

微观图像法的分析步骤为：在显微镜下观察岩心薄片，选择适合的放大倍数并在薄片上选取有代表性的视域，再将图像摄取到计算机中。岩心薄片微观图像按照物镜和目镜的倍数确定标尺，并在软件中设定。根据采集的图像，选取相应的颗粒提取方法。图像颗粒提取后，进行去噪、填孔、边缘平滑和鼠标交连颗粒分割。选择视域内的完整颗粒进行测量，破碎颗粒的各部分要当作一个统一体来测量，有溶蚀或次生加大现象的颗粒应在恢复其原始边缘后再测量。测量颗粒时，视域边缘不完整的颗粒不予测量，自生矿物、化学沉淀物质、重矿物及片状矿物不予测量。每个颗粒按粒级划分统计后，进行筛析校正。用目估法确定碎屑颗粒杂基含量，校正后给出粒度分析结果。

由式(2-11)可得到微观图像法筛析校正后的第i粒级颗粒体积分数为X_{SW}，再经杂基含量校正，得到微观图像法第i粒级颗粒体积分数，见下式：

$$X_{TWi} = X_{SJWi}(1 - X_{ZJ}) \tag{2-13}$$

大于第i粒级颗粒累积体积分数的计算见下式：

$$P_{\text{TW}i} = \sum_{i=1}^{n} X_{\text{TW}i} \tag{2-14}$$

式中 $X_{\text{TW}i}$——微观图像法第 i 粒级颗粒体积分数，%；

$X_{\text{SJW}i}$——微观图像法筛析校正后的第 i 粒级颗粒体积分数，%；

X_{ZJ}——杂基含量，%；

$P_{\text{TW}i}$——微观图像法大于第 i 粒级颗粒累积体积分数，%。

4）图像联合法

以前述宏观图像法粒度分析和微观图像法粒度分析分别完成宏观与微观图像分析。

将式（2-11）和式（2-13）数据合并，得到图像联合法第 i 粒级颗粒体积分数，见下式：

$$X_{\text{T}i} = X_{\text{TH}i}(1-X_{\text{JZ}}) + X_{\text{JZ}} \cdot X_{\text{TW}i}(1-X_{\text{ZJ}}) \tag{2-15}$$

大于第 i 粒级颗粒累积体积分数的计算见公式（16）：

$$P_{\text{T}i} = \sum_{i=1}^{n} X_{\text{T}i} \tag{2-16}$$

式中 $X_{\text{T}i}$——图像联合法第 i 粒级颗粒体积分数，%；

$P_{\text{T}i}$——图像联合法大于第 i 粒级颗粒累积体积分数，%。

四、几种粒度分析方法特点比较

筛析法适用于易溶、易分散的不含或少含碳酸盐岩屑的碎屑岩样品。它能了解岩石粒度全貌，不适宜于胶结致密、颗粒溶蚀严重、次生加大现象明显及条纹状构造的岩石样品。光透法对细粒物或富含黏土矿物的碎屑岩相对有效。

图像法及颗粒计数法不仅适用于筛析法所适用的样品情况，而且也适用于胶结致密、溶蚀强烈及具条纹构造的样品，还适用于压裂、石英次生加大的岩石样品。它借助于偏光显微镜及其他可采取颗粒图像仪器还可区分出矿物的边界变化及成岩作用对矿物形态的改造。图像法速度快、检测、计算、绘图、给出参数自仪器一次完成，手续简便，操作容易。并且伴随科技进步能有更多、更先进、更合理的图像元素采集与数据处理方法，得到更有效的粒度分析结果。

五、粒度分析的资料整理

这一部分工作包括获取粒度分析数据，编制粒度分析数据表，绘制粒度图件，求取粒度参数。

如对某砂样进行粒度分析后，分别获得该砂样中各粒级的重量数，再计算各粒级的重量百分比及各粒级的累积重量百分比，编制粒度分析数据表。同时将数据形象化，利用这些数据绘制系列粒度分析图件（图2-1至图2-3）。编制粒度直方图、频率曲线图、累积曲线图、概率曲线图和C—M图等，便于应用和对比。常见粒度参数有平均值、（M_z）中值（M_d）、众数（M_o）、标准偏差（σ_1）、偏度（SK_1）和峰度（K_G）。

利用图解法计算粒度参数，常见粒度参数主要为：

C 值，累积频率曲线上 1% 处所对应的颗粒直径，单位为毫米（mm）。

M 值，累积频率曲线上 50% 处所对应的颗粒直径，单位为毫米（mm）。

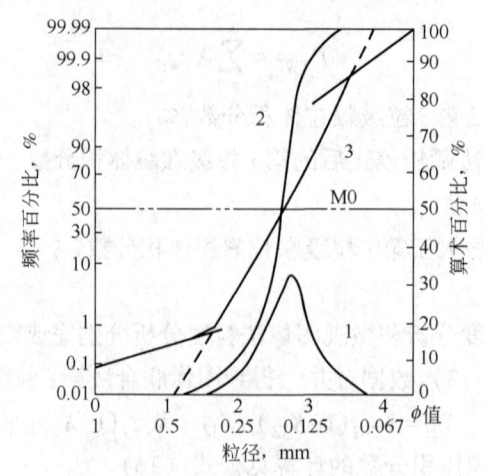

图 2-1 三种粒度曲线

1—频率；2—累积；3—频率值累积曲线

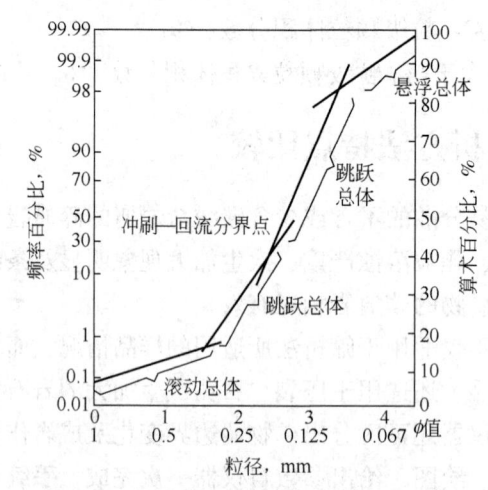

图 2-2 粒度概率图中的几个粒度次总体

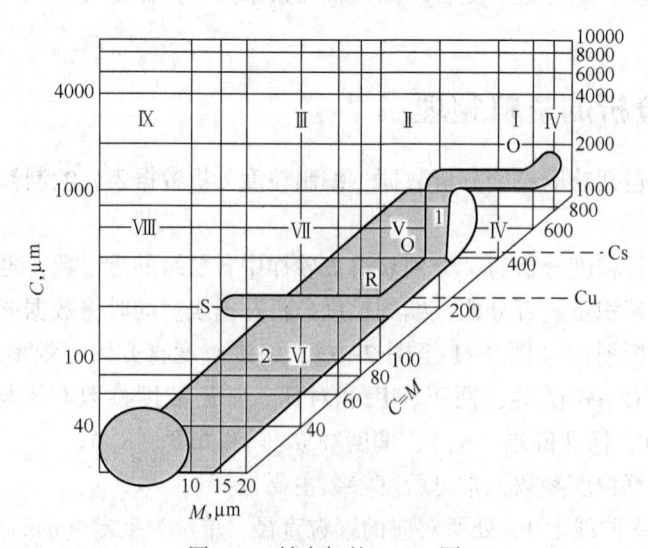

图 2-3 帕塞加的 C—M 图

平均粒径 M_Z，计算方法见式(2-17)：

$$M_Z = \frac{\phi_{16} + \phi_{50} + \phi_{84}}{3} \tag{2-17}$$

标准偏差 σ_1，计算方法见式(2-18)：

$$\sigma_1 = \frac{\phi_{84} - \phi_{16}}{4} + \frac{\phi_{95} - \phi_5}{6.6} \tag{2-18}$$

偏度 SK_1，计算方法见式(2-19)：

$$SK_1 = \frac{\phi_{16} + \phi_{84} - 2\phi_{50}}{2(\phi_{84} - \phi_{16})} + \frac{\phi_5 + \phi_{95} - 2\phi_{50}}{2(\phi_{95} - \phi_5)} \tag{2-19}$$

峰度 K_G，计算方法见式(2-20)：

$$K_G = \frac{\phi_{95} - \phi_5}{2.44(\phi_{75} - \phi_{25})} \tag{2-20}$$

式中　M_Z——图解法平均粒径，用 ϕ 值表示；

ϕ_{16}——累积频率曲线上 16% 处所对应的颗粒直径，用 ϕ 值表示；

ϕ_{50}——累积频率曲线上 50% 处所对应的颗粒直径，用 ϕ 值表示；

ϕ_{84}——累积频率曲线上 84% 处所对应的颗粒直径，用 ϕ 值表示；

σ_1——图解法标准偏差，用 ϕ 值表示；

ϕ_{95}——累积频率曲线上 95% 处所对应的颗粒直径，用 ϕ 值表示；

ϕ_5——累积频率曲线上 5% 处所对应的颗粒直径，用 ϕ 值表示；

SK_1——图解法偏度；

K_G——图解法峰度；

ϕ_{75}——累积频率曲线上 75% 处所对应的颗粒直径，用 ϕ 值表示；

ϕ_{25}——累积频率曲线上 25% 处所对应的颗粒直径，用 ϕ 值表示。

第二节　重矿物分析

碎屑矿物按其密度可分为轻矿物和重矿物两类。前者密度小于 $2.86g/cm^3$，主要为石英、长石；后者密度大于 $2.86g/cm^3$，主要为岩浆岩中的副矿物、部分铁镁矿物以及变质岩中的变质矿物。密度大于 $2.86g/cm^3$ 的陆源碎屑矿物称为重矿物（heavy minerals）。此外，重矿物中还包括沉积和成岩过程中形成的相对密度大于 2.86 的自生矿物（如黄铁矿、重晶石等），但它们属于化学成因物质范畴。

重矿物在岩石中含量很少，一般不超过 1%，且主要分布在 0.25~0.05mm 的粒级范围。其分布的粒度受重矿物的晶粒大小、比重及硬度的控制。如石榴子石因晶粒较粗，多分布在 0.1mm 以上的粒级中；锆石较细，主要分布在小于 0.1mm 的粒级中。总的来说，重矿物在细砂岩、粉砂岩中含量最高。

将砂岩中密度大于 $2.86g/cm^3$ 的矿物分离出来进行专门研究的方法称为重矿物分析。研究地层中的重矿物的成分、含量、特征、共生组合关系及变化等，有助于判断母岩成分和物源方向，可以提供地层划分和对比方面的资料，特别适合哑层的分层和小区域的地层对比，有助于分析同一地区在不同地质时期中的沉积速率、古地形、古气候和地壳运动的变化情况，恢复古地理景观，指导石油和其他沉积矿床的勘探，为寻找和评价各类矿床提供依据。因此，重矿物分析在沉积盆地中研究重矿物具有相当重要的意义。

一、重矿物样品的鉴定过程

1. 样品的处理

样品若含油，应先按照相关标准洗油。洗油后样品破碎为2~5mm的碎块，再称取不少于20g（特殊岩性自定）的样品进行酸处理。样品酸处理是将样品浸泡于浓度为10%的盐酸溶液中达8h，必要时可加热，并适时搅拌。酸液浸泡后的样品，用研钵研磨和清水反复清洗，直至样品颗粒完全分散，泥质完全冲洗干净，再置于烘箱中烘干。烘干的样品进行筛分，指用孔径0.063mm和0.25mm的筛子过筛，取0.063~0.25mm的颗粒作为分离粒级样品进行实验测试；砾岩可用孔径0.5mm的筛子过筛。凡多于5g的样品称取5g，不足5g者全部称重。

2. 重矿物分离

1) 重矿物分离原理

组成岩石的各种矿物其密度分别不同，如沉积岩中不同磁性矿物的密度值不同（表2-4）。将密度不同的矿物颗粒，置于一定密度值的重液中，自然会发生分离作用，密度小于重液密度的矿物浮于重液表面，密度与重液相近的矿物悬浮于重液之中，而密度大于重液密度的矿物沉落于重液底部。据此，可选择一系列密度不同的重液便能将轻、重矿物分开。由于它是使用重液来进行分离的，故又称为重液分离。对部分含铁矿物常利用矿物的磁性，选出强磁性矿物如磁铁矿、钛铁矿、磁黄铁矿。重液就是相对密度>2.85的液体。重液不是奇臭就是剧毒，必须注意安全。利用矿物和重液的密度差使矿物沉浮而分离之。

表2-4 沉积岩中常见重矿物的相对密度值表   单位：g/cm³

强磁性矿物	中磁性矿物	弱磁性矿物	无磁性矿物
磁铁矿 5.17	铁云母 3.1	角闪石，辉石，黑云母 3.4	磷灰石 3.1
钛铁矿 4.65	阳起石 3.1	电气石 3.0~3.52	夕线石 3.2
磁黄铁矿 4.65	富铁闪石和辉石 3.2~3.6	橄榄石，十字石 3.65~3.75	榍石，黄玉 3.5
	黑榴石 3.7	石榴子石，独居石 5.0~5.3	蓝晶石 3.6
	铬铁矿 4.4	绿帘石 3.4	刚玉 4.0
	赤铁矿 5.2		锆石 4.7
			金 19.0

2) 重矿物分离方法与重液选择

（1）双层分离管法：将双层分离管按顺序摆放在试管架内，将三溴甲烷重液倒入双层分离管中，放入砂样，内管加盖橡胶塞，采用多次摇晃、振荡等方式，促进轻重矿物在重液中分离，重矿物沉降，通过内管底部进入外管，轻矿物浮在重液上，留在内管。保持内管为负压状态，提起内管时，内管中的重液和轻矿物一起与外管分离，外管底部的重矿物留在外管中，做到轻重矿物一次性分离。

（2）漏斗法：用分液漏斗或普通漏斗进行，将三溴甲烷重液倒入分液漏斗或带胶管的普通漏斗中，放入砂样，反复搅拌。密度大的矿物下沉，密度小的矿物上浮。然后打开分液漏斗开关或夹子，放下重矿物后关闭开关。移开重矿物，打开开关，将轻矿物放进另一容器中，轻、重矿物即分开。

（3）重液选择：重液的种类很多，选择重液视研究目的——要分离哪一级比重的矿物而定。性能良好的重液必须在分离过程中重液的密度应保持不变（通常用的相对密度为2.86的重液）；尽可能无色透明，无毒；挥发性小、黏度较低，不与要分离的矿物发生化学反应、在分离过程中不易分解；易溶于酒精和其他溶液中，使用后便于回收；价格低廉，经济方便。

3）重矿物分离后处理与计算

分离出的重矿物用酒精洗净，在通风柜中自然晾干。用感量0.1mg的分析天平称重，放入纸包，写上井号、样品编号、井深及重矿物重量。

重矿物质量分数计算见式(2-21)：

$$n = m_1/m_2 \times 100\% \tag{2-21}$$

式中　n——重矿物质量分数；

　　　m_1——重矿物质量，g；

　　　m_2——取样质量，g。

计算结果要求数值修约到两位小数。

3. 重矿物鉴定

重矿物鉴定通常是用油浸法进行的。油浸法的操作流程是：将分离后的重矿物样品四等分后，选取其中一份，用扫样笔扫到载玻片上，滴上浸油，将矿物用钢针拨匀，铺平成均匀的条状，完成样片制备。在偏光显微镜下观察样片、测定折射率和其他光学性质，鉴定出矿物种类，描述出颜色、晶形、包裹体、表面磨蚀及特殊的结构构造等特征，然后统计各种矿物的颗粒数，并计算出百分含量。

实验要求描述重矿物的光性特征、标型特征，并对未知名重矿物进行鉴定，了解岩石中重矿物种类和分布情况。重矿物薄片的鉴定内容和顺序和在薄片中造岩矿物的鉴定基本一致，包括颜色、多色性、晶形、解理、相对折射率和干涉色、消光类型、消光角大小及延性符号、轴性、光性与2V大小、色散现象等。对不透明矿物，描述其反射光下的颜色、颗粒形状、大小和氧化程度等。重矿物往往以整个颗粒出现，厚度相对较大，干涉色偏高，颜色及多色性较显著，相对常规矿物分析的重矿物鉴定的侧重点不一样，现分述如下：

1）颜色及多色性

重矿物的颜色是矿物对白光的选择吸收造成的。对于非均质体矿物而言，随光波振动方向不同呈现出不同颜色的现象称为多色性。由于重矿物颗粒较厚，故颜色和多色性要比在标准薄片中更为明显。例如，紫苏辉石在岩石薄片中为淡红—淡绿色多色性（初学者不易观察出颜色变化），作为重矿物，这种多色性就更加显著。

2）晶形

重矿物的晶体形态不仅能够反映出矿物的结晶习性，而且也能说明它在破碎、搬运、沉积过程中所经受的各种变化。一般来讲，硬度大、化学成分稳定的重矿物抗磨蚀性强，多保存有完整的晶体，如锆石和锡石常为柱状或双锥状晶体；那些硬度较小，抗磨蚀性差的重矿物常呈浑圆状，如磷灰石等。

3）包裹体

很多重矿物都含有包裹体，包裹体可分为气体、液体和固体。由于不同重矿物的生成条件不同，可含有不同的包裹体，同时，来自不同母岩的同种成分的重矿物可能含有不同的包裹体。因此，通过对包裹体的研究，不仅可以鉴定矿物，而且可以判断母岩的成分。

4）解理和断口

有些重矿物的解理和断口较为特征，如蓝晶石作为重矿物出现时，几乎总能见到一组解理；石榴子石重矿物具贝壳状断口；重晶石的断口往往参差不齐。

5）突起

矿物的突起反映它的相对折射率，由于重矿物颗粒较厚，其突起要比在岩石薄片中更为显著。

6）干涉色

矿物的干涉色是由光的干涉现象造成的。由于重矿物颗粒较厚，干涉色要比标准薄片中增高，因此在测定矿物干涉色的级序时，应充分考虑到厚度较大这一因素。一般把重矿物的干涉色分为低、中、高三个级别。低干涉色为一级干涉色，如磷灰石；中干涉色为二级和三级干涉色，如蓝晶石、普通角闪石、辉石、电气石等；高干涉色为高级白干涉色，如锆石、独居石、榍石等。

7）次生变化

不同的矿物可以发生不同的次生变化，如透辉石易发生绿帘石化，橄榄石的蛇纹石化。既使同一种矿物，由于发生次生变化的程度不同，可能反映来自不同的母岩。

8）标型特征

重矿物的特殊结构、构造等，又可称为"标型特征"。它不仅可以鉴定矿物，而且还可以用来划分对比地层或者判断物源方向。

9）重矿物统计

置样片于显微镜从载玻片一端开始，按顺序向另一端移动，进行各种重矿物鉴定和颗粒统计。透明重矿物在透射光下鉴定统计，不透明重矿物在反射光下鉴定统计。鉴定中若遇到疑难重矿物，应进行各种光性测定或其他方法鉴定。

通常陆源重矿物的统计总数在400颗以上，不足者，将矿物全部数完。自生重矿物大于70%，应数出全部陆源重矿物。矿物统计完后，将样片全面检查，补充遗漏的重矿物。

10）重矿物颗粒含量计算

重矿物颗粒含量计算见式（2-22）：

$$W = \frac{K_i}{\sum K_i} \times 100\% \tag{2-22}$$

式中　W——重矿物颗粒含量百分数；
　　　K_i——某种重矿物颗数；
　　　$\sum K_i$——重矿物颗粒总数。

陆源重矿物颗粒总数不少于100颗，计算各重矿物颗粒含量百分数；少于100颗计算出百分数，并标注仅供参考。

二、重矿物资料应用

重矿物资料的应用与薄片资料相类似，实际上二者是互相配合互相补充的。一般来讲，陆源重矿物用于判断母岩成分和物源方向；自生重矿物用于判断成岩环境的沉积介质的物理化学性质和气候条件，二者均可用于进行地层划分和对比。另外，还可以用重矿物资料寻找古隆起区。这是因为古隆起地区遭受较长时期的风化剥蚀，或者沉积缓慢，不稳定的重矿物多被风化而消失或者转化为次生矿物，因此重矿物的种类和数量有所减少，但稳定性重矿物相对有所富集，并可有次生矿物。在隆起高点周围的斜坡上，重矿物较为富集。在具体应用重矿物资料进行沉积岩特征研究时，常应用到以下方面。

1. 母岩性质分析

根据重矿物组合、重矿物特征并结合轻矿物组合分析母岩的性质。一些特征的重矿物对判断母岩是可靠的，如夕线石、蓝晶石、石榴子石是变质岩的特征矿物，它们单独出现就能确立碎屑颗粒产自变质岩。但很多重矿物并非为某种母岩所特有，最好利用矿物组合来确立母岩类型及演化。

根据其风化稳定性，重矿物可以划分为稳定和不稳定的两类。稳定类抗风化能力强，分布广泛，在远离母岩区的沉积岩中其百分含量相对增高，如金红石、锆石、电气石、榍石、石榴子石、板钛矿、磁铁矿、独居石、十字石等；后者抗风化能力弱，离母岩越远其相对含量越少，如磷灰石、夕线石、角闪石、辉石、橄榄石、绿帘石等。

因为不同母岩区的重矿物组合不同（表2-5），单一重矿物很难来判断母岩成分与性质，因此可以利用不同类型的重矿物组合确立母岩性质。沉积岩成因分析中利用重矿物组合与含量变化来解释母岩区（即物源区）是非常有用的。划分矿物组合时，要参考盆地周缘山区和基岩的岩石资料效果才好。

表2-5 不同母岩区的重矿物组合

母岩	重矿物组合
酸性岩浆岩	磷灰石、普通角闪石、独居石、金红石、榍石、锆石、电气石（粉红）
伟晶岩	锡石、萤石、白云母、黄玉、电气石（蓝色）、黑钨矿
中性和基性岩浆岩	普通辉石、紫苏辉石、普通角闪石、透辉石、磁铁矿、钛铁矿
变质岩	红柱石、石榴子石、硬绿泥石、蓝晶石、夕线石、十字石、绿帘石、黝帘石、镁电气石（黄、褐色变种）
再改造的沉积岩	锆石（圆）、电气石（圆）、金红石、重晶石

在推断碎屑母岩性质时，也可以结合轻、重矿物的组合（表2-6）来判断，可能会更加可靠。

表2-6 各种不同类型母岩的轻重矿物组合

母岩		矿物组合
花岗岩及花岗闪长岩	重矿物	锆英石、榍石、磷灰石、黑云母、电气石、金红石等
	轻矿物	石英、正长石、微斜长石、酸性碱长石
安山岩和玄武岩	重矿物	辉石、角闪石、蓝铁矿、锆石、石榴子石、磷灰石
	轻矿物	（安山岩或玄武岩岩屑）、中性和基性斜长石

续表

母岩	矿物组合	
超基性岩	重矿物	尖晶石、铬铁矿、紫苏辉石、橄榄石、普通辉石、角闪石
	轻矿物	基性斜长石、蛇纹石、(超基性岩岩屑)
变质岩	重矿物	蓝晶石、十字石、夕线石、石榴子石、红柱石、刚玉、绿帘石、黝帘石、黝帘石
	轻矿物	具波状消光和镶嵌结构的石英、各种变质岩岩屑
沉积岩	重矿物	锆英石(圆)、金红石、石榴子石、电气石(较圆)、重晶石、白铁矿
	轻矿物	圆而具有次生加大的石英

2. 物质来源区分析

某些重矿物是某种母岩所特有，这种矿物可单独用来判断母若的物源方向。如蓝晶石、硅线石是高级变质岩的标志变质矿物，可以单独使用。若对盆地周缘山区的岩性研究较清楚时，那么母岩中的某种特殊矿物或某些特殊的标型特征都可以用来与盆地中的重矿物相对比，这样可以开展盆地内沉积物的物源分析。

由同一母岩供给碎屑物质的沉积地区，虽然由于自然地理条件不同而可以生成不同的沉积物，但是它们所含的碎屑物质可以是相似的，特别是重矿物组合应是相同或近于相同的。只有一种母岩的称为简单物源矿物区或单一物源区；若同时受几种母岩供给物质的则称为复杂物源矿物区或多物源区。

利用沉积岩形成的源汇组合分析，沿沉积流体水平方向上的重矿物种类和含量变化，可以推测物质来源方向。在一个盆地中，碎屑物质常常不只来自一个方向，往往有几个母岩区。通常越接近某母岩区，某矿物含量和种类就越多；对于同一母岩的重矿物组合而言，越接近母岩区，矿物种类越多，重矿物总含量越高，不稳定矿物的相对百分含量也越高；反之，离母岩区越远，矿物种类越少，重矿物含量越少，不稳定矿物越少，稳定矿物相对百分含量增加。

在地层剖面上，常比较矿物的稳定度，划分稳定矿物和不稳定矿物的层段，这对确定不同时期的沉积快慢、古地形、古气候和地壳运动的变化等方面均有意义。在同一地层中，分别作出稳定矿物、不稳定矿物的含量等值线图，根据各自的变化势，可以追索物源方向。一般来讲，随着搬运距离的增加，稳定性重矿物的含量增高，不稳定性重矿物的含量相对减少。

另外，在划分矿物组合、确定来源区时，要参考盆地周围老山(古隆起)、基岩的岩石资料和构造运动情况，并将轻矿物和重矿物结合起来考虑，效果更好。

3. 确定母岩侵蚀顺序的重矿物剖面

同一侵蚀区的上下层位可有不同的母岩，随时间的进展，受侵蚀的顺序是不相同的，最先侵蚀的最上面层位的岩层，但由它们产生的物质(包括重矿物组合)在沉积区是沉积在最低层；最后受侵蚀的是最下部层位的母岩，但沉积在最上面的层位中。例如某一陆源区的岩层顺序自上而下分别为 A 层—B 层—C 层等，其相应所含之重矿物为 a、b、c 等，若遭受侵蚀时其侵蚀顺序是 A 层→B 层→C 层。但搬运到沉积区沉积时则是相反的，即 A 层中的重矿物 a 先沉积在最下层、B 层之 b 次之、C 层重矿物 c 在最上面等等，沉积区重矿物组合在地层剖面自上而下的顺序应是 c→b→a，同其原始层序相反，故称为"重矿物反剖面"。据此可以确定陆源区母岩岩性及其侵蚀顺序。

4. 划分和对比地层

根据重矿物的种类、特征及含量进行划分和对比地层的方法一般称为重矿物地层对比法。它对于不含或极少含化石的地层（即哑地层）的研究是一个很有价值的方法。其基本原理为由同一侵蚀区所供给的稳定碎屑重矿物组合，在水平方向的分布是一样的。同时代的沉积层可能由于沉积分异作用、构造和地貌等因素的影响，在岩性成分上有所不同，但其中所含的稳定重矿物组合都是相同的；而不同时代的沉积层中重矿物组合特征就不一样。以此开展碎屑岩层序的地层划分与对比具有一定的科学依据。

也有人研究单一种重矿物（如不同颜色的电气石、不同特征的锆石）的标型特征来划分和对比地层的，也常有较好效果。

20 世纪末开始人们利用锆石或磷灰石测年，开展一种重矿物或多种重矿物组合的源汇分析，都是重矿物分析的新应用，值得肯定与鼓励，也是一种新方向。

第三章 储层物性分析

储集层由物质组分和未被固结部分占据的网状孔隙系统组成。此系统不仅具有储存油、气、水的能力，而且也是油、气、水流动的通道。储集层孔隙特征的研究是储层研究中的一项重要内容。研究储集层的孔隙特征不仅具有理论意义，而且对储集层的认识与评价、油气层产能的预测、油气水在油气层中的运动、水驱油气效率及油气采收率的提高都具有实际的指导意义。

储层物性的测定可以通过三大类方法，分别是现场测定、实验室测定以及数学计量。现场测定主要适用于野外工作或者钻探工作的过程中，倾向于利用便携设备以及录井、测井和试油设备，对储层物性进行快速的直接或者间接的测定和计量。实验室测定是最精确和可靠的物性测定方法，需要将在野外取得的岩石、岩心样品经过一定的预处理，置于专业的大型仪器中进行系统测定。本章具体介绍实验室储层物性常规测定的原理与方法，介绍岩石的孔隙度、渗透率、孔隙结构、油气水饱和度等物性参数的测定与表征，介绍细粒岩储层微纳米级储集空间特征和表征技术方法。

第一节 孔隙度分析

一、孔隙度概念与分类

岩石由固体物质（颗粒与填隙物构成）实体和孔隙两部分组成。孔隙指岩石中未被固体物质所充填的空间部分，又称储集空间或空隙。实体组成与展布的多样性和复杂性决定了分布期间的孔隙的不均匀性和复杂性，形成了极不规则的孔隙结构。

1. 孔隙度概念

孔隙度是指岩石中孔隙体积占岩石总体积的比例，它反映了岩石孔隙的发育程度。它衡量了岩石中孔隙总体积的大小，是控制油气储量及储能的重要物理参数，是油气储层研究的最基本标量。

2. 孔隙度分类

通常依据孔隙的大小、连通状况以及对流体的有效性，孔隙度又可分为绝对孔隙度、有效孔隙度以及流动孔隙度。

1) 绝对孔隙度（总孔隙度）

岩石的绝对孔隙度（ϕ_t）指岩石所具有的孔隙容积 V_p 与岩石的总体积（视体积）V_t 的比值，即 $\phi_t = V_p/V_t$。绝对孔隙度也就是总孔隙度。通常科技文献中所提到的孔隙度一般是指绝对孔隙度。

2) 有效孔隙度

有效孔隙度（ϕ_e）是指那些互相连通的，且在一定压差下（大于常压）允许流体在其中流动的孔隙总体积（即有效孔隙体积 V_{ep}）与岩石总体积的比值。以砂岩为例，一般认为孔隙半径大于 0.0001mm（0.1μm），流体可以通过其间的孔隙为有效孔隙。有效孔隙度也称为连通孔隙度。常规砂岩和碳酸盐岩储层的有效孔隙度为 5%~30%，多在 10%~25%。

3) 流动孔隙度

流动孔隙度（ϕ_f）是指在油田开发中，在一定的压差下，流体可在其中流动的孔隙总体积与岩石总体积的比值，与油气工业生产密切相关。

流动孔隙度不考虑无效孔隙，不考虑被毛细管所滞留或束缚的液体所占据的毛细管孔隙，也不考虑岩石颗粒表面上液体薄膜的体积。流动孔隙度随地层中的压力梯度和液体的物理、化学性质变化而变化。

有效（连通）孔隙是总孔隙减去无效孔隙，而流动孔隙一般表示总孔隙减去无效孔隙和微毛细管孔隙，因此，$\phi_t > \phi_e > \phi_f$。对于较疏松的砂岩，其有效孔隙度接近于绝对孔隙度；胶结致密的储层，有效孔隙度和绝对孔隙度相差甚大。随着科学技术的进步，ϕ_f 接近 ϕ_e。

3. 孔隙分类

严格来讲，地壳上的各类岩石或多或少都存在着孔隙，只不过是孔隙大小、结构和多少不同。按孔隙成因可分为原生孔隙和次生孔隙两大类；按孔隙与颗粒的接触关系可分为粒间孔隙、粒内孔隙及填隙物内孔隙三类。

油气生产常依据孔隙直径或裂缝宽度，以及对流体的作用，将孔隙划分为 3 类。

(1) 超毛细管孔隙：孔隙直径大于 0.5mm，裂缝宽度大于 0.25mm 的孔隙。自然条件下，流体在重力作用下可在其中自由流动，胶结疏松的砂体大多属于超毛细管孔隙。在这种孔隙中，流体的流动遵循静水力学的一般性规律。

(2) 毛细管孔隙：孔隙直径 0.0002~0.5mm，裂缝宽度为 0.0001~0.25mm 的孔隙。在这种孔隙中，无论是流体质点间，还是流体和孔隙壁间均处于分子引力的作用之下。由于毛细管压力的作用，流体不能自由流动，只有在外力大于本身的毛细管压力时，流体才能在其中流动，一般的砂岩孔隙多属于此类孔隙。

(3) 微毛细管孔隙：孔隙直径小于 0.0002mm，裂缝宽度小于 0.0001mm 的孔隙。其中分子间的引力很大，要使液体在此孔隙中流动需要非常高的压力梯度。因而，在正常地层压力条件下流体不易流动，这就是人们常将孔缝半径大于或小于 0.1μm 作为流体能否在其中流动的分界线的原因。在黏土岩和致密页岩中常见此类孔隙。

在油气田开采中，只有那些相互连通的孔隙才具有实际意义，因为它们不仅能储存油气，而且允许油气在其中渗滤。而那些孤立而互不连通的孔隙和微毛细管孔隙，即使其中储存油气，在现代技术下也难以开采，所以这类孔隙目前也没有工业意义。

二、孔隙度实验室测定

岩石孔隙度的测定方法一般有两类：薄片法、压汞法及其他实验室中利用岩样直接测试的直接法和以地震、测井的解释计算方法为主的间接法。用岩石薄片进行镜下统计求取面孔率来代替孔隙度的方法属直接法。在对油田井下储层，尤其是没有取心的层段进行孔隙度测定和预测时，多采用间接的地球物理方法求取，包括测井和地震方法，还可用试井方法来求取孔隙度，都属间接法。有岩心时直接法测定的精度相对高于间接法，二者相辅相成，间接法是建立在直接法的基础上，要提高其孔隙度解释结果的可靠性，必须利用直接法的标定与完善。储层孔隙度实验室直接测定的常规方法有饱和煤油法、压汞法、气测法以及显微镜观察统计法等。

1. 饱和煤油法测定岩石有效孔隙度

饱和煤油法是普遍采用的测定有效孔隙度的方法。此法是将抽提、烘干的岩样先在天平上称得质量 m_1，然后抽真空并使样品充分地饱和煤油，将饱和煤油后的岩样在空气中称得质量 m_2，再将该岩样放在煤油中称得质量为 m_3，则岩样的孔隙体积 V_p 可用下式求得：

$$V_p = (m_2 - m_1)/d_0 \tag{3-1}$$

式中　d_0——煤油的相对密度。

根据阿基米德原理，岩样的总体积 V_t 的计算式为

$$V_t = (m_2 - m_3)/d_0 \tag{3-2}$$

因此有效孔隙度 ϕ 的计算式为

$$\phi = \frac{V_p}{V_t} = \frac{m_2 - m_1}{m_2 - m_3} \tag{3-3}$$

由上述可知，用此法测定有效孔隙度，只需求得 m_1、m_2、m_3 三个质量值即可。

2. 气测法测定岩石有效孔隙度

根据玻意耳—马略特定律，当温度一定时，一定质量的气体体积和压力乘积为常数：$p_1V_1 = p_2V_2$，其中已知 p_1V_1，测定 p_2 就可算出 V_2。也就是只要测得气体的压力便可间接地求出岩样的颗粒体积。若在岩样外表涂封一层聚氯乙烯树脂乳胶薄膜，也可求出岩样总体积，进而计算出岩样孔隙度。

在恒定温度下，岩心室体积一定，放入岩心室岩样的固相（颗粒）体积越小，则岩心室中气体所占体积越大，与标准室连通后，平衡压力越低；反之，当放入岩心室内的岩样固相体积越大，平衡压力越高，仪器装置与流程见图3-1。测定时先将一系列已知体积的试样放在岩心室内，读取一系列相应的水银柱高，由水银柱高求出压差，用试样体积与压差作标准曲线。将待测岩样放入岩心室，测量水银柱高并求出压差，根据待测岩样的压差对照标准曲线即可求得相应岩样的固相体积或总体积，进而测得岩样孔隙度。

此法操作简单、测定速度快，适宜于野外使用，但较难满足等温条件。在测定时，若气温、气压变化，可同时测定标准曲线，以消除测量误差。

采用气测法，可以对柱塞样品、块状样品和颗粒状样品进行孔隙度的测试，但是不同规格样品所需测试条件明显不同。柱塞样品的总体积通过测量样品的长度和直径计算得出，颗粒样品的总体积通过测试样品的质量和视密度计算，样品的视密度采用饱和液体法确定。

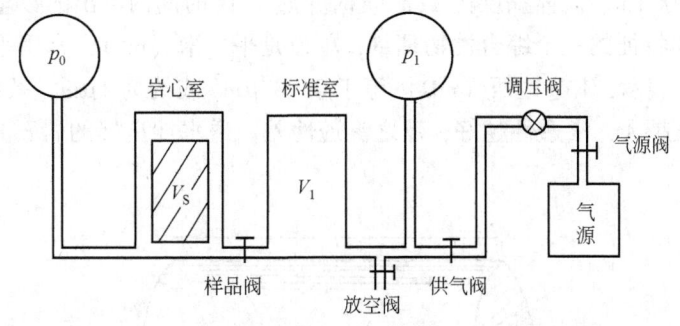

图 3-1 气体孔隙度仪（双室法）示意图

3. 铸体薄片法测定面孔率

铸体薄片中染色的树脂部分代表岩石二维空间的孔隙结构状态，因此可以很方便地直接观察到岩石薄片中的面孔率、孔隙、喉道及孔喉配位数等。借助铸体薄片可描述碎屑岩储层的孔洞类型、大小、分布、面孔率等碎屑岩孔隙特征，可描述碳酸盐岩储层的裂缝数量、大小（长度及宽度）、面缝率、期次与分布等缝洞特征，可测量整个薄片中的孔径大小、喉道宽度及定性定量描述孔喉关系。面孔率是指铸体薄片中未充填的孔隙面积占整个岩石薄片面积的百分比。采用目估法或图像处理软件测量与统计面孔率和裂缝，具体方法见前述。

第二节　渗透率分析

一、渗透率概念与分类

1. 渗透率概念

储集岩的渗透性是指在一定的压差下，岩石本身允许流体通过的性能。同孔隙性一样，它是储层研究的最重要参数之一，它不但影响油气的储能，而且能够控制产能。岩石的渗透性通常用渗透率来衡量。渗透性只表示岩石中流体流动的难易程度，而与其中流体的实际含量无关。

从绝对意义上讲，渗透性岩石与非渗透性岩石之间没有明显的界限，只是一个相对的概念。通常所说的渗透性岩石与非渗透性岩石，是对在一定的地层压力条件下流体能否通过岩石而言的。一般来说，砂岩、砾岩、多孔的石灰岩与白云岩等储层为渗透性岩层；泥岩、石膏、硬石膏、泥灰岩等为非渗透性岩层，若裂缝发育，则可以变成渗透性岩层。

流体借助于多孔介质的渗透性渗出的流量 $Q(\mathrm{m^3/s})$ 与流体通过的介质的截面 $A(\mathrm{m^2})$ 和介质系统两端的压力差 $\Delta p(\mathrm{Pa})$ 成正比，而与流体黏度 $\mu(\mathrm{Pa \cdot s})$ 和系统的长度 $L(\mathrm{m})$ 成反比，这就是达西定律定性表述的基本规律（图3-2）。此规律也可用公式表达，即

$$Q = K \frac{A \Delta p}{\mu L} \tag{3-4}$$

在式(3-4)中，系数 K 即渗透率。其物理意义是：当截面积 A 等于 $1\mathrm{m^2}$，端压差 Δp 等于

9.8Pa、长度 L 等于 1m、流体黏度为 $1Pa \cdot s$ 时介质于 1s 时间内渗出的数量。渗透率是考虑到岩石性质和流体特征的一个综合性物理量，单位是平方米（m^2），常用平方微米（μm^2）。也可用达西（D）表示，1 毫达西（mD）等于 $0.987\mu m^2$ 或约为 $1\mu m^2$。岩石的渗透性均用渗透率表示，K 值越大，渗透性越好，反之渗透性差。透水性良好的岩石其 $K>1\mu m^2$，不透者 $K<10^{-4}\mu m^2$。

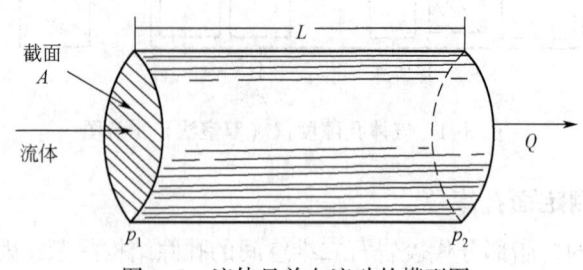

图 3-2 流体呈单向流动的模型图

2. 渗透率分类

渗透性的好坏常用渗透率来表示，它具有明显的方向性，故它不同于孔隙度，应为矢量，这就是说，渗透率在不同方向上存在着较大差异，通常可分为水平渗透率和垂直渗透率。常用到的概念是绝对渗透率、有效渗透率和相对渗透率。

1）绝对渗透率

如果岩石孔隙中只有一种流体存在，而且这种流体不与岩石起任何物理、化学反应，在这种条件下所测得的渗透率为岩石的绝对渗透率。单相流体通过介质呈层状流动时，服从达西直线渗流定律，利用式(3-4)可以计算绝对渗透率。

绝对渗透率是与流体性质无关而仅与岩石本身孔隙结构有关的物理参数。生产上使用的绝对渗透率一般是用空气测定的空气渗透率。

2）有效渗透率

当有两种或两种以上流体存在于岩石中时，对其中一种流体所测得的渗透率为有效渗透率，又称相渗透率。它表示岩石在其他流体存在的条件下，传导某一种流体的能力，不但与岩石的孔隙结构有关，而且与流体的饱和度有关，通常用 K_o、K_g、K_w 来分别表示油、气、水的有效渗透率。

3）相对渗透率

各流体在岩石中的有效渗透率与该岩石的绝对渗透率之比称为相对渗透率，它是衡量某一种流体通过岩石能力大小的指标。分别用符号 K_{ro}、K_{rg}、K_{rw} 来表示油、气、水的相对渗透率。

大量实践和室内实验证明，有效渗透率和相对渗透率不仅与岩石性质有关，而且与流体的性质及其饱和度有关。随着该相饱和度的增加，其有效渗透率随之增加，直到岩石全部被该单相流体所饱和，这时，其有效渗透率等于绝对渗透率。

绝对渗透率仅与岩石本身的孔隙结构有关，与流体性质无关，而有效渗透率和相对渗透率不仅取决于岩石性质，还取决于各相在岩石中所占的比例（饱和度）、饱和的顺序、流体对岩石的润湿性及流体的性质等。

二、储层渗透率测定

1. 实验原理

渗透率的大小表示岩石允许流体通过能力的大小。根据达西公式,气体渗透率的计算公式为

$$K=\frac{2p_0Q_0\mu L}{A(p_1^2-p_2^2)}\times 1000 \tag{3-5}$$

令

$$C=\frac{2000\mu p_0}{(p_1^2-p_2^2)}$$

$$Q_0=\frac{Q_{or}h_w}{200}$$

则

$$K=\frac{CQ_{or}h_wL}{200A} \tag{3-6}$$

式中 K——气体渗透率,$10^{-3}\mu m^2$;

A——岩样截面积,cm^2;

L——岩样长度,cm;

P_0——大气压力,0.1MPa;

Q_0——大气压力下的流量,cm^3/s;

h_w——孔板压差计高度,mm;

p_1、p_2——岩心入口及出口压力,0.1MPa;

μ——气体的黏度,mPa·s;

Q_{or}——孔板流量计常数,cm^3/s;

C——与压力 p_1 有关的常数。

测出 C(或 p_1、p_2)、h_w、Q_{or} 及岩样尺寸,即可求出渗透率。

2. 实验方法

岩石渗透率的测定大部分情况下也可以通过孔隙度测定设备完成,包括毛细管压力曲线法、气测法以及薄片观察法。

1)气体法测定岩石的绝对渗透率

根据测定时气体流动方式的不同,分单向气体法和径向气体法。现以单向流动(图3-2)为例说明气体法测定岩石绝对渗透率的原理和方法。根据式(3-4),有

$$K=\frac{Q\mu L}{A(p_1-p_2)} \tag{3-7}$$

因为气体的体积与压力有关,而岩样中不同的位置压力是不同的,因此式(3-7)应该用平均流量和平均压力。并且是在常温及压力为大气压力这一标准状况下测定的气体体积流量。若实验室条件不是标准状况,还需根据气体状态方程将上述平均流量换算成标准状态下

的平均流量。

分析式(3-7)，不难看出，要求得岩石的渗透率，关键是测定岩样两端的压力值和在此压差下通过岩样的气体流量。测量仪器如图 3-3 所示，测定时先用千分卡尺量出岩样的直径（d）和长度（L）并算出截面积（A），将岩样密封在岩心夹持器内夹紧，打开气源，使测量压力慢慢上升，至流量和压力达到某一值并稳定后，记录 Q、p_1、p_2，即可计算 K。每个岩样必须选择三个以上不同的压力进行测定，取其平均值，即为所测渗透率值。

在达西定律和式(3-7)中，流量与压差成直线关系，且直线的截距为零，据此可检验测试结果是否正确。

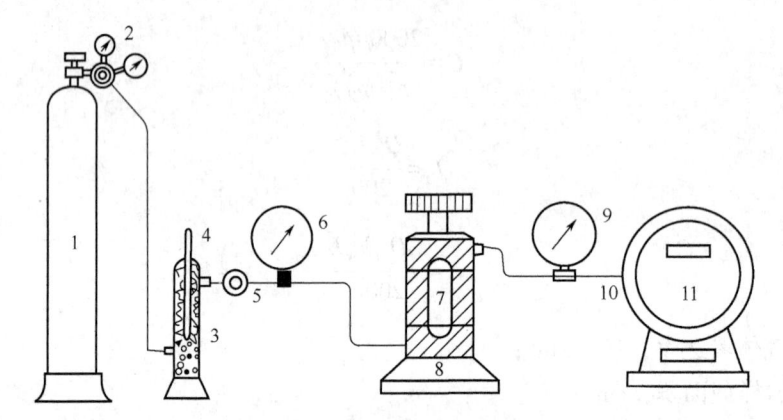

图 3-3 岩石气体渗透率测定仪图

1—气瓶；2—减压阀；3—干燥器；4—温度计；5—微调压稳压阀；6—进口压力表；7—岩样；
8—岩心夹持器；9—出口压力表；10—出口控制阀；11—气体流量计

2）流水法测定渗透率

除了气体法测定岩石的渗透率以外，常用的方法还有流水法。此法在测量精度上虽比气体法差些，但它的仪器结构简单，操作方便，测量迅速，适宜于野外使用。仪器主要由岩心夹持器和流量管两部分组成。岩样的准备同前，测量时打开水源，使水槽面恒定在流量管的零线上；抽气，使水沿流量管上升到所选的流量管段之上，停抽气，接通岩心筒，空气通过岩心样使流量管内水面下降，记录水流完该测量管段的时间，由此即可得出岩样的渗透率，其计算公式为

$$K = \frac{B\mu L}{At} \tag{3-8}$$

式中　t——水面在所测流量管管段内降落的时间；
　　　B——所测测量管段的常数，由已知渗透率的样品实测或计算来确定。

3）裂缝性岩石的渗透率测定

当岩石中具有裂缝时，其孔隙度和渗透率都将增加，据统计，裂缝孔隙度一般小于1%，但裂缝会大大改善岩石的渗透能力。例如，裂缝孔隙度低至1%时，其渗透率仍可高达约 $54\mu m^2$。常用薄片分析法和全直径岩心分析法测量裂缝性岩石渗透率。

薄片分析法是在铸体薄片上根据镜下所测得的裂缝宽度和长度，可利用式(3-9)计算出裂缝渗透率 K_f：

$$K_{\mathrm{f}} = c \frac{\sum_{i=1}^{n} b^3 L}{\sum_{i=1}^{n} S} \tag{3-9}$$

式中 b——测出的某一薄片内的裂缝的平均宽度；

L——某一薄片内裂缝的总长度；

S——某一薄片的面积；

n——薄片数；

c——常数，取决于裂缝系统的方位，平行的单裂缝系统取值为 $3.42×10^6$，互相垂直的裂经系统与互相交叉的裂经系统分别对应取值为 $1.71×10^6$ 和 $2.28×10^6$。

全直径岩心分析法，利用全岩心渗透率测定仪测量全直径岩样的渗透率（裂隙水平方向放置），可按下式计算出岩样的渗透率 K：

$$K = C_1(1.2\sqrt{DL})Q \tag{3-10}$$

式中 C_1——由压差和气体黏度确定的系数，可用标准样求出；

Q——空气流量；

D——岩样直径；

L——多孔滤板长度。

第三节 孔隙结构分析

通常，将岩石的孔隙空间划分为孔隙和喉道两部分，岩石颗粒所包围的较大空间叫孔隙，而连接两相邻孔隙的狭窄通道称为喉道。孔隙和喉道的形状、大小、分布及其连通关系等称为孔隙结构。根据储层中孔隙和喉道两者关系，将孔隙结构大致分为五级，即大孔粗喉道、中孔中喉道、小孔细喉道、微细孔微细喉道、微孔微喉道。

岩石中的流体不仅占据岩石的孔隙空间，而且在复杂的孔隙系统中流动。喉道正是流体流动时的运移通道。喉道越粗、越直，流体流动越容易；喉道越细、越曲折，流体流动越困难；当喉道宽度为零时，则渗透率为零，流体无法流动。显然，喉道结构是岩石中流体运移的主要控制因素。

储层孔隙结构研究属于以岩石样本为基础的微观分析，由于肉眼很难直接观察岩石的微观结构，因此储层孔隙结构研究主要依靠实验室仪器设备来实现。目前研究孔隙结构的实验室方法很多、发展较快，总体上分为三大类。第一类为间接测定法，如毛管压力法，包括压汞法、半渗透隔板法、离心机法、动力驱替法、蒸气压力法等。第二类为直接观测法，包括铸体薄片法、图像分析法、各种荧光显示剂注入法、扫描电镜法等。第三类为数字岩心法，包括铸体模型法、CT扫描，孔隙结构三维模型重构技术，这是当前及今后的发展方向。压汞毛管压力法、铸体薄片法及扫描电镜法是目前孔隙结构研究的常用方法。本章对直接、间接和数字岩心三大类方法均作介绍。常用的孔隙结构参数包括孔隙配位数、喉道连通系数、孔径分布参数（平均直径、标准差、分选度、偏差、尖度、变异系数等）、孔喉直径比、孔隙形状、排驱压力和最小非饱和的孔隙百分数。

一、毛管压力法

1. 测定方法

储层岩石的毛管压力和湿相（或非湿相）饱和度关系曲线被称为岩石的毛管压力曲线。它是研究岩石孔隙结构特征最重要的资料，其测定方法主要包括半渗透隔板法、离心机法和压汞法。

半渗透隔板法是一种经典的、标准的测量岩石毛管压力的方法，其主要步骤是将饱和湿相流体（水）的岩心放入一个带半渗透隔板的岩心室内。半渗透隔板经过处理只允许湿相通过，而不能通过非湿相。然后在室内充满非湿相流体（油或气体），这时对非湿相施以排驱压力，非湿相将克服岩心的毛管压力而进入岩心，将其中的湿相水排出。记录一系列的压力值及其相应的累计排出水体积，根据岩样最初饱和水的体积（相当于岩石的总孔隙体积），便可计算出每个压力下的湿相饱和度。根据所测资料，便可绘制出该岩心的压力和饱和度关系曲线，即驱替毛管压力曲线。半渗透隔板法能够模拟地下储层条件，测量精度较高，但缺点是平衡速度缓慢，测试时间太长。

离心机法是依靠高速离心机所产生的离心力代替外加的排驱压力，从而达到非湿相驱替湿相的目的。实验时由低到高逐渐增大离心机转速，使与之平衡的毛管压力也不断增大，记录不同压力下驱出的湿相液体体积，便可绘制岩石的毛管压力与湿相饱和度的关系曲线，即毛管压力曲线。离心机法的优点是重复性好、精度高，操作简单，但高速离心机较为昂贵。

压汞法就是将非湿相流体——水银注入到被抽真空的岩心内。注入水银的压力代表了相应孔隙大小下的毛管压力，此压力下进入孔隙系统的水银量对应相应孔喉大小所连通的孔隙体积，以此绘制若干压力点下的压力和水银饱和度曲线，即压汞法岩石毛管压力曲线。压汞法由于快速、准确，而且压力可以较高，是目前测定岩石毛管压力的主要手段。压汞法又称水银注入法，它是研究储集层孔隙结构的经典方法，是毛管压力曲线法测得相关参数及应用的典型代表，应用这一方法所测定的毛管压力曲线是研究孔隙结构，评价储、产性能的基础。

对岩石而言，水银为非润湿相，如将水银注入于岩石孔隙系统内，则必须克服孔隙喉道所造成的毛管阻力。因此，当某一注汞压力与岩样孔隙喉道的毛细管阻力达到平衡时，便可测得注汞压力及在该压力条件下进入岩样内的汞体积，即可得到该样品压力—水银注入量曲线，又称毛管压力—水银饱和度曲线，简称压汞曲线。它反映在对同一岩样注汞过程中，可在一系列测点上测得注汞压力及其相应压力下的进汞体积，展示毛管压力和岩样含汞饱和度的关系。

因为注汞压力在数值上和岩石孔隙喉道毛管压力相等，或二者等效，故注汞压力又叫毛管压力，用 p_c 表示，又因毛管压力与孔隙喉道半径成反比，因此根据注入汞的毛管压力就可计算出相应的孔隙喉道半径。进汞体积就是相应孔隙与喉道的容积值，水银注入量就是水银对孔隙空间的充填或饱和程度，据此可求得汞饱和度，又称为水银饱和度，用 S_{Hg} 表示。

2. 计算孔隙结构参数的基本公式

1）计算孔隙喉道半径的公式

毛管压力与孔隙喉道半径 R 成反比，见式(3-11)，测得注入水银的毛管压力值，就可计算出相应的孔隙喉道半径值。

$$p_c = \frac{2\sigma\cos\theta}{R} \tag{3-11}$$

式中　p_c——毛管压力；

　　　σ——水银的表面张力；

　　　θ——水银的润湿接触角；

　　　R——孔隙喉道半径。

从该式可知：

（1）当给一定的外加压力而将水银注入岩样，则可根据平衡压力计算出相应的孔隙喉道半径值。

（2）在这个平衡压力下进入岩样孔隙系统中的水银体积，应是具这个压力的相应孔隙喉道的孔隙容积。

（3）孔隙喉道越大，毛管阻力将越小，注入水银的压力也小。因此，在注入水银时，将随注入压力的增高，水银将由大到小，逐次进入其相应喉道的孔隙系统中去。

2）计算含水银饱和度的基本公式

由流体饱和度概念可知

$$S_{Hg} = \frac{V_{Hg}}{\phi V_f} \tag{3-12}$$

式中　S_{Hg}——水银饱和度；

　　　V_{Hg}——孔隙系统中所含水银的体积；

　　　V_f——岩样的外表体积；

　　　ϕ——岩样的孔隙度。

由于沉积岩大都憎油亲水，故原油进入储集层中的排驱机理相似于水银。因此，在计算储集层的含油饱和度时可以近似应用含水银饱和度的测定值。

基于上述原理，可以用压汞法测定孔隙系统中的两项参数：各种孔隙喉道的半径值及其相应的孔隙容积值。

3. 毛管压力曲线的特征参数

根据实测的水银注入压力与相应的岩样含水银体积，并经计算而求得水银饱和度值和孔隙喉道半径值后，就可以绘制毛管压力、孔隙喉道半径与水银饱和度的关系曲线。即毛管压力曲线，如图3-4所示。它反映了在一定驱替压力下水银可能进入的孔隙喉道的大小及这种喉道的孔隙容积。

毛管压力曲线是将多孔介质抽象为直径大小不相等的毛细管束，当流体注入压力等于或高于毛管压力时，流体进入孔隙中，注入起始时的压力就相当于实际毛管压力，对应的毛细管半径即为孔隙、喉道半径，注入汞的体积即为孔隙体积。通过不断改变流体的注入压力，毛管压力曲线可以测定关于储层物性的多种参数，包括排驱压力、中值压力、最大连通孔隙

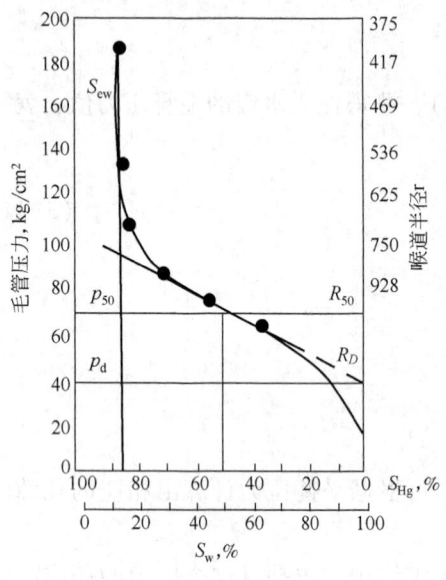

图 3-4 毛细管压力曲线图
（据陈碧珏，1987）

半径、孔隙半径中值、平均孔隙半径、半径均值、孔隙度峰位、渗透率峰位、孔隙度均值、渗透率均值等，反映了储集岩石的孔喉大小、分选、连通性及控制流体运动特征。应用毛管压力曲线研究孔隙结构和评价储集层的储集性能，常选用如下特征参数。

1）排驱压力（p_d）和最大连通孔隙喉道半径（R_D）

最大连通孔隙喉道半径是沿毛管压力曲线的拐点作切线与孔隙喉道半径轴相交而求得（图 3-4）。可以将最大连通孔隙喉道半径（R_D）当作孔隙和喉道的分界点，大于 R_D 者为孔隙，小于 R_D 者为喉道。

排驱压力 p_d 是过 R_D 作横轴平行线与毛管压力轴相所示的压力值（图 3-4），因而 p_d 为岩样最大连通孔隙喉道半径 R_D 所对应的毛管压力值。显然排驱压力与岩样总孔隙容积无关，它是孔隙喉道大小的函数。也就是说，岩样的排驱压力越大，岩样最大孔隙喉道半径越小，渗透率低，孔隙连通性差；反之排驱压力越小，岩样的最大孔隙喉道半径越大，渗透率高，孔隙连通性好。

2）孔隙喉道半径及孔隙喉道大小分布

孔隙喉道半径（简称孔喉半径）是以能够通过孔隙喉道的最大球体半径来衡量的，单位为微米（μm）。孔喉半径的大小受孔隙结构影响极大，若孔喉半径大，孔隙空间的连通性好，液体在孔隙系统中的渗流能力就强。地层中液体流动条件取决于孔隙喉道的结构，孔喉数量、半径大小、截面形状、液体与岩心的接触面大小等都将起一定的作用。

确定孔隙喉道大小分布是研究储集岩孔隙结构的中心问题。把喉道直径及该喉道所控制的孔隙体积占总孔隙体积的百分数称为孔喉大小分布，或称为视孔隙大小分布。压汞法结果显示同一岩石的孔喉半径大小不一，是非均质的。

3）束缚水饱和度（S_{min}）

当非润湿相突破排驱压力 p_d 后，随着注入水银压力的增加，湿相饱和度将逐渐减小，直到注入压力急剧增加，而湿相饱和度不再减小的那个值，即所谓"束缚水"饱和度 S_{ew}（图 3-4）。在仪器最高压力下水银未注入的孔隙体积分数称为最小非饱和的孔隙体积分数，即 S_{min}（图 3-5）。

这显示实验中在某一压力下水银并不能进入所有孔隙和喉道。即在很大的压力下，汞不能进入的岩石孔隙部分称为束缚孔隙，一般指小于 0.04μm 的孔隙部分，其相应的体积分数为束缚孔隙饱和度。

4）孔隙喉道半径中值（R_{50}）和孔隙喉道半径平均值（R_m）

孔隙喉道半径中值（R_{50}）和毛细管压力中值（p_{50}），当含水银饱和度为 50% 时，所对应的孔隙喉道半径值和毛细管压力值（图 3-4）。它是孔隙喉道大小分布趋势的度量。

孔隙喉道半径平均值（R_m）是孔喉大小总平均数的度量，它反映孔喉分布的集中趋

势，有

$$R_m = \frac{D_{16} + D_{50} + D_{84}}{3} \tag{3-13}$$

D_{16}、D_{50}、D_{84} 为累积频率分布曲线图上累积孔隙总数为16%、50%、84%相应的孔喉半径的 ϕ 值（$\phi = -\log_2 d$，d 为孔喉半径，d 的单位为 μm）。如 D_{16} 即对应累积孔隙总数为16%处的孔喉半径 ϕ 值，称为第16百分位数。孔隙喉道半径中值 R_{50}（$R_{50} = D_{50}$），它是孔隙喉道大小分布趋势的量度。

当渗透率贡献值累计达99.9%时，所对应的喉道半径称为难流动孔喉半径。此时非润湿相难以排驱润湿相，相当于岩石中流体难流动的临界孔喉半径。

5）孔隙喉道分选系数（S_P）

孔隙喉道分选系数（S_P）是反映孔喉分散与集中的情况，是指孔喉大小分布的均一程度。孔喉大小越均一，则其分选性越好，孔隙分选系数越接近于0，则毛管压力曲线就会出现一个水平的平台，其累积频率曲线就十分陡峭。当孔喉分选较差时，毛管压力曲线倾斜，而累积频率曲线平缓。孔喉分选系数的计算公式为

$$S_P = \frac{(D_{84} - D_{16})}{4} + \frac{(D_{95} - D_6)}{6.6} \tag{3-14}$$

$S_P < 0.35$ 时，分选极好；$S_P = 0.84 \sim 1.4$ 时，分选中等；$S_P > 3$ 时，分选极差。

6）孔隙喉道歪度（S_{KP}）

孔隙喉道歪度（S_{KP}）表示孔喉频率分布的对称性参数，反映众数相对的位置。众数偏粗孔喉端称粗歪度，偏于细孔喉端为细歪度，对于储集层来说偏粗为好。偏度的计算公式为

$$S_{KP} = \frac{(D_{84} + D_{16} - 2D_{50})}{2(D_{84} - D_{16})} + \frac{(D_{95} + D_5 - 2D_{50})}{2(D_{95} - D_5)} \tag{3-15}$$

偏度 $S_{KP} = 0$，为正态分布（对称）；$S_{KP} > 1$，为正偏（粗偏），$S_{KP} < 1$，为负偏（细偏）。

7）峰度（K_P）

峰度表示频度曲线尾部与中部展开度之比，说明曲线的尖锐程度。

$$K_P = \frac{D_{95} - D_5}{2.44(D_{75} - D_{25})} \tag{3-16}$$

$K_P = 1$ 时曲线呈正态分布；$K_P < 0.6$ 时为平峰曲线；$K_P = 1.5 \sim 3$ 时为尖锐曲线。峰值大小受多种因素影响，其中可能与孔隙类型及孔隙后期改造有关。

8）退汞效率（W_e）

在限定的压力范围内，当最大注入压力降到最小压力时，从岩样内退出的水银体积占降压前注入的水银总体积的百分数，反映了非润湿相毛管效应的采收率（图3-5）。

$$W_e = \frac{S_{max} - S_R}{S_{max}} \times 100\% \tag{3-17}$$

式中　S_{max}——实验最高压力时累计汞饱和度，%；

S_R——退汞结束时残留在孔隙中的汞饱和度，%；

W_e——退汞效率，%。

4. 毛管压力曲线特征参数的储层应用

毛管压力曲线反映了在一定驱替压力下水银可能进入的孔隙喉道的大小及这种喉道的孔隙容积（图3-5），应用毛管压力曲线的形态特征及其特征参数，可定性和定量地研究储层的孔隙结构与预测油气层的储渗能力，评价储层的储集性能。

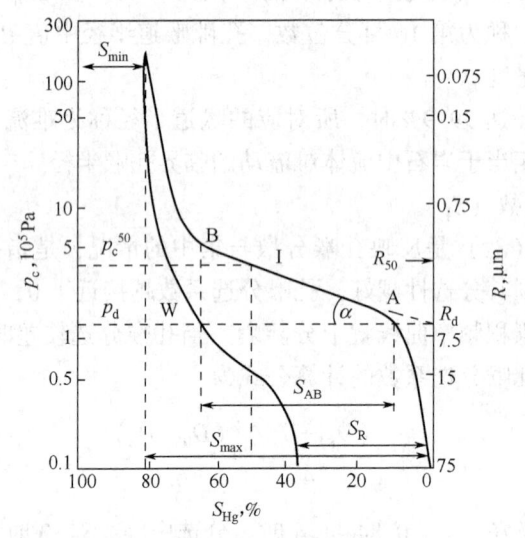

图 3-5 毛管压力曲线（据罗蛰潭和王允诚，1986）
I—注入曲线；W—推出曲线

毛管压力曲线的形状特征反映了孔隙喉道的集中分布趋势和孔隙喉道的分布状态，并用孔隙喉道歪度和分选系数来加以定量表征。曲线形态显示孔喉大小分布具粗歪度和细歪度；孔喉大小分布越集中则表示分选性越好，在曲线上出现一个水平的平台，当孔喉分选较差时，毛管压力曲线呈倾斜。定性显示具分选好、粗歪度的储集层应具较好的储渗能力；分选好、细歪度的储层，虽具较均匀的孔隙结构系，但因孔隙喉道太小，其渗透性可能是很差的（图3-6）。根据实测毛管压力曲线的形态特征，可以对储层的储渗性能作出定性的判别。从毛管压力曲线上能够获得反映孔喉大小、孔喉分选性、孔喉连通性和渗流能力的参数，典型参数的地质意义如下：

1）排驱压力的地质意义

排驱压力值（p_d）是岩样孔隙系统最大孔喉道的量度。具粗喉道的孔隙系统对应较低的排驱压力值，反之具细喉道的孔隙系统则排驱压力较高。对于砂岩来说，颗粒越均匀胶结物越少，颗粒越粗，则其排驱压力越低。但排驱压力值并不表征孔隙系统的集中与分布趋势，但排驱压力曲线形态反映了岩石孔隙喉道的集中程度，同时又反映了集中孔隙喉道的大小。

排驱压力与岩石的孔隙度和渗透率有密切关系。一般来说，孔隙度高、渗透率高的岩样其排驱压力值就低；

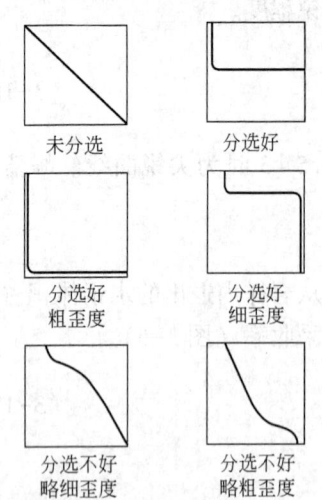

图 3-6 典型的理论毛管压力曲线形态示意图（据Chilingar等，1972）

孔隙度高、渗透率低的样品，其排驱压力一般较高，这类岩石虽然储集空间较大，集中程度好，但是由于连通孔隙是较为狭窄的喉道，所以其进入压力相应偏高。对于渗透率小于$10×10^{-3}\mu m^2$，孔隙度大于8%的样品，排驱压力一般在0.1~1MPa范围内；对于低孔隙度（<5%）以及低渗透率（低于$0.1×10^{-3}\mu m^2$）的样品，其排驱压力在1~5MPa，甚至更高。

2) 毛管压力中值和孔隙喉道半径中值的地质意义

毛管压力中值（p_{50}）和孔隙喉道半径中值（R_{50}）表示储集层的毛细管压力及孔隙喉道半径的集中趋势。储集层中的孔隙及喉道一般趋于正态分布。因此，孔隙喉道的大小一般也趋于围绕一个平均值即中值而分布。虽然中值并不能反映两侧的喉道分布状况，但在对比储集层时，它仍可作为衡量孔隙结构系统优劣的指标。p_c^{50}能反映岩石的致密程度和石油产能。p_c^{50}大，表示岩石致密，产能小；p_c^{50}小，表示岩石孔隙和渗透性能好，产能高。一般p_c^{50}与$\sqrt{K/\phi}$成正比（K为渗透率，ϕ为孔隙度），不同地区有不同的相关系数。

3) 束缚水饱和度的地质意义

当注入水银压力无限增高后，储集层中未被水银充填所残留的孔隙、未被喉道连通的束缚孔隙，一般为不可流动的水所占据。岩石束缚孔隙越多，束缚水饱和度越高，含油气饱和度就降低，油气的相对渗透率就越小。因此，束缚水饱和度越高，S_{min}的值越大，就表示这种小孔隙喉道所占体积越多，孔隙结构越差。其实际上反映岩石颗粒大小均匀程度、胶结类型、孔隙度、渗透率等一系列性质的综合指标。因而束缚水饱和度可以作为比较与量度油气层储集能力的指标，束缚水饱和度越大，储集油气能力相对越差。

4) 退汞效率的地质意义

退汞效率（W_e）反映孔喉连通性及控制流体运动特征的参数。四类理想化的人工样品压汞实验结果显示孔隙结构是影响退汞效率极为重要的因素，毛管束和纯裂缝型样品的退汞效率最高，粒间孔隙样品次之，溶洞型样品最差；同时不论分选好的粒间孔隙型、裂缝型样品，还是具溶洞的其他类型样品，它们的压汞曲线都可出现平缓段，因此，仅根据一条压汞曲线很难准确判断样品所属的孔隙结构类型，也不易估计退汞效率。

综上所述，毛管压力曲线用于储集性能性质判断的特征参数有排驱压力p_d、曲线倾斜角α（图3-5）、初始饱和度S_{AB}、毛管压力中值p_{50}、束缚水饱和度S_{min}、分选系数S_P、孔隙喉道歪度S_{KP}、孔隙峰度K_P等，它们与储集性能的关系见表3-1。

表3-1 毛管压力曲线特征参数与储集性能关系（据陈丽华等，1994）

特征参数	储集性能		
	好	中	差
排驱压力p_d，MPa	低，<0.1	0.1~1	1~5
曲线倾斜角α	小	中	大
初始饱和度S_{AB}	大	中	小
p_{50}（毛管压力中值）	小	中	大
最小非饱和体积分数S_{min}，%	0~20	20~50	50~80
毛管压力曲线形态	孔喉大小分布集中、曲线出现平台	居中	孔隙分选差、曲线呈倾斜

续表

特征参数	储集性能		
	好	中	差
孔隙喉道半径平均值 R_m μm	>10	1.0~0.15	<0.15
最大连通孔隙半径 R_D μm	7.5~37.5	75~1	<1
分选系数 S_P	<3.5	0.84~1.4	>3
孔隙喉道歪度 S_{KP}	粗偏（正偏）>1	0	细偏（负偏）<1
孔隙峰度 K_P	1.5~3	1.5~0.6	<0.6

二、图像分析法

压汞毛管压力曲线方法是碎屑岩和碳酸盐岩储层研究孔隙结构的主要手段，是传统的、最成熟的孔隙结构定性与定量方法，但其最不足之处在于未反映出真正孔喉大小的分布。利用直接观测法得到的多种薄片照片、扫描电镜照片等确反映了孔喉真正的大小与分布。现代计算机技术、图像处理技术与图像分析技术日新月异，它们在地质分析上也得到较好的应用。图像处理是改善图像质量，使图像达到可分析程度所必须的中间步骤；而图像分析是对图像进行参数测量、统计计算。

早先孔隙结构的图像分析主要是采用人工法与初步图象处理法，利用人工与初步分析软件直接在铸体薄片及扫描电镜照片上测量一定数量代表性的孔隙和喉道特征值，其人为因素大、工作量大，且并不精确。

数字图像处理的分辨能力和高速度的计算能力有效地提取了铸体薄片和扫描电镜样品的孔隙与喉道相关参数，并测算出它们的大小和分布特征，测定平面上的孔隙特征值，根据体视学理论，研究三维孔隙大小分布，实现孔径、面孔率、孔喉关系等特征的定性与定量的表征。

图像处理最重要也是最关键的是获得反映储层物性的高质量图片，一般采用染红色环氧树脂铸体薄片照片和利用扫描电镜中背散射电子照片。现在采集照片都是数码照片，在采集图像时就得到了表示岩石矿物颗粒及粒间充填物和孔缝两种组分的数字图像，图像基本不失真、图像质量高，孔隙和喉道自动识别、孔喉分割是整个图像处理极重要的一环，目前图像处理与图像分析技术成熟而先进，易于得到研究所需要的图像并自动完成孔隙和组分的定性与定量分析。

1. 岩石铸体薄片图像分析

利用数字图像处理系统，获得岩石矿物颗粒及粒间充填物的物质部分和孔喉（未充填）非物质部分的数值图像，然后定标和测量可以测得特征的面积，可以提取岩石铸体薄片中此面积内颗粒、填隙物、孔隙等方面特征参数，可检测此面积的不同组分或要素的周长、长度、密度、横轴和纵轴上的投影、重心、方向，定性与定量识别岩石组分与孔隙。利用图像分析程序，对测量数据进行分析，可分别得到岩石颗粒、填隙物和孔隙等方面表征数据。并通过测定孔隙周长分布，推算孔隙大小、分布及其特征参数来测量孔隙特征值。通常直接测量孔隙大小、喉道大小、颗粒大小,并计算一系列孔隙与喉道参数,如面孔率等。

通常铸体薄片图像显示同一样品的喉道分布与孔隙分布是不同的。两块喉道分布基本相同的样品,其孔隙分布也不一定相同。同样,两块孔隙分布基本相同的样品,其喉道分布也会不相同。喉道半径大小比孔隙半径大小对渗透率影响大,孔隙、喉道的绝对大小与孔隙度无关,它们的分选系数与孔隙的关系也是不明显的。孔喉半径比小,采收率高。

2. 背散射图像法定量分析

该分析选用砂岩样品的背散射电子图像。这种图像使砂岩孔隙中的有机注入物与矿物颗粒有较大的反差。因为背散射电子图像与原子序数有关,原子序数越低,反射效率也越低,图像越暗,在图像中呈黑色。原子序数越高,反射效率越高,图像越亮,在图像中呈白色。因此,背散射图像的反差越大,越容易提取岩石组分、孔隙结构的图像。

采集图像前先完成灰度图像变成二值图像的处理,要求改善图像质量,保证图像不失真;分割孔隙和喉道,自动识别喉道与孔隙,并能自动分割孔隙与喉道,在自动分割的基础上对孔喉分割不合理的部分或不理想的部分可用手动分割来补充、删除或增加。借助孔隙结构的图像定量分析,可以通过统计、计算,给出最终相关的各种参数。可以测量孔隙直径、喉道直径、孔隙周长,计算面孔率、喉道宽度、配位数、喉道宽度分选系数、孔—喉直径比(平均孔隙直径除以平均喉道宽度为孔—喉直径比)、偏度、尖度等。

面孔率是孔隙所占的面积除以整个分析视域的面积的百分比。每个孔隙由无数个图像的像素点组成,每个像素点的面积的累加值,就是该孔隙的面积,整个视域所有孔隙的面积累加,就是视域内总孔隙的面积,该面积与视域面积之比就是面孔率。

在进行图像处理时,分割连通孔隙,在喉道的最窄处划一线段,在二值图像中,线段的长度是以该线段所有像素点的长度累加值来表示,该值定为喉道宽度。孔隙分割后,连通的孔隙已成为独立的孔隙。每个孔隙周长是孔隙边界所有像素点长度的累加值。

配位数是某个孔隙与喉道连通的条数,连通几条,配位数就是几,最大配位数是通过统计计算得出;平均配位数为所测孔隙中配位数大于等于1的孔隙个数除以所测孔隙配位数之和;如果孔隙的配位数是零,则该孔隙不参与计算。

扫描电镜只能测定样品表面的孔隙和喉道,由于地质样品的非均质性,孔隙度和面孔率不可能完全相等。面孔率可作为孔隙发育程度的一个评价参数,结合孔隙直径大小、喉道直径大小、配位数、分选系数等各种参数,对样品孔隙发育程度进行综合评价。

因黏土矿物晶体较小,扫描电镜对其形态与孔隙结构进行研究,不同成因的黏土矿物放大倍数是不同的,砂岩填隙物中的黏土矿物的形态与孔隙结构多放大 1000~6000 倍,泥页岩及细粒岩通常放大 10000 倍及以上。砂岩填隙物内自生黏土矿物的面孔率一般在 10%~40%之间,孔隙直径一般在 1~10μm。实验时,对于一块样品,一般要选择 4~8 处以上的视域进行测量,取其平均值,作为该样品的面孔率、孔隙直径大小、喉道直径大小、配位数、分选系数等孔隙结构参数。细粒岩内黏土矿物晶间微孔及面孔率相对砂岩自生黏土矿物晶间孔要少、孔隙结构要差,泥页岩含一定量有机质,能看到大量的有机孔,如四川盆地志留系龙马溪组黑色笔石页岩就因含大量有机质微纳米级孔隙而储集丰富的天然气。

第四节　含油（气）饱和度分析

一、含油（气）饱和度概念

在研究油层的孔隙特征时，不仅要知道油层的孔隙度大小与流体可流动能力，还应进一步了解流体在孔隙中的填充状况和数量，为确定孔隙介质中所含不同流体的程度，常使用饱和度值加以量度。因此饱和度为单位孔隙体积内油、气、水所占的体积百分数。

如果油层孔隙中仅含油水两相，则油的饱和度为

$$S_o = \frac{V_o}{V_p} = \frac{V_o}{\phi V_f} \times 100\% \tag{3-18}$$

而水的饱和度为

$$S_w = \frac{V_w}{V_p} = \frac{V_w}{\phi V_f} \times 100\% \tag{3-19}$$

由上述情况，显见

$$S_o + S_w = 1 \tag{3-20}$$

如果油层中除含油水外，还含有气，则含气饱和度为：

$$S_g = \frac{V_g}{V_p} = \frac{V_g}{\phi V_f} \times 100\% \tag{3-21}$$

此时

$$S_o + S_w + S_g = 1 \tag{3-22}$$

式中，V_o、V_w、V_g 分别为油、水、气在油层孔隙中所占体积；S_o、S_w、S_g 分别为油、水、气的饱和度。

岩心分析显示不论处于油气层何种部位的油层，都含有一定数量的不可动水，通常称之为"共存水"或"束缚水"。依其存在的形式，分为薄膜滞水和毛细管滞水。薄膜滞水是指因亲水岩石表面分子力的作用而滞留在孔壁上的束缚水；而毛管滞水是指当排驱压力无法克服毛细管力时，被滞留在微小毛细管孔道和被这些孔道所连通的孔隙中的或残存在颗粒接触处的水滴。

对于不同的油层，由于岩石和流体性质不同，油气运移时水动力条件不一样，所以束缚水饱和度差别很大，一般为10%~50%。油层的泥质含量越高，渗透性越差，微毛细管孔隙越发育。水对岩石的润湿性越好，油水界面张力越大，则油层中束缚水的含量将越高。

知道束缚水饱和度，就能计算出油层原始含油饱和度 $S_{oi} = 1 - S_{we}$。

油气层内流体饱和度的分布是不均质的，孔隙喉道小、渗透率低的部位，束缚水饱和度趋于增大。束缚水饱和度在圈闭的低部位高，而高部位低，这是由于油、气、水因密度不同而在圈闭中聚集时形成自然分离。产油气储层中的油、气、水的饱和度将随油气采出的程度

而变化，随着原油自油层采出，油的饱和度将逐渐变小，水的饱和度升高。

二、含油饱和度测定

1. 实验原理与装置

将含有油、水的岩样放入钢制的岩心筒内加热，通过电炉的高温将岩心中的油、水变为油、水蒸气蒸出，通过冷凝后变为液体收集于量筒中，读出油、水体积，查原油体积校正曲线，得到校正后的油体积，求出岩样孔隙体积，计算油、水饱和度：

$$S_\mathrm{o} = \frac{V_\mathrm{o}}{V_\mathrm{p}} \times 100\% \tag{3-23}$$

测试时采用饱和度干馏仪，实验设备如图 3-7 所示。

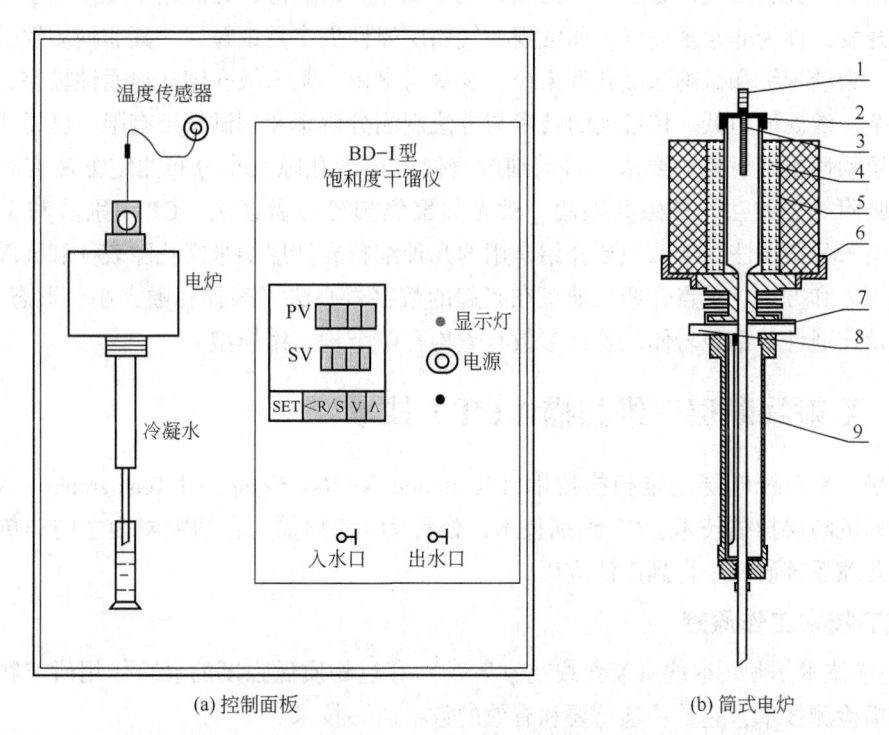

图 3-7　BD-Ⅰ型饱和度干馏仪（据孙仁远，李爱芬，2009）
1—温度传感器插孔；2—岩心筒盖；3—测温管；4—岩心筒；5—岩心筒加热炉；
6—管式加热炉托架；7—冷凝水出水孔；8—冷凝水进水孔；9—冷凝器

2. 实验步骤

（1）精确称量饱和油水岩样的质量（100~175g），将其放入干净的岩心筒内，上紧上盖；

（2）将岩心筒放入管状立式电炉中，使冷水循环，将温度传感器插杆装入温度传感器插孔中，将干净的量筒放在仪器出液口的下面；

（3）然后打开电源开关，设定初始温度为120℃，记录不同时间蒸出水的体积；

（4）当量筒中水的体积不再增加时（约20min）；把温度设定为300℃，继续加热20~30min，直至量筒中油的体积不再增加，关上电源开关，5min后关掉循环水，记录量筒中油

的体积读数;

（5）从电炉中取出温度传感器及岩心筒，待稍凉一段时间后打开上盖，倒出其中的干岩样，称重并记录。

为了补偿在干馏中因蒸发、结焦或裂解所导致的原油体积读值的减少，应通过原油体积校正曲线对蒸发的原油体积进行校正，再计算含水饱和度和含油饱和度。

第五节　细粒岩储层物性分析

致密油气、页岩油气、煤层气等已成为油气工业的新资源，无法用常规技术手段进行经济性勘探开发，称为非常规油气。非常规油气储层岩性更多是细粒岩，其非均质性强，孔隙和喉道小，为纳米级和微纳米级孔喉系统，少量为毫米—微米级孔隙，连通性较差，流体运动动力复杂、渗滤能力低。传统实验技术与方法观测分辨率和测试精度有限，已无法满足此细粒岩储层物性精细研究的要求。目前细粒岩储层纳米孔隙大小分布测定方法有高压压汞法、气体吸附等温线法、核磁共振法、激光共聚焦扫描显微镜法、CT 识别法和聚焦离子束—扫描电子显微镜法。本章主要介绍常用的几种细粒岩储层纳米级孔隙表征和孔隙结构重构技术的原理和方法。重点介绍目前正在兴起的数字岩心法（表征孔喉大小、形态、分布、三维展布及连通性等细粒岩储层物性参数与重构孔隙结构三维模型）。

一、X 射线断层三维扫描（CT）技术

近年来，X 射线断层三维扫描技术（Radiation X-Ray Computed Tomography，X-CT），又称为计算机断层扫描技术、CT 识别技术，俗称为 CT 扫描，在细粒岩为主的非传统储层微纳米级孔隙系统研究中得到广泛应用。

1. CT 技术工作原理

CT 扫描技术是利用射线（X 射线或 γ 射线）穿过物质后强度的衰减作用研究物质内部结构的无损检测技术，它是一项重要和有效的数字岩心技术。

1）CT 设备工作原理

CT 机中的放射源所发出的 X 射线穿透被检测物体，X 射线的强度被物体吸收而发生衰减，当射线以不同方向和位置穿过该物质面，可求出对应的每一路径上的衰减系数的线积分值，所有路径就构成一个线积分集合。该集合若是无穷大，则可精确无误地确定该物质面的衰减系数二维分布。因为物质的衰减系数与物质的质量密度、原子序数直接相关，故衰减系数的二维分布也可表示为密度的二维分布，从而可转换出物质结构关系和物质组成的二维图像，射线束衰减系数或密度的二维分布转换成若干二维图像集合—"切片"，系列"切片"立体组合模数转换成反映样品的物质结构关系和物质组成的三维图像。

CT 扫描设备主要由射线产生与衰减检测相关的放射源及探测器组成。CT 设备将 X 射线源与检测接收器固定在同一机架上，将其与被检测物体进行同步联动扫描，扫描机架每转动一个角度就进行一次扫描，在每次扫描结束后，扫描机架转动到下一个角度再进行下一次的

扫描，多次或有规律地重复上述过程，就可以采集到很多组扫描数据。假如扫描机架每平移一次，扫描一次，最后这些扫描信息进行处理后，则可得被检测物体某一扫描层面的真实数字图像——"切片"。

CT扫描设备中放射源的功能是产生不同类型（如不同波长）的X射线，放射源发出的X射线可以穿透任何非金属材料。而当X射线的波长不同时，所具有的穿透能力也不同；不同非金属材料对相同波长的X射线的吸收能力也不相同。一般物质密度越大、组成物质的原子序数越高的物质，对X射线的吸收能力也就越强。

2）CT图像的产生与图像处理

CT扫描机工作时，X射线管围绕探测器中心旋转，X射线管发出的X射线穿透物体层面后被探测器接收，然后进行光电转换，并通过模数转换器进行模拟信号与数字信号的转换，将转换后的投影数据按一定数学算法进行图像的显示与重建，最终可以得出反映扫描层面上各点物质对X射线的吸收系数的数据，形成一幅扫描层面的数字扫描图像。

CT识别技术将实验岩样的某一扫描层面划分为若干小的立方体块，定义这些小立方体块为体素。当X射线穿透实验岩样时可以测得每一体素的密度，密度的变化通过灰度来反映，这些小立方体块即为CT图像上的基本单元，在CT图像中称为像素，它们排列成行、列方阵，显示成图像矩阵。当X射线源从某一方向发出X射线并穿过选定的扫描层面时，沿射线发出方向的体素会吸收部分X射线，使其发生衰减。

当X射线穿透扫描层面而被探测器接收时，X射线的总量已经衰减很多，大部分被检测物质吸收，其衰减量为沿X射线方向所有体素衰减值之和。当X射线球管转动到下一个角度时，再沿该方向发出X射线，则探测器测得第二次发出的X射线方向所有体素衰减值之和；重复上述过程，在不同方向对选定扫描层面进行连续多次X射线扫描，即可获得沿若干个方向的衰减值总和。此扫描过程重复，形成每扫描一次可以得到一个重建方程，在方程中X射线衰减总量已测得、为已知值，这样就形成衰减总量的各体素的X射线衰减值为未知值的方程组。经过连续扫描，可以得到联立方程组，运用计算机解出此方程组，求出每一体素的X射线衰减值，再经过数/模转换，使具有不同衰减值的各像素形成不同灰度，而这些灰度不同的像素就形成了一幅矩阵数字图像，即成为该扫描层面具有不同密度结构的CT图像。

根据灰度值进行图像分割，在分割区域中提取感兴趣的地区，从而实现对这些被提取的部分进行三维重建，以达到观察和分析的目的。如在细粒岩储层物性分析中应用，依据其图像像素的灰度、小区域的灰度、灰度方差、小区域的灰度分布、灰度纹理、像素点或小区域的颜色等进行图像分析与处理，根据灰度值差异将CT图像分割成骨架、孔隙、裂隙等区域。细粒岩储层物性分析常将代表不同区域孔隙结构的图像单独提取出来、进行单独分析，完成其孔隙形貌观察、孔径大小统计、连通性分析等。

2. CT设备仪器构成与分类

CT设备（或称CT机、CT扫描系统）主要包括三部分，首先是发射与扫描部分，由X线管、探测器和扫描架组成；其次是计算机与控制系统，将扫描收集到的信息数据进行储存运算，并对所有操作进行有序协调组合与控制；最后是图像显示和存储系统，将经计算机处理、重建的图像显示或用激光照相机记录。

X射线断层扫描技术（CT）按其分辨率与发展阶段可分为常规CT、显微CT、纳米CT

三类，对应分辨率为毫米级、微米级与纳米级。分析细粒岩储层常用的是显微 CT 与纳米 CT。显微 CT 通过射线源和 CCD 的改进将分辨率进一步提升，达到数微米至几十微米；纳米 CT 主要有基于传统结构（纳米级微焦点）、基于可见光光学系统、基于同步辐射源三种类型，其分辨率分别为大于 150nm、大于 200nm 及大于 10nm。

X 射线断层扫描技术（CT）按照用途分为医用 CT（MCT）和工业 CT（ICT），二者的主要区别在于 X 射线强度和载样、扫描系统。常规工业 CT 的分辨率一般在次毫米级，扫描地质岩心的专用 CT 设备其能连续扫描长度 155cm、直径 15cm 的岩心样，并获取分辨率高达 100~150μm 的图像。

3. CT 技术样品制备

将岩石样品制备成圆柱体，根据分辨率选择样品直径，一般来说，分辨率越高，样品直径越小，2.5cm 直径的样品分辨率可以达到 10μm。要求形状规则、底面平整，能将样品平衡地放置在样品台上，不同样品采用合适高度与直径。

4. CT 技术应用

X 射线断层三维扫描技术具有穿透性、无损伤、速度快、三维空间、分辨率高等特点，它在油气地质及油气开采领域的应用也越来越广泛。不同物质具有不同的 CT 值（X 射线密度），利用 CT 扫描技术可以测量岩心的基本参数（密度、孔隙度、饱和度、孔隙直径或半径、配位数等），对储集岩孔隙或裂缝进行三维重构，研究有机质、充填物分布及颗粒表面结构、储层的微观孔隙结构及多孔介质中（多相）流体的流动机制等。

通过 CT 数据得到细粒岩储层的孔隙结构模型，孔隙半径是表征孔隙大小的储层微观参数。在水湿情况下，毛细管力是油气运移的阻力，随着孔隙半径的增加，阻力逐渐减小，孔隙中的油气充注难度降低，含油气饱和度增大，容易形成有利储层。通过显微 CT 三维成像扫描某细粒岩储层样品，可以得到密度、孔隙度、饱和度、孔隙直径或半径、配位数等系列参数，在此基础上可进行样品三维数据体结构重建，获得孔隙结构三维信息、并建立其孔隙结构三维模型。

细粒岩储层孔隙结构三维模型的最大特点是孔隙三维形态直观可视、突破二维空间的限制，在三维空间提取孔隙度、渗透率、平均孔喉半径、相对分选系数、歪度、形状因子、配位数等多种微纳米级储层的物性参数。模型可以研究细粒岩储层微纳米级孔隙分布规律，裂缝的走向、性质及分布特征，孔隙之间连通性、微喉道连通微孔隙形态与展布、储层孔喉的分布特征，有机质微纳米级孔缝发育程度与分布等。

细粒岩储层中的孔隙空间的形状是非常复杂的，形状因子是描述孔隙形状的参数之一。在三维孔隙结构模型中，喉道的截面形状主要有圆形、正方形和三角形，通常圆形截面形状因子为 0.0796、正方形截面形状因子为 0.0625、三角形截面形状因子为 0~0.0481，其中三角形截面更能接近实际的孔隙空间。形状因子越大，孔隙形状越规则（如三角形到圆形），微观孔隙结构越趋同而均质，流体流动得更顺畅。

配位数是指与孔隙相连通的喉道的个数，是表征储层连通程度的参数。配位数越大，表示连通性越好，与孔隙相连通的喉道越多，流体的流动通道越多，充注阻力越小、有利于流体的流动，含油气饱和度高；配位数较小时油气运移通道较少，充注阻力增大，有些孔隙变为了滞流的孤孔，使得含油气饱和度降低。

重构三维孔隙结构是数字岩心法分析细粒岩储层物性的重要手段与方法，对细粒岩储层的润湿性、渗流特征、流体饱和度、岩石力学特征等参数概念的外延进一步扩大，可以深入研究岩石物理参数，研究微观渗流机理与驱替机理，油藏生产动态的模拟和预测等。

二、激光共聚焦扫描显微镜孔隙结构分析技术

激光共聚焦扫描显微镜（Laser Confocal Scanning Microscope，LSCM）分析技术是20世纪80年代末、90年代初兴起的一项新的光学显微测试方法，它集显微技术、高速激光扫描和图像处理技术为一体。该项技术放大倍数高（放大倍数可达10000多倍）、分辨率高（为普通光学显微镜的1.4倍），可以获得高清晰度、高分辨率的图像，制样要求也较低。不仅可以清晰地观察到样品表面精细的结构，而且具有一定深度的穿透力，可深入观察到样品内部深层次的结构、构造，进行分层扫描和三维立体图像重建是其最主要的优点。

1. 激光共聚焦扫描显微镜工作原理与仪器构成

显微镜的入射光源针孔和检测针孔的位置相对于物镜焦平面是共扼的，单色性、发散小、方向性强、亮度高和相干性好的激光（入射光）通过光源针孔，经由分光镜反射至物镜，并聚焦于样品上，沿样品逐点或逐线扫描，后入射激光激发出的荧光经原来入射光路直接反向回到分光镜，通过检测针孔时先聚焦，聚焦后的光被光电倍增管（photo multiplier tube，PMT）或冷电耦器件（CCD）探测收集（图3-8），将每点扫描的信号储存与处理、转换合成一定大小的二维图像，此图像实际上是样品在微小厚度内的平面"切片"图像。如果再沿显微镜光轴（z轴）方向以一定的间距扫描出不同z轴位置的多幅"切片"图像，形成一组平行的叠置图像（图3-9），对其进行处理，得到此扫描区域内样品的三维立体结构图像，即为三维重建。

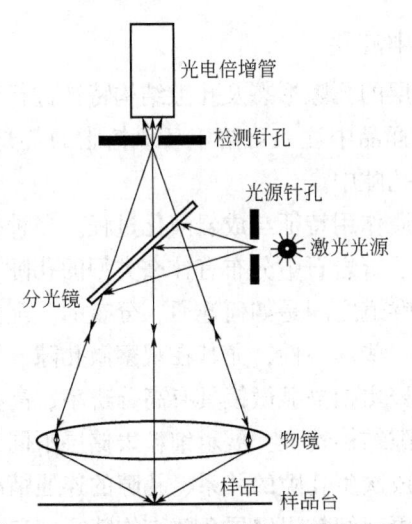

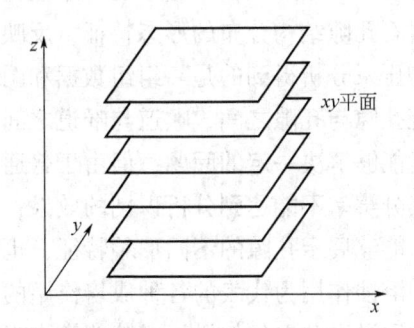

图3-8 激光共聚焦扫描显微镜原理示意图　　图3-9 不同z轴位置的xy平面扫描示意图

在这一光路中，仅来自焦平面的光通过检测针孔被检测，焦平面以外区域射来的光线是离焦的，不能通过小孔。激光共聚焦显微镜仅对样品焦平面成像，而来自焦平面上、下的光被阻挡在针孔的两边，有效地避免了衍射光和散射光的干扰，而具有比普通显微镜更高的分

辨率。

简而言之，用某一特定波长激光器为发射光源，在配有共聚焦扫描设备的光学显微镜下，对样品进行二维图像的采集，再经过专用计算机软件的处理，得到样品的二维和三维图像，这就是激光共聚焦扫描显微镜的基本原理。

激光共聚焦扫描显微镜的基本结构比光学显微镜要复杂，它除了包括光学偏光显微镜部分之外，另有激光光源、扫描装置、检测器、计算机系统（带信号处理与图像分析软件）、图像输出设备、光学装置和共聚焦系统（如光学滤色片、分光器、共聚焦针孔及相应的控制系统）等部分，主要在于其具有结构复杂的计算机、激光与共聚焦系统和扫描装置。

常用的 MRC-600 激光共聚焦扫描显微镜的主要技术指标为激光光源采用 25mW 氩离子激光发生器，波长为 488nm、514nm，光谱适用范围为可见光，扫描方式为孔扫描，扫描模式为 xy、xz，扫描速度为 2 次/s，最小扫描时间为 1s，z 轴最小步进距离为 0.1μm，最大扫描深度一般为 200~400μm（理论值）。

2. 激光共聚焦扫描显微镜的主要性能

激光共聚焦扫描显微镜的主要技术特性有以下几点：

放大倍数介于扫描电镜（100000 倍）与普通显微镜（1600 倍）之间，可达 10000 倍，因此可以用之研究微米级至纳米级的物质结构与孔隙结构。其分辨率为普通显微镜的 1.4 倍。具有双通道检测系统，在同一视域上可同时检测两种不同的信号，如反射光与荧光、透射光与荧光、两种不同标记的荧光，可同时显示两种不同的光性检测出来的显微图像。

面孔率检测实验中多选用 5 倍和 10 倍的物镜测定，对细粒岩储层微孔隙结构研究时也可采用 20 倍或 50 倍的物镜。共轭时图像扫描次数以得到稳定清晰的图像为限。

制样简单，由于采用共聚焦原理，使得凹凸不平的、薄厚不一的样品以及普通的薄片、光片都可以做镜下观测分析。

3. 激光共聚焦扫描显微镜在孔隙结构研究中应用

激光共聚焦显微镜的特点决定其能对细粒岩储层的孔隙形态及孔隙结构特征进行观测与定量表征，实验时样品多制成铸体薄片来分析。在样品中注入可溶于环氧树脂的荧光材料，注入材料可以进入细粒岩储层的微米级甚至纳米级孔隙中。

岩石孔隙结构分布的形态特征，反映了各种地质作用特征与成岩演化过程。多种孔隙度测量和压汞分析得到的是一组组数据和图表，不能了解岩石中分布有什么类型的孔隙，也不能知晓孔隙与孔隙之间、喉道与喉道之间和孔隙与喉道之间是如何连通、分布的。配合普通显微镜能够解决一定的问题，但由于普通显微镜的一些局限性，尤其在观察微孔隙、微喉道时，其分辨率不能达到分析识别的效果；而激光共聚焦扫描显微镜具有高分辨率、高亮度等特点，能够展示孔隙的不同形貌特征，也能表征孔隙结构特征，展示细粒岩储层不同的孔隙类型、溶蚀作用为代表的各种成岩作用的强弱及形成次生孔隙的关系、孔隙的连通情况等。

利用激光共聚焦扫描显微镜能够直观而真实地再现细粒岩储层孔隙结构特征，包括孔隙的形态、大小、连通性和岩石孔隙的概貌及微孔隙分布特征，更加精准、直观和真实地展示储层孔隙微观特征。可以观察到细粒岩储层孔隙类型与裂缝类型，孔隙与裂缝及喉道的形态、发育程度与分布状况，孔缝或孔喉连通性。对微米级的孔喉、孔径和孔喉配位数等量值进行测量、统计和计算，还可以对显微超大孔隙、裂缝的形态进行拼合再现，以更清晰的图像显示孔隙的形态与连通性。

利用激光共聚焦扫描显微镜进行细粒岩二维孔隙结构量化鉴定，使用铸体薄片进行面孔率测定，测定二维面孔率值与三维孔隙度值，相对目估法更精准与高效，利用之可以测定岩屑样品孔隙度值。

利用激光共聚焦扫描显微镜能够进行孔隙立体形态再现的特性，对细粒岩储层的微区孔隙的结构特征进行三维重建，并直接进行相关孔隙参数的定量分析，明确孔隙的空间分布、变化规律，并利用本仪器的特性，拓展新的研究方向。

需要注意的是激光共聚焦扫描显微镜获得的是合成的孔隙空间图像，可获得高精度图像，虽然这一技术提高了光学分辨率，但它只是重构三维而不是真正扫描厚的、不透明的物体的结果。其观测深度有限，重构的图像仅仅是准三维的图像，有其局限性，也是近些年它的使用停滞不前、不能得到广泛应用的原因。

三、多束组合的扫描电镜孔隙结构分析简介

高分辨率场发射扫描电镜（FE-SEM）以及聚焦离子束—扫描电镜双束联用系统（FIB-SEM）是目前主流的图像学研究手段，是细粒岩储层发育的微纳米孔隙研究的重要手段。

用扫描电镜得到样品的表面形貌衬度特征可以有两种成像方式，即二次电子像和背散射电子像。前者探测自表面下 10nm 以内的浅层区域、受控于样品微区形貌，图像分辨率高、景深大，微形貌图像清晰、反差大；后者背散射电子像探测样品的较深部位，图像受控于样品的原子序数和探测器角度，图像的清晰度相对低于前者。

FIB 技术之所以能应用于地质物质微观结构成像领域，是因为它可以在亚微米的级别上对样品进行切割、刻蚀，并进行纳米级扫描成像。可以获得一系列二维图像，经计算机重构即可获得高分辨率三维图像。采用三维动画技术显示不同组段细粒岩（如页岩）的系列切片，完成孔隙网络骨架重建、孔喉识别、孔喉和孔隙特征描述（包括孔隙体积、配位数及孔喉面积）、与孔隙和孔喉网络的几何形态重建等。

FIB-SEM 结合能根据需要对细粒岩储层较小区域进行二维或三维表征，得到三维图像。采用图像分析方法智能地区分颗粒与孔缝，明确颗粒边界和孔隙与喉道的范围，进行灰度图像分析，人为填色展示不同组分、孔隙、喉道及各自关系。对孔隙灰度图像分析主要取得定向因子、形态因子和分形维数等孔喉特征参数。

定向因子揭示的是孔隙的定向性，其值为 0~1，值为 0 时全部孔隙具有相同的排列方向，值为 1 时所有孔隙排列方向随机。

形态因子，常被用于描述二维形体的形态特性，反映孔隙的圆润/粗糙程度。圆形孔隙的形态因子最大值为 1，正方形的最大值为 0.785，孔隙边缘的复杂程度随着形态因子的降低而提高，其定义为

$$ff = 4\pi S/C^2 \tag{3-24}$$

式中，S 为孔隙面积；C 为孔隙周长。

分形维数表示复杂形体不规则性的度量，能描述某个形状的本质特征。对于孔隙系统来说，如果符合分形的特征，则孔隙的面积（S）、周长（C）和分形维数（D_f）符合以下关系：

$$\lg C = \frac{D_f}{2\lg S} + c_1 \qquad (3-25)$$

式中，c_1 为常数。

FIB-SEM 结合借助相关软件对背散射图像等灰度图像进行建模、获取三维多孔介质模型，完成背散射图像定性与定量分析，精准识别孔隙、裂缝及喉道，观测每个孔缝形态及大小，取得相关孔隙与喉道的定量信息、计算面孔率，给出每个孔隙的各项参数、计算出孔隙分布的形态因子等特征参数，定性和定量表征细粒岩储层孔隙结构，完整展现微孔与喉道的特征。这是相对比较有效的一种细粒岩储层物性分析方法。其不足在于仪器全依赖进口、设备昂贵，维持与使用成本比较高；测定时间较长，难以大量分析样品；测量范围相对较小。

四、细粒岩储层孔隙度与孔隙结构测定其他方法简介

孔隙度是评价储层物性、计算油气储量的重要参数。细粒岩储层孔隙度普遍较低（见图版8），一般小于10%，如页岩储层多小于5%。对细粒岩储层微纳米级孔隙与孔隙结构，还有一些其他测定方法，如高压压汞法、气体吸附等温线法、X射线小角散射法（SAXS）和核磁共振法。

1. 高压压汞法

压汞曲线形态反映了各孔喉段孔隙的发育情况、孔隙之间的连通性信息。常规压汞仪器的最高进汞压力较低，无法突破页岩纳米级孔隙中的毛管压力，不能有效表征页岩为主的细粒岩纳米级孔隙结构。通过改变注入压力的大小，进而得到细粒岩样品的孔径分布曲线。高压压汞实验中最高驱替压力达到200MPa以上、部分仪器达418MPa及更高，进汞方式采取连续性进汞，可描述孔隙分布最小半径为3~7nm。

高压压汞法能获得细粒岩的毛管压力曲线和孔径分布曲线。它是获得细粒岩储层岩石孔喉特征参数的重要途径，是一种研究细粒岩储层孔隙类型、孔隙分布和数量、孔喉连通性的有效手段，在目前细粒岩储层物性分析中得到了广泛的应用。

利用压汞曲线与数据可以估算多种孔隙结构及其它特殊参数，如孔隙度、脉冲渗透率、阈压、平均孔隙半径、中值半径、分选系数、退汞效率、气体扩散率等。细粒岩储层微纳米孔隙中的油气分子就需要经过复杂的孔隙通道进入裂缝网络中，微孔隙越曲折，孔隙连通性也就越差。

高压压汞孔径分析可用于页岩储层孔喉分布测定。将液态汞注入样品，压汞仪探测的最小孔径值取决于最大工作压力。页岩表面不均匀性及由此引起的液—固作用会影响表面张力和扩散系数，造成孔隙分布曲线的误差，而且高压压汞会造成人工裂隙，影响测定结果，故高压压汞孔径分析主要分析宏孔范围的孔隙。

页岩样品实验时需在110℃下烘干2h，将其中的自由水与吸附水烘干，并在低压下进行抽真空处理。毛细玻璃管和样品室连接在一起构成膨胀计。毛细玻璃管带有刻度可以测量汞压入量，将称量好的页岩碎样置于样品室中，然后将膨胀计放入充汞装置内。抽真空至0.013~1.33Pa，向膨胀计注汞，压力从真空状态逐渐提高到大气压，利用毛细管中汞的体积变化，测定粗孔部分的体积。随着压力的增大，可测出细孔部分的体积。进一步可得到汞压入量与压力的关系曲线，并求得其开放孔隙和微孔隙的孔径分布。

细粒岩（如页岩）储层孔隙十分微小，多为纳米级孔隙，液态汞多不能进入。细粒岩（如页岩）储层的高压压汞孔径分析，测定页岩样品主要发育纳米级孔隙，孔径大小分布范围在几纳米到上百纳米、70%及以上孔隙直径小于10nm，孔隙中值为5~10nm，平均孔径小于30nm，还可以求得总孔容与总比表面积。

2. 气体吸附法

气体吸附等温线法。对于压汞法不能测定的孔隙区域，尤其是纳米级孔隙区域，测量采用气体吸附等温线法，其最小探测范围为所使用的探测气体分子的直径，一般为大于0.5nm的开口孔隙。主要采用CO_2低温吸附与N_2低温吸附。

低温氮吸附实验可以测量到0.6~100nm范围内孔隙的分布、结构信息。此法是在惰性气体—氮气液化的低温状态下进行的，液氮基本不产生化学吸附，在测定微孔隙方面得到更加广泛的应用。对于压汞法不能测定的孔隙区域，尤其是纳米级微孔、中孔的测量，采用气体吸附法。

实验原理是当气体分子与固体表面接触时，部分气体分子被吸附在固体表面上，当气体分子足以克服吸附剂表面自由场的位能时即发生脱附，吸附与脱附的速度相等时即达到吸附平衡。当温度恒定时，吸附量是相对压力的函数，吸附量可根据玻意耳—马略特定律计算。测得不同相对压力下的吸附量可得到的等温吸附线。由吸附等温线可求得比表面积和孔径分布规律。采用低温低压（小于-196℃，小于0.127MPa）N_2等温吸附可以反映介孔的分布，通过BET方程（Brunauer-Emmet-Teller，BET理论）可以计算样品比表面积，用BJH(Barratt-Joyner-Halenda）方程可以计算样品体积分布。极细的微孔隙比表面采用CO_2气体在0℃（冰水浴）等温吸附法测定，CO_2气体可以进入0.35nm的孔隙，通过D-R理论模型可以计算样品微孔分布。

CO_2吸附和低温N_2（液氮）吸附法采用静态容积法，通过质量守恒方程、静态气体平衡和压力完成吸附的测定过程，然后计算固体的比表面和孔径分布。由于氮分子很难进入到2nm以下的孔隙，而二氧化碳分子可以进入最小直径约为0.35nm的孔隙；所以利用CO_2吸附来研究微孔分布，低温氮吸附研究介孔分布。

采用N_2或CO_2气体为吸附质，恒温下逐步升高气体分压，测定细粒岩样品的吸附量，图示吸附量对分压关系，得到样品的吸附等温线；反之逐步降低气体分压，测定细粒岩相应的脱附量，图示脱附量对分压关系，则得到对应的脱附等温线。细粒岩的孔隙体积由气体吸附质在沸点温度下的吸附量计算。微孔中毛细管凝聚显示孔隙的尺寸越小、在沸点温度下气体凝聚所需的分压就越小，吸附实验显示在不同分压下所吸附的吸附质液态体积就代表了相应尺寸孔隙的体积，故可由孔隙体积的分布来测定孔径分布。

实验要求样品粒度小于250μm，实验前在150℃条件下烘干12h以上，以去除样品中易挥发的杂质。

3. 小角散射法

高压压汞法、气体吸附等温线法主要测定页岩中的连通孔隙，无法测定封闭孔隙，且结果受模型影响较大。X射线小角散射法（SAXS）一般可在10s内完成单个样品测试，其理论测定范围为1~100nm，可以快速直观地测定微孔、介孔范围内的孔径分布。利用此技术可得到样品的孔隙度、孔径分布和比表面积等孔隙结构信息。

X射线小角散射法（SAXS）原理：利用同步辐射（BSRF）X射线照射样品，射线穿过样品后，如果物质（试样）内部存在纳米尺度的电子密度不均匀区，则会在光束入射方向的0°~5°内发生的相干散射现象，即在入射光束周围的小角度范围内（一般$2\theta \leqslant 6°$）出现散射X射线（图3-10），这种现象称为X射线小角散射或小角X射线散射。它是利用这种散射来获取样品相关信息的测量技术，也是在纳米尺度上研究物质结构的重要手段。由孔隙与骨架组成的样品通常就被看成是一个连续介质，散射被看成由具有某种电子密度的散射体所引起，这种散射体被浸在另一种密度的介质之中，也就是说样品可看作是由介质和弥散分布于其中的散射体组成的两相体系。固态基质中的纳米尺寸的孔隙（如多孔材料中的孔隙）是典型的散射体，因而可以测定页岩中1~100nm的孔隙。仪器主要由X光源系统、样品室、探测器、记录处理系统、控制保障系统等组成。

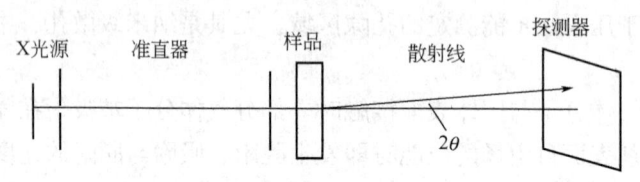

图3-10　X射线小角散射装置示意图

实验样品采用粉末样品，粒度为60~80目，用胶片封装，样品在胶片上铺厚度约为1mm的薄层，样品测定后要测定所用胶片的散射性能，以统一扣除背景噪声值。小角X散射不仅不会在实验时破坏样品，还可以人为控制样品所处环境；

X光源储存环引出的同步辐射光束经聚焦、单色化及准直后照射在样品上，通过二维成像板探测器测量散射光强度随散射角度的变化，得到样品的SAXS空间分布谱。将SAXS所得结果处理求得每个样品的孔径体积分布，进而求得孔隙度、孔径分布和比表面积等孔隙结构信息。

实验误差主要来源包括X射线源不稳定、探测器位置不稳定、光路准直发生偏移、空气散射、环境温度等因素。为了消除这些影响因素，可采取改进实验装置、对研究样品重复测试取平均值等方法。

X射线小角散射方法不仅可以测得连通孔隙，还可以得到孤立孔信息。它已广泛应用于聚合物、生物学以及材料科学等领域，也用到细粒岩纳米级孔隙的定量研究。它和页岩热模拟实验结合，能探讨页岩孔隙大小随成熟度的变化规律。

第四章

X射线衍射分析

X 射线衍射分析方法是鉴定矿物的最重要方法之一。对于细粒级的岩石组分所含不同种矿物，如黏土矿物，以及变化很大甚至面目全非的矿物。细粒沉积岩组分确定 X 射线衍射分析是现今最重要的方法与手段。

第一节　X 射线及其产生的原理

一、X 射线发现及特性

1895 年 11 月 8 日，德国物理学家伦琴（W. K. Röntgen）在研究真空管高压放电现象时发现了 X 射线，开辟了物质分析测试方法的新篇章。X 射线的产生及其本质成为许多物理学家研究探索的重要课题。巴克拉（C. G. Barkla）于 1905 年和 1909 年先后发现了 X 射线的偏振现象和特征射线谱。1910 年柯奇（Koch）证实了 X 射线是一种电磁波，其共同研究者根据衍射条纹计算出 X 射线的波长。1912 年，劳厄（Laue）在与埃沃尔德讨论中提出了 X 射线在晶体中产生衍射的可能性，推测波长与晶面间距相近的 X 射线通过晶体时，必定会发生衍射现象。同年其同事成功地获得了 $CuSO_4 \cdot 5H_2O$（胆矾）的衍射花样，证明了晶体中原子排列的规则性；后又相继获得了 ZnS、PbS、NaCl 的衍射图，再次证明 X 射线的电磁波性质。劳厄随即给出了三维光栅（晶体）衍射的数学表达式，即著名的劳厄方程，从此奠定了 X 射线衍射学的基础。X 射线被发现不久，英国物理学家布拉格父子对劳厄衍射花样进行了深入的研究，他们认为衍射斑点是由晶体中原子较密集的一些晶面反射而得出的，基于这个认识，结合实验，他们导出了著名的布拉格方程，与劳厄方程一起构成了 X 射线衍射运动学理论。1913 年布拉格根据这一原理，制作出了 X 射线分光计，并使用该装置确定了巴克拉提出的某些标识谱的波长，首次利用 X 射线衍射方法测定了 NaCl 的晶体结构，从此开始了利用 X 射线进行晶体结构分析的历史。1914 年，莫塞莱（H. G. J. Moseley）由实验发现，不同材料同名特征谱线的波长与原子序数间存在定量对应关系，提出了著名的莫塞莱定律，诞生了材料物相快速无损检测分析方法，形成了一门重要的学科——X 射线光谱学。与此同时，达尔文（Darwin）开创了 X 射线动力学理论。其后埃沃尔德和劳厄对其进一步加以完善。博尔曼（1941 年），加藤、伦格（1959 年），加藤和高木（20 世纪 60 年代）等对其进行了补充，构成了相对完整的一套理论。X射线衍射运动学和X射线动力学理论的建立使X射线衍射分析成为一个重要的科学分支。

X射线有以下特性：（1）肉眼不能观察到，但可使照相底片感光、荧光板发光和使气体电离；（2）有很高的穿透能力，能透过可见光不能透过的物体；（3）这种射线沿直线传播，在电场与磁场中不偏转，穿透物质时可以被偏振极化，被物质吸收而强度衰减，但不发生反射、折射现象，通过普通光栅也不引起衍射；（4）能杀伤生物细胞。由于伦琴发现这种射线时无法确定其性质，故将其称为X射线。后来人们为纪念伦琴，将X射线称为伦琴射线。

当今，电子计算机控制的全自动X射线衍射仪及各类附件的出现，提高了X射线衍射分析的速率与精度，扩大了其研究领域，也使X射线衍射分析成为确定物质的晶体结构、进行物相的定性和定量分析、精确测定点阵常数、研究晶体取向等的最有效、最准确的方法。此外，还可通过线性分析研究多晶体中的缺陷，应用动力学理论研究近完整晶体中的缺陷，由漫散射强度研究非晶态物质的结构，利用小角度散射强度分布测定大分子的结构及微粒尺寸等。

X射线衍射分析反映出的信息是大量原子散射行为的统计结果，此结果与材料的宏观性能有良好的对应关系。但使用该方法时要注意，X射线衍射分析不可能给出材料内实际存在的微观成分和结构的不均匀性资料，也不能分析微区的形貌、化学成分以及元素离子的存在状态。

二、X射线的产生原理

原子的内层电子受激发后吸收能量产生电子能级的跃迁，形成X射线的吸收光谱。光子激出原子的内层电子，外层电子向空位跃迁产生光激发，形成二次X射线，构成X射线荧光光谱。X射线通常利用一种类似热阴极二极管的装置（X射线管）获得，其产生原理如图4-1所示。将用一定材料制作的板状阳极（称为靶，多为纯金属铜、铬、钒、铁、钴，在软X射线装置中常用铝靶）和阴极（钨丝）密封在一个玻璃—金属管壳内，给阴极通电加热至炽热，使它放射出热辐射电子。在阳极和阴极间加直流高压（约数万伏），则阴极产生的大量热辐射电子e将在高压电场作用下高速奔向阳极，在与阳极撞的瞬间产生X射线。通常仅有1%的能量转变为X射线能，其余主要转化为热能。因此，X射线的产生条件为：

（1）产生自由电子；
（2）使电子做定向高速运动；
（3）在运动路径中设置使其突然减速的障碍物。

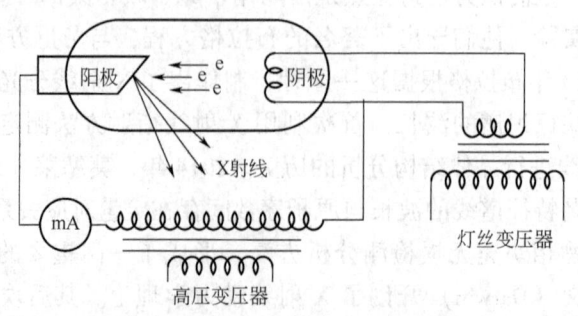

图4-1 X射线的产生原理示意图

三、X射线的类型

X射线是一种可在空间传播的交变电磁场，是电磁波，属于横波。

X射线的波长很短，仅0.01~10nm，远小于一般可见光的波长（400~700nm）。用于医学的X射线能量低，波长较长，穿透力较弱，称为"软X射线"。而波长在0.1nm以下的X射线能量高，具有很强的穿透性，称为"硬X射线"，常用于无损探伤及金属的物相分析，如对金属器件的内部缺陷（气孔、夹杂、裂纹等）进行无损检查。硬X射线的波长为0.25~0.05nm时，与晶体中原子间距较接近，当其照射到晶体上时会产生散射、干涉及衍射现象，与光线的绕射现象类似，常用来进行X射线衍射分析，为研究晶体内部结构提供信息。在与X射线接触时一定要采取保护措施，使用能屏蔽X射线的铅衣、铅玻璃等进行保护。

X射线从形成机理上说分为连续X射线及特征X射线两种类型。连续X射线是做加速运动的高速电子到达靶面时被急剧地减速而产生的；特征X射线是具有一定能量的电子，足以打掉原子中的内层电子，原子处在激发态，外层电子跃迁到内层时产生的。在多晶衍射技术中都是利用特征X射线，其波长与阳极的原子序数有关。例如Cu靶，用其Cu—Kα线。

第二节 X射线衍射仪

X射线衍射方法被广泛应用于结晶学和矿物学研究领域，按其对样品要求，可以将它分成两大类：其一，单晶的X衍射分析，要求样品必须是一颗完整的单晶体（研究晶体结构的基本要求）；其二，多晶态物质的X射线衍射分析，要求样品是微细的粉末状态或者是微细晶粒的聚集体（黏土矿物的鉴定就属此类）。在矿物学与岩石分析研究中多用第二种方法。完成此分析借助X射线衍射仪实现。X射线衍射仪是以布拉格实验装置为原型，随着科学技术进步、机械与电子原器件与时俱进，逐步发展与完善成现代的大型设备。地质与材料方面常用的粉晶X射线衍射仪常由发生器、测角仪、信号系统以及处理和记录系统（计算机）等四大部分组成（图4-2）。

一、X射线发生器

X射线发生器是产生X射线的装置，又称X光机。其作用是在X射线管的两极间造成高达几万伏的电位差，并为灯丝提供电流，发射电子。

X射线发生器主要由高压发生器和X射线管（X光管）组成（图4-2），另外还有断水续电器与过载续电器等保护电路、水泵、防护罩等部件。

高压发生器由高压变压器、整流电路、管电压稳定电路和管电流稳定电路等部分组成。高压变压器通过高压电缆向X射线管提供负高压和灯丝电流。它有一整套管压和管流的控制、调节系统以及安全保护系统，保证管电压、管电流及计数管电压足够稳定，保证X射线强度高稳定，从而实现衍射仪工作过程中计数管在整个测角范围内扫描。

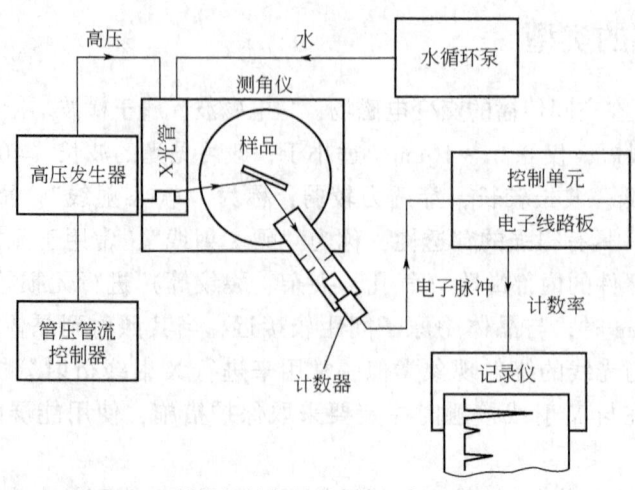

图 4-2 X 射线衍射仪衍射系统（据赵杏媛，1990）

X 射线管又称靶，相当于一个真空度为 $10^{-5} \sim 10^{-7}$ mmHg 的大真空二极管，它主要由阴极、阳极、窗口、真空罩及冷却系统组成。阴极通常指产生热电子并将电子束聚焦的电子枪，常由钨灯丝和高压变压器组成；阳极亦称靶，主要作用是使电子突然减速，发射 X 射线。为使阴极发射的电子束集中，在阴极灯丝外加上聚焦罩，并使灯丝与聚焦罩之间始终保持 100~400V 的电位差。窗口是 X 射线从阳极向外辐射的区域，有两个或四个，其材料既要有足够的强度以维持管内的高真空度，又要对 X 射线的吸收较小，常由不吸收 X 射线的金属铍制成，有时也用成分为硼酸铍锂的林德曼玻璃。通常 X 射线管可分为细聚焦 X 射线管和旋转阳极 X 射线管，按灯丝可分为密封式灯丝 X 射线管和可拆式灯丝 X 射线管。

X 射线管架用以放置 X 射线管，左右两边设有 X 射线窗口，并安有相应的监测与控制装置。

还有用来冷却 X 射线管和高压变压器的水泵，用有机钴玻璃制成、防护 X 射线的防护罩。

二、广角测角仪

广角测角仪是 X 衍射仪的心脏，2θ 测量精度由此测角仪制造精度决定。它的设计原理是布拉格聚焦原理，即测角仪圆的半径不变，聚焦圆的半径随衍射角改变。

图 4-3 是测角仪的聚焦原理图。图中 F 为 X 光线光源，前有发散狭缝 D.S，G 为接收狭缝，S.S 为散射狭缝，O 为测角仪圆的圆心，θ 为入射角，2θ 为衍射角，S_1、S_2 为索拉狭缝，S 为样品，测角仪圆的圆心 O 位于样品平面的法线上，F 和 G 既在测角仪圆上，又在聚焦圆上。从光源 F 呈发散状态的入射 X 射线，进入样品 S 后，满足布拉格方程式的射线就会被样品反射出来，经聚焦后进入接收狭缝，进而进入计数器为记录仪记录下来。由此可以看出，要想无论在什么掠射角（入射角的余角），只要存在衍射，衍射线都正好能进入接收狭缝 G，就必须使样品平面（S）始终与聚焦圆相切，同时试样转动的角速度应等于计数器扫描速度的 1/2，即试样转动角度为 θ，计数器扫描角度为 2θ，两者服从 1∶2 关系。

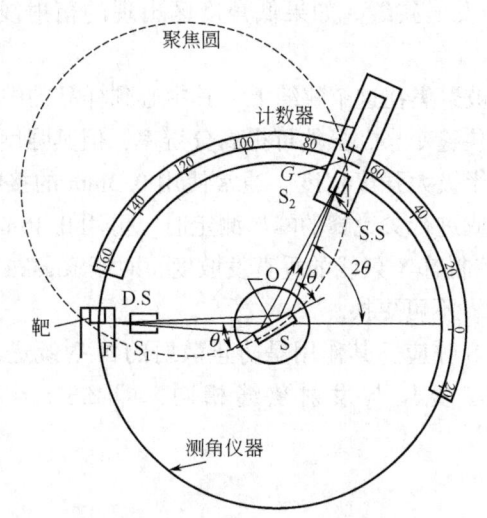

图 4-3　测角仪的聚焦原理图（据许冀泉，1985）

对测角仪的要求是精度和分辨率：以 Si 为标样，它的 2θ 角的平均偏差要小于 $0.02°$；以 $\alpha\text{-SiO}_2$ 为标样，在 $2\theta=67.5°\sim68.5°$（Cu-Kα）范围内五重峰要分辨得十分清楚。

由 X 光管（靶）射出的 X 射线经过发散狭缝后，变成近于平行的 X 光束，射到平面状样品上，在满足布拉格条件的方向产生衍射。衍射线经聚焦圆（测角仪圆）聚焦后，经过石墨单色器由计数管（探测器）收集，它将探测到的 X 射线光量子变成电脉冲，经放大后由自动记录装置记录下脉冲数或脉冲振幅（即 X 射线衍射强度）。在记录衍射线强度过程中，平面状样品与计数管绕测角仪的轴同步转动（θ—2θ 型）。当样品转动 1° 时，计数管正好转动 2°，即当样品转动 θ 角时，计数管正好转动 2θ。一般衍射仪扫描范围为 $2\theta=3°\sim150°$。这是粉晶衍射仪工作原理与过程。

三、信号系统

信号系统担负着 X 射线信号的采集接收、转换、初处理、记录和打印等任务。

(1) 闪烁记数器：将 X 射线信号转换成电脉冲并经初级放大。
(2) 脉冲高度分析器（PFIA）：用电子学的办法使 X 射线信号单色化。
(3) 比率计和记录仪：前者对信号起着平均的作用，后者用来记录 X 射线谱图。

四、控制处理系统

控制/数据处理系统，具有一定的控制和数据处理功能的计算机。如控制测角仪的扫描方式、扫描方向、扫描速度、起始角、终止角以及记录仪纸速等，作积分强度、寻峰、求 d 值、求峰强度与半高宽等。在微处理系统控制下，测角仪在 2θ 角度范围内扫描，记数器连续收集 X 射线信号，经脉冲高度分析器进入比率计单元，然后在记录仪上记录下来。

五、狭缝系统与狭缝选择

D.S 发射狭缝：控制着入射线的水平发散度，限制 X 射线对样品的照射面积。在一般定性和定量分析中用 1°的发射狭缝。如果低角度区出现的衍射线特别重要或样品很少时，可用½°或⅙°的发散狭缝。

G 接收狭缝：衍射线被聚焦在这个狭缝上，其中心到样品的中心为测角仪的半径。它控制衍射线的分辨率；接收狭缝变小，虽然可提高分辨率，但其强度降低；因此一般选择接收狭缝的宽度等于射线源的半极大强度宽度。通常使用 0.3mm 的接收狭缝。进行有机化合物等衍射线密集的物质分析或进行尖锐峰的峰形测定时，可用 0.15mm 的接收狭缝。

索拉狭缝 S_1 与 S_2：控制着 X 射线的垂直发散度，对于 Rigaku 公司的衍射仪，其发散角为 5°，索拉狭缝是固定的，不可更换。

S.S 散射狭缝：与 D.S 呼应，其作用是防止散射的 X 射线进入计数器，是去掉空气等物质引起的散射 X 射线。宽度与发射狭缝相同，即∠S.S =∠D.S = 1°，RS = 0.3mm 或 0.15mm。

第三节　X 射线分析的制样方法与主要用途

一、黏土分离

X 射线分析的制样方法主要侧重于黏土分离。一般来讲岩石样品的黏土分离包括采样、选样、称样、碎样、洗油、蒸馏水浸泡、湿磨、制备和提取悬浮液、离心沉淀、烘干、研磨、称重和包装等步骤。

（1）采样、选样：采样是黏土分离最关键的一步。要根据地质情况有目的地采样。应尽量避免混入非地层中的假黏土组分（如钻井液残渣、岩屑掉块等）。岩心、岩屑都可以用于黏土分离，一般情况下泥岩量为 20g，砂岩样品为 30g~50g，碳酸盐岩样品最少应为 50g。

（2）称样：根据分析目的、分析项目的多少、岩性情况称取一定数量的样品，若进行黏土总量计算则必须称样。

（3）碎样：用铁（铜）研钵或球磨机把岩石样品粉碎至颗粒直径小于 1mm。对于那些在水中能泡散的岩石样品，可以不经粉碎就直接浸泡于水中。如果岩石致密坚硬，湿磨不能使其散开，可以将其粉碎至 0.2mm。碳酸盐岩样品应粉碎得更细一点。碎样时一定要注意不要研磨，避免将非黏土颗粒粉碎到黏土粒级，以影响黏土分离的质量。

（4）洗油：各种含油砂岩及油页岩在粉碎后和浸泡前一定要彻底洗油，用沥青抽提法将样品洗至荧光 4 级以下，否则会影响悬浮液的制备和分离效果。

（5）浸泡、湿磨：将已粉碎的（或已洗油的）样品放入烧杯中，加入蒸馏水浸泡，一般用 500~1000mL 的高筒烧杯。湿磨就是把浸泡后的样品同水一起倒入瓷研钵中研磨，磨后把泥浆倒回原烧杯，残渣保留在瓷研钵中，这样反复多次，直至把样品中黏土与非黏土颗粒分开。浸泡和湿磨可以用振筛机湿筛法。

（6）制备黏土悬浮液：将粉碎、洗油或湿磨后的样品放入烧杯中，加满蒸馏水后用玻璃棒或搅拌机搅拌，使黏土颗粒充分分散。搅拌后静止放置 8h，如果烧杯上部 10cm 内黏土颗粒充分悬浮起来，悬浮液则制备成；如果烧杯上部 10cm 内基本清彻，则应继续放置一段时间，至完全清澈后把清水倒掉，重新加入蒸馏水搅拌。如此重复多次，直至烧杯上部 10cm 内，黏土颗粒充分悬浮为止，一般情况下用蒸馏水清洗 3~5 次就行。如果超过 5 次还未见悬浮或悬浮不好就应该仔细分析，找出造成不悬浮的原因，进行适当的处理。

（7）提取黏土悬浮液：可采用沉降虹吸分离法或离心分离法来吸取黏土粒级，粒径小于 2μm（或小于 5μm）。

（8）离心沉淀、烘干、研磨和包装：可用转速高于 6000r/min 的离心机离心沉淀，得到黏土悬浮液中的黏土组分。为了使黏土矿物的结构免遭破坏，最好使分离好的黏土样品自然风干，或在温度低于 60℃ 的烘箱内烘干。为了便于分析和制样，应将已干燥好的黏土样品放在玛瑙研钵中研磨至全部粒径小于 40μm 或手指搓捏无颗粒感，即 200 目以下粉末。最后应仔细包装研磨好的样品，准确称重，并标明样品编号。

二、制样方法

针对不同的矿物，不同的分析目的以及样品量的多少，采取不同的方法。

1. 压片法

压片法适用于全岩分析，一般矿床样品（膨润土矿、凹凸棒石矿等泥浆材料）用压片法。压片法的样品应满足以下二点要求：(1) 样品应尽量地随机取向；(2) 样品表面平整、不松、不裂、不掉粒。

经常采用的压片样品制作方法是：将 20mm×18mm 铝制样品框置于玻璃板上，然后将粉末样品装入样品框的凹槽中，用玻璃棒轻轻地将样品拨均匀后，再用另一块玻璃板从上面压紧，使样品充满空洞，直至将铝制样品框轻轻地竖立起来粉末样品也不会脱落为止。要求样品被测量面保持粗糙，与样品载片的表面保持平整均匀，避免晶体粉末择优取向。

2. 定向片法

该法用于黏土矿物常规的定性与定量分析，黏土矿物一般用沉降法分离得到，对于泥岩，粒级小于 2μm；对于砂岩，粒级小于 5μm。样品板用玻璃载片，样品面积为 25mm×27mm，样品量为 40mg。将一定数量的黏土悬浮液均匀地铺在水平放置的载玻璃片上，在液体表面张力的作用下，片状黏土矿物就会呈底面平行玻璃面排列，形成定向性极好的定向黏土薄膜。利用黏土矿物沉淀时自然取向的这种性质，就能够满足粉末衍射分析所需要的定向片状样品——定向片。这样的定向片称为 N 片（Nature），表示自然状态，而且最好在相对湿度 50% 条件下凉干，因为只有在这个条件下，膨胀性矿物的晶面间距 d 值才可信。

常用的定向片除有自然定向片（N）外，还有经乙二醇处理的 EG 片，经加热 550℃ 处理的加热片和经盐酸处理的盐酸片。

EG 片是指对上机分析后的 N 片进行乙二醇饱和处理，目的在于分析膨胀性矿物是否存在，是属于什么类型的膨胀性矿物。实验表明，用蒸汽法进行乙二醇饱和是非常好的方法。

高温片又称 550℃ 加热片，是指对上述 EG 片进行 450~550℃、2.5h 的加热处理，观察膨胀性矿物的收缩情况，这对少量绿泥石的鉴定十分有效，因为此时它的 $14×10^{-1}$nm 峰大大加强且有收缩。

在马福炉中加热定向片时一定要注意以下几点：①把片子垫平，以免变形；②放入样品后再升温；③待炉膛冷透后再打开炉门把样品取出，防止黏土薄膜剥离；④取出样品后或立即上机分析，或立即装入干燥器内，避免样品重新吸水。

盐酸片是样品用 HCl 处理后制成的定向片，目的在于去掉绿泥石而保留高岭石。当绿泥石与高岭石同时存在而后者的 3.58×10^{-1} nm 峰又难以观察到时，制盐酸片是完全必要的。制样方法是称取 40mg 粉末样品放入试管中，加入 5mL、6mol 稀盐酸溶液，在 80℃水浴上加热 15min，冷却后，用蒸馏水离心清洗至溶液中不含 Cl^{-1} 离子。离心沉淀后加入蒸馏水，充分悬浮后，倒在载玻片上，自然沉淀，自然风干。

3. 薄片法

薄片法直接用薄片做衍射分析，一般用于自生矿物的鉴定。

4. 特殊样品的制样方法

特殊样品指的是分析样品中的特殊部位，例如，岩脉、各种结核、火山岩晶洞中的矿物等。应将样品从目的部位上取出，然后用玛瑙研钵研磨至无手感，可按制定向片的方法制样，也可将样品直接放在玻璃载片上，滴上数滴无水乙醇，用细玻璃棒搅匀，然后自然凉干，这对于少量样品（20~40mg）的定性分析是十分实用的。

三、X 射线分析的主要用途

1. 区别样品为晶质体或非晶质体

只有结晶物质才会对 X 射线产生衍射形成衍射线，据此分析样品的性质。

2. 确定样品中存在的物相种类——定性相分析

X 射线定性相分析是指用 X 射线衍射数据对样品中存在的物相（而不是化学成分）进行鉴别。其理论根据是：任何一种结晶物质都具有特定的晶体结构，在一定波长的 X 射线照射下，每种晶体物质都给出自己特有的衍射花样，即衍射谱线。不可能存在衍射花样完全相同的两种不同物质。由不同物质组成的混合物的衍射花样是混合物中各物相衍射花样的机械叠加。X 射线定性相分析一般采用粉晶 X 射线衍射数据。衍射数据主要包括两方面数值：面网间距和衍射强度。

定性物相分析的目的是鉴定样品中存在的物相种类，其方法是将待测样品的衍射图与标准衍射图进行对比，找出与之相同的标准衍射图，标准衍射图代表的物相就是待测物相。但如何从成千上万的标准数据中查找与待测样品相同或相近的数据进行对比，以及如何区别混合物相中的衍射峰等，需要有一套简便可行的检索方法。目前最常用的检索方法是粉末衍射卡片哈氏索引和芬克法。利用现代不断进步的计算机技术粉晶 X 射线衍射物相分析走向完全的自动化。

3. 确定样品中物相的百分含量——定量分析

X 射线衍射定量相分析就是测定混合物相中各相的相对含量（质量分数），一般用粉晶 X 射线衍射方法测定。物相衍射线的强度或相对强度与物相在样品中含量有关。利用衍射花样中的强度来分析物相在试样中的含量，确立试样中各物相的衍射强度与其含量间的关系式，随着测试理论与技术的进步而不断完善和发展。采用外标法、内标法、基体冲洗法（K值法）等方法完成物相定量分析。

4. 测量晶体的晶格常数

晶格常数包括 a、b、c、α、β、γ、V。用单晶照相法可直接测量晶体的晶格常数，用单晶衍射、粉晶照相和粉晶衍射方法获得晶体的衍射数据 d_{hkl}、I_{hkl} 后也可计算出晶体的晶格常数。根据晶体的衍射数据，利用最小二乘法进行修正还可得到精确的晶格常数。

5. 观察晶体对称，推导晶体空间群

用单晶照相法可观察晶体各方向的对称情况，综合考虑晶体各方向的对称可推得晶体的衍射群和可能的空间群。也可用单晶衍射法收集衍射数据，指标化后根据系统消光规律推得晶体衍射群和可能的空间群。

6. 确定晶体中各种原子的位置

用单晶法和粉末法均可得到晶体的衍射数据（包括 d_{hkl}、I_{hkl} 等），经过数学计算可得到晶体中的原子位置（具体方法参见晶体结构测定相关文献）。由于粉末法获得的衍射数据数量有限，损失的各种信息较多，给晶体结构的测定带来很多困难，因此在条件允许的情况下尽量用单晶法（目前主要用单晶衍射法）测定晶体结构。

7. 研究晶体的各种复杂结构现象

根据晶体衍射斑点的大小、形状和衍射指标等，可了解晶体内的调幅、出溶、宏观应力、微观应力、择优取向、结晶度、有序—无序、类质同像等复杂结构情况。

8. 判断样品的结晶程度、粒度等

晶体结晶程度与粒度和衍射线或衍射斑点的情况有关（如衍射峰宽度等）。当晶粒的宽化在衍射峰宽化中起主要作用时，可用谢乐方程来计算晶粒的大小。

$$D_{hkl} = \frac{K\lambda}{\beta_{hkl}\cos\theta} \tag{4-1}$$

式中 D_{hkl}——hkl 晶面法线方向的平均晶粒尺寸，nm；

K——常数，与 β_{hkl} 的定义有关，β_{hkl} 为半高宽时 $K=0.9$，β_{hkl} 为积分宽度时，$K=1$；

λ——X 射线的波长，nm；

β_{hkl}——晶粒物理宽化的峰形半高宽或积分宽度，rad；

θ——衍射角，(°)。

计算晶粒大小时，一般采用低角度的衍射线，如果晶粒尺寸较大，可用较高衍射角的衍射线来代替。晶粒大小在 30nm 左右时，计算结果较为准确，上式适用范围为 1~100nm。超过 100nm 的晶粒尺寸不能使用此式来计算，可以通过其他的方法计算。

9. 进行黏土矿物的定性、定量分析

伊蒙混层矿物的混层比的计算是根据雷诺斯（Reynolds）及豪威尔（Hower）提出的方法，用一元线性回归方法求得最佳方程为 $S(\%) = 66(V/P) + 39$。对狭缝系统，颗粒大小对混层计算的影响进行了分析实验，表明上述方程完全适用于 ∠S.S = ∠D.S = 1°、样品宽度 25mm、粒级 2μm 的情况。

实验表明，无论伊利石、高岭石还是绿泥石对 17×10^{-1}nm 的 V/P 值有影响，故需加修正，修正值见表 4-1。

表 4-1 计算混层比的 V/P 法修正表（含量因素修正）

混层比, %	修正系数	混层含量, %									方程
		10	20	30	40	50	60	70	80	90	100	
75~100	σ_1	1.43	1.32	1.24	1.16	1.11	1.08	1.05	1.03	1.02	1.00	$[66(V/P)+39]\sigma_1$
50~75	σ_2	1.30	1.23	1.17	1.11	1.08	1.05	1.03	1.01	1.01	1.00	$[66(V/P)+39]\sigma_2$
37~50	σ_3	1.12	1.10	1.09	1.08	1.07	1.05	1.04	1.03	1.02	1.00	$[66(V/P)+39]\sigma_3$

另一种计算混层比的方法称为鞍形/（001）法（图 4-4），计算伊利石和伊利石/蒙皂石间层矿物的含量比[I 或(I/S)]。用峰面积计算伊利石和伊利石/蒙皂石间层矿物的含量比。图中 a、b、V、P 意义见图 4-5，很明显 $a/b = 1 - V/P$。主要确立伊/蒙无序混层黏土矿物的混层比。

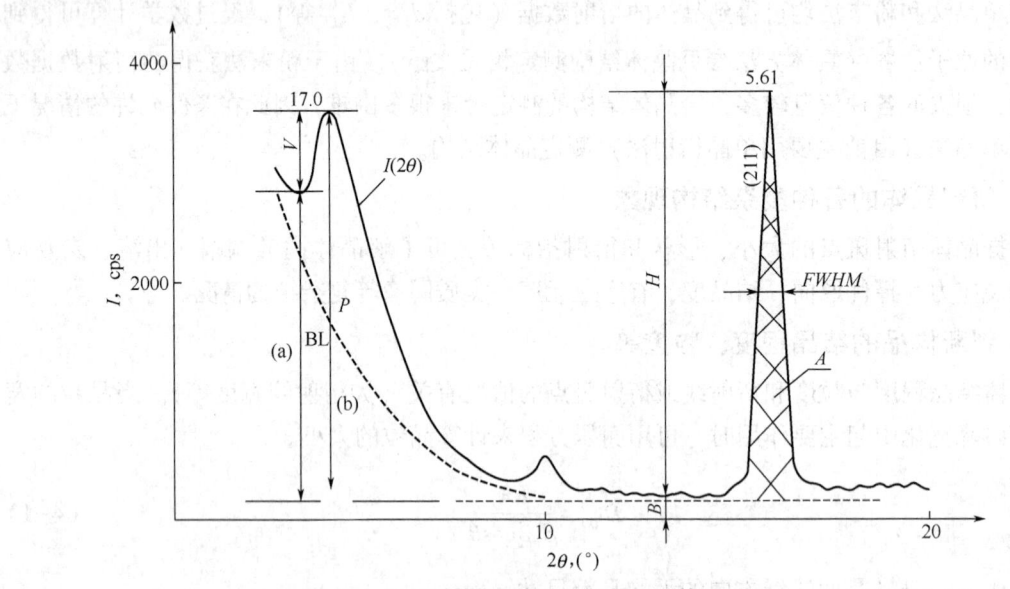

图 4-4 X 衍射标准谱图（据林西生等，1990）
d 值单位为 10^{-1} nm

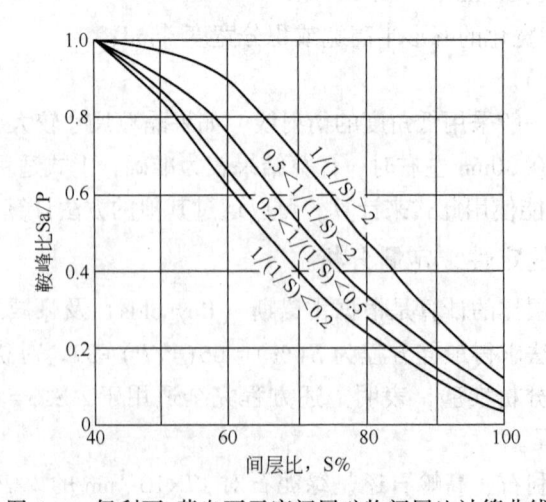

图 4-5 伊利石/蒙皂石无序间层矿物间层比计算曲线

伊利石/蒙皂石有序间层矿物间层比的计算方法：根据乙二醇饱和片谱图上伊利石/蒙皂石间层矿物的(001)/(001)，(001)/(002) 和 (001)/(003) 三个峰的位置查表4-2 确定间层比，三个峰确定的间层比互不相同时，可以以其中一个峰为准，也可以取两个峰或三个峰的平均值。

表4-2 伊利石/蒙皂石间层矿物间层比与其特征峰位置关系表

峰类别 间层比	(001)/(001)	(001)/(002)	(001)/(003)
80	—	10.1	16.0
60	—	9.9	16.3
40	—	9.6	16.6
30	6.6	9.4	16.8
20	7.3	9.1	17.0
10	8.3	8.9	17.4

对于有序混层，由于伊利石的干扰，(001)/(002) 与 (002)/(003) 峰往往观察不到，在这种情况下可按表4-3 计算。

表4-3 有序混层比的计算

间层比，S%	2θ, (°)	d, 10^{-1}nm
35	6.0	14.7
30	6.6	13.4
20	7.3	12.1
10	8.3	10.7

伊/蒙混层是端元矿物蒙皂石与伊利石之间的过渡矿物，在混层I/S的晶体中，S层和I层形成一个有机整体，其衍射是相干的，混层I/S不是蒙皂石和伊利石的机械混合物。

伊/蒙混层在结构上的最基本特点是某一方向缺乏周期性，因此不遵循Bragg反射，表现在X射线谱图上就是底面反射不成整数比，这是混层I/S的谱图的最基本特征。

伊/蒙混层有四种结构：(1) 无序的 (R_0)，伊/蒙混层比中的S占比>50%，有17×10^{-1}nm的峰；(2) 部分有序的 (R_0/R_1)，混层比中的S占比为50%~35%，实际上是R_0与R_1/(I/S) 的混和物；(3) 有序的 (R_1)，混层比15%≤S占比≤35%，无17×10^{-1}nm峰；(4) IS_{II}超点阵（或R≥3），混层比中的S占比<15%。

伊/蒙混层比是描述混层I/S的重要参数。Reynolds方法是目前国际上广泛采用的解释谱图和计算混层比的方法，其基本思路是双峰移动和17×10^{-1}nm峰形的不对称变化。

绿泥石/蒙皂石混层（C/S）是地层中常见的第二种混层矿物。根据Reynolds方法得出C/S混层分为：无序的、有序的、柯绿泥石三类。并将三八面体蒙皂石及绿泥石看作C/S的两个端元矿物。此处皂石不是蒙皂石，皂石具有 (002) 反射而蒙皂石没有、含铁皂石能与盐酸起反应而蒙皂石不能反应等特征对区分二者有实用价值。

四、X 衍射分析方法的优缺点

1. X 衍射分析方法优点

（1）不破坏样品，不改变矿物种属，如薄片鉴定中由磨片过程需用水，故许多盐类矿物溶于水（如石盐），有的与水起了反应（如钙芒硝与水作用变成了石膏），致使不能做出正确鉴定，而 X 衍射方法不存在这问题。

（2）快速、准确、可靠，常见的含量多的矿物从制样、上机到谱图解释一般一个小时就解决问题。

（3）制样方法简单，也可以制成多用片，例如定向片可以进行乙二醇饱和处理，也可以进行 550℃ 加热处理。

（4）可以测定 I/S、C/S 混层矿物并进行混层比计算。

（5）可用于多矿物体系，对于同质多象，类质同象矿物能够做出较正确的判断。例如文石和方解石的化学成分为 $CaCO_3$，为同质多象矿物，而高岭石、地开石、珍珠陶土也为同质多象矿物，可用 X 衍射进行区分。

2. X 衍射分析方法缺点

（1）不敏感，对于低含量（1%~2%）矿物难以准确鉴定；

（2）不能确切了解矿物的产状；

（3）对于非晶态物质如火山玻璃等不能做出相分析。

第四节　X 射线衍射谱图与常见矿物 X 射线衍射谱图特征

一、X 射线衍射谱图

1. X 射线衍射谱图构成

一幅标准的 X 射线衍射谱图（图 4-4）包含了下列部分，具体内容如下。

1）纵坐标

纵坐标为衍射强度，用 I 表示，单位为 cps(counts per second，代表记数/秒)。

2）横坐标

横坐标为衍射角，用 2θ 表示，是布拉格角的两倍，单位是度（°）。

3）峰顶标值

峰顶标值为晶面间距，用 d 表示，单位为 10^{-1}nm，可根据峰顶对应的 2θ 值，例如 $2\theta = 15.8°$，由布拉格方程算出 d 值，有

$$d = \frac{1.5418}{\sin\theta} = 5.61(\times 10^{-1} \text{nm}) \quad (Cu\text{—}K\alpha \text{ 辐射}) \quad (4-2)$$

d 值是鉴定矿物的基本数据，如绿泥石的 $d(001) = 14.26 \times 10^{-1}$nm，高岭石 $d(001) =$

$7.20×10^{-1}$nm，蒙皂石向绿泥石转化过程中，其 $d(001)=17×10^{-1}$nm 将逐渐减小，直至 $d(001)=14.26×10^{-1}$nm 为止。

4）峰侧符号（hkl）

峰侧符号为衍射指数，它的物理意义代表一个衍射，其晶体学意义代表一组晶面簇（当 h，k，l 互质时，代表真正的晶面；当有公约数时，说明有虚假的晶面）。对于伊利石/蒙皂石与绿泥石/蒙皂石混层矿物，衍射指数采用（001）/（001），表示两种晶层反射的联合反射。

5）基线 BL

图 4-4 中的虚线即为基线 BL。依据各型 X 射线衍射仪的特性和样品的特点，采用分析软件或人工选择基线点划定基线。

6）背景 B

基线与横坐标之间的距离，单位也是 cps。

7）半高宽

半高宽的单位为度，此值可以用来表示伊利石的结晶度。砂岩中的自生高岭石半高宽均很小，一般为 0.18°。而碎屑高岭石的峰则较宽。沸石的结晶度均很高，故其半高宽一般为 0.18°。

8）衍射强度表示法

① 峰高 P：单位为 cps，常用于定性分析中，也用于全岩 X 射线定量分析。对于同一种矿物的衍射峰，要换算成相对强度。最强峰为 100，其余按比例换算。

② 峰面积 A：代表积分强度，单位是记数，也可以用 mm^2 表示。黏土矿物的定量分析采用峰面积来计算强度。

9）峰背比 P/B

峰背比的值越大越好。

10）峰形函数 $I(2\theta)$

同一类矿物的峰形变化反映了矿物本身在演变之中。例如，蒙皂石向无序混层 I/S 转变过程中，17A 峰变得越来越不对称，直至该峰消失为止。伊利石的结晶度的变化也可以从峰形变化中看出来。

2. 好谱图的标准

（1）准确的 d 值：这与衍射仪本身的精度、调整情况、制样方法以及样品放置情况有关，也与实验参数选择有关。一般岩石样品均含有少量石英，它的 4.27A（$2\theta=20.8°$，Cu—Kα，下同）与 3.35A（$2\theta=26.6°$）可当作内标参考。

（2）重复性好的强度数据：这是定量分析的基础。

（3）具有高峰背比：地层中的样品大多数含有铁（Fe）元素，在采用铜（Cu）靶时，会造成谱图的高背景。当安置了石墨弯晶单色器之后，峰背比都很高。

（4）具有高分辨率：所谓分辨率，是指两个相邻峰的分离程度。这与仪器调整情况（尤其是布拉格聚焦条件是否真正得到保证）以及实验参数选择有关。

二、几种典型的黏土矿物 X 衍射谱图特征

黏土矿物的 X 衍射分析大体上可分为黏土分离、样品制备和处理、上机分析、谱图解

释、定量计算和混层比计算五大环节。依次测量自然片、乙二醇饱和片、高温片，获取 X 射线衍射谱图，常见黏土矿物 X 射线衍射鉴定特征见表 4-4。下面简要介绍几种典型黏土矿物 X 衍射谱图特征。

表 4-4 黏土矿物 X 射线衍射特征鉴定表

矿物	谱图特性			
	自然片	乙二醇饱和片	高温片	盐酸片
高岭石（K）	有 0.720nm 和 0.358nm 两个衍射峰	0.720nm 和 0.358nm 两个衍射峰无变化	晶格破坏，峰消失	峰位置无变化
绿泥石（C）	有 1.420nm、0.710nm、0.480nm 和 0.353nm 四个衍射峰，其中 0.71nm 峰最强，0.353nm 峰次之	1.420nm、0.710nm、0.480nm 和 0.353nm 四峰无变化	1.420nm 峰移动到 1.380nm，其余各峰强度大大减弱以至消失	大多数晶格破坏，峰消失
蒙皂石（S）	在相对湿度为 50% 时，钙蒙皂石有 1.500nm 峰，钠蒙皂石有 1.25nm 峰	1.700nm、0.852nm 和 0.562nm 峰	1.700nm 峰移动到 1.000nm	—
伊利石（It）	有 1.000nm、0.500nm 和 0.333nm 峰，其中 0.500nm 峰强度约为 1.00nm 峰强度的 1/3	1.000nm、0.500nm 和 0.333nm 峰无变化	1.000nm 峰位不变，强度不变或略有变化	峰位置无变化
绿/蒙间层矿物（C/S）	绿泥石/钙蒙皂石 1.500nm~1.420nm 之间有峰；绿泥石/钠蒙皂石在 1.420nm~1.250nm 之间有峰	在 1.70nm~1.420nm、0.852nm~0.710nm 之间分别有一衍射峰	在 1.420nm~1.000nm 之间出现一个峰	大多数晶格破坏，峰消失

1. 高岭石

具有 d 值为 $7.15\sim7.20\times10^{-1}$nm（001）和 3.56×10^{-1}nm（002）两个强而对称的反射（图 4-6）。结晶好的高岭石，4.46×10^{-1}nm、4.36×10^{-1}nm、4.18×10^{-1}nm 三个峰可以完全分开。无序高岭石（001）稍大，但反射较宽，强度稍有降低，以上三个峰随有序度降低而逐渐趋于合并，成为不对称的宽带，并与（002）峰相叠加。

在盐酸处理和乙二醇、甘油饱和时不发生变化。在 550℃ 下加热 2h，结构破坏衍射峰全部消失。

通过氢键作用强的化合物的穿插和氢键形成作用，可以打开高岭石的层间联接。1g 试样与 0.8g 固体醋酸钾混匀用劲研磨 20~30min，由于研磨过程中醋酸钾强烈吸收空气中的水气而溶解，可以插入层内。晶面间距 7.15×10^{-1}nm 扩展至 14×10^{-1}nm。如果用 NH_4NO_3 取代层间醋酸钾，在室温下可变稳定的 11.6×10^{-1}nm。用纯联氨在 60~65℃ 下处理 7h，会使 7×10^{-1}nm 扩展至 10.4×10^{-1}nm。

2. 蒙脱石

基面间距随层间阳离子的种类和大气湿度而变，在 $12\times10^{-1}\sim15\times10^{-1}$nm 之间（图 4-7）。在大气相对湿度约 50% 时，Na 蒙脱石 $d(001)$ 为 12.6×10^{-1}nm，Ca 蒙脱石为 15.4×10^{-1}nm。甘油处理后可扩展到 17.8×10^{-1}nm，乙二醇蒸气处理一般只扩展到 16.9×10^{-1}nm。250℃ 加热 2h 可闭合到 $10\times10^{-1}\sim9.6\times10^{-1}$nm，强度变低。钾饱和后可收缩到 $10\times10^{-1}\sim11\times10^{-1}$nm。用锂饱和并在 200~300℃ 加热过夜后，呈现 9.6×10^{-1}nm 宽峰，即使用甘油处理也不再扩展。

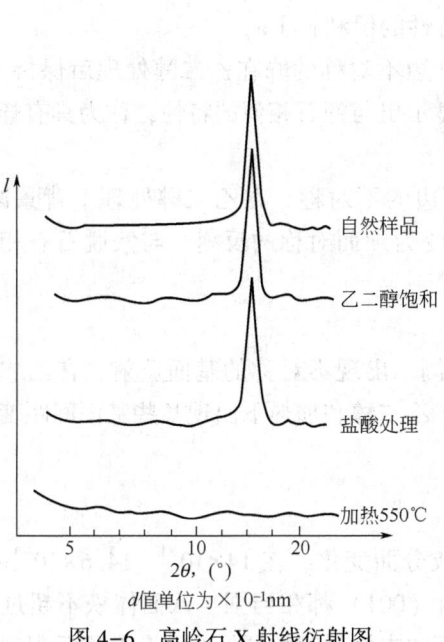

图 4-6 高岭石 X 射线衍射图

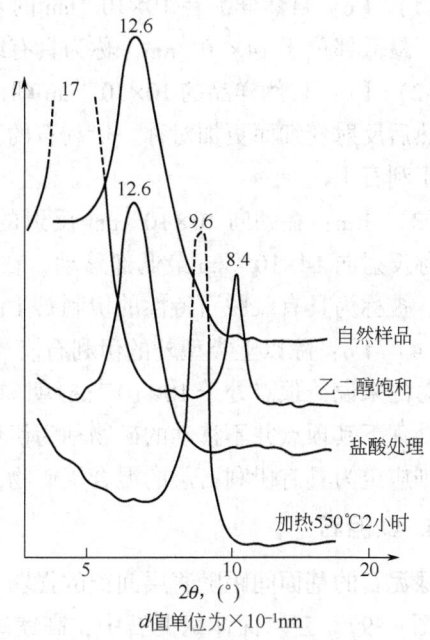

图 4-7 蒙脱石 X 射线衍射图

3. 伊利石

伊利石具有 10×10^{-1} nm 和 3.3×10^{-1} nm 的强的基面反射。在乙二醇或甘油饱和及加热处理后，基面间距体质不变，在热盐酸中不溶解（图 4-8）。

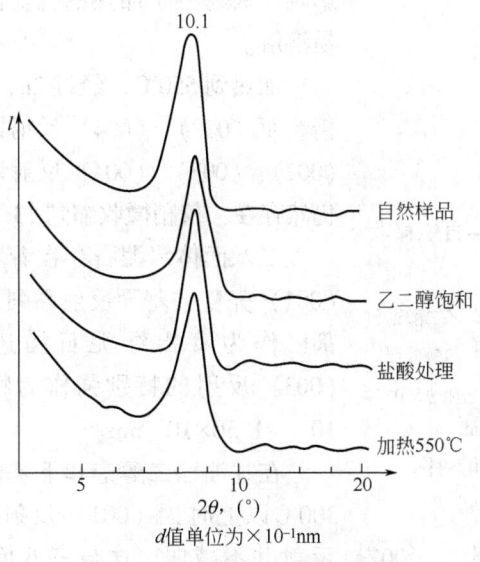

图 4-8 伊利石 X 射线衍射图

沉积岩中伊利石中有少量膨胀层存在时，(001) 反射向低角度边不对称，出现拖尾的形状，而 (003) 朝着高角度边不对称。伊利石中膨胀间层的性质可由乙二醇和加热处理来鉴别，一般分为以下类型：

（1）Ic：自然样品在 10×10^{-1} nm 的基面上反射朝向低角度边不对称。乙二醇和加热处理后，最低部位于 14×10^{-1} nm，称为具有绿泥石特性的伊利石 Ic。

（2）Iv：自然样品的 10×10^{-1} nm 朝向低角度边不对称的峰在乙二醇处理后保持不变，但加热后反射变细而更加对称。伊利石的膨胀层显示出与蛭石相似的特性，称为具有蛭石特性的伊利石 Iv。

（3）Im：在朝向 10×10^{-1} nm 反射的低角度边的不对称，在乙二醇处理下背景减少，不对称反射向 14×10^{-1} nm 最低部移动，在加热后变为细而对称的反射。与蒙脱石有相似的特性，被称为具有蒙脱石特性的伊利石 Im。

（4）Io：除以上类型外的伊利石。

总的来说，顶点处于 10×10^{-1} nm 朝向低角度侧、出现不对称的基面反射，在乙二醇和加热处理下其顶点并不移动的矿物称为伊利石。在乙二醇和加热下出现某些基面间距变化的矿物则应定为具有伊利石层的混合层矿物。

4. 绿泥石

绿泥石的基面间距随着层间键的强弱和化学成分而变化，在 $14\times10^{-1} \sim 14.6\times10^{-1}$ nm 之间（图4-9）。三八面体绿泥石中，高镁绿泥石的（001）都相当强。八面体铁不超过30%时，前面五个衍射为中等强度，且较相等。在八面体中铁对镁的置换会引起基面反射对强度的根本改变。在高铁绿泥石中（001）和（003）反射相对于高镁绿泥石的强度来说，是较弱的，甚至有的可能造成缺失或被蛭石、蒙脱石混合层黏土的基面反射所遮盖，而（002）、（004）反射则较强，$d(060)$ 为 $1.53\times10^{-1} \sim 1.57\times10^{-1}$ nm。

三八面体绿泥石不受甘油、乙二醇和 K^+ 饱和的影响，极易溶于加热的稀盐酸，但富镁绿泥石相对不易溶解。

加热到550℃，经过2h，（001）反射可能增强2~5倍。而（002）、（004）反射则减弱，在 500~700℃ 时，（002）、（003）、（004）反射趋于消失，但（001）反射仍然存在，仅稍微收缩到 13.8×10^{-1} nm。

二八面体绿泥石存在着和三八面体绿泥石那样的（001）完整的基面反射系列。所有的二八面体绿泥石都已作为富铝绿泥石描述。大多以 4.7×10^{-1} nm（003）反射的特别强作为特征。$d(060)$ 在 $1.49\times10^{-1} \sim 1.50\times10^{-1}$ nm。

在甘油乙二醇饱和下基面反射保持稳定。加热到300℃ 以上时，（001）反射逐渐收缩。加热到550℃ 后，不仅（001）反射增强，（002）反射并不减弱，这与三八面体绿泥石不同。加热到700℃ 时（001）反射保持在 13.1×10^{-1} nm，在稀盐酸中相对不溶解。并发现由长石风化产生的二八面体绿泥石特别耐盐酸的腐蚀，在不同时间高浓度的盐酸煮沸下处理也不破坏。

绿泥石种类可根据差热分析、化学分析及X射线衍射分析相结合来区别。不同类绿泥石对应的强度值比率见表4-5。

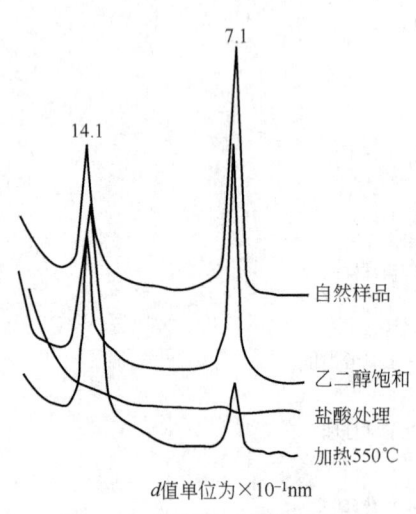

图 4-9 绿泥石 X 射线衍射图

表 4-5 不同种类绿泥石对应的强度值比较

绿泥石种类	[I(002)+I(004)]/I(003) 最低值	最高值	I(003)/I(005) 最低值	最高值
铁绿泥石	4.79	6.53	2.23	3.20
透绿泥石	2.63	3.89	3.13	4.06
斜绿泥石	2.15	3.16	3.10	5.43
叶绿泥石	2.26	—	4.70	—
铬绿泥石	2.25	—	6.66	6.66

5. 蒙皂石向伊利石转化

图 4-10 是四块泥岩样品纵向变化情况谱图，前三块 17×10^{-1} nm 峰形越来越不对称，至第四块样品 17×10^{-1} nm 峰完全消失，混层比分别为 67%、49%、43% 和 25%，反映了蒙皂石向伊利石转变过程中出现的混层中的蒙皂石层在逐渐减少。

编号	井号	井深, m	岩性	混层比, S%
W2263	双浅 1	809	灰绿色泥岩	67
W2264	双浅 1	1000	灰色泥岩	49
W2266	双 1009	1351	粉砂质泥岩	43
W2268	双 1009	1500	灰色泥岩	25
W2263	双浅 1	809	灰绿色泥岩	77
W2264	双浅 1	1000	灰色泥岩	99
W2266	双 1009	1351	粉砂质泥岩	43
W2268	双 1009	1500	灰色泥岩	25

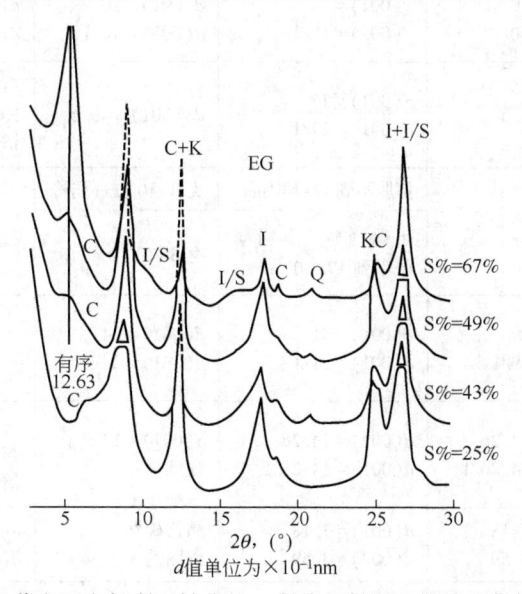

图 4-10 蒙皂石向伊利石转化的 X 射线衍射图（据陈丽华等，1994）

第五节　X 射线衍射分析在油气地质中的应用

X 射线衍射分析是鉴定矿物的最重要方法之一，目前已广泛地应用在材料、地质及油气工程中，在油气地质方面概括起来有以下几方面的工作。

一、黏土矿物 X 射线鉴定

研究者对黏土矿物在 X 射线衍射仪中的特征，已作了大量描述，见黏土矿物 X 射线衍射特征表（表 4-4）。黏土矿物 X 射线鉴定表见表 4-6，对本表有下列的几点说明：

表 4-6　黏土矿物 X 射线鉴定表

矿物名称		N, 10^{-1}nm	EG, 10^{-1}nm	550℃, 10^{-1}nm	HCl, 10^{-1}nm	说明
第一演变序列	端元矿物：二八面体蒙皂石（主要是蒙脱石）	$d(001)=15$ 无 $d(002)$ $d(003)=5$	$d(001)=17$; $d(001)=17/l$	$d(001)=9.6$	$d(002)=12.5$	(1) $d(001)$ 峰对称； (2) 底面反射成整数比
	无序混层 I/S		有 $17×10^{-1}$nm；随着 S 层减少对称性变差			(1) 当 $S\%>70\%$ 时划入蒙皂石； (2) 底面反射不成整数比是混层基本的衍射特征
	有序混层 I/S		无 $17×10^{-1}$nm；主峰为 $(17～11.5)×10^{-1}$nm	~10	一般不起反应但主峰 d 值均有所变化	
	ISII 超点阵		无 $17×10^{-1}$nm；主峰在 $(11.5～10)×10^{-1}$nm			
	端元矿物：伊利石	$d(001)=10$ $d(001)=10/l$	$d(001)=10$ $d(001)=10/l$	$d(001)=10$ $d(001)=10/l$	$d(001)=10$ $d(001)=10/l$	底面反射成整数比
第二类演变序列	端元矿物：三八面体蒙皂石（主要是皂石）	$d(001)=15$ $d(002)=7.5$ $d(003)5$	$d(001)=17$ $d(001)=17/l$	$d(001)=9.6$	有些皂石与 HCl 会起反应，谱图消失	底面反射成整数比，有 (002) 反射 (N)
	无序混层 C/S		膨胀不到 $17×10^{-1}$nm	无 $8×10^{-1}$nm 弱峰		当 $S\%>70\%$ 时划入蒙皂石
	有序混层 C/S		出现峰肩，主峰膨胀不到 $17×10^{-1}$nm	有 $8×10^{-1}$nm		
	柯绿泥石（可出现也可以不出现）	$d(001)=29$ $d(001)=29/l$	$d(001)=31$ $d(001)=31/l$	$d(001)=24$ $d(001)=24/l$		
	端元矿物：三八面体绿泥石	$d(001)=14.26$ $d(001)=14.26/l$	$d(001)=14.26$ $d(001)=14.26/l$	$d(001)=14$ 强度加强	含铁的绿泥石与 HCl 反应，谱图消失	底面反射成整数比
其他	高岭石	$d(001)=7.18$ $d(002)=3.59$	$d(001)=7.18$ $d(002)=3.59$	晶格破坏谱图消失	$d(001)=7.18$ $d(002)=3.59$	
	蒙脱石	$d(001)=25$ $d(001)=25/l$	$d(001)=27$ $d(001)=27/l$	$d(001)=24$ $d(002)=12$	一般不起反应	底面反射成整数比

(1) 蒙皂石均为 Ca 型的，若是 Na 型的，其 d (001) = 12.5×10^{-1}nm（N 片）；混层中膨胀层也是 Ca 型的。

(2) 按 Reynolds R. C 方法解释混层 I/S 与 C/S 的谱图，国际上广泛采用。

(3) 柯绿泥石是三八面体的，其 $d(060) \geqslant 1.53 \times 10^{-1}$nm。

(4) 累托石是二八面体的，其 $d(060) = 1.50 \times 10^{-1}$nm。

(5) S%指混层比，即混层 I/S 或 C/S 中蒙皂石层所占的比例。

利用 X 射线衍射分析，可鉴定黏土矿物种类和计算不同类含量。

1. 黏土矿物的定性和定量分析

借助高岭石、蒙脱石、伊利石、绿泥石及混层黏土矿物的 X 射线衍射谱特征（表 4-4，表 4-6），可定性区分不同种类。黏土矿物定量分析也是最常规的分析项目。黏土矿物种类繁多，比较复杂，但从矿物成岩演变角度来划分，主要可分为两大序列：

(1) 伊利石/蒙皂石混层 I/S 序列，这里包括端元矿物二八面体蒙皂石、无序混层 I/S、有序混层 I/S、超点阵和端元矿物伊利石。

(2) 绿泥石/蒙皂石混层 C/S 序列，这里包括端元矿物三八面体蒙皂石（主要是皂石）、无序混层 C/S、有序混层 C/S 以及端元矿物绿泥石，还有柯绿泥石。

其他黏土矿物有高岭石、多水高岭石、蛇纹石、滑石、膨胀性绿泥石、坡缕石、蛭石等。

2. 混层比计算和黏土矿物相对含量测定

混层比是指混层矿物 I/S 或 C/S 中蒙皂石层所占的比例（S%）。在成岩演变过程中比值总趋势是要减少的，因此可用于划分成岩阶段、估算地温、预测生储油层、判断生油门限等。

黏土矿物相对含量定量分析。确定样品中各黏土矿物种类后，对衍射谱图进行分峰与拟合处理。拟合线型选用"对称高斯—洛伦兹"函数，分别计算重叠于 1.000nm 的伊利石（It）和伊/蒙间层矿物（I/S）峰的面积，分别计算蒙皂石（S）、绿/蒙间层矿物（C/S）的峰面积。当间层比小于 15%时，取乙二醇饱和片（EG 片）1.0nm 峰高度，采用"对称高斯—洛伦兹函数"拟合 1.0000nm 峰，调整峰型参数，使拟合峰右侧与自然片（N 片）的 1.0nm 峰右侧半高宽处重合，将该拟合峰认定为伊利石峰（如图 4-11 所示）。并采用多种方法和不同矿物组合，分别计算出某样品中各种黏土矿物含量和相对含量。

二、全岩 X 射线定性和定量分析—全岩元素分析

根据样品的 X 射线衍射谱图读取相关数据，再与矿物的标准 X 射线衍射数据对比确定矿物种类（常见矿物 X 射线衍射数据参见相关标准）。完成全岩元素定性分析。

黏土矿物定量分析主要是测量衍射图谱上黏土矿物和各种非黏土矿物选定衍射峰的积分强度，在此基础上利用多种算法求得黏土矿物各自含量。

与黏土矿物的定性和定量分析类似，对其他元素也可作全岩定性和定量分析—全岩元素分析。全岩定量分析，是指绝对定量，即求出非黏土矿物在整个样品中的含量，其方程如下：

$$X_i = \frac{1}{K_i} \cdot \frac{I_i}{I_c} \quad \text{(样品：刚玉 = 1:1)} \tag{4-3}$$

式中　X_i——某一矿物的含量；

　　　I_i——某一矿物测试峰的衍射强度（以峰高计）；

　　　I_c——参考物质刚玉 2.085×10^{-1} nm 峰的衍射强度（以峰高计）；

　　　K_i——某一矿物的参比强度。

K 的物理意义是：待测矿物的标样与刚玉的重量比例为 1:1 时，其测试峰强度与刚玉的 2.085×10^{-1} nm 峰强度的比值，即 $K_i = I_i / I_c$。

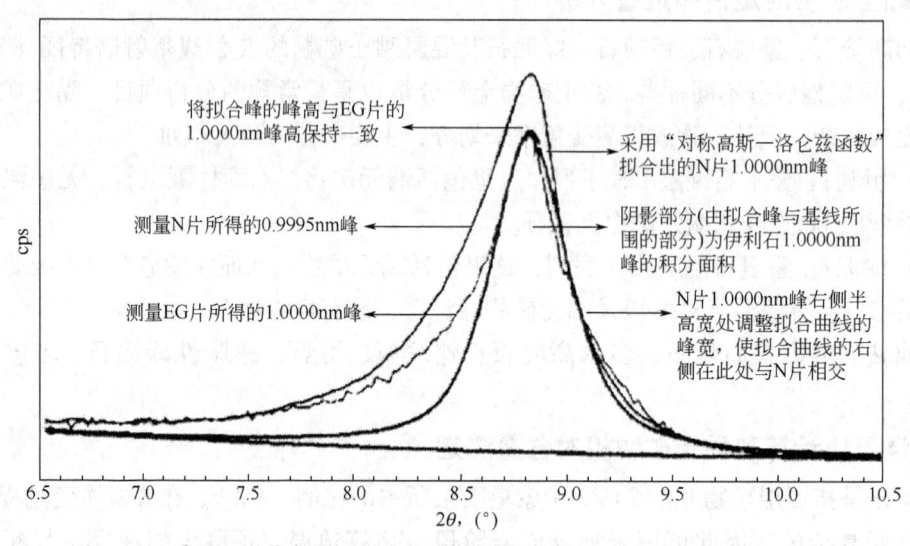

图 4-11　采用"对称高斯—洛仑兹函数"拟合伊利石 1.0000nm 峰的示意图

在全岩定量分析中对于某些矿物做一些特殊处理。例如少量的黄铁矿和赤铁矿只能观察到 d 值很相近的主峰 2.71×10^{-1} nm，此时应用 HCl 处理，若是赤铁矿，此峰消失；若是黄铁矿，2.71×10^{-1} nm 峰仍然存在。例如石盐和锰菱铁矿，含量少时只能出现 2.82×10^{-1} nm 峰，为了区别二者，需进行水清洗。若是锰菱铁矿 2.82×10^{-1} nm 仍存在，若是石盐，X 衍射峰则消失。

1. 沸石矿物

沸石矿物测定，可用来确定沉积环境及古地温。常见的沸石有方沸石、浊沸石、片沸石、斜发沸石、丝光沸石、辉沸石和钠沸石。其谱图有以下共同特点：峰对称而且尖锐，半高宽一般为 0.15°~0.18°；经加热处理，谱图一般都要起变化。常见沸石矿物 X 射线衍射特征见表 4-7。

表 4-7　常见沸石矿物 X 射线衍射特征鉴定表（据陈丽华，1994）

矿物名称	晶系	三条特征线 $d(hkl)(I) \times 10^{-1}$ nm	对热处理的反应	备注
方沸石	等轴	$d(211) = 5.61(70)$ $d(400) = 3.43(100)$ $d(332) = 2.927(50)$	不同成因的方沸石的 5.61×10^{-1} nm 峰对热处理的反应不一样	

续表

矿物名称	晶系	三条特征线 $d(hkl)(I)\times10^{-1}$ nm	对热处理的反应	备注
片沸石	单斜	$d(020)=9$（强） $d(002)=7.97$（弱） $d(004)=3.98$（中）	经350℃、4h加温，发生相变，出现 8.35×10^{-1} nm "B"相	
斜发沸石	单斜	$d(020)=9$（强） $d(002)=7.97$（弱） $d(004)=3.98$（中）	经350℃、4h加温，不发生相变，但 9×10^{-1} nm峰有不同程度的下降	
丝光沸石	斜方	$d(110)=13.6$（弱） $d(200)=9.08$（强） $d(150)=4.00$（强）	热稳定性最高，经450℃加温 d、l 不变	
辉沸石	单斜	$d(001,020)=9.15$（强） $d(041)=4.07$（中） $d(52,330)=3.04$（较弱）	经350℃ 4h加温，9.15×10^{-1} nm峰消失，出现 8.93×10^{-1} nm新相	
浊沸石	单斜	$d(110)=9.48$（100） $d(200)=6.86$（40） $d(130,201)=4.163$（30）	经350℃、4h加温，发生分解反应，生成斜钙沸石和的 8.67×10^{-1} nm新相	斜钙沸石三条强线 5.58×10^{-1} nm 3.41×10^{-1} nm 2.90×10^{-1} nm
钠沸石	斜方	$d(220)=6.55$（100） $d(351)=2.866$（70） $d(531)=2.844$（50）	经550℃、2h加温，强度略降，但各对双峰仍分辨清楚	

2. 盐类矿物

沉积岩中比较常见形成于蒸发环境的盐类矿物，主要见硫酸盐类矿物和石盐，如石盐、石膏、硬石膏、钙芒硝、无水芒硝、重晶石等，其存在多表示为干燥的气候环境。在利用X射线衍射鉴定时，要注意利用它们与水起反应的性质。盐类矿物X射线衍射特征见表4-8。

表4-8 盐类矿物X射线衍射特征鉴定表（据陈丽华，1994）

矿物名称、化学式	产地、产状	特征反射晶面间距，10^{-1} nm	水、温度对矿物的作用
石盐 NaCl	江汉王新四7—4井，2850m，盐岩	2.821（100） 1.994（35） 1.628（15）	易溶解于水借此与 d：2.82×10^{-1} nm的锰菱铁矿相区分
硬石膏 $CaSO_4$	中原文22井，泥岩，2893.8m，沙四段，呈透镜体产出	3.50（100） 2.848（8） 1.747（7）	在水中浸泡24h转变为石膏
石膏 $CaSO_4\cdot2H_2O$	新疆帐蓬沟，地表，泥岩，二叠系，白色颗粒	7.62（100） 4.29（35） 3.07（30）	在作类似于黏土矿物乙二醇饱和处理时（60~65℃，7h）变为硬石膏
无水芒硝 Na_2SO_4	青海狮20井，芒硝岩，2860~2840m，粒状产出	2.786（100） 4.67（80） 2.674（60）	易溶于水水溶液在空气中凉干后产物是天然碱和水碱
钙芒硝 $Na_2SO_4\cdot CaSO_4$	中原文井，泥岩，粒状产出	3.95（100） 3.12（30） 2.676（32）	在水中易分解主要产物是石膏
重晶石 $BaSO_4$	新疆JW—24井，4495.5m，凤一段安山岩晶洞中	3.435（100） 3.569（46） 3.096（48）	不易溶于水

3. 碳酸盐矿物

利用 X 射线衍射仪可以测定粉末状碳酸盐矿物种类、含量及白云石的有序度。碳酸盐矿物 X 射线衍射特征见表 4-9。

表 4-9　碳酸盐矿物 X 射线衍射特征鉴定表（据陈丽华，1994）

矿物名称	化学式	晶系	特征峰，10^{-1}nm	说明
方解石	$CaCO_3$	三方	$d(104)=3.306$	$d(104)=(3.03\sim3.04)\times10^{-1}$nm 均可
方解石类 含铁方解石 铁方解石 镁方解石		三方		是个类质同象问题，可看成方解石晶体内的 Ca 被 Fe、Mg 无序取代而生成的，由于 Fe、Mg 半径均比 Ca 的小，所以 $d(104)$ 均要减小，一般是 $3.03\sim3.00\times10^{-1}$nm
菱铁矿	$FeCO_3$	三方	$d(104)=2.791$	存在含 Ca，Mg，Mn 问题
菱镁矿	$MgCO_3$	三方	$d(104)=2.741$	
白云石	$(CaMg)[CO_3]_2$	三方	$d(104)=2.886$	
白云石类 含铁白云石 铁白云石 原白云石		三方		也是个类质同象问题，但 d 值者要大于白云石的 2.886×10^{-1}nm，要完全区分三者要应用别的分析手段，方解石类矿物也如此
文石	$CaCO_3$	斜方	$d(111)=3.40(100)$ $d(021)=3.273(50)$ $d(211)=1.977(70)$	经 400℃ 加热，文石转变为方解石
六方球方解石	$CaCO_3$	六方	$d(112)=3.30(100)$ $d(114)=2.73(95)$ $d(300)=2.065(60)$	极少见
片钠铝石	$NaAl(CO_3)(OH)_2$	斜方	$d(110)=5.67(100)$ $d(211)=2.784(90)$ $d(040)=2.601$	

对测量谱图进行基线划定和分峰处理（图 4-12）；分别读取白云石（015）晶面衍射峰 $[d(015)=0.2540\text{nm}]$ 的积分强度值 $I(015)$ 和 $I(110)$ 晶面衍射峰 $[d(110)=0.2405\text{nm}]$ 的积分强度值 $I(110)$，按下列公式计算白云石有序度 δ：

$$\delta=\frac{I(015)}{I(110)} \tag{4-4}$$

式中　δ——白云石有序度；

　　　$I(015)$——白云石（015）晶面衍射峰强度；

　　　$I(110)$——白云石（110）晶面衍射峰强度。

其他非黏土矿物如黄铁矿、赤铁矿、石英、长石等也可测定其种类与含量。

三、油气开发中材料种类及含量分析

1. 钻井液材料分析

X 射线衍射分析多用于测定钻井液材料的黏土矿物组分、结构等，为不同配方确立典定基础和提供依据。这些材料是膨润土、坡缕石、海泡石，可进行膨润土的定量，Ca 型、过

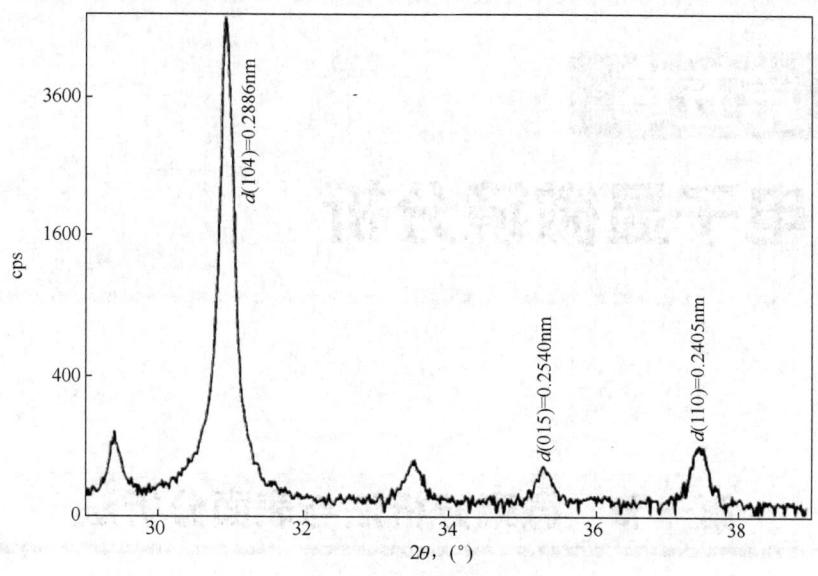

图 4-12 白云石 X 射线衍射图谱示意图

渡型和 Na 型膨润土的区分。此外 X 射线方法还可用来进行黏土稳定剂的研究，例如阳离子有机聚合物、多核羟基铝、K^+ 抑制晶格膨胀等。

2. 油气开发材料分析

X 射线衍射分析可研究油气开采中利用的粉末状驱油剂、压裂材料等的种类、组构、物相等特征，如压裂材料的相分析，其为陶粒，主要成分是莫莱石和刚玉。

四、其他油气地质方面应用

1. 微区衍射相分析

X 射线衍射与岩矿薄片鉴定相结合，一般适合高、中级晶系的矿物分析。

2. 黏土矿物与沸石矿物的高温 X 射线衍射研究

在程序化温度控制下，样品边加热边进行 X 射线衍射特征测量，可以用来研究黏土矿物脱水及沸石矿物发生相变等情况。高温 X 射线衍射是矿物学研究的重要方法。

第五章 电子显微镜分析

第一节 微束分析法与表面分析法

一、微束分析法简介

利用微小的电子束、离子束、激光束、质子束来激发样品的微区，使其产生各种信息，然后将这些信息加以收集、分析、处理，转换成各种图像、图谱或强度数字的技术称为微束分析法。

根据激发光源的种类、激发的信息、检测方式的不同组合可形成不同类型、功能各异的仪器。如透射电子显微镜（Transmission Electron Microscope，TEM）、扫描电子显微镜（SEM）、X射线显微分析仪—波长测定的电子探针（EPMA）和能量测定的能谱仪（EDS）、俄歇电子能谱仪（AES）、离子探针质量显微分析仪、激光探针质谱仪、质子探针X射线显微分析仪等。

微束分析法的共同特点是分析微区小（$<0.1 \sim 0.2 \mu m^3$）、灵敏度高（$0.01\% \sim 0.5\%$）、感应量高（$10^{-6}g$）、分析元素范围广（$4Be \sim 92U$）、应用范围广、不破坏样品、分析速度快等。它在物理学、化学、生物学、地学、工学等学科研究中发挥着重要的作用。

当一束加速电子轰击样品时，电子与样品发生物质相互作用，发生弹性与非弹性散射，这一过程可以产生多种信息，如X射线、二次电子、俄歇电子、背散射电子、吸收电子、透射电子、各种电子的衍射（如柯塞尔衍射、电子通道效应、扫描透射电子衍射等）、阴极发光（即电子荧光）、特征能量损失电子和热量等（图5-1）。这种相互作用形成的样品性质的多种信息反映了样品的形状、组成、晶体结构、电子结构、内部电场或磁场等等特征。

1. 二次电子

入射电子（一次电子）进入样品表面后，激发样品原子的核外电子（主要是价电子）发生能量传递。如果核外电子所获得的能量大于其临界电离能，则该电子可脱离原子而成为自由电子。如果这些自由电子很靠近样品表面而且其能量大于相应的逸出能，则可能从样品表面逸出而成为二次电子。二次电子能量较低（小于50eV），大多数的能量约

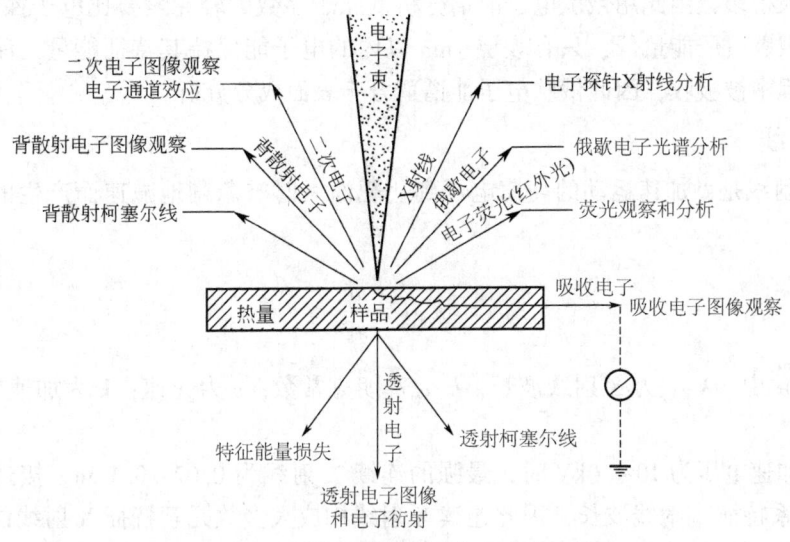

图 5-1 电子束和固体样品作用产生的信息

在 2~3eV 之间，习惯上将能量小于 50eV 的电子统称为二次电子。二次电子作用区域小、逸出深度小，集中于样品表面 500Å内，面深度越大，二次电子数目越少，分辨率高，小于 100Å。由于二次电子能量低，且只有样品表面的二次电子才能逸出表面，所以二次电子的发射几率与样品表面形状关系极大，可以用于表征样品表面的形貌特征。同时由于入射电子束与各微表面的角度不同，扫描成像的各个面的亮度不同，从而可获得层次很丰富的样品形貌图像。

2. 背散射电子

背散射电子是入射电子与样品原子相互作用，经过弹性和非弹性散射又逸出样品表面的电子，其能量从零到等于原始入射的一次电子能量。多将能量大于 50eV 的弹性散射（即低损失背散射电子）和多次非弹性散射的一次电子（即高损失背散射电子）统称为背散射电子（实际上还包括俄歇电子）。背散射电子的能量接近或等于入射电子的能量，背散射电子的发射与样品中元素的平均原子序数有关，与表面形态也有一定关系，因此观察背散射电子图像可粗略地确定样品中平均原子序数和表面的形态特征。

3. 吸收电子

入射电子进入样品后，经多次非弹性散射，不断消耗能量，最终耗尽能量而被样品吸收，成为吸收电子。吸收电子的多少（强弱）正好与背散射电子相反，样品的平均原子序数越大，背散射电子越多，而吸收电子越少，因此吸收电子图像的衬度与背散射电子图像相反，它也可反映样品的平均原子序数大小，提供样品定性分析方面的资料，在某些条件下也可作定量分析。

4. 俄歇电子

固体试样受电子轰击后，从原子的内层溅射出电子，留下的空位由高能级电子补充并释放出一定的能量，这一能量可使另一外层电子溅射出来，这一电子称为俄歇电子。由于跃迁能量是由被激发的原子的结构所决定的，所以俄歇电子能谱特征对应不同元素，故可用俄歇电子能谱进行样品的成分分析。对低原子序数的元素来说，产生俄歇电子的几率要比产生 X

射线的概率大得多，因此用俄歇电子能谱分析低原子序数的轻元素要比电子探针法效果好。此外，由于俄歇电子能量低，只有表层 1nm 以内的电子能保持其特征能量，深层的俄歇电子在逸出过程中被吸收，因此俄歇电子能谱适合于表面成分分析。

5. X 射线

连续 X 射线是做加速运动的高速电子到达靶面后时被急剧地减速而产生的，满足如下公式：

$$\lambda_{最短} = \frac{hc}{eV} \tag{5-1}$$

式（5-1）中，$\lambda_{最短}$ 为 X 射线波长；h 为普朗克常数；c 为光速；V 为加速电压；e 为电子电荷。

当电子加速电压为 10~50kV 时，最强的连续 X 射线为 0.02~0.1nm，接近大多数元素的 K 系和 L 系特征 X 射线波长，因此连续 X 射线构成大多数元素特征 X 射线的背景，影响了元素的检测灵敏度。对于某一元素，其特征 X 射线约为 10~30 条，为了确定其存在往往只需观察其 K 系或 L 系的一两根谱线即可。当原子序数小于 36 时，Kα 线为最强线，当原子序数为 92 时，Lα 线为最强线，存在干扰线时需要选用其他谱线。样品产生的 X 射线要穿透样品物质才能透射出表面，因此会引起吸收，产生二次 X 射线（吸收效应和荧光效应），这给定量分析的修正带来一定困难。

6. 透射电子

透射电子透过薄膜样品的入射电子。透射电子包含了丰富的样品内部结构信息，是进行固体物质材料微结构分析的主要信息来源。入射电子受样品元素原子基体振荡会损失一定的能量，对于不同元素损失的能量不同，因此测定电子能量损失谱可以确定样品中的元素成份。

7. 阴极发光

电子轰击样品时，激发电子跑到导带中成为自由载流子（色心），释放出一部分能量，这部分能量可呈波长较长的红外光、紫外光和可见光。阴极发光可用于检测样品中微量杂质元素的存在或鉴定矿物。

二、表面分析法简介

用于获取各种表面信息的技术称为表面分析技术。

表面信息包括表面的形貌、化学组分、原子结构（原子排列）、原子态（原子运动和价态）、电子态（电子结构）等。表面分析技术的种类很多，但它们的共同原理可以概括如下：用一束"粒子"或某种手段作为"探针"来探测样品表面，这种探针可以是电子、离子、光子、中性粒子、电场、磁场、热或声波（机械力），在探针的作用下，从样品表面发射或散射粒子或波，它们可以是电子、离子、中性粒子、光子或声波，检测这些粒子的能量、动量、荷质比、束流强度等特征，或波的频率、方向、强度、偏振等情况，就可以得到有关表面的信息（图 5-1，表 5-1）。因此表面分析方法可按探测"粒子"或发射"粒子"来分类。表 5-1 所示为按探测"粒子"分类的一些常用表面分析方法。如探测"粒子"和发射"粒子"之一是电子，则称为电子谱，如探测"粒子"和发射"粒子"都是光子，则称为光谱；如探测"粒子"和发射"粒子"都是离子，则称为离子谱；如探测"粒子"是光子，发射"粒子"是电子，则称为光电子谱。表面分析方法如按用途划分则可分为组分分析方法、结构分析方法等。

表 5-1 常用表面分析技术简表

探测粒子	发射粒子	分析技术名称	主要用途
e	e	低能电子衍射	结构
	e	反射式高能电子衍射	结构
	e	俄歇电子能谱	成分
	e	扫描俄歇探针	微区成分
	e	电离损失谱	成分
	γ	能量 X 射线谱	成分
	γ	X 射线波长谱	成分
	γ	能量弥散 X 射线谱	成分
	γ	软 X 射线出现电势谱	成分
	e	透射电子显微镜	形貌
	e	扫描电子显微镜	形貌
	e	扫描透射电子显微镜	形貌
I	I	离子探针质量分析	微区成分
	I	静态次级离子质谱	成分
	n	次级中性粒子质谱	成分
	I	离子散射谱	成分、结构
	e	离子中和谱	最表层电子态
	γ	离子激发 X 射线谱	原子及电子态
γ	e	X 射线光电子谱	成分
	e	紫外线光电子谱	分子及固体的电子态
	e	同步辐射光电子谱	成分、原子及电子态
	γ	红外吸收谱	原子态
	γ	拉曼散射谱	原子态
E	e	场电子显微镜	结构
	I	场离子显微镜	结构
	I	原子探针场离子显微镜	结构及成分
	e	场电子发射能量发布	电子态
	e	扫描隧道显微镜	形貌

注：e 为电子；I 为离子；γ 为光子；n 为中性粒子；E 为电场强度。

1. 表面组分分析

表面组分是指表面的原子种类、原子团种类、原子价态、化学键类型等。用于表面组分分析的主要方法有俄歇电子能谱（AES）、X 线射光电子能谱（XPS）和紫外线光电子能谱（UPS）三种。

2. 表面结构分析

表面结构包括表面形貌、表面原子结构和表面电子结构，当图像分辨率达到原子级别时，表面形貌与表面原子结构相衔接，没有明显界线。表面原子结构研究包括确定平滑单晶表面或其吸附层周期排列原子的单元网格形状和大小、吸附原子相对基底原子的位置以及单晶表面第一、二、三层原子的三维排列，也包括用特种显微镜直接观察晶体或无定性材料表面一个个原子的排列并区别某一原子是属于什么元素。用于这方面分析的方法较多，常见的有透射电子显微镜（TEM）、场离子显微镜、原子探针离子显微镜、电子能量损失谱仪、红外光谱仪、拉曼散射谱仪、紫外光电子谱仪、离子中和谱仪、扫描电子显微镜、扫描离子显微镜、扫描探针显微镜（SPM）、扫描隧道显微镜（STM）与原子力显微镜（AFM）等分析方法。

因为大多数的表面分析技术都只适用于高真空条件，因而又常称之为真空表面分析技术。比较常用表面分析技术（表 5-1）可知，同一分析目的可能有几种方法，它们各有优弊，因此常常要根据被检测的样品情况和研究的具体目的来选择分析方法，或用几种方法对同一样品进行分析，然后综合所测结果得出结论。

表面分析技术主要对样品进行表面检测，这个检测深度是多少呢？这和一次束的种类及能量有关。如用电子束作为一次束，各种信号在试样中所产生的深度各不相同，图 5-2 体现了为各种信息在试样中的穿透深度（Z_X）。从图中可以看出，俄歇电子的穿透深度最小一般穿透深度小于 1nm，二次电子小于 10nm。二次电子能量低，仅在试样表面 5~10nm 的深度内才能逸出表面，这是二次电子分辨率高的重要原因之一。凹凸不平的试样表面所产生的二次电子，用二次电子探测器很容易全部收集，所以二次电子图像无阴影效应，二次电子易受试样电场和磁场影响。

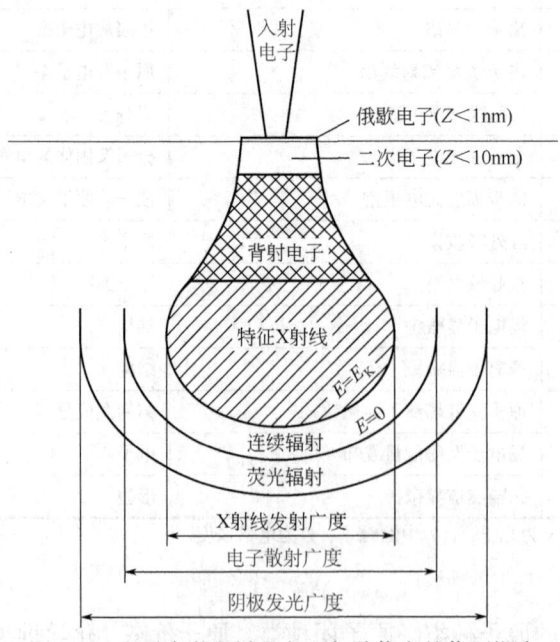

图 5-2 电子束激发样品产生各种信息的作用深度

第二节　电子显微镜概述

一、扫描电子显微镜概述

扫描电子显微镜（scanning electron microscope，SEM）是利用具有一定能量的电子束轰击固体样品，使电子和样品相互作用，产生一系列有用信息，再借助特制的探测器分别进行收集、处理并成像，就可以直观地认识样品的超微形貌、结构以至元素成分，这就构成了扫描电子显微镜所特有的功能，这种大型仪器设备称为扫描电子显微镜，简称为扫描电镜。

1935年德国科学家M.克诺尔（M. Knoll）等首先提出了扫描电镜的概念和设计思想。1942年美国人兹沃雷金（Zworykin）在美国无线电公司（Radio Corporation of America，RCA）实验室建造了分辨率1μm的第一台可以用来做检测样品的实验室型扫描电子显微镜。1959年英国剑桥大学C. W. 丹特利（C. W. Datley）教授在实验室试制成有实用价值的分辨率达100Å的扫描电镜。1960年，埃弗哈特（Everhart）和索恩利（Thornley）发展改善了二次电子探测器。20世纪60年代作为商品的扫描电镜问世，扫描电子显微镜进入商品化阶段，并已广泛应用于地质、冶金、生物和半导体、环保等科学领域。1967年，观察到由于晶体取向电子和晶格的相互作用而产生的电子通道花样反差，为现在广泛推广使用的商品化电子背散射衍射（EBSD）技术前身。20世纪70年代，尝试将配有锂漂移硅探测器的X射线能谱仪装在扫描电镜上，以便使扫描电镜在进行微区形态分析的同时能进行快速的微区成分分析。经过几十年的发展，SEM已从钨灯丝电镜逐渐发展到场发射电镜，分辨率可达由微米到纳米，并可与背散射电子探头、X射线能谱仪（EDS）、背散射电子衍射仪等附件联用，在获得样品形貌像的同时分析微区成分、晶体结构等信息。20世纪80年代，伴随EDS\WDS等分析装备的加入，围绕扫描电子显微镜发展的各种商品化探测器趋于成熟，很大程度拓展了扫描电子显微镜的应用价值。我国20世纪70年代试制成功第一台扫描电镜，目前扫描电镜及其他电子显微镜的研制及其应用也已达到世界水平。

近十几年来，随着科技的迅猛发展，场发射扫描电子显微镜的出现，使电子枪亮度比热钨丝发射提高了3~4个量级，单色器、低像差物镜以及高灵敏信号探测器的使用，可使扫描电子显微镜的分辨率达到0.5nm，特别是在低加速电压（如1kV）下仍有很好的成像性能，可在纳米尺度上获取矿物的信息。而低真空和环境扫描电子显微镜相继出现，解决了直接观察绝缘和含水样品问题，使得绝缘样品不用蒸镀导电膜；含水或含油样品不必干燥处理，可以直接测试，获取更真实、完整的表面信息。扫描电子显微镜及附加探头性能的不断完善和提高，极大地推动了地质科学、石油勘探开发的定量化研究，已成为地质及应用矿产科学研究中不可或缺的技术手段之一。

扫描电镜与光学显微镜及其他类型的电子显微镜相比较，具有下列特点：样品制备简单，能够直接观察样品原始表面，原则上讲，任何固体样品只要能放进样品室就可以进行观察分析；样品消耗少、损伤小、污染轻；显微图象的景深大，立体感强；扫描放大的倍数可以从 5 倍至 50 万倍，而且连续可调；对样品表面进行各种信息的综合分析，通常可将微区形貌分析、微区成分分析、微区晶体学分析结合起来进行综合分析。

然而扫描电镜也有一定的局限性。首先是分辨率不很高，一般只达 6nm 左右，不能显示样品的内部细节，也不能反映样品的颜色特征。近三十年正在兴起的扫描探针显微镜技术，其分辨率可达 0.1nm，并且这种显微镜可在大气、真空，甚至液体环境中观察物体在自然状态下的原子级表面结构和实际状态。

二、扫描探针显微镜简述

扫描探针显微镜（scanning probe microscope，简称 SPM）是一系列在工作模式、组成结构等表面分析仪器主要性能方面与扫描隧道显微镜相似的、用于获取扫描隧道显微镜无法获取的表面结构及性能的各种信息的设备的总称。它们是通过一个探针对样品进行扫描，通过监测针尖与样品之间电、光、力、磁场等随针尖与样品间隙的变化来获取待测样品表面的有关信息。SPM 家族中最为重要的两种成员是扫描隧道显微镜（scanning tunneling microscope，简称 STM）和原子力显微镜（atomic force microscope，简称 AFM），其他 SPM 技术均是在此两种技术的基础上发展而来。STM 和 AFM 是 IBM 公司苏黎世实验室的葛·宾尼（Gerd·Binnig）及其同事们分别于 1982 年和 1985 年研制成功的表面分析仪器。它们的出现使人类第一次能够实时地观察单个原子在物质表面的排列状态和与表面电子行为有关的物理、化学性质，在表面科学、生命科学等领域的研究中有着重大的意义和广阔的应用前景，被国际科学界公认为世界 20 世纪 80 年代十大科技成就之一。

扫描探针显微镜（SPM）的基础是扫描隧道显微镜（STM），扫描隧道显微镜的工作原理是基于量子的隧道效应。隧道效应指当两个电极间被加上一个偏压并接近到一定程度时，电子从一个电极转移到另一个电极而产生电流的现象，所产生的电流称为隧道电流。可见隧道效应是粒子波动性的直接结果。隧道效应的基础是量子力学，其发展历史和量子力学的历史几乎一样长。1962 年贾埃弗（I. Giaever）第一次在超导研究中引入隧道效应后，人们才重新重视这方面的研究，并将隧道谱（主要是非弹性隧道谱）的研究真正发展成一个领域，并逐步用到了物质表面的研究上。1982 年，扫描隧道显微镜（STM）的发展使隧道效应现象及理论重新受到极大的重视，一系列与隧道效应相关的基础性和应用性的研究都得到广泛的开展，很多建立在隧道效应基础上的新试验方法和手段应运而生，使关于隧道效应的认识发展到了一个新的阶段。

扫描探针显微镜（SPM）是指那些以隧道效应为理论基础发展起来的各种分析实验方法。SPM 又可进一步分为两个主要大类：以扫描隧道显微镜为基础、与隧道效应有关的显微镜；以原子力显微镜为基础、探测样品与探针间的各种力的扫描显微镜。

传统的隧道效应实验一般都采用三明治（即 M-I-M）结构进行。这种经典的结构有两大明显的内在局限：其一，结构的中间层为固态绝缘层，所以无法研究隧道电流产生时电极表面的情况；其次，这种结构只能反映较大范围的表面信息（>100nm），分辨率低。这两条局限性限制了隧道效应的应用。1982 年，G. 宾宁（G. Binnig）和 H. 罗雷尔（H. Rohrer）对这一结构进行了具有重大意义的改革，他们大胆地以真空取代了 M-I-M 结构的中间固体绝缘层，从而得到比原结构高得多的分辨率。他们将真空隧道结构的一个电极制成具原子限度的针尖形状，并用以扫描另一个电极的表面，以获取该电极表面的结构信息,其分辨率就达 1nm 以下,这就是世界上的第一台扫描隧道显微镜。人们用它成功地获得了金、单晶硅、石墨等简单物质表面原子级分辨率的结构图像。当今的扫描隧道显微镜已将水平分辨率和垂直分辨率分别提高到了 0.1nm 和 0.01nm,足以分辨出物质表面的单个原子。

扫描隧道显微镜的诞生是表面分析技术的一次革命,它使人类有史以来第一次直接观察到了真空间物质表面原子的实时分布。这一巨大成就的获得引起了世界范围内的广泛重视,它的深远意义和巨大潜力得到了各国科学家的承认。

STM 的基本原理是量子的隧道效应。根据前面介绍的产生隧道效应的方法,将原子线度的极细针尖和被研究物质表面作为两个电极,当样品与针尖的距离非常小(通常小于 1nm)时,在外加电场作用下,电子会穿过两个电极之间的绝缘层由一个电极流向另一个电极,这种现象即前面介绍的隧道效应。隧道电流,是电子波函数重叠的量度,与针尖和样品之间的距离 S 及平均功函数 X 有关:

$$I \propto V_b \exp(-AX^{1/2}S) \tag{5-2}$$

$$X = X(X_1 + X_2)/2 \tag{5-3}$$

式中,V_b 是加在针尖和样品之间的偏置电压;X_1 和 X_2 分别为针尖和样品的功函数;A 为常数,在真空条件下约等于 1。

由上式可知,隧道电流强度对针尖与样品间的距离非常敏感。当功函数为几个 eV 时,S 每改变 0.1nm,将改变一个数量级。因此利用电子反馈线路控制隧道电流的恒定,并用压电陶瓷材料控制针尖在样品表面的扫描,探针在垂直于样品表面方向上的高低变化就能反映出样品表面的起伏。将针尖在样品表面扫描时运动的轨迹直接在荧光屏或记录纸上显示出来,就得到了样品表面费米能级附近状态密度的分布或原子排列的图像。这种扫描方式称为恒流方式。也可控制针尖高度守恒扫,通过记录隧道电流的变化来得到样品表面费米能级附近状态密度的分布,这种扫描方式称为恒高模式。因此,一般的 STM 都有两种工作方式:恒流模式和恒高模式。恒高模式可以采用较快的扫描速度,因此可以减小噪声和热漂移的影响,较适合于矿物等较为复杂的物质表面的小范围观察。恒流模式则适合于低速扫描,常用于物质表面较大范围的观察。

根据扫描隧道显微镜的工作原理可知,扫描隧道显微镜(STM)具有很多独特的优点:

STM 实验不需接触样品,使它在研究物质表面结构、生物样品及微电子技术等领域中成为很有效的实验工具。例如,生物学家们研究单个的蛋白质分子或 DNA 分子;材料学家们考察晶体中原子尺度上的缺陷;微电子器件工程师们设计厚度仅为几十个原子的电路图……都可利用 STM 仪器。在 STM 问世之前,对这些微观世界还只能用一些繁琐的、往往是破坏性的方法来进行观测。而 STM 则是对样品表面进行无损探测,避免了使样品发生变化,也无需使样品受破坏性的高能辐射作用。

STM 具有原子级的分辨率,使它成为目前分辨率最高的表面分析仪器。任何借助透镜来对光或其他辐射进行聚焦的显微镜都不可避免地受到光衍射现象的限制。由于光的衍射,尺寸小于光波长一半的细节在显微镜下将变得模糊。STM 与 TEM、SEM 和 FIM 的几项综合性能指标的对比见表 5-2。

表 5-2 STM 与 TEM、SEM、FIM 的各项性能指标比较

仪器	分辨率	工作环境	样品环境温度	对样品破坏程度	检测深度
STM	原子级（垂直 0.01nm）（横向 0.1nm）	实环境、大气、溶液、真空	室温或低温	无	1~2 原子层
TEM	点分辨（0.3~0.5nm）晶格分辨（0.1~2nm）	高真空	室温	小	接近扫描电镜，但实际上为样品厚度所限，一般小于 100nm
SEM	0.1~10nm	高真空	室温	小	10nm（10 倍时）1μm（10000 倍时）
FIM	原子级	超高真空	30~80K	有	原子厚度

  STM 实验不受样品表面原子排列是否存在周期性的影响，因此适用范围很大，尤其是对有机高分子、无机非晶质等领域有独特的优点。

  STM 可以在各种环境中进行实验，这使它对于许多溶液相的化学反应机理研究不失为一个可以尝试的测试手段。STM 可以直接观察原子间转移的过程。对于膜表面的吸附和渗透过程、矿物表面与溶液间的反应过程，STM 可能描绘出较为详细的机理。这一方法在操作上和理解上简单直观，获得数据后无需作任何繁琐的后续数据处理就可直接显示或绘图，而且适用于很多介质，因此在应用研究领域展现出广阔的前景。

  此外，STM 还可以在低温下工作，成为超导等材料又一重要的研究手段。

  多年来，STM 被引入矿物学和材料科学方面的研究中，从此开辟了矿物表面结构研究这一新的研究领域，随着实验仪器和理论的发展和完善，这方面的研究也日益活跃并向纵深发展，SPM 必将成为未来矿物学、矿物材料学、生命科学等研究的一个有力工具。

三、环境扫描电子显微镜（ESEM）概述

  环境扫描电子显微镜（ESEM）是具有国际领先水平的大型仪器之一，由于它本身的特点，使其功能相对于早期电子显微镜而言，有很大的提高。它的样品室内真空度低，可在 1~400Pa 的范围内连续调节。岩石样品可直接放入样品室进行观察和分析，省去预先干燥、洗油或镀膜等繁琐的工序，大大地扩展了一般扫描电子显微镜（SEM）的工作领域。特别对油气开发层序中的各种样品适时检测意义重大。目前它已广泛应用于医药、生物细胞、冶金、金属、材料、公安侦查、地质、石油、海洋等相关研究院所和高等院校，它的功能也正在不断的发展之中。

  环境扫描电子显微镜（ESEM）的基本原理与扫描电子显微镜（SEM）相似，是一种电子光学仪器，它的成像原理与光学显微镜不同，不用透镜放大成像，而是用细聚焦电子束在样品表面扫描时激发产生的某些物理信号来调制成像。

  环境扫描电子显微镜（ESEM）只是采用了多级真空系统，除原有的诸多探测器外，增加了气体二次电子探测器等专利技术，使其功能比扫描电子显微镜（SEM）更强，应用范围更广，它同样可以配上能谱仪，在观察图像的同时，进行微区成分分析，因而更体现了它的优越性。主要功能有以下几个方面：

  （1）大大拓宽了常规扫描电镜（SEM）的应用范围。环境扫描电镜（ESEM）可直接观察含油、含水的固体试样、胶体及液体试样。由于环境扫描电镜（ESEM）可配有环境试

台，温度范围是-15~60℃，还可以通过程序升温或手动升温，从室温至1500℃，因此可进行水结冰、汽化或高温热模拟的观察。

（2）分析速度快，工作周期短，非导电试样不需要预先干燥、洗油或镀膜等前处理，试样只需清洁后即可直接放入样品室进行观察。

（3）试样的微观结构往往可处于动态变化过程，可观察到液体与试样相互作用的动态变化过程，再利用仪器的录像功能，将其记录来。

（4）带有应力台，可对试样实行张应力或压应力的试验，也可观察试样受力变化的动态过程，其张力范围是0~50.4kg。

（5）用环境扫描电镜对酸敏试验前后的岩样进行定点定位微细结构的观察与成分分析，可得矿物及孔隙结构变化的信息。这种方法进行对酸化效果评价，其特点是速度快、周期短、可作批量分析。如果有条件，还可做以下工作：

其一将岩心样放在固定的样品台上，记下其位置后，将岩心样拿去酸化处理，然后再新复位，这样来观察酸化前、后某些特定的变化情况，用此来研究特定的矿物及孔隙结构变化，为酸化机理的研究提供理论依据；另外还可对酸液的配方进行选择，对酸化的工作件进行选择。

其二利用环境扫描电镜的特殊功能，用微注入系统把酸化过程的动态试验过程全部录像，研究酸与岩石的反应机理，观察反应全过程的特征；同时利用能谱对岩石矿物成分变化进行测定。这样就可对矿物的特征进行定性或定量的评价，通过对酸与岩石的反应来研究不同酸液对储层试样的反应特征，从而提出优选的酸液配方，改进酸化设计提出增产措施，以提高储层渗透率、防止沉淀、提高油气产能。

环境扫描电镜（ESEM）还有很多其他功能，如利用高温台可对不同类型的烃源岩样品进行大量的热模拟试验，观察不同样品的产烃现象，得到各种样品高生排烃特征，实现烃源岩在高温环境下生排烃动态模拟的可视化，以此来研究油气生成过程的微观机理。由此可见，环境扫描电镜的其他许多功能尚待进一步开发。

目前国内使用的ESEM环境扫描电子显微镜，基本上都是由FEI公司生产的量子级数环境扫描电子显微镜。配上能谱一起使用，是更合适的石油地质分析鉴定方法。

四、透射电子显微镜概述

一次束透过样品形成透射电子，用电磁透镜使透射电子会聚成像，从而获得样品内部结构的信息。这种电子束穿透所观察的样品形成透射电子，设备将透射电子用电磁透镜会聚成像，以观察样品内部结构信息的仪器，简称透射电镜（transmission electron microscope，TEM）。其基本原理为由电子枪发出的电子束经过聚光镜会聚后，形成电子光源照射在试样上；试样放置在照明系统和成像系统之间；电子穿过试样后经物镜成像，再经中间镜和投影镜进一步放大，最后在光屏上得到电子显微像，也可以用照相底片将图像记录下来。

透射电子显微镜是现代显微技术中分辨率最高、放大倍数最大的一种仪器。它具有这些特点：其一，分辨率高，可达0.1nm（为理论值的百分之一），能在原子和分子尺度上直接观察材料的结构；其二，适合于微区、微相的分析，其最小分析区域可达纳米尺度；其三，能方便地研究各种固体材料内部的相组成和相分布，以及各种固体晶体中的位错、层错、晶界等缺陷，是研究金属材料和非金属固体材料微观结构的有力手段；其四，配备各种附件，兼具分析微相观察图像、鉴定结构、测定成分等多种功能。

运动的电子通过磁场时，其运动方向发生改变，甚至能会聚成像。利用静电场或电磁场，可以制成与光学玻璃透镜相类似的透镜——电磁透镜，它能对运动电子进行聚焦成像。在良好的光照条件下，人眼的分辨率为 0.2mm，光学显微镜的分辨率则可达 0.2μm。根据艾利公式显微镜的分辨率 d 为入射光波长 λ 的一半。所以要想提高显微镜的分辨率，必须缩短入射光的波长。虽然 X 射线和 r 射线都具有较短的波长，但是它们不能来聚焦成像。透射电子显微镜的最佳分辨率（线分辨率）0.1nm，其与理论分辨率相差近 100 倍。这是电磁透镜的缺陷造成的，即电磁透镜的像差造成的。由于透镜的生产工艺、电子光源以及透镜的设计等因素造成电磁透镜存在缺陷，统称为电磁透镜的像差。电镜的像差可分两类：一是几何像差——由于旁轴条件不满足引起，它们是折射介质几何形状的函数，几何像差主要指球差、像散和畸变；二是色散——由于电子光学折射介质的折射率随电子速度不同而不同造成。

透射电子显微镜的仪器由电子光学组件、样品室、真空和电源几部分组成。其中电子光学组件包括电子光源系统（电子枪、高压发生器、加速管和聚光镜）、成像系统、观察系统、记录与存储系统。

透射电子显微镜的主要性能和评价指标为分辨率、放大倍数和加速电压。

（1）在电子图像上能分辨出对应物上的最近两点间的距离称为透射电镜的点分辨率。透射电镜的线分辨率是指观察晶面间距时最小可分辨的晶面间距。分辨率反映了透射电镜观察微小显微结构的能力，它是标志电镜水平的首要指标。

（2）放大倍数指图像相对于试样的线性尺寸的放大倍数，一般在 50~1000000 倍范围。将仪器的最小可分辨距离放大到肉眼可分辨所需的放大倍数称为有效放大倍数。透射电镜的放大倍数等于物镜、中间镜和投影镜的各自放大倍数的乘积。

（3）加速电压指电子枪中阳极相对灯丝的电压，它决定了电子束的能量，一般为 50~1000kV。加速电压越高，电子束的能量越大，电子的穿透能力越强，可观察较厚的试样；加速电压越高，电子束的波长越短，电镜的分辨率越高。

电子衍射已成为当今研究物质微观结构的重要手段，可分为低能电子衍射和高能电子衍射。前者指电子加速电压较低（10~500V），电子的波动性就是利用低能电子衍射获得证实。目前低能电子衍射广泛用于表面结构分析。高能电子衍射的加速电压≥100kV、透射电镜中的电子衍射就是高能电子衍射。直到 20 世纪 50 年代，电子显微镜选区电子衍射才得到发展和应用。20 世纪 80 年代，出现了性能更好的分析电子显微镜。这种仪器的电子束非常细小（<1nm），样品污染减少，空间分辨率大为提高，因此促进了微束电子衍射（微衍射及会聚束衍射）的迅速发展和应用。普通电子显微镜的"宽束"衍射束斑直径近似为 1μm，只能得到较大体积内的统计平均值，而微束衍射可研究分析材料中亚纳米尺度颗粒、单个位错、层错、界面和无序结构，可测定晶体的点群空间群。电子显微镜中电子衍射的优点是可以原位同时得到样品的微观形貌和结构信息，并能进行对照分析。电子显微镜物镜背焦面上的衍射图称为电子衍射花样。电子衍射作为一种独特的结构分析方法，在固体材料科学等领域得到了广泛的应用。

透射电子显微镜分析的样品必须很薄，一般在 50~500nm 厚。对粉末样品和实体大块材料样品的制样方法是不同的，整体制备是复杂而困难的。

应用透射电子显微镜可以：分析固体颗粒的形貌、大小和粒度分布；研究由表面起伏现象表现的微观结构；研究晶体的结构……等等。

(1) 应用透射电子显微镜分析固体颗粒的形状、大小和粒度分布等：凡是粒度在透射电镜观察范围（几埃到几微米）内的粉末颗粒试样，均可用透射电镜对其颗粒形状、大小和粒度分布进行观察。例如在电镜下对氯化钠样品进行观察，可以看到氯化钠的立方体晶粒。因电镜照片有确定的放大倍数，可以计算出所观察试样中晶粒的大小，可计算出颗粒大小的分布。

(2) 应用透射电子显微镜研究由表面起伏现象表现的微观结构：材料的某些微观结构特征能由表面起伏现象表现出来，或者通过某种腐蚀的办法（化学腐蚀、离子蚀刻等），将材料内部的结构特点转化为表面起伏的差异，然后用复型的制样方法，在透射电镜中显示试样表面的浮雕特征。将组织结构与加工工艺联系起来，可以研究材料性质、工艺条件与性能的关系。例如用透射电子显微镜可观察到陶瓷的晶界区附近的平滑区（经热腐蚀后）特征，显示不同晶粒内有不同形态的热蚀坑，表明晶粒的不同取向；不同的晶界平滑区宽度表明其能量相异或晶界影响区的不同。又如从高硅氧微孔玻璃的显微结构中，可以辨认出孔结构的大小和形貌。

(3) 应用透射电子显微镜研究试样中对电子散射能力有差异的各部分的微观结构：由于试样本身各部分的厚度、原子序数等不同，可形成对电子散射能力的差异，有些试样可以通过重金属染色的办法来增加这种差异。这类材料可制成电子束能穿透的薄膜试样，在透射电镜中观察分析。

(4) 应用透射电子显微镜研究金属薄膜及其他晶态结构薄膜中各种对电子衍射敏感的结构问题：这类薄膜试样可以在透射电镜中进行电子衍射分析，研究晶体缺陷（位错、层错、空位等），分析杂质和研究相变等问题。在金属、矿物、陶瓷材料的研究中经常遇到这类问题，现在也开始将这种方法应用于高分子及其他材料的研究中。透射电子显微镜的电子衍射用途广泛。应用电子衍射方法可以确定晶体的点阵结构，测定点阵常数，分析晶体取向和研究与结构缺陷有关的各种问题，电子衍射与 X 射线能谱配合可进行物相分析。选区电子衍射与形貌图像相结合，为微晶的研究提供了特别有利的手段。

(5) 利用透射电镜解决一些黏土矿物等非金属材料的特殊问题。例如某高岭土样品，化学成分分析结果 Fe、Mn、Ti 等元素含量都不高，X 射线和红外光谱分析也未检测出 Fe、Mn、Ti 等成分，但高岭土较灰暗，通过透射电镜发现样品里存在微小的金红石矿物颗粒，为高岭土的利用提供了新的依据。

第三节　扫描电子显微镜工作原理及样品制备

一、扫描电子显微镜工作原理

扫描电子显微镜为表面分析法中一种主要的系统组合的大型仪器设备。其基本工作原理是从电子枪中的阴极产生电子，经栅极静电聚焦调制后成为直径为 $50\mu m$ 的电光源，由阳极加速，形成初始激发电子束。在 2~50KV 的加速电压下，经过多个电磁透镜所组成的电子光学系统，电子束会聚成孔径角较小，束斑为早先毫米到目前纳米尺度的高能电子束，并在试样表面聚焦。此电子束在扫描偏转作用下轰击样品室中的样品，并在样品上逐帧扫描，这样可控的高能电子束与样品相互作用产生二次电子、背散射电子、X 射线、阴极荧光等多种信号，这些信号被对应的不同探测器接收放大、处理、调制成像（图 5-3）。

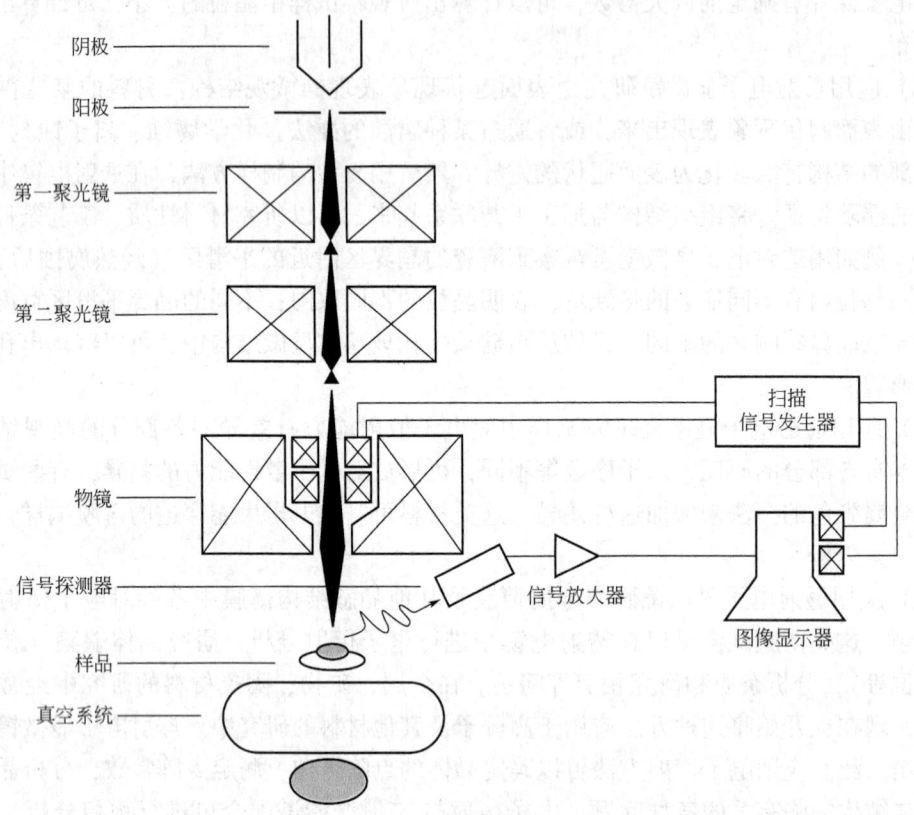

图 5-3　扫描电子显微镜基本结构和工作原理示意图

这些分别被不同的接收器接收的信号，经放大后用来调制荧光屏的亮度。由于经过扫描线圈上的电流与显像管相应偏转线圈上的电流同步，因此，试样表面任意点发射的信号与显像管荧光屏上相应的亮点一一对应。也就是说，电子束打到试样上一点时，在荧光屏上就有一亮点与之对应，其亮度与激发后的电子能量成正比。换言之，扫描电镜是采用逐点成像的图像分解法进行的。光点成像的顺序是从左上方开始到右下方，直到最后一行右下方的像元扫描完毕就算完成一帧图像。这种扫描方式叫做光栅扫描。

扫描电子图像有如下特点：（1）扫描电子图像中的各点为逐个依次记录构成，与透射电镜各点同时记录不同；（2）在扫描电镜中，从光源到试样，到成像的几何平面是极射投影关系，而在普通光学显微镜和透射电镜中是正投影关系，要得到试样表面的真实几何形态，应使试样表面垂直投影轴或采用电子线路对试样的倾斜作补偿；（3）扫描电子图像的质量和衬度与实验条件密切相关，图像衬度是指图像的明暗程度，它受三个因素制约，即试样本身的性质，电子信息本身的性质，信息接收、处理和显示系统人为控制的差别。

扫描电子显微镜中二次电子探头收集的信号即为二次电子像，背散射电子探测器形成背散射像；X 射线能谱仪可收集特征 X 射线，进行样品的成分分析（EDS）；背散射电子衍射仪收集大角度散射的 BSE 信号，用于确定矿物相和晶体结构信息；阴极荧光谱仪用于收集样品的 CL 信号，可以得到矿物内部的环带结构像，还能进行矿物的荧光光谱分析。

用扫描电镜得到样品的表面形貌衬度特征可以有两种成像方式，即二次电子像和背散射电子像。两种电子对应的探测深度不同：二次电子主要为来自表面下 10nm 以内的浅层区域，它的强度主要受样品微区形貌的影响，样品的原子序数与其并无明显的依赖关系，二次电子像具有分辨率高、显示形貌细节好的特点；背散射电子虽有大部分来自样品的较深部位，但是随样品倾角的增大，电子束有向前散射的趋势，从而导致电子靠近表面传播，使得相互作用区域更贴近表面。因此，当采用扫描电子显微镜来得到样品表面形貌图像时，选择二次电子像更有利于获得高分辨率的样品表面细节形貌。

二、扫描电子显微镜基本组成及特点

1. 扫描电子显微镜基本组成

扫描电镜一般由电子光学系统、样品室、信息检测和显示系统、扫描系统、真空系统、电源系统、以及 X 射线能谱仪、阴极荧光谱仪等组成（图 5-3）。

电子光学系统由电子枪、电磁透镜、扫描线圈、光阑组成。它们置于 10^{-5} 毫真空度下。电子枪一般为热钨丝，也有六硼化镧（LaB_6）。场发射电子枪发射出直径为 $50\mu m$ 左右的电子束，在加速电压的作用下（通常为 1~50kV）形成高能电子束，经过三个电磁透镜的聚焦作用，会聚成一个直径小于 5nm 的电子束轰击在样品上，末透镜上部的扫描线圈使电子束在样品表面做光栅式扫描。

样品室给样品提供一个三维运动空间，保证对样品各个部位进行观察分析。样品室中有样品台和信号探测器，样品台除了能夹持一定尺寸的样品，还能使样品作平移、倾斜、转动等运动及定位。

信息检测和显示系统由探测器、放大器、电信息处理单元、显示器和相应的记录设备组成。常用的检测系统为闪烁计数器，它位于样品上侧，由闪烁体、光导管和光电倍增器组成。不同的物理信号要用不同类型的检测系统，它大致可分为三大类，即电子检测器、阴极荧光检测器和 X 射线检测器。

扫描系统由扫描信号发生器、扫描放大器组成，产生的扫描信号放大后，同时馈送到镜筒的扫描线圈和显示器上的阴极射线管的线圈上，使电子束在样品表面和电子束在荧光屏上进行扫描，从而达到扫描成像的目的。

电源系统为整个仪器各部分提供各种高压、低压、交流、直流电源，以保证仪器正常工作。

真空系统保证电子光学系统正常工作，防止样品污染与保证灯丝寿命、减少极间发电等，提供高的真空度，一般情况下要求保持 $(1~10)\times10^{-5}$ mmHg 的真空度。多用机械真空泵和分子泵来实现较高真空，用离子泵来实现超高真空、保证电镜镜筒和灯丝室的真空低于 1×10^{-7} mmHg。

2. 扫描电子显微镜主要性能指标

1) 放大倍数

扫描电子图像的放大倍数是指阴极射线管上成像的大小与样品上扫描范围之比。当入射电子束作光栅扫描时,若电子束在样品表面扫描的幅度为 A_s,在荧光屏阴极射线同步扫描的幅度为 A_c,则扫描电镜的放大倍数为

$$M = \frac{A_c}{A_s} \tag{5-4}$$

M 的值主要取决于电子束的加速电压和扫描线圈的电流强度。电压越高,偏向位移越小,样品上的扫描面积也越小,而阴极射线管荧光屏上电子束的扫描范围不变,因此,图像的放大倍数就增加。扫描线圈的电流小,电子束在样品表面的扫描范围也就小,放大倍数增大。扫描电子图像的视域深度随放大倍数的增加而减小,大致与视域直径相等或略小一些。

商品化钨丝热电子枪扫描电子显微镜放大倍数可以从 5 倍调节到 30 万倍左右;场发射电子枪的扫描电镜中,最高放大倍数达 95 万倍。

2) 分辨率

分辨率是扫描电镜的主要性能指标。对微区成分分析而言,它是指能分析的最小区域;对成像而言,它是指能分辨两点之间的最小距离。分辨率大小由入射电子束直径和调制信号类型共同决定,电子束直径越小,分辨率越高。但由于用于成像的物理信号不同,例如二次电子和背散射电子,在样品表面的发射范围也不相同,从而影响其分辨率。一般二次电子像的分辨率约为 5~10nm,背散射电子像的分辨率约为 50~200nm。

分辨率主要取决于下列因素:

(a) 电子束的束斑大小。目前钨丝热电子枪扫描电子显微镜形成的电子束直径大约为 6nm,因此其最好的二次电子像分辨率也在 6nm 左右。场发射电子枪的扫描电镜中,二次电子像的分辨率可达 0.6nm,背散射图像的分辨率也可达 0.7~15nm,扫描透射电子图像的分辨率为 0.25nm。

(b) 试样对信息的散射。背散射电子散射较大,图像分辨率为 50~200nm。

(c) 信噪比。

(d) 杂散场的影响。

(e) 机械振动的影响。

X 射线也可以用来调制成像,但其深度和广度都远较背散射电子的发射范围大,所以 X 射线图像的分辨率远低于二次电子像和背散射电子像。

3) 景深

景深是指一个透镜对高低不平的试样各部位能同时聚焦成像的一个能力范围。与透射电镜景深分析一样,扫描电镜的景深也可表达为

$$D_f \gg 2\Delta\gamma_0/\alpha \tag{5-5}$$

式中,α 为电子束孔径角 $\Delta\gamma_0$ 为相应电磁磁镜的分辨率,D_f 为景深大小。可见,电子束孔径角是决定扫描电镜景深的主要因素,它取决于末级透镜的光栅直径和工作距离。

扫描电镜可以获得很大的景深,比一般光学显微镜景深大 100~500 倍,比透射电镜的景深大 10 倍。由于景深大,扫描电镜图像的立体感强,形态逼真。对于表面粗糙的试样来

讲，光学显微镜因景深小无能为力，透射电镜对样品要求苛刻，即使用复型样品也难免出现假像，且景深也较扫描电镜为小，因此用扫描电镜观察分析断口试样具有其他分析仪器无法比拟的优点。

3. 扫描电子显微镜主要特点

扫描电镜与光学显微镜及其他类型的电子显微镜相比较，具有下列特点：

（a）样品制备简单，能够直接观察样品原始表面，原则上讲，任何固体样品只要能放进样品室就可以进行观察分析。

（b）样品消耗少、损伤小、污染轻。

（c）显微图像的景深大，立体感强。

（d）扫描放大的倍数可以从5倍至30万倍，甚至95万倍，而且连续可调。

（e）对样品表面进行各种信息的综合分析，通常可将微区形貌分析、微区成分分析、微区晶体学分析结合起来进行综合分析。

当然，扫描电镜也有一定的局限性。其分辨率不很高，一般只达纳米级，不能显示样品的内部细节，也不能反映样品的颜色特征。当前，正在兴起的扫描探针显微镜技术，其分辨率可达0.2nm，并且这种显微镜可在大气、真空甚至液体环境中观察物体在自然状态下的原子级表面结构和实际状态。

三、场发射扫描电镜与聚焦离子束显微镜基本组成及特点

以普通钨灯丝为电子枪的普通或常规扫描电子显微镜和目前先进的场发射扫描电子显微镜（field emission scanning electron microscopy，FE-SEM，简称场发射扫描电镜）相比，场发射扫描电镜具有超高分辨率，它采用场发射电子枪代替普通钨灯丝电子枪。此场发射灯丝的亮度高、单色性好，电子束斑很小（甚至小于1nm）。SEM的分辨率限制就在电子束斑的大小上，所以分辨率现在最小能到0.4nm。FE-SEM能做各种固态样品表面形貌的二次电子像、背散射电子像观察及图像处理。同时结合高性能X射线能谱仪，能进行样品表层的微区点线面元素的定性、半定量及定量分析，具有形貌、化学组分综合分析能力。场发射扫描电子显微镜仪器能保持了普通或常规扫描电子显微镜的所有功能，其最大特点是具备超高分辨扫描图像观察能力，尤其是采用最新数字化图像处理技术，提供高倍数、高分辨扫描图像，是纳米材料粒径测试和微米、纳米级样品的表面形貌观察中最有效的仪器，在材料与地质领域应用越来越广泛。

聚焦离子束显微镜（focused ion beam，FIB）通过离子束聚焦于样品表面，在不同束流及不同气体辅助的情况下，可分别实现图形刻蚀、绝缘和金属膜的淀积、纳米精度物体的制作、扫描离子成像等功能，能够以微米、纳米线度进行微加工和观察，可快速、高精度地为TEM、SEM、EM、EDS等分析手段进行制样。所以它是一种集形貌观测、定位制样、成分分析、无研磨刻蚀于一身的新型微纳米加工技术。它突破了只能对表层成像和分析的局限性，既可以对样品进行三维的、表面下的观察和分析，也可以对样品材料进行切割研磨或沉积特定材料。

非常规致密储层微米、纳米孔隙发育，高分辨率场发射扫描电镜（FE-SEM），以及聚离子束刻蚀和场发射扫描电镜的离子束与电子束联用系统（FE-SEM/FIB）是目前微纳米级

图像学的高精尖研究手段。

1. 场发射扫描电子显微镜与聚焦离子束显微镜原理

场发射扫描电镜采用场发射电子枪代替普通钨灯丝电子枪，场发射电子枪具有亮度高、寿命长、能实现快速扫描观察和记录的特点，它主要是靠加在阴极表面的电场发射电子的。如果在金属表面施加一个 1×10^7 V/mm 的强电场，即使在室温下电子也会从金属表面出射，这种电子发射模式称为场致发射（葛玉如，1982）。从阴极发出的电子经电压加速和物镜缩小，形成很细的电子束聚焦于样品表面上，电子束在样表面逐点扫描，引起二次电子发射。二次电子经探头形成二次电子信号，二次电子信号经预放大、比较放大器、多道脉冲高分析仪、数据处理机及场发射定量系统的数据同步处理，最终将样品图象显示在屏幕上（翁寿松，1993）。

离子束的成像原理与扫描电子显微镜（SEM）相似，主要差别在于FIB使用离子束作为照射源（图5-4），而离子束比电子束具大电量及质量，当撞击传入试样较内部时亦造成晶格破坏等现象，最后入射离子可能植入样品内部，甚至可以连续剥蚀样品表层。高能量的离子束对样品进行亚微米级别的切割、刻蚀，并进行纳米级扫描成像。可以获得一系列连续剥蚀表层的二维图像，经计算机重构即可获得高分辨率三维图像及相关参数。

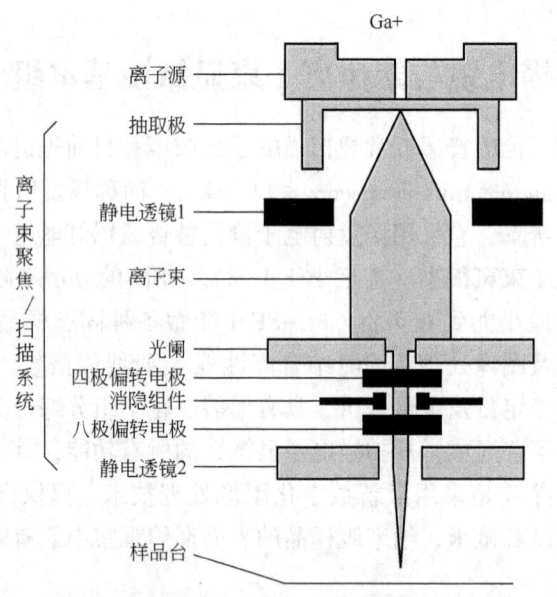

图 5-4 聚焦离子束显微镜（FIB）基本结构和工作原理示意图

2. 场发射扫描电子显微镜与聚焦离子束显微镜仪器构成

FE-SEM仪器构成包括电子光学系统（场发射电子枪、电磁聚光镜、扫描线圈、光阑组件）、样品室与支撑机械系统、双级真空系统及信号的收集、处理和显示系统。

FIB系统主要组成部分包括离子源、离子束聚焦/扫描系统和样品台（图5-4）。聚焦离子束显微镜采用高电压加速形成很小的离子束斑（在纳米级范围），轰击位于样品台上的样品。采用液态金属镓作为离子源，束流工作电压30kV，最大探针电流密度20A/cm^2，离子束到达样品表面的束斑直径可达5nm。配备了用于气体增强刻蚀和薄膜淀积的辅助气体系统，在需要的时候，将辅助气体喷到离子束轰击区域使其发生化学反应，从而实现刻蚀速率的提高。整个系统工作在 0.01Pa 以下的高真空条件下。高能离子束扫描并轰击样品表面时，会造成表面发生气化、离子化等现象而溅出中性原子、离子、电子及电磁波。利用高能离子束与固体样品相互作用的机理，可获得高分辨率扫描离子显微图像。

四、扫描电子显微镜及微束分析法样品的制备

扫描电镜样品制备有三个主要环节：样品的预处理、样品上桩粘接、镀膜。下面分别阐述这三个方面的问题。

1. 样品的预处理

样品的预处理随分析目的而异，一般可按洗油、磨制、酸化、净化、干燥程序进行处理。

对含油的岩样，通常用氯仿和或四氯化碳等溶剂进行抽提与浸泡洗油。

磨制：除要求观察分析自然断面的样品外，样品可磨制成光面，以便观察分析。

酸化：对碳酸盐岩样品，根据观察要求也可以进行酸化处理，以其达到去污、腐蚀表面，更好地显示表面结构的效果。

净化：用蒸馏水或丙酮等有机溶剂进行清洗岩样表面，以达到除尘目的。

干燥：样品净化后要进行干燥处理，常用方法有空气干燥法（电吹风、红外灯、干燥箱等）、冷冻干燥法、酒精脱水法及临界点干燥法。

2. 样品上桩粘接技术

用导电胶把经上述处理后的样品粘接到样品桩上。地质样品上桩后均需镀膜，故对粘接胶不必苛求导电性，可用乳胶、双面胶带和碳导电胶等。通常块状样品用乳胶粘接，微粒及粉末样品采用双面胶带粘接方法，而大颗粒样品采用碳导电胶粘接方法。

3. 镀膜技术

地质样品大多数是高电阻物质，这些物质在高能电子束轰击下将产生电荷积累形成荷电效应，同时产生的热量不易散除，易损害样品。解决该问题最简单的方法是镀膜。选用的镀膜材料仅观察形貌常选用纯金（光谱纯），若要在观察形貌的同时进行定量成分分析选用纯碳。镀膜一般在真空镀膜机中进行，镀膜厚度地质样品一般控制在 40~60nm 左右。

4. 场发射扫描电子显微镜与聚焦离子束显微镜样品处理

FE-SEM 实验中选取块状样品 2~3g，使用环氧树脂对样品进行包埋以保证易碎页岩样品的完整性，与低能态氩离子抛光技术结合，采用氩离子束轰击样品表面，使轰击面上的原子逐层脱落，从而获得光滑平整的离子蚀刻面。抛光后在离子蚀刻面上喷厚约 10nm 碳膜以增强样品导电性，进而提高二次电子成像等图像质量。

若岩石样品不导电，则在入镜观察前通常样品表面要进行喷镀处理，由于钨灯丝的分辨率低，所以喷镀在样品上增加导电性的金粉颗粒是看不到的，而场发射的分辨率很高，金粉颗粒在高倍率下很容易看清，这样就导致金粉颗粒影响了表面细节的观察。所以，如果要观察很小的细节，比如 10nm 以下，应当喷镀更小颗粒的碳粉。

第四节　黏土矿物及其他矿物在扫描电镜分析中的特征

一、黏土矿物在扫描电镜下的形态特征

黏土矿物在岩石中的分布及存在状态对油气储集性极其重要。它是以微米（μm）为计量单位的质点，一般多为几个微米的层状硅酸盐矿物，用普通的光学显微镜已经很难鉴别其种类和形态、区分不同类型及分布特征，利用扫描电镜/能谱分析则可以精确展示其类型与形态特征、其组分和不同类型各自及相互的分布方式。类黏土矿物在扫描电镜下的形态特征，见表5-3。

表5-3　各类黏土矿物在扫描电镜下的形态特征

结构单元层类型	层间物	族及层电荷	亚族	种	单晶体形态	最常见粒径 μm	晶体聚合状态
结晶质	1:1 $Si_4O_{10}(OH)_8$	无或有水分子	高岭石 $X≈0$	二八面体	高岭石	(1) 六角板状；(2) 长条状	1~5	(1) 杂乱堆积；(2) 书本状；(3) 蠕虫状
					珍珠陶土	六角板状	1~5	
					地开石	厚六角板状	4~8	塔晶
					埃洛石	(1) 微球体；(2) 管状；(3) 三角状	0.1~1 管径0.1 管长1	(1) 杂乱堆积；(2) 定向排列；(3) 毛刺状
	2:1 $Si_4O_{10}(OH)_2$	阳离子或水化阳离子	蒙脱石 $(0.2<X<0.6)$	二八面体	蒙脱石	波状薄片	1~2	(1) 杂乱堆积；(2) "丁"字形排列；(3) 棉絮状帚状
					皂石	波状薄片		
					绿脱石	波状薄片		
			水云母 $(0.6<X<1)$	二八面体	伊利石	较大的弯曲薄片	2~4	(1) 杂乱堆积；(2) 蜂窝状；(3) 丝缕状；(4) 毛发状；(5) 定向排列
					海绿石	细碎薄片	1~3	(1) 杂乱堆积；(2) 旋卷球团
	2:1:1 $Si_4O_{10}(OH)_8$	氢氧化物层	绿泥石 $(X不定)$	三八面体	绿泥石	(1) 薄六角板状；(2) 叶片状	2~3	(1) 杂乱堆积；(2) 花朵状；(3) 绒球状；(4) 叠片状；(5) 定向排列；(6) 带状
	2:1 层链状	水化阳离子	坡缕石-海泡石 $(X≈0.1)$	二八面体	坡缕石	细长纤维状	直径0.1	束状
				三八面体	凹凸棒石	纤维状	直径0.2~0.3	束状
				三八面体	海泡石	圆条状	直径0.3~0.5	束状
非晶质及半晶质					水铝英石	微球体	0.2~1	紧密堆积

由表 5-3 可知，不同矿物种类的黏土在形态上有一定的特征，有些形态特征是某一矿物种类独有的特征，因此根据黏土在扫描电镜下的形态，可以推断其可能的矿物种类。

二、不同成因的黏土矿物在扫描电镜下的形态特征

黏土矿物的分类可以采用地质的（残余的或搬运的）、矿物学的（单矿物或多种矿物的机械混合物）、形态学的（书本状、管状、纤维状等）、成因的、结构的等分类方法。由于扫描电镜揭示了黏土岩及黏土矿物的微观形貌特征，因此有可能将黏土的形态特征同其产状、成因联系起来进行综合分析。依据地质产状可将黏土矿物分为三大类：残余（原生）、搬运（沉积）和成岩作用。黏土矿物的形态特征（表 5-4 和图版 6）同产状、成因的联系。

表 5-4　不同成因的黏土矿物在扫描电镜下的形态特征（据陈丽华，1986）

产状	成因		扫描电镜下形态特征
残余（原生）	热液作用		结晶度高，晶形完好，晶体排列紧密
	风化作用	风化残积	结晶度不高，晶形不好，常见与母体的亲缘关系及风化母岩的假象结构
		风化淋滤	结晶度不高、晶形不好、常呈无定形圆形状
搬运（沉积）	沉积作用		结晶度不高，晶形不好，常呈无规则弯曲片状，往往失去原有黏土矿物的典型形态、特征
成岩作用	溶液晶出作用		结晶度高，晶形完好、晶体粗大，堆积疏松
	矿物转化		形态上具有双重性，即保留有两种矿物各自的形态特征，同时从空间位置上表明两种矿物具有明显的亲缘关系
	矿物共生组合		结晶度高，晶形完好的各类矿物的机械混合物

扫描电镜为研究黏土矿物的成因、转化、产状提供了直观的依据。它在黏土矿物生成的物理化学环境分析中，在沉积岩的成岩作用、石油开发及采油机理的研究中是十分宝贵的。下面简要介绍几种常见黏土矿物的形态特征同产状、成因的联系。

1. 高岭石

在扫描电镜下高岭石单晶体呈假六方板状或长条状，集合体呈蠕虫状、书页状、手风琴状。由于成因不同，其形态特征有所差异，下面作一简单介绍。

1）风化作用形成的高岭石

伟晶岩、花岗岩、片麻岩或酸性脉岩风化而形成的高岭石，在扫描电子显微镜下观察，其自形程度较差，很少具有假六方板状外形。但集合体发育成典型的蠕虫状，即单晶体（001）面沿 Z 轴方向堆叠的同时发生弯曲，形似一条条弯曲的蠕虫。一般多保存原矿物的假象。

2）热液蚀变成因的高岭石特点

此类高岭石晶形完整，有序度高。典型的是陕西白水江的高岭石，扫描电子显微镜下观察为假六方板状形态，颗粒很细，晶体较小，一般放大倍数在一万倍左右。凝灰岩蚀变成因的高岭石，与地开石共生。在扫描电子显微镜下观察，自形程度普遍不好，呈不规则的板状，甚至有的标本很难看到晶形。

3）沉积成因的高岭石

受其沉积环境的影响，若原岩风化后搬运较近而沉积的，由细小浑圆的高岭石组成；另一类沉积成因的高岭石由完好的假六方板状组成，扫描电子显微镜下观察呈六边形，边缘不太规则，晶形好，具有显著的定向排列，这是沉积成因的高岭石很重要的形态特征。这些大片与层面平等排列，片的大小一般比较一致，约 2～5μm。反映这种高岭石在水盆地中自生堆积而成，沉积环境比较稳定。浊流环境下沉积的高岭石，矿物很难保存其自形形态，高岭石往往成碎片状、浑圆状、它形片状。

4）煤系中的高岭石

由于受成煤作用的影响，一般其自形程度差而有序度高。页岩、泥岩、千枚岩、板岩中的高岭石在 SEM 中观察，其自形程度都不好。

2. 埃洛石

埃洛石形态呈管状，在低倍扫描电子显微镜下观察形态为针状、棒状。集合体呈放射状，有的很像板栗的外壳。其横断面很难观察到，只有结晶好的晶体，放大倍数在 1 万倍以上时，方能看到空心管状形态。

热液及洞穴充填物蚀变成因的埃洛石呈不规则细长管状排列。

风化成因的埃洛石，有时保留有原生矿物的假象，埃洛石晶体发育不好。在低倍扫描电子显微镜下，只见原生矿物表面凹凸不平，似长小瘤，而在高倍镜下，则可见到棒状埃洛石不定向排列。亦可见到"破网状""拉丝状"的胶体凝聚物，是由于硅铝溶胶凝结时的表面张力和内聚力造成的。

砂岩风化成因的埃洛石，在空洞中可生长成良好的晶体，有时可以见到伊利石向埃洛石的转化现象。

球粒状埃洛石在形态上与水铝英石不易区分。

3. 伊利石

伊利石在 SEM 下观察呈不规则状、弯曲的薄片状，其不规则状很难和蒙脱石区分开。

伊利石可以在各种气候条件和不同浓度的碱性介质中形成，是典型的风化产物。广泛分布于土壤、黄土及河流、湖泊和冰川等沉积物中。所以，它是页岩、黏土岩中最常见的一种矿物。风化型伊利石多为不规则状、弯曲薄片状、峰窝状。

沉积成因的伊利石，受其沉积环境的影响。若原岩风化后搬运较近而沉积的，则由细小不规则片状的伊利石组成。成岩作用过程中形成的伊利石的形态呈片状、蜂窝状、丝缕状，集合体形态多呈鳞片状、碎片状、羽毛状。这种自生伊利石据形态可分为Ⅰ型——叶片状伊利石、Ⅲ型——丝发状伊利石及Ⅰ型、Ⅲ型之间的Ⅱ型——过渡类型伊利石。

Ⅰ型伊利石叶片厚度小于 0.1μm，直径约为 0.5～1.5μm，晶体（叶片）边缘不平整，多以薄膜式产出，鳞片状集合体形式分布于粒表，常被自生石英小雏晶掀起。薄片中其单晶无法分辨，其集合体表现为具重结晶的伊利石薄膜。

Ⅲ型伊利石是典型的自生成因矿物，其形态为长条片状、纤维状或丝发状、毛发状、弯曲片状，边缘多卷曲、丝缕化。在砂岩中多以单晶个体的黏土桥式充填于孔隙中。

Ⅱ型伊利石多以卷曲片单晶与鳞片状集合体充填砂岩孔隙中。

4. 蒙脱石

在 SEM 下晶体呈细小鳞片状，集合体由薄片聚集呈絮状、朵状、菜花状或大致呈"丁"字型排列的格架状，以及波状薄片杂乱堆积在一起。常见的蒙脱石为钙蒙脱石、纳蒙脱石和钙钠蒙脱石。蒙脱石主要由基性火成岩、中酸性凝灰岩在碱性环境中风化而成。也有蒙脱石为海底火山灰分解的产物。它为膨润土的主要黏土矿物成分。

在碎屑岩胶结物中蒙脱石的单体形态为棉絮状及不规则的厚层波状特征及蜂窝状，蒙脱石在砂岩中分布于粒间及粒表，且存在于埋藏较浅、成岩作用较弱的地层。

5. 绿泥石

绿泥石在 SEM 中单晶体呈六角板状（少见），表面平整光滑，从垂直（001）面的方向看去，像一片片散落的柳叶（常见）。绿泥石单晶为针叶状、叶片状；集合体呈绒球状、玫瑰花朵状、分散状、叠层状等。

绿泥石分布很广，其生成与低温热液作用、浅变质作用和沉积作用有关。富含镁的绿泥石产于区域变质岩及热液蚀变岩中，或在岩石的裂隙中呈绿泥石细脉；而富含铁的绿泥石产于沉积岩中，与菱铁矿、黄铁矿、赤铁矿共生。一般在贫氧富铁的浅海—滨海沉积环境下形成巨大的鲕绿泥石。

蒙皂石的晶体形态呈片状、蜂巢状、棉絮状；高岭石的单晶为六角板状，集合体常呈书页状、蠕虫状；伊/蒙混层的晶体形态呈片状、丝状、似蜂巢状；伊利石的晶体形态呈弯曲片状、丝状；绿/蒙混层的晶体形态呈片状、花朵状、针丝状、似蜂巢状。

三、黏土矿物间转化及共生组合

黏土矿物在环境变化时可以发生转化。

1. 伊利石→埃洛石

在酸性介质条件下，伊利石转变成埃洛石。丝状、卷曲片状伊利石变为管状体的埃洛石。其转化表明地下温度不超过 100℃。

2. 高岭石→伊利石→埃洛石

高岭石平直边缘开始弯曲，形态由板状变为薄片状，高岭石向伊利石转化，从薄片状向丝状伊利石转化为管状埃洛石。这反映介质条件酸性至中性和碱性再至酸性的变化过程。

3. 绿泥石→埃洛石

绿泥石边缘出现拉丝，说明绿泥石向埃洛石转变。这说明介质环境由碱性向酸性变化。

4. 蒙脱石→伊利石

不规则鳞片状、鳞片状蒙脱石向弯曲片状、丝缕状伊利石转化。其过程是极其复杂的，在砂岩中这种转化可见其多种中间形态，为伊蒙混层。

5. 常见黏土矿物的共生组合

高岭石+石英+伊利石：高岭石呈六角板状，伊利石呈丝缕状或薄片状。

高岭石+石英+绿泥石：高岭石呈六角板状或近似于四边形板状，绿泥石为叶片状杂乱堆积。

高岭石+绿泥石：高岭石呈不规则板状，绿泥石呈不规则片状堆积。两种矿物之间的界限不明显，可能存在高岭石向绿泥石的转化关系。

石英+高岭石+黄铁矿：高岭石呈六角板状晶体，黄铁矿为显微球体。

石英+绿泥石+黄铁矿：石英有时呈全自形晶体，绿泥石呈叶片状杂乱堆积，黄铁矿为显微球体。

所有这些矿物的共生组合，都可以为我们分析其生成环境及变化提供依据。石英与高岭石出现对应一个时期处于富硅的酸性环境。绿泥石与高岭石共同出现反映了酸碱性环境的变化。显微球体黄铁矿是还原环境的产物，欲了解其还原环境如何形成，要对不同地区作具体分析。

四、沸石在扫描电镜下的形态特征

沸石是一种含水的架状结构铝硅酸盐。沸石对温度具有敏感性，在一些地区的地层剖面上表现出垂直的分带现象。不同沸石代表的成岩温度不同。有人将它称为"地质温度计"，即沸石的存在能为地温分析提供数据。在扫描电镜下可观察到沸石的结晶形态（表5-5）。不同种类的沸石具有不同的结晶形态，因而结晶形态可以作为鉴定沸石的依据之一。另外也可以观察到沸石在岩石中的空间分布位置以及它与其他矿物的共生组合关系。常见的沸石有斜发沸石、片沸石和方沸石。

1. 斜发沸石

其形态有两种，一种为不规则的片状，一般看不见发育的晶面，它的聚合体有些为束状，有的则杂乱堆积在一起，由于孔隙有限，因此晶形发育得不好。有些斜发沸石的结晶度和有序度很高，例如河南信阳地区的斜发沸石，其晶体的大部分晶面都能在扫描电镜中看到，晶体表面光洁，轮廓清晰，板厚 $2\sim5\mu m$，板长约 $20\sim30\mu m$。这种自形斜发沸石常常在孔隙发育的部位形成。斜发沸石还常常与鳞石英及丝光沸石共生。

2. 片沸石

自形片沸石呈板状、片状、花瓣状，晶面发育完整，表面光洁。新疆百口泉地区凝灰质砂岩中的片沸石厚度较大，约为 $5\sim10\mu m$，长度为 $80\sim100\mu m$。片沸石与斜发沸石的晶形比较接近，因此从晶体形态上不易区分，必须借助于X射线衍射及成分分析。自形片沸石也必须在一个较好的空间条件下才能形成。

3. 方沸石

方沸石具等轴晶系，其单晶体为四角三八面体或四角三八面体与立方体的聚形，通常为不规则粒状、块状，在薄片中无色透明，在正交镜下为均质体，全消光。方沸石晶体发育良好，从形态上与板状的斜发沸石与片沸石有明显的区别。

4. 钠沸石

钠沸石具呈花瓣状、放射状大晶体，在扫描电镜下呈纤维状晶簇、柱状体、针状体，常常由方沸石蚀变而来。

5. 浊沸石

浊沸石常产于火山碎屑岩、凝灰质砾岩的裂隙中。它往往呈长条板状、柱状、针状晶体顺序排列，构成特征的聚合体。还有一种浊沸石呈细小的板状体，晶面发育较完整。浊沸石晶体表面局部地方有残缺现象，可能是溶蚀造成的结果，板厚 3～5μm，板长 10～20μm。

由于沸石在形态上存在差异，因此在扫描电镜下可以清楚地观察到不同沸石的共生现象以及沸石与其他矿物的共生组合关系。譬如，斜发沸石与丝光沸石、方沸石与片沸石、斜发沸石与鳞石英、方沸石与绿泥石均可以共生。

表 5-5 常见沸石矿物鉴定标志

沸石类型	化学成分（分子式）	Si/Al	形态特征
方沸石	$Na[AlSi_2O_6] \cdot H_2O$	1.8～2.0	四角三八面体或与立方体呈聚形、均质体
钙十字沸石	$(K_2Ca)[Al_2Si_4O_{12}] \cdot 4～5H_2O$	1.7～2.8,深海2.4～2.8	球状体、纤维状或放射状集合，级暗灰、灰白干涉色
交沸石	$Ba[Al_2Si_8O_{16}] \cdot 6H_2O$	2.3～2.5	柱状体、干涉色Ⅰ级灰色、低负突起
水钙沸石	$Ca[Al_2Si_2O_8] \cdot 4H_2O$	1.12～1.49	假正方双锥
浊沸石	$Ca[Al_2Si_2O_{12}] \cdot 4H_2O$	1.75～2.28	柱状、针状、纤维状、放射状集合体，低负突起，干涉色Ⅰ级白色—黄色
毛沸石	$(Na_2,K_2,Ca)_4(Al_9Si_{21}O_{72}H_2O)$	3～3.5	纤维状
钠沸石	$Na_2[Al_2Si_3O_{10}]_2H_2O$	1.44～1.58	长柱状、针状、杆状、板状、纤维状，干涉色Ⅰ级白色—黄色
杆沸石	$NaCa_2[Al_2Si_5O_{20}] \cdot 6H_2O$	1.0～1.1	纤维状、放射状集合体，干涉色Ⅰ级白色
变杆沸石	$Na_2Ca[Al_2Si_5O_{10}] \cdot 6H_2O$	1.5	球粒状、纤维状

五、几种常见矿物的晶形及其微形貌

应用扫描电镜观察矿物晶体形态，图像立体感强，形貌逼真，尤其对细小矿物微观形貌，例如解理纹、双晶纹、溶蚀现象等，用 SEM 采用不同放大倍数效果很好。现分述如下：

1. 自然金

纯金在自然界中很少见，原生金具有较好的八面体或立方体晶形。扫描电镜下可见自然金矿物晶体呈立方体与八面体晶形，也可以见到自然金的聚形纹。砂金形态均为片状，可见其具溶蚀现象。

2. 金刚石

金刚石为等轴晶系矿物，单形为八面体、菱形十二面体、立方体和六四体。在扫描电镜下除看到金刚石的单形外，更多看到金刚石晶体间穿插、平行连晶状形态，也可见到自然金刚石晶面呈阶梯状、具溶蚀现象等。应用扫描电镜研究金刚石钻头，对钻探和石油工业具有极大推进作用。

3. 黄铁矿

常见完好黄铁矿单晶，特别是在沉积岩中。主要单形有立方体、五角十二面体，另外为八面体和菱形十二面体。扫描电镜下能见到这些单形的黄铁矿堆积体，也能见到黄铁矿晶体三组互相垂直的晶面条纹，同时可见晶面上的溶蚀坑与坑中共生的小晶体，可见晶面上的环形纹等。

4. 锆石

在扫描电镜下可见锆石晶体形态为四方双锥状、柱状、板状。锆石单形有四方柱、四方双锥、复四方双锥。锆石的晶体形态体现了其结晶时的介质环境。如仅锥面很发育，柱面不发育，晶形呈短柱状或四方双锥状的锆石，为碱性或偏碱性的花岗岩所含锆石。

5. 石英

石英分布广泛，扫描电镜下可见其单形有六方柱、菱面体，及其聚合体—聚形，特别是砂岩孔隙与裂缝中可见其发育完好的石英，并可见到其表面花纹、贝壳状断口及溶蚀现象。自生石英的晶形发育程度和其他自生矿物组合反映了岩石的成岩变化与成岩环境。

石英为稳定矿物，利用其在扫描电镜下的形态特征（磨圆度、断口、凹坑、裂开、擦痕、溶蚀、自生等），可以确定沉积物的形成环境；探讨矿床成因类型。在构造地质学中，可利用石英颗粒表面溶蚀程度判断新构造运动的时间。

第五节 扫描电镜在沉积学及油气储层研究中的应用

扫描电子显微镜（SEM）用电子束轰击样品表面，通过收集、分析电子与样品相互作用产生的二次电子、背散射电子等信号，得到样品的表面或断口形貌衬度特征。它具有很大的景深，视野大，成像富有立体感，可直接观察各种试样凹凸不平表面的细微结构，同时试样制备相对简单。其放大倍数从几倍到几十万倍之间连续可调，现代先进的扫描电镜的分辨率已经达到1nm左右。因此扫描电子显微镜的应用非常广泛，它在沉积学与油气储层中也得到了广泛应用。

一、扫描电镜在碎屑岩储层研究中的应用

碎屑岩储集层包括砾岩、砾石层、砂岩、粉砂岩和页岩等，目前世界上近一半的油气储集在此类地层中。扫描电镜是研究储集层中微孔隙以及胶结物特征的重要方法。对碎屑岩储集层，扫描电镜除了描述普通薄片和铸体薄片鉴定的内容外，重要的是对碎屑岩的胶结类型及特征、孔隙类型及特征以及成岩作用进行更细致的研究，可以了解碎屑岩储层的颗粒组分与颗粒大小、分选、磨圆，了解胶结物的类型及胶结方式，了解孔隙类型、孔隙大小、喉道大小、孔喉连通情况及成岩作用对碎屑岩储集层的改造。通常用低于300倍放大倍数观察碎屑颗粒、填隙物、孔隙整体分布及连通性等碎屑岩整体结构特征。

1. 碎屑岩储集层中填隙物特征

碎屑岩中填隙物为充填粒间的细小机械沉积物和成岩自生矿物。自生矿物均以胶结物的形式存在，是电子显微镜观察的重要部分。胶结物的种类、共生关系、存在类型及分布方式在很大程度上影响着碎屑岩的储集性质及其物性参数（孔隙度、渗透率、孔喉配位数、孔隙结构等），因此碎屑岩自生胶结物特征已日益引起石油地质学家、地球物理学家及油气开发专家的重视。

通常，在放大300倍以上时观察填隙物的类型、形态与产状，确定填隙物基本特征，从微形貌上基本可以确定填隙物组成的矿物类型与具体名称，对于难以区分的可结合X射线能谱仪定性和定量测定矿物与元素组成。

1) 填隙物矿物类型与微形貌特征

常见填隙物矿物类型有这些种类：黏土矿物有伊利石、高岭石、埃洛石、蒙皂石、绿泥石、伊/蒙混层、绿/蒙混层等；碳酸盐类自生矿物包括方解石、白云石、铁白云石、菱铁矿和片钠铝石等；硅质胶结物包括自生石英、无定型的蛋白石与玉髓；硫化物有黄铁矿；沸石胶结物包括斜发沸石、片沸石、方沸石、钠沸石、浊沸石（见图版6和图版7）。

（1）黏土矿物：包括杂基和自生黏土矿物，即自生与它生。自生黏土可以从层间水中直接沉淀，也可通过原来的物质与层间水反应而生成。它生黏土大多是作为碎屑而存在，具有一定的外形轮廓。黏土矿物，尤其是自生黏土矿物是储油层质量的主要控制因素，酸敏性及水敏性黏土矿物会造成不同的油层损害，因黏土矿物的研究是十分重要的。常见黏土矿物有六种，蒙皂石、高岭石、伊利石和绿泥石扫描电镜下常呈现前述特有的单晶和集合体的微形貌与晶体结构；伊/蒙混层晶体形态呈片状、丝状、似蜂巢状；绿/蒙混层晶体形态呈片状、花朵状、针丝状、似蜂巢状。

（2）碳酸盐类矿物：碎屑岩储集层中碳酸盐胶结物十分普遍，主要存在于粒间，有时也以嵌晶方式出现并胶结许多颗粒。方解石充填在粒间可以是沉淀的，也可能由原生碎屑碳酸盐岩颗粒重结晶形成。而白云石通常作为交代方解石的产物而存在。早成岩期，碳酸盐在孔隙中的沉淀使孔隙减少，连通性变差。随后成岩期由于碳酸盐矿物的溶解，产生了许多次生孔隙，扩大了碎屑岩储层的孔隙度和连通性，使储集性能变好。碳酸盐胶结物包括方解石、白云石及铁白云石、菱铁矿及片钠铝石。扫描电镜下，方解石，单晶呈菱形粒状，集合体常呈不规则的块状及嵌晶状；白云石，单晶呈菱形粒状，集合体呈不规则的块状；铁白云石，单晶呈菱形粒状，集合体呈不规则的块状，由化学成分确定；菱铁矿，单晶呈菱形粒状，集合体呈铁饼状、块状、椭圆状及球粒状；片钠铝石，单晶呈针状，集合体常呈放射状。

（3）自生长英质填隙物：硅质胶结物包括自生石英、无定型的蛋白石与玉髓。自生石英晶体呈自形粒状及次生加大状。氧化硅胶结物来源于两个方面，首先是压力溶解作用，就是在石英颗粒点接触处产生了有效的压力，增加了接触点的溶解度，这样它们就优先溶解；其次来自于氧化硅过饱和的孔隙水。石英次生加大胶结物一般都呈完好的晶体存在于粒间孔隙中，它往往使原生粒间孔隙缩小，对孔隙起堵塞作用，使孔隙度和渗透率大大降低，具体影响程度取决于次生加大作用的程度。自形粒状石英具有明显的生长纹。自生长石呈现板状、细小长条状及次生加大状。

（4）硫化物和硫酸盐类矿物：常见的硫化物类矿物为黄铁矿。黄铁矿属等轴晶系，单体呈立方体、正八面体、五角十二面体，集合体常呈球状、块状和草莓状。其他的硫化物如方铅矿和闪锌矿等，也可用其扫描电镜下微形貌与晶体结构特征鉴定分析。常见的硫酸盐类矿物有石膏、硬石膏、天青石、重晶石等，硫酸盐矿物单晶通常呈针状、板状，集合体常呈束状、块状及团粒状。

（5）沸石类矿物：最常见的沸石有两种，即方沸石和浊沸石。方沸石，单晶呈四角八面体或立方体，集合体呈粒状或放射状；浊沸石，单晶呈长条板状、柱状、针状，集合体放射状。

（6）其他填隙物：杂基、陆源黏土及片状矿物、微细长英质及碳酸盐岩碎屑等颗粒；磷灰石，成分灰度高于石英，单晶常呈柱状；石盐，成分灰度高于石英，单晶呈立方体、残骸关；褐铁矿，由铁的多种氢氧化物组成，形态常呈豆状及结核状。赤铁矿，晶体呈菱面体、板状；磁铁矿，晶体常呈八面体形。

2) 产状

碎屑岩中填隙物的产状分为孔隙衬垫式、孔隙充填式、镶嵌式（或嵌晶式）和加大式，见图5-5所示。

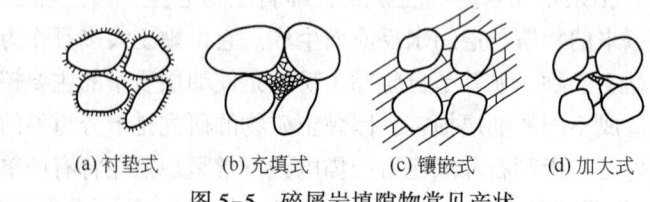

(a) 衬垫式　　(b) 充填式　　(c) 镶嵌式　　(d) 加大式

图5-5　碎屑岩填隙物常见产状

2. 碎屑岩储集层中孔隙与喉道特征

碎屑岩孔隙可以分为粒间孔隙、粒内孔隙、铸模孔隙、晶间孔隙、溶蚀孔隙和微裂隙等几种。利用扫描电镜可区别孔隙类型、测量孔隙大小和喉道宽度，描述孔隙分布及连通性和喉道分布，展示孔隙特征和喉道特征、孔隙和喉道的关系与发育程度。

粒间孔隙指的是碎屑颗粒之间的孔隙，可分为原生粒间孔隙和次生粒间孔隙两种。未成岩的现代砂粒，其原始粒间孔隙度为25%~40%，但是在成岩以后，孔隙度大大减少，一般为15%~30%。机械压实作用与化学胶结作用使粒间孔隙缩小，带有卤水的孔隙水经过化学沉淀作用，在粒间孔隙内充填了碳酸盐、硫酸盐、黏土矿物、石英等，这时剩余的粒间孔隙还属于缩小的原生粒间孔隙。成岩演化过程中粒间孔隙内充填了易溶盐类及碳酸盐矿物，后期这些易溶矿物遭受溶解而使粒间孔隙扩大，从而形成次生粒间孔隙。根据颗粒和粒间充填物在扫描电镜下的形貌表征，确定原生孔隙与次生孔隙。

粒内孔隙，属于碎屑颗粒组分内孔隙结构，大多数为次生孔隙。粒内孔隙大小变化较大，孔径从微米级到毫米级（等同于颗粒粒径），多为颗粒被溶解，常见长石与岩屑溶蚀形成长石粒内孔和不同类岩屑粒内孔。

铸模孔隙为次生孔隙。包括颗粒铸模、胶结物铸模和交代物铸模，它们由部分溶解或完全溶解而形成。颗粒铸模连接胶结物铸模及其他孔隙，易形成孔径大大超过颗粒直径的特大孔隙。

微孔隙与微裂隙多为孔径和缝宽较小的孔隙和裂缝，为微米级到纳米级，分布于粒内、粒间及填隙物中。扫描电镜是目前直接描述分析此类孔缝的最佳方法与手段，可以观察微孔和微缝的形态、大小、空间分布及孔缝关系。

扫描电镜能够观察孔隙的连通情况，可以确定孔隙喉道及孔隙配位数。孔隙、喉道是油气重要的"输送通道"。喉道将孔隙连通起来，使渗透率增加，是油气开发的重要参数。孔隙的渗透率主要由喉道的大小和多少来决定，对于一个孔隙来讲，它与周围孔隙连通的喉道数称为配位数，配位数越高，渗透率也越高，孔隙性能也越好。

3. 碎屑岩储集层中成岩作用特征

扫描电镜观察到碎屑岩各种成岩现象，展示各种成岩作用与孔隙、裂缝之间的关系，了解成岩后生成岩作用对砂岩储集层的影响。碎屑岩成岩作用中胶结作用、溶蚀作用和自生矿物形成作用在扫描电镜中特征表现更突出。

1）石英和长石次生加大

自生石英及自生长石加大可以分为Ⅰ、Ⅱ、Ⅲ三个阶段。

石英次生加大等级分为三级：

(1) Ⅰ级，石英雏晶在石英颗粒表面生长；

(2) Ⅱ级，石英雏晶增大并形成较大晶面，晶体边缘相互连接；

(3) Ⅲ级，石英形成粗大晶体，晶面相互紧密连接。

长石次生加大等级以板柱状晶体的生长程度划分为三级：

(1) Ⅰ级，板柱状长石小晶体在长石颗粒表面生长；

(2) Ⅱ级，板柱状长石晶体交织成柱形晶面；

(3) Ⅲ级，板柱状长石晶体生长成平整的晶面。

2）颗粒及胶结物溶蚀交代作用

溶解与交代作用：与地层中的孔隙水有一定的关系，孔隙水的差异形成不同的交代作用且产生不同的交代矿物，此时也产生次生孔隙。

碎屑矿物的消失：许多碎屑矿物随着埋深增加而变得不稳定，在成岩晚期趋于消失。成岩阶段矿物转变的趋向是蒙皂石、碎屑黑云母、钾长石、斜长石逐次消失，在晚成岩阶段，伊/蒙混层、高岭石、斜长石也被伊利石、绿泥石和钠长石置换。斜长石分解结果还可形成钙沸石、片沸石、浊沸石等矿物。

长石颗粒的蚀变：即黏土化，钾长石常蚀变成高岭石，电镜下常见书页状和蠕虫状高岭石集合体堆集在长石粒内溶孔中，全部蚀变时也常常保持长石的外形。斜长石易蚀变成伊利石，在扫描电镜下常常可见斜长石顺着解理被淋滤成次生孔隙，同时产生针状伊利石，有时淋滤成骨架状。

石英溶解作用：一般只能产生溶蚀而不形成次生孔隙，这是孔隙水和压力溶解的结果，溶解作用产生的二氧化硅在别处以石英加大形式再沉淀，显示压溶作用特征。

填隙物中碳酸盐矿物相互交代、转化与溶蚀：碳酸盐矿物交代不同颗粒，如碳酸盐矿物交代长石、石英、岩屑等。多在成岩期形成，至少是在稍微埋藏后形成。

黏土矿物转化及其对颗粒和填隙物交代：如伊利石向丝缕状转化，高岭石向伊利石转化，多是成岩环境变化时发生转变。

沉积岩中的黏土矿物常常同某些非黏土矿物存在密切关系，包括以下几种类型。

石英与高岭石组合：在一些石英加大的平整面上，常常嵌入结晶十分完好的高岭石，在高岭石脱落的地方，石英晶面上留有深陷的凹坑。石英加大要在富硅碱性介质环境中，在酸性贫硅介质环境中石英遭溶蚀、高岭石沉淀生长，出现高岭石就在溶蚀坑中形成、发育，最终形成这种石英与高岭石镶嵌结构。

碳酸盐矿物与高岭石：在扫描电镜下可观察到高岭石晶体嵌入到碳酸盐晶面中，也是成岩介质环境发生变化所致。

石英和自生绿泥石：石英次生加大面内有时还会出现绿泥石晶体，绿泥石晶体呈分散的片状在石英表面或嵌入晶面内；绿泥石生成于石英加大之后，一般是在富铁的碱性环境下形成的。

二、扫描电镜在碳酸盐岩储层研究中的应用

复杂多样的碳酸盐岩是国内外重要的油气储集岩，也是重要的勘探对象，它的储集空间千变万化。扫描电镜对碳酸盐岩储集层的描述除了普通薄片和铸体薄片鉴定的内容外，运用扫描电镜微观分析，可以有效地对碳酸岩储集层进行研究，分析细粒碳酸盐岩的岩石组分和孔隙结构、揭示碳酸盐岩的溶蚀、交代、胶结、重结晶等成岩作用过程，更直观地反映碳酸盐岩成岩演化及孔隙发育控制因素，从成岩环境、成岩作用演化过程预测与评价碳酸盐岩储集性能及分布规律。

在扫描电镜下，可观察碳酸盐岩样品组分与结构特征。利用300倍以下视域观察碳酸盐岩的结构，如颗粒结构、晶粒结构等，观察与描述充填物的种类、分布及产状；碳酸盐岩矿物成分主要为方解石及白云石等，可依据碳酸盐的成分灰度差异来识别鉴定，利用电镜和能谱仪结合定性确定元素成分或定量表示不同碳酸盐矿物丰度，进一步分析出不同碳酸盐矿物种类与组合。同时借助电镜下矿物成分的灰度、矿物形态及能谱分析确定矿物类型与分布，具体识别鉴定观察颗粒（包括晶粒）的形态及溶蚀特征、泥晶基质的组分及特征、亮晶胶结物的类型及矿物形态特征，确立晶粒处于点、线、面及组合接触中哪一种接触方式。碳酸盐岩内含物——黏土矿物、石英的形态及产状及其溶蚀与交代特征。扫描电镜可观察溶蚀、重结晶、白云石化等成岩后生变化，如方解石被白云石化后晶粒变大，岩性变疏松，孔隙大大增加。

孔隙类型分为粒间孔隙、粒内孔隙、晶间孔隙、晶内孔隙、铸模孔隙、生物孔隙、溶蚀孔隙、微孔隙。扫描电镜可确定孔隙类型，测量孔隙大小，描述孔隙分布与充填程度，展示孔隙发育程度，测量微裂缝的大小，观察充填物的种类、形态、产状与分布特征。微裂缝的充填程度分为：未充填、部分充填、全充填。

粒间孔隙是粒屑在堆积时形成的支撑格架，在粒屑之间留下的孔隙。粒间孔隙发育程度主要与内部填积的基质多少有关，胶结物少，颗粒圆度与分选好，则粒间孔隙好。

生物孔隙包括生物骨架孔隙、生物体腔孔隙及生物钻孔。生物骨架孔隙是由生物造礁活动而形成的骨架空间。如常见的珊瑚骨架孔隙。在生物体内，为生物外壳（硬体）所封闭或近于封闭的生物体腔孔隙。它通常是生物死亡以后其软体部分腐烂分解而留下的，常见生物碎屑灰岩内有孔虫生物体腔孔隙。生物钻孔的边圆滑、内部有充填。

晶间孔隙与晶间缝为碳酸盐晶体之间形成的孔隙，常呈棱角状，边缘较平直，常由白云石化与重结晶作用形成。晶间孔隙经过后期溶蚀而扩大，并常常使晶体的棱角磨蚀。电镜下白云石晶间孔与晶内孔比较常见，其孔隙结构也易于描述。

相对于碎屑岩碳酸盐岩是易溶的组分，碳酸盐矿物或伴生的其他矿物被地下水、天然水溶解作用形成的孔隙，一般笼统称为"溶孔"。溶解作用形成的溶孔有粒内溶孔、铸模溶孔、粒间溶孔。

三、扫描电镜在沉积相研究中的应用

用扫描电镜研究石英颗粒表面特征是分析沉积环境沉积相的一种方法。

石英是一种分布广泛、硬度大的稳定矿物，石英脱离母岩后，在搬运沉积过程中受外界的影响，必然要在颗粒表面留下搬运和沉积的痕迹。不同的搬运介质和搬运方式，不同的沉积环境给石英颗粒留下不同的外形和表面特征。从而为推断出这些石英颗粒形成的环境提供微观资料。

1. 石英颗粒表面特征

石英颗粒表面特征可分为机械作用产生的特征和化学作用产生的特征（图 5-6）。

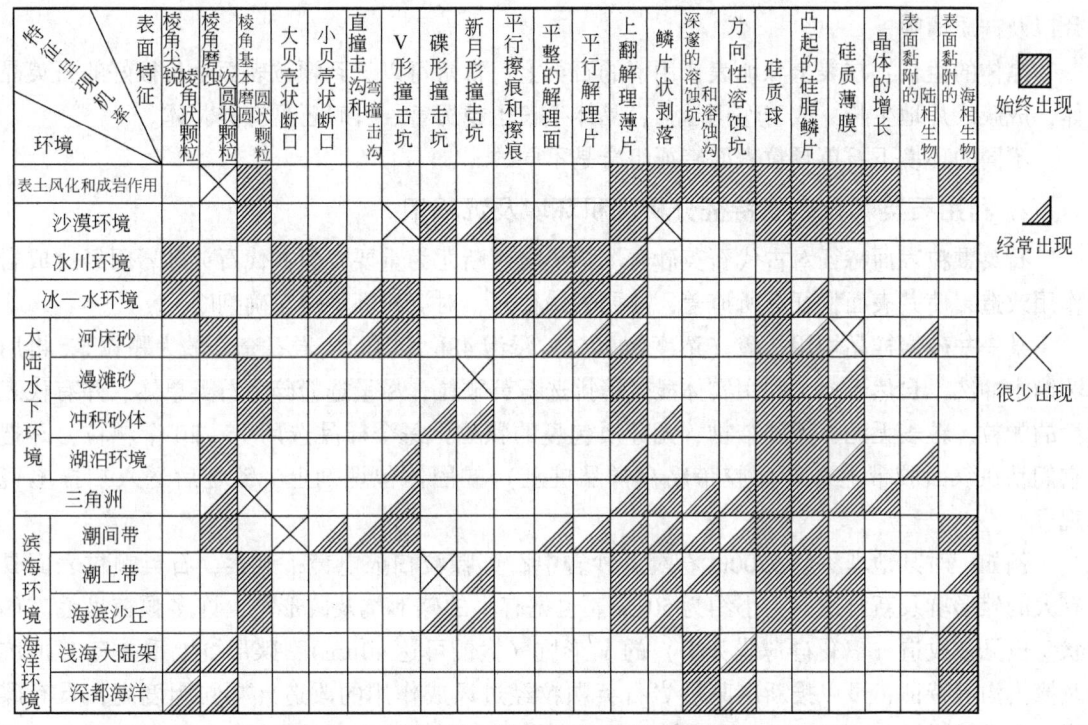

图 5-6　不同形成环境石英碎屑颗粒表面特征组合

1）机械作用产生的特征

贝壳状断口：在许多环境下石英颗粒表面发育有不同形状和大小的贝壳状断口，形态和大小极不规则，有凸弧状盘形及凹陷状盘形等。

V 形撞击坑：存在于大部分水下环境的石英颗粒上，在风成环境中偶见。是机械碰撞、磨损的痕迹。

直撞击坑与弯撞击坑：在水下环境中，当水动力能量较高时往往会见到一种撞击而形成的沟，是高能水下环境的良好标志。

碟形撞击坑：在风成环境中的石英颗粒上经常观察到呈圆盘的碟形坑。

新月形撞击坑：在风成环境的石英颗粒上经常可观察到新月形撞击坑，为介于 V 形坑和碟形坑之间的过渡形式。

平行擦痕和擦痕：是冰川环境的良好标志。当两个以上擦痕以同一方向、一定的间距出现时，就组合成平行擦痕。

石英的解理：为平行解理面及面上的解理片，在受力作用下出现三组解理。

上翻解理薄片：在各种环境的石英颗粒表面上都可看到上翻解理薄片，受到溶蚀及沉淀作用的改造，有的被夷平，有的被加厚。

2）化学作用产生的特征

化学作用产生的特征包括各种类型的溶蚀作用、沉淀作用和晶体的增长。

溶蚀作用：化学溶蚀的基本类型就是结晶学方式的定向溶蚀坑和不定向溶蚀形态，鳞片状剥落为不规则的锯齿形或完全不规则的形态。溶蚀坑的等腰三角形有一定方向性，且成簇出现。

沉淀作用：在石英颗粒表面可以看到不同程度的氧化硅沉淀，有硅质球、凸起的硅质鳞片以及硅质薄膜。

晶体的生长：在表土和地表作用下的石英上，常常可以见到颗粒表面生长很好的石英晶体，成簇成片地生长，成岩作用越强，晶体生长也越厉害。有时还见有硅藻体。

不同的环境下石英颗粒表面特征组合是不同的。

2. 利用石英颗粒表面特征分析沉积环境及沉积相

石英颗粒表面特征对古代石英砂岩沉积环境判断尤为重要，但古代石英砂岩因经过成岩作用改造，使其表面特征有所掩盖，故要去伪存真，对沉积环境做正确判断。

某一井砂岩样品均用盐酸（浓度为10%）浸泡48h（中间使岩石充分散为颗粒），再用蒸馏水冲洗，自然干燥，利用实体显微镜挑选石英颗粒，尽量选粉碎为石英单体、并有代表性的颗粒，粒表无泥、无胶结物、无硅质包裹的颗粒，每个样品选用15~20个颗粒，并把它们粘在双面胶带上（双面胶带粘在样品桩上）或固体包埋剂上，镀金后送入扫描电镜观察。

例如，对某地埋深约5700m石炭系砂岩中石英颗粒扫描电镜下观察，石英颗粒表面具有大的碟形坑及新月坑，大小约为50μm。也见有小的碟形坑及圆形坑，许多颗粒呈毛玻璃状。也见被改造（氧化硅薄膜夷平）的V形坑（大的可达40μm），碟形坑上重叠有V形坑及撞击沟等特征，可以推断出某砂岩石英颗粒经过风成作用的改造（颗粒圆度高，具有碟形坑及新月形坑），后又经过水下作用改造（具有V形撞击坑及撞击沟），最后又经受了成岩作用改造而使原有表面被夷平。

第六节 扫描电镜在地质学中的其他应用

应用扫描电镜观察沉积岩效果较好，而对岩浆岩与变质岩中矿物成分及结构的观察不如偏光显微镜，但对地幔岩石中矿物溶融现象的观察具有一定意义。对较老地层中火山碎屑岩的熔结结构具有一定价值，而较老地层由于蚀变等的影响，原岩结构已被破坏，观察其中黏土矿物较好。对接触变质岩与构造岩研究具一定意义。

一、利用扫描电镜研究熔结凝灰岩中的火山碎屑形态

利用扫描电子显微镜研究疏松火山碎屑以及某些固结的火山碎屑形态特征，对说明其形成机制往往有一定的意义。

二、扫描电镜在古生物学研究中的应用

利用扫描电镜可以完整地拍摄古生物图版，建立不同门类化石的扫描电镜图版。这种图版立体感强，古生物表面的纹饰结构以及古生物化石内部纤维结构清晰可见。利用这些形貌特征及图版，可以研究古生态及演化特征，确定新种。

超微化石具有个体小、数量多、分布广、保存全和种类多的特点，有的超微化石如颗氏藻（*Coccolith*），大小仅 1~2μm，扫描电镜能清晰地观察古生物表面的纹饰结构以及古生物化石内部纤维结构，从而研究古生态以及演化特征，确定新种。

三、扫描电镜在干酪根研究中的应用

扫描电镜对干酪根的类型鉴定是在光学显微镜鉴定后的基础上进行的。各种结构的干酪根经过挑选、上桩、镀膜后，送上扫描电镜观察。然后，就可以建立在扫描电镜下各类结构的干酪根标准图版。根据标准图版，就可以鉴定干酪根，并划分干酪根类型。在扫描电镜下，腐泥型干酪根由以下四部分组成：

（1）藻。在扫描电镜下具有明显的外形及纹饰，大小在几十微米左右。

（2）藻腐泥。在扫描电镜下具有残余藻的外形及纹饰，如蜂窝状结构及藻刺。

（3）腐泥。无定型，与腐泥絮状体在扫描电镜下多呈圆形，无一定外形，大小 50~100μm 左右。

（4）腐泥片状体与腐泥粒。腐泥片状体由薄片状组成，腐泥粒状体由微粒组成，片状体大小为 50~100μm，微粒大小 1μm 左右。

腐泥类干酪根中具有生物的组织结构和形态特征，包括孢子、花粉、植物的叶和嫩枝的表皮，树脂体、浮游生物的坚实壳和皮膜等。

（1）孢子、花粉：在扫描电镜下颜色多为浅黄色，并随成熟度的增大而加深；形状规则，多为圆形、三角形、肾形。大孢子大小为 100~300μm，表面具瘤状、刺状纹饰；小孢子小于 100μm，呈扁圆状。

（2）角质层：在扫描电镜下多为长条状、柱状。

（3）壳质体在扫描电镜下常为薄的片状体。

（4）树脂体：在扫描电镜下呈椭圆形、纺锤形，轮廓清楚，表面光滑无结构。

在扫描电镜下：木质体（木质纤维）常为柱状体，并常有细的纤维条纹；镜质体为柱状、短柱状体，棱角明显，表面光滑，具有均一的结构，常见贝壳状断口，凝胶化镜质体包括凝胶化浑圆体、凝胶化碎屑等；惰质体多具棱角，边缘轮廓清楚，常呈长条形，并常具有细胞结构；丝炭为柱状、近椭圆状物质，有炭化现象，隐约可见残余的细胞结构。

在连续扫描的测试视域内，对测出的干酪根进行百分统计，确定干酪根类型：腐泥及其他稳定类孢子花粉含量大于 80%，腐殖及其他稳定类角质体、壳质体含量小于 20% 为腐泥型干酪根。腐泥及稳定类孢子花粉含量 40%~80%，其中腐泥 60%~80% 为混合Ⅰ型干酪根，腐泥 40%~60% 为混合Ⅱ型干酪根。腐殖及稳定类壳质体、角质体含量大于 60%，而腐泥及稳定类孢子、花粉含量小于 40% 为腐殖型干酪根。

四、扫描电镜在煤成气研究中的应用

煤系地层在成煤作用中伴随有大量的天然气形成，并在一定阶段还产生适量的石油，这些形成的气、油在煤结构上会留下痕迹。在扫描电镜下，煤样中发现不同面孔率有不同大小的勺气孔，气孔一般呈圆形，部分为椭圆形，直径 $0.3\sim10\mu m$。样品中浸染油膜，气孔是煤化作用过程中成气作用留下的痕迹，从泥岩至无烟煤各个阶段成煤作用中都可以形成天然气。油膜也是成煤作用一定阶段的产物，它证明了在一定阶段也能生成适量石油。

第六章 电子探针波谱与能谱分析

电子探针是一种对物质表面形态和物质组分进行分析的大型精密仪器，是 X 射线光谱学和电子光学技术相结合的产物，全称为电子探针 X 射线显微分析仪（简写为 EPA 或 EPMA），起源于 20 世纪 30 年代的电子光学技术。世界上第一个描述电子探针分析原理的是美国无线电公司实验室的希利尔（Hillier，1942），他提出了将聚焦的电子束作为发射 X 射线光谱仪的激发源，采用照相法来记录微粒物体发射 X 射线光谱及其强度（但未能发展成为商品化仪器）。1949 年法国巴黎大学的 R. 卡斯泰（R. Castain）在实验室首先将电子显微镜与 X 射线光谱仪组合，改造出世界上第一台电子探针，采用静电透镜聚焦电子束（直径约 1μm）。1951 年，他利用电磁透镜聚焦制造出第二台电子探针。1956 年，克斯莱特（Cosslett）和邓卡姆（Dumcumb）应用扫描电子显微镜技术，提出了观察试样表面元素分布状态的方法，制成了改进后的扫描电子探针，不仅进行了固定点的分析，还对试样表面某一微区进行了扫描分析。第一台电子探针商品是 1958 年由法国卡梅卡（Cameca）公司研制成功的。

20 世纪 70 年代以来，随着锂硅探测器问世，产生了能谱仪。由于这种仪器探测效率高，所以能在样品进行扫描电镜、阴极发光显微镜等观察同时进行元素成分的测定。半个世纪以来，能谱分析得到迅速发展，现已成为微区分析最主要的分析仪器之一。

电子探针波谱及能谱分析作为微观世界的结构、成分分析的重要手段，早已成为金属、矿物、地质、材料学等学科分析固态物质的重要工具。

第一节 电子探针波谱仪与能谱仪基本原理

电子枪发射高能电子束，经聚焦后轰击样品表面，电子与物质进行相互作用，产生反映样品激发区内的化学组成和物理特征的各种信息。其中有一种信息为 X 射线，这种 X 射线通过检测、显示及数据处理系统，从而获得样品的物理化学方面的数据资料。电子探针波谱仪是收集 X 射线波长的仪器，而能谱仪是收集特征 X 射线能量的仪器，二者的 X 射线光谱仪不同，其他部分基本与扫描电子显微镜相似。

一、几种 X 射线信息

高能电子束轰击样品表面时，可以产生被激发元素的 X 射线，包括连续 X 射线、特征

X 射线和荧光 X 射线等 X 射线信息。特征 X 射线是进行元素成分分析的主要信息，而连续 X 射线的作用则是加大本底，降低信噪比。

1. 连续 X 射线

根据电磁学原理，带电粒子在做加速运动时会产生电磁波。高能电子束具有 10~30keV 的能量，它在强电场的作用下，以极高的速度与样品表面的物质发生碰撞，根据作用和反作用的原理，电子运动受阻后，样品表面的物质便给电子一个与其运动方向相反的加速度，这样产生一种连续性的电磁波。由于入射电子的速度变化是连续的，所辐射的 X 射线能量（波长）也是连续的，称为连续 X 射线。由于电子与物质的相互作用，高能电子所失去的能量以 X 射线的形式释放出来。虽然这种 X 射线强度不大，但它常常构成多数元素特征 X 射线的背底，降低了信噪比，影响元素的检测灵敏度。

2. 特征 X 射线

通常情况下，原子处于基态，核外 K、L、M 层上分别配置有 2、8、18 个电子。样品表面物质原子中的电子层在受到高速电子束的轰击时，入射电子的能量大于该元素中电子的临界激发能，能将该元素某一轨道上的电子轰击出去，从而产生空穴，使原子处于激发状态而不稳定。这时，高能级的外层电子就会立即向低能级的电子层中的空穴跃迁，而多余的能量则以 X 射线的形式释放出来。由于这种 X 射线是原子的电子自较高能级向较低能级跃迁过程中的能量差异造成，而每种元素的原子核及核外电子结构均不同，发生上述跃迁时的方式和多余能量不同，因此辐射的 X 射线的波长和能量也有明显的差别。对于特定元素，辐射的 X 射线有其固有的波长和能量，因此称其为特征 X 射线。

特征 X 射线的波长/能量不随入射电子的能量/加速电压的改变而改变；特征 X 射线的波长和能量由原子序数 Z，即元素的种类所决定。特征 X 射线产生的概率随原子序数的增加而增加，只要测出特征 X 射线的波长，就可确定相应元素的原子序数。元素的特征 X 射线强度与该元素在样品中的浓度成比例，因此只要测出这种特征 X 射线的强度，就可计算出该元素的相对含量。这就是利用电子探针仪作元素定性、定量分析的理论根据。

3. 荧光 X 射线（二次 X 射线）

荧光 X 射线包括特征荧光 X 射线和连续荧光 X 射线。

特征 X 射线自样品内向外发射的过程中，有一部分特征 X 射线可激发另一些元素的轨道电子而产生次级特征 X 射线。这些由特征 X 射线激发出的次级特征 X 射线称为特征荧光 X 射线。同样，连续 X 射线自样品中发射时所激发出的次极 X 射线称为连续荧光 X 射线。

荧光 X 射线的产生机理与特征 X 射线产生机理相同，所不同的是激发源，荧光 X 射线的激发源为 X 射线（特征 X 射线或连续 X 射线），而特征 X 射线的激发源为电子。

由 X 射线引起其他元素产生荧光 X 射线（二次 X 射线）的效应，即荧光效应。它使特征 X 射线强度发生改变，使定量分析复杂化。在定量分析计数时必须校正。

二、电子探针波谱仪与能谱仪的工作原理

1. 波谱仪的结构、工作原理

电子探针仪用波谱仪（WDS）有多种不同的结构，最常用的是全聚焦直进式波谱仪，

其 X 射线的分光和探测系统由分光晶体、X 射线探测器和相应的机械传动装置组成。波谱仪通过检测元素特征 X 射线的波长进行元素的定性、定量分析。

样品在高能电子束的轰击下，产生样品中所含各种元素的特征 X 射线。这些具有不同波长的 X 射线射入具有一定晶面间距（d）的分光晶体上，就会引起晶体原子结构中电子的振荡从而产生次生 X 射线，这种现象叫相干散射。这种次生 X 射线的波长与入射 X 射线的波长相同。改变分光晶体的位置，使晶体表面与入射 X 射线成一定角度（θ），晶体中相邻面网所产生的次生 X 射线的光程差正好是入射 X 射线中某一波长的整数倍，这样这一波长的 X 射线就会因产生衍射而得到加强，而其他波长的 X 射线则因相互抵消而不能产生衍射。X 射线的这种衍射现象符合布拉格定律。

波谱仪的工作主要利用晶体对 X 射线的布拉格衍射原理。对于任意一个给定的入射角 θ，仅有一个确定的波长 λ 满足衍射条件。对于由多种元素组成的样品，则可激发出各个相应元素的特征 X 射线。衍射后的 X 射线进入正比计数管，将测得的 X 射线信号变成电脉冲。这一电脉冲经放大甄别后，可在计数率计或荧光屏、记录仪上反映出来，通过校正计算，便可给出所测元素的重量百分比含量。

2. 能谱仪的主要组成部分、工作原理

能谱仪，即 X 射线能谱仪或能量分析谱仪（EDS），又称为非色散能谱仪（NDS）。能谱仪和波谱仪一样，通过检测元素特征 X 射线的能量强度进行元素的定性、定量分析。因为元素的特征 X 射线不但具有一定的波长，而且具有一定的能量。

能谱仪由探测器（探头）、前置放大器、脉冲信号处理单元、模数转换器、多道分析器、计算机及显示记录系统组成。其中关键部件为检测器，能谱仪使用的是锂漂移硅固态检测器，习惯称为 Si(Li) 检测器。

Si(Li) 检测器的工作原理：X 光子进入探测器后被 Si 原子俘获并发射一个高能电子，产生电子—空穴对及相应的电荷量；电荷在电容上积分，形成代表 X 光子能量的信息（正比）。在 Si(Li) 检测器中，Si 晶体中的微量杂质使导电率迅速增大，成为 P 或 N 型半导体。为降低信号的直流本底噪声，预先在 370～420K 温度下施加电压，扩散"渗入"离子半径很小的 Li 原子（即"漂移"），形成一定宽度的中性层，提高电阻，这便是 Li 的作用。

多道脉冲分析器。能谱仪所设多道脉冲分析器一般为 1024 道，每道的能量范围是 20eV，能够将 Na～U 元素的各谱线特征 X 射线的能量全部包括进去，即在多道脉冲分析器上，各元素均有自己相应的能量位置或称道址。多道脉冲分析器能同时累积分析与样品中各元素之特征 X 射线能量对应的不同高度的电脉冲，将其在固定的道址内计数和存储。

能谱仪的工作原理：能谱仪利用 Si(Li) 检测器，可在观察二次电子像的同时有效地检测由样品发出的特征 X 射线。由试样射出的各种能量 X 光子相继经 Be 窗射入 Si(Li) 内，使 Si(Li) 检测器内硅原子电离，在活性区产生电子—空穴对，产生与 X 射线能量成正比的电荷脉冲。每产生一对电子—空穴对，就要消耗掉 X 光子 3.8eV 的能量。因此每一个能量为 E 的入射光子产生的电子—空穴对数目 $N=E/3.8$。加在 Si(Li) 上的偏压将电子—空穴对收集起来，每射入一个 X 光子、探测器输出一个微小的电荷脉冲，其高度正比于入射的 X 光子能量 E。电荷脉冲以时钟脉冲形式进入多道分析器。信号放大系统将输入电荷脉冲转变成放大的电压脉冲，再由多道脉冲分析器将输入的电压脉冲按幅度大小分类，并按能量的高低存贮在存贮器中，同时以一组谱峰的形式显示在荧光屏上。根据谱线在不同的能量位置，

就可定性地确定所含元素，即定性分析。求出相应谱峰的强度与标样强度的比值，再经过校正计算，就可得到各元素含量定量分析的结果。

三、电子探针波谱仪与能谱仪的性能特点

1. 电子探针波谱仪性能特点

总体而言，电子探针 X 射线显微分析的分析手段简化，分析速度快；成分分析所需样品量很少，且为无损分析方法；释谱简单，且不受元素化合状态的影响。

电子探针波谱仪具有下列特点：

1) 微区、微量

电子探针波谱仪是 X 射线显微分析仪，因此"微"是电子探针的一大特点。X 射线的横向分布是呈指数规律变化的，所以产生 99% X 射线的范围在三倍晶面间距内。例如用加速电压为 20kV 的电子束轰击试样铁，铁发生衍射条件的晶面间距为 $0.8\mu m$，因此空间分辨率为 $2.4\mu m$。要选择适当的电压，对各种不同类型的样品，通常分辨率仅为 $2\mu m$ 左右。

一般来说，电子探针波谱仪分析的检测极限为 100ppm。

2) 简便、快速

单矿物化学分析要求试样量往往是几十毫克至几百毫克，这样在显微镜下的挑选工作是既费时又困难。对一些稀有分散矿物，则根本难以挑选到足够的数量。另外，有些矿物互相穿插连生或有细小包裹体，很难保证所挑选的矿物是纯净的，这就不可避免地使分析结果产生误差。众所周知，化学分析结果乃是成千上万个矿物颗粒的平均值，无法知道每个颗粒之间的成分差异。电子探针波谱仪的扫描电镜或联用光学显微镜，可以选取任何感兴趣的颗粒或某一颗粒内的任何一区域进行一边观察一边定性定量分析，高性能电子计算技术加快了自动化分析与数据处理的速度。

3) 适用范围宽、准确度高

电子探针波谱仪现可分析的元素范围为 $^4B \sim ^{92}U$。对样品含量在 1% 以上的组分，电子探针波谱仪分析的相对误差在 1%~2% 以内。

4) 多种分析方式

应用电子探针波谱仪，可以进行表面形态分析、定性分析、定量分析、线分析和面分析，从而为全面、系统提供了可行的手段。电子探针波谱仪特别为研究矿物包裹体、固溶体溶和相变提供了极大的方便。

由于方法本身的因素，电子探针分析也存在某些局限性：

（1）对导热性和导电性差的样品，因电子轰击而引起的升温效应、电场混乱，电子束漂移会导致失水和某些组分的挥发，影响分析精度。需喷镀一层导热性和导电性好的薄膜，或用减少计数时间、扩大电子束直径、降低加速电压和束流等方法来提高样品的分析精度。

（2）受探测器技术性能限制，对轻元素定量分析精度差，无法分析含水量及变价元素价态及不同含量（如 Fe^{2+} 和 Fe^{3+}），也不能分析挥发分。

（3）对样品表面光滑度要求很高。因机械性质不同的多相样品，难以磨制高质量的光片，因而影响分析精度。

（4）很多天然或合成物相杂质多，进行各种修正时困难，标样的制备和选择也困难。

2. 电子探针能谱仪的性能特点

电子探针能谱仪分析手段简化，分析速度快，成分分析所需样品量很少，对样品污染小、且为无损分析方法，释谱简单且不受元素化合状态的影响；灵敏度高（探头近，未经晶体衍射，信号强度损失极少），谱线重现性好（无运动部件，稳定性好）；可进行低倍扫描成像，获得大视域的元素分布图；不受聚焦圆的限制，样品的位置可起伏2~3mm，适于粗糙表面成分分析。但其能量分辨率低（130eV），峰背比低，谱峰宽、易重叠，背底扣除困难，数据处理复杂。

3. 电子探针能谱仪与电子探针波谱仪的对比

1) 分析速度

能谱仪分析速度快；波谱仪分析速度慢。

2) X射线光子检测效率

能谱仪因为探测器离样品很近（一般为90mm），Si(Li)探测器几乎可以将射线光子全部直接接收。

波谱仪因为X射线必须经过分光晶体的衍射，再经过很长路程才能进入检测器，所以X射线光子损失较高。

3) 操作性能

能谱仪：结构紧凑，无机械运动部件，仪器稳定性好；谱线重复性好；对样品聚集要求不严格。

波谱仪：结构略散，有机械部件，仪器稳定性差；对样品聚集要求严格，对中要求高；电子束与样品交点、分光晶体中心和探测器三点须同在一个聚焦圆上，否则测试误差大。

4) 分辨率

能谱仪的分辨率为118eV，对重叠峰须通过计算机剥离。

波谱仪的分辨率为10eV。

5) 分析范围

能谱仪可分析元素范围为Be~U，轻元素分析误差大；

波谱仪可分析元素范围为Be~U，轻元素分析误差较大。

电子探针波谱仪与能谱仪具有不同特征，二者相对各有特长，具体各项比较见表6-1。

表6-1 能谱仪与波谱仪性能特征比较表

序号	项目	能谱仪	波谱仪
1	分辨率	不好，118eV	好，10eV
2	峰背比	不好，100左右	好，500~1500
3	检测元素范围	^{11}Na~^{92}U[①]	^{4}Be~^{92}U
4	定性分析的速度	2~3min	20~30min
5	定量分析的精度	较差	较好
6	分析微区大小	ϕ50nm 或 ϕ25nm	ϕ100nm
7	吸收电流大小	10^{-12}~10^{-10}A	10^{-9}~10^{-7}A
8	污染程度	小	大

续表

序号	项目	能谱仪	波谱仪
9	安装调节	很容易	复杂
10	低倍率 X 射线图像	均匀,最小可为 20 倍	不均匀,最小为 300 倍

① 配超薄窗口的探测器检测元素范围为^{5}B–^{92}U。

一般定性和定点分析用能谱仪,超轻元素和精确定量分析用波谱仪,二者可相互补充。

第二节　电子探针与能谱仪功能与制样

一、仪器的基本组成

电子光学系统,包括电子枪、双透镜、扫描线圈和样品室等部件(基本同于扫描电子显微镜的电子光学系统)。

X 射线波谱仪系统,主要由分光晶体、X 射线探测器和使两者按一定规律运动的机械连动装置组成。

能谱分析系统,主要由接收系统、信号储存和数据处理系统组成。

二、电子探针与能谱仪的功能

根据电子束工作状态,电子探针与能谱仪分析可分为点分析、线分析和面分析。点分析用于元素的定性和定量分析;线分析是电子束沿样品某一直线扫描,可以获得样品表面线扫描区域内某一元素成分的变化情况;面分析是指电子束在样品表面一定范围内扫描,可以获得扫描区域内样品组分的元素面分布状况。

线、面扫描是用来研究样品组分的赋存状态,结合二次电子像、背散射电子像和阴极发光像来研究物质的组成和成因过程,给出各种直观的信息。

1. 定性分析

电子探针与能谱仪定性分析主要是检测样品中所含元素的种类及大致含量。它可以和计算机联机使用,测出样品中的主要元素、次要元素以及微量元素,并结合标样中元素的 X 射线强度值,估计各元素的大致含量范围。

定性分析的目的是为进行未知样品定量分析时确定测试项目和选择标样提供依据;配合光学显微镜解决矿物定名问题;了解元素在样品表面的变化情况;了解普通光学显微镜下不易观察到的矿物微包裹体、微细环带、出熔、反应边、蚀变边、吸附等情况。

定性分析有点计数、线扫描及面扫描三种方法。

1)点计数

将电子束固定在欲测点上,记下各元素特征 X 射线衍射峰的位置和形态,移动计数仪直接检测各元素特征 X 射线衍射的峰位和强度。点计数分析速度快,可知样品中可能含有的元素,可进行微区成分分析。

2）线扫描

在光学显微镜的监视下，将样品要检测的方向调至 X 或 Y 方向，使聚焦电子束在试样扫描区域内沿一条直线进行慢扫描，同时用计数率计检测某一特征 X 射线的瞬时强度。若显像管射线束的横向扫描与试样上的线扫描同步，用计数率计的输出控制显像管射线束的纵向位置，这样就可以得到某特征 X 射线强度沿试样扫描线的分布。

3）面扫描

和线扫描相似，聚焦电子束在试样表面进行面扫描，将 X 射线谱仪调到只检测某一元素的特征 X 射线位置，用 X 射线检测器的输出脉冲信号控制同步扫描的显像管扫描线亮度，在荧光屏上得到由许多亮点组成的图像。亮点就是该元素的所在处。因此根据图像上亮点的疏密程度就可确定某元素在试样表面的分布情况。将 X 射线谱仪调整到测定另一元素特征 X 射线位置时就可得到该元素的面分布图像。

2. 电子探针的定量分析

电子探针定量分析依据电子探针在相同工作条件（工作电压、束流、探测器效率）下测得特征 X 射线相对强度值，即样品与标样中同名元素的特征 X 射线强度比；在暂不考虑测量过程中所产生的一系列物理作用影响的前提下，寻找此相对强度与浓度之间的关系，普遍认为二者近似相等。因此，在稳定电子束的照射下，由 X 射线光谱仪得到的 X 射线谱在扣除了背景计数率之后，各元素的同类特征谱线的强度值与它们的浓度相对应。定量分析时，记录下样品发射特征谱线的波长和强度，然后将样品发射的特征谱线强度（每种元素选最强的谱线）与标样（一般为纯元素标样）的同名谱线相比较，可确定出该元素的含量。

定量分析要想得到准确的结果，必须根据不同的要求，做好仪器工作条件的选择、标样的选择、样品制备方法的选择。为获得元素含量的精确值，不仅要根据探测系统的特性对仪器进行修正，扣除连续 X 射线等引起的背景强度，还必须作一些消除影响 X 射线强度与成分之间比例关系的修正工作，称为"基体修正"。

1）仪器工作条件的选择

电子探针对样品进行分析，首先要测量特征 X 射线的强度，要选择合适的加速电压，使其等于特征 X 射线临界激发电压的二到三倍。束流和束斑的选择一般要根据测量元素的不同而有所不同。表 6-2 列出常规分析中所选条件的经验数值，分析过程中，还要根据所分析的样品情况进行改变。

表 6-2 定量分析仪器工作条件

元素范围	加速电压 V_0（kV）	电子束流，μA	电子束斑，μm
超轻元素	10	50~100	20~30
轻元素	15	10	10
重元素	20~25	2~10	2

分光晶体的选择。目前电子探针常用的分光晶体组分是 STE、TSP、PET 和 LiF，不同晶体所能分析的元素范围有重叠，这就意味着，对许多元素，分光晶体可有多种选择。

波谱仪在不同条件下进行测试，无法进行全面、详尽的校正计算，也无法获得准确的测试结果。因此应在相同条件下进行测试。相同条件包括：相同的工作电压、束流大小，相同的束斑直径，相同的分光晶体。

2）标样的选择

利用电子探针和能谱进行定量分析，对标样具有很高的要求。标样应具备纯洁性、准确性、均匀性和稳定性。

纯洁性：标样的物质必须是固体，粒度≥0.2mm；标样纯度要达99.99%以上。化合物的分子式计算值要符合理论值，即不能有杂质。

准确性：所有标样都必须有准确的成分分析值，获得这些分析值的测试方法的精度必须高于电子探针，同时要具有很好的重复性。

均匀性：标样的成分和结构必须稳定、均匀，不能有出熔片、各类包裹体及环带；

稳定性：所谓稳定性是指标样在空气中、真空中及电子束轰击下，其物理化学等性质均不改变。如果改变，其变化必须反映到特征X射线强度上。

每个标样都必须经过严格检查后方可使用，标样的表面要有很高的光洁度，不得有任何麻点和擦痕。不同种类的样品，最好选用相应种类的标样。一般情况下，标样中某种元素的含量必须大于未知样品中该元素的含量。

选择标样样品的原则是尽可能与待测样品一致或相近。包括标样的结构和性质与未知样品尽可能相同或相近，如：分析金属物相时，尽可能选用金属标样（纯元素或合金）；分析造岩氧化物时，用矿物或合成玻璃标样；标样中元素的含量尽可能与待测样品一致或相近；如分析未知样中Na为10%，则标样中Na最好等于或略大于10%。这是因为，用相似标样可以使X射线强度与浓度之间的线性关系较为简单，从而提高分析精度。

3）电子探针波谱定量分析的原理和修正计算

定量分析，是利用特征X射线的波长和强度，确定样品中元素的组成及其含量。测定每一种元素的含量，需测两次强度，一是未知样品中该元素的强度值，二是标样中该元素的强度值，它们之间的比值称为被测元素的一级近似值，可用下式表示：

$$K_i = \frac{Psp(i) - Bsp(i)}{Pst(i) - Bst(i)} \tag{6-1}$$

式中 K_i——i元素的一级近似值；

$Psp(i)$——未知样品i元素的X射线强度值；

$Pst(i)$——标样中i元素的强度值；

$Bst(i)$——标样中i元素的本底值；

$Bsp(i)$——未知样品中所测i元素的本底值。

上式是所测元素含量的一级近似值，这是电子探针定量分析的基础。要想到得到其值，还必须对K_i值进行修正。包括首先对实测X射线计数进行死时间校正、背景校正、谱线干扰校正，以期获得真实的X射线强度比。其次是将特征X射线强度比转换为元素的真实质量浓度校正，这部分校正有ZAF校正、α因子法校正、B/A法校正及校正曲线法校正等。

电子探针通常能分析直径和深度不小于1μm范围内、原子序数在4以上的所有元素。但是对原子序数小于12的元素，其灵敏度较差。常规分析的典型检测相对灵敏度为万分之一，在有些情况下可达十万分之一。用这种方法可以方便地进行点、线、面上的元素分析，并获得元素分布的图像。

3. 能谱定量分析

X 射线能谱分析一般有两种方法：一种是无标样定量分析，一种是有标样定量分析。

无标样定量分析必须做到：要先准确确定 X 光能谱探测效率；要有准确的 X 射线强度计算公式；能谱仪必须测出样品中所有元素的 X 射线强度；分析结果归一化；用于计算的仪器参数必须和实际用于收集数据时的参数相同。

能谱有标样定量分析的原理和波谱分析的原理相同。即在相同实验条件下，通过比较从样品和标样中所发出的特征 X 射线的强度，再经过 ZAF 或 B/A 法修正，从而得到试样的某元素的浓度值。

根据以往分析工作中经常碰到的样品类型，在仪器工作状态稳定条件下，采用适当的实验条件，测定一系列标样中元素 X 射线的强度，储存在计算机里，建立有标样定量分析的文件。没有标样无法完成成分定量分析，而标样的好坏直接影响分析结果的准确性。石油地质类常建立硅酸盐类矿物标样、碳酸盐类矿物标样、硫化物标样和氯化物标样数据库。

定量分析首先确定分析元素，选择标样，再在最佳的相同条件下测量未知样与标样中各元素的特征 X 射线强度，进行校正及数据处理。能谱仪最佳的相同条件下是指相同的脉冲高度分析器的下限和道宽（正确选择脉冲高度分析器下限和道宽可以排除高次衍射线的干扰，分别测定其特征 X 射线的强度）。这是由于在定量分析时，经常可见一次特征 X 射线之间的干扰和高次衍射线对一次衍射线的干扰，影响分析结果的准确性。正确选择脉冲分析器的下限和道宽则可排除这些干扰。一般电子探针仪可自动实行对脉冲高度分析器下限和道宽的控制。

三、样品制备

1. 样品应满足条件

样品的大小必须与其仪器样品座的内径大小合适，成型后的样品不得大于试样座的最大内径。样品表面要尽可能光滑平整，定量分析要求抛光。样品表面必须具有良好的导电性，地质样品分析前必须用导电胶镶嵌在适当大小的铜圈内，并镀碳。要防止样品的污染。样品制备几乎与 SEM 的样品制备相同，一般要经历镶嵌、固化、抛光、镀膜等几个步骤。相对来说，能谱制样要比波谱制样简单，但均比 SEM 制样要求高。不同样品制备方法不同。

2. 微粒样品的制备

粘结法：把样品号刻在载玻璃上，将配好的环氧树脂或导电胶放置在玻璃片上。将样品放在胶面，粘好后，放在干燥箱内加温至 $60 \sim 70$℃，恒温 2h，固化后进行磨平、抛光和镀膜。

成型法：取一个厚度为 0.3mm 的铜片，按照样品座的形状大小加工成一样品垫片，然后把样品颗粒放在铜片上。接着将放好样品的铜片移到成型装置的模具内，倒入预先配制好的镶嵌物盖以后慢慢加热（约 80℃），加压（3 吨/cm^2）。加热到成型需 $5 \sim 7$min。冷却后，去掉钢片，样品便暴露在同一平面上，然后进行磨平、抛光。

3. 粉末样品的制备

将样品放在粉碎机上粉碎到粒径 1mm 左右，再放在玛瑙研钵中研磨，过 200 目筛。取少量样品，用压片机压片（压力为 10 吨/cm²）。将压好的光平小薄片，用乳胶粘在玻璃片或样品桩上干燥后进行镀膜。

4. 薄片样品的制备

用切片机将样品切成所需的尺寸，磨平样品表面，用环氧树脂粘结在玻璃片上；再将粘好的样品进行粗磨、细磨，待磨到所需的厚度后，进行抛光；最后用偏光显微镜进行观察，用墨水圈出所要分析的位置后，进行镀碳。

5. 块状样品的制备

块状样品要取其新鲜断面，表面尽量平整。按顺序用乳胶粘结在样品桩上，并用少量乳胶从样品桩引至样品上，使之形成乳胶桥，表面镀碳。用这种方法制成的样品，只能用于能谱分析。

第三节 电子探针及能谱仪分析在矿物学研究中的应用

电子探针及能谱仪分析是微束分析中的常规技术，几乎能应用在所有涉及固料研究的领域，如在地学、冶金、材料、电子、国防、机械、化工、法医、生程、环境工程、刑事侦破、宝石和古董鉴定等方面都得到广泛的应用。在地学方面，成为矿物学、岩石学、矿床学及有关学科的重要研究工具，为地质研究和矿产综合评价与利用提供了重要的研究数据和资料。

一、矿物的鉴定

常规方法用偏光显微镜观察和测定矿物的光学性质和其他物理性质来认识矿物，根据这些性质只能大致定性认识矿物。对于铂族元素矿物和其他稀有元素矿物，由于矿物颗粒较细，难以准确测定其光性与物性；同时，有些不同种类的矿物之间其光性和其它物理性质往往非常相似，用常规方法很难准确鉴定。因此，要确定地识别和鉴定矿物，必须对其化学成分和晶体结构等本质特征进行准确测定。电子探针能对矿物本质特征进行测定，因而它成为最有效和最常用的矿物鉴定手段，其应用使得一些原来无法识别的矿物得到准确鉴定，同时也纠正了以前一些错误或不甚准确的认识和结论。

二、新矿物的发现和研究

近 30 多年来波谱仪和能谱仪在矿物学领域得到广泛应用，为新矿物的鉴定和研究工作提供了极大的方便。利用它们发现新矿物的数量逐年增加，据不完全统计，1969 年大约发现 50 余种，1975 年约 200 种，至 1989 年则已超过 600 种，1995 年则已超过 800 种（特别是铂族元素新矿物的发现和研究）。

三、系列矿物的研究

由于在组成矿物的一些元素的化学性质、原子半径、键性等相类似，常常可以互相取代，从而使自然界矿物中较普遍地存在类质同象而形成许多成分复杂的系列矿物。电子探针不仅能分别分析矿物颗粒的化学成分，而且还能检测同一颗粒内不同部位的成分差异，因此电子探针可作为系列矿物研究的有效手段。借助电子探针进行系列矿物研究，可以了解矿物结构和物理性质与化学成分之间的关系，有助于推测成矿、成岩环境的物理化学条件，有助于查明元素赋存状态，寻找稀有贵重元素、进行矿床综合评价，制订科学的矿床开采方案。

四、宝石的鉴定和研究

天然宝石实际上是一类具有特殊物理和化学性质、质地细腻、色彩优美，令人赏心悦目的稀贵矿物。正因为其稀有与贵重，在宝石鉴定和宝石学试验时宜用无损检验方法，所以电子探针技术在最近十几年逐渐在该领域得到应用。

天然宝石和合成宝石在其微量元素种类、含量和分布、微观结构、微细包体等方面总会有一些细微的差异，可以根据这些特征用电子探针鉴定和识别宝石。例如通过电子探针分析可知：天然翡翠中微量元素钠、镁和铁的含量比合成品高得多；合成翡翠中有氯元素存在，根据这些特征和差别可以有效地鉴定和识别天然和合成翡翠。又如，天然红宝石含有一种针状包体，为钛的氧化物或金红石，而合成红宝石则从来没有发现过这种包体，据此可以区别天然与合成红宝石。

具相同外观不同类型与价值的宝石，可借助电子探针方法加以区别。

五、造岩矿物的分析

造岩矿物长石是地壳中分布最多的矿物之一，除超基性岩和碳酸盐岩外，其它各类岩石均含有长石，对长石成分及类型的研究可以确定母岩的性质和环境。

长石包括钙长石、钠长石、钾长石、钡长石。四种长石可以按不同比例混溶在一起，形成一系列的类质同象。随着温度的降低，相互间的互溶性逐渐减小，从而形成各种的独立矿物。

1. 各类长石的成分特征

长石的鉴定手段很多，电子探针和能谱主要是测定长石的化学组成，从而确定长石的类别。电子探针和能谱测定钙钠长石成分特征见表 6-3。

表 6-3　钙钠长石系列成分特征

长石类型	氧化物质量分数，%			
	Na_2O	K_2O	CaO	SiO_2/Al_2O_3
钠长石	10.65~11.83	<1	<1	>3
钙长石	少量	少量	17.58~19.53	>3
钙钠长石	含量较高	少量	含量较高	>3

在钾钠长石系列中，K_2O 的含量在 8.45%~16.91% 范围内，Na_2O 的含量在 1% 以下，可定为钾长石（即正长石）。而 K_2O 和 Na_2O 的含量都大于 1%，两项加起来在 11.69%~15.60% 之间，可定为钾钠长石。各类长石的 SiO_2 的含量都在 60%~70% 之间，Al_2O_3 的含量多在 20%~25% 左右，SiO_2/Al_2O_3 之比大于 3。SiO_2/Al_2O_3 之比大于 3 是与大多数浊沸石

相区别的标志，浊沸石该项比例一般<3。长石一般不含结晶水，在探针分析时，测出各化合物总量接近100%。

2. 钠长石化的测定

在砂岩储层中，钾长石和斜长石的钠长石化是常见的。在对各类长石演变特征的研究中，在大庆砂岩储层中发现，随着埋藏深度的增加，钾长石数量逐渐减少。斜长石被逐渐钠长石化，这与钾长石被溶蚀、次生孔隙逐渐形成有着内在的联系。次生孔隙的大量形成有利于钠长石化。

六、沸石矿物的分析

沸石矿物的种类很多，鉴定手段也多种多样，可以根据其光性，形态，化学组分的测定进行综合鉴定。表 6-4 为常见沸石的一些鉴定标志。

表 6-4 常见沸石鉴定标志

沸石种类	化学成分（分子式）	Si/Al	形态特征
方沸石	$Na[AlSi_2O_6] \cdot H_2O$	1.8~2.8	四角三八面体或与立方体呈聚形、均质体
钙十字沸石	$(K_1Na_2Ca)[Al_2Si_4O_{12}] \cdot 4~5H_2O$	1.7~2.8（深海2.4~2.3）	球状体、纤维状或放射状集合体，一级暗灰、灰白干涉色
交沸石	$(Ba,K)(Al \cdot Si)_2Si_6O_{16} \cdot 6H_2O$	2.3~2.5	柱状体，一级灰干涉色，低负突起
水钙沸石	$CaAl_2Si_2O_8 \cdot 4H_2O$	1.12~1.49	假正方双锥
浊沸石	$Ca(Al_2Si_4)O_{12} \cdot 4H_2O$	1.75~2.28	柱状、针状、纤维状、放射状集合体，低负突起，干涉色一级白至黄
毛沸石	$(Na_2,K_2,Ca)_2[Al_4Si_{14}O_{36}] \cdot 15H_2O$	3~3.5	纤维状
钠沸石	$Na_2[Al_2Si_3O_{10}] \cdot 2H_2O$	1.44~1.58	长柱状、针状、杆状、板状、纤维状，干涉色一级黄
杆沸石	$NaCa_2[Al_5Si_5O_{20}] \cdot 6H_2O$	1.0~1.1	纤维状放射状集合体，一级白至二级干涉色
变杆沸石	$Na_2Ca[Al_5Si_5O_{10}] \cdot 6H_2O$	1.5	球粒状、纤维状
丝光沸石	$(Ca,Na_2K_2)[Al_2Si_{10}O_{24}] \cdot 7H_2O$	4.7~5	细小长柱状、针状、扇状、丝发状、纤维状、花束状、球粒状
片沸石	$Ca[Al_2Si_7O_{18}] \cdot 6H_2O$	2.47~3.73	平行的片状、板状、条状晶体，呈平行连生晶体
斜发沸石	$Na[AlSi_5O_{12}] \cdot 4H_2O$	4.25~5.25	板状、条状细小的针柱状集合体
辉沸石	$NaCa_2[Al_5Si_{13}O_{36}] \cdot 12H_2O$	?~3	平行的薄板状、片状、柱状、自形晶，干涉色一级白至淡黄

电子探针分析是根据它们化学组分的差异来确定各种沸石的类别。下面是几种沸石的化学组成特征。

1. 方沸石

扫描电镜下方沸石呈多面体等轴状。主要化学成分是 SiO_2、Al_2O_3、Na_2O 和 H_2O。

2. 浊沸石

浊沸石的主要化学成分是 SiO_2、Al_2O_3 和 CaO，其中 SiO_2 的含量在 49.85%~51.45% 之

间，Al_2O_3 的含量在 21.30%~22.15%，CaO 的含量在 8%~13% 之间。

3. 斜发沸石

斜发沸石属火山玻璃的蚀变产物，一般产于中生代，新生代中酸性和酸性火山岩和火山碎屑岩等岩石中，常与蒙皂石和丝光沸石共生。经电子探针分析，东德斜发沸石的成分是 SiO_2、Al_2O_3、FeO、MgO、CaO、K_2O 和 Na_2O，其中 SiO_2 含量为 69.87%，Al_2O_3 含量为 13.17%，FeO 含量为 0.05%，MgO 含量为 0.96%，CaO 含量为 2.52%，K_2O 含量为 1.32%，Na_2O 含量为 0.11%。

4. 丝光沸石

丝光沸石和斜发沸石在化学组成上较相似，但形态上有较大的区别。丝光沸石在沉积岩中常以自生矿物出现。经电子探针对某些多孔状安山岩杏仁体中的丝光沸石的测定，其化学组成为：SiO_2 占 66.0%，Al_2O_3 占 12.02%，MgO 占 0.36%，CaO 占 3.02%，Na_2O 占 3.89%，K_2O 占 0.5%，H_2O 约 14.65%。

第四节　电子探针及能谱仪与其他仪器结合及应用

石油系统所拥有的扫描电镜大多配有能谱仪，因此近四十年来，电子探针波谱及能谱分析在石油地质上已得到了广泛的应用，逐步建立了造岩矿物及各种自生矿物元素成分测定的实验方法。在石油勘探开发过程中，随着对储层研究工作的日益重视，储层岩石的结构类型、矿物组成信息的正确获得已变得日益重要。电子探针波谱及能谱仪在这项工作中发挥了很大的作用。造岩矿物及各类自生矿物的正确鉴定对认识和评价储层、防止油层损害、提高石油产量、合理开采石油有着重要的实际意义。

一、与薄片鉴定结合测定未知矿物及难以鉴定的矿物

有些矿物在薄片下光性特征相似或相同，难以区分，可以借用电子探针测定矿物的成分来加以区分。如在薄片鉴定中，钠沸石难以鉴定，借助电子探针和能谱就可以确定样品中是否含钠沸石。玉门油田酒东盆地营尔凹陷某井 2829m 灰黑色泥晶白云岩中发现有花瓣状、放射状晶体交代泥晶白云石，偏光显微镜下该晶体呈长柱状、杆状、板状、纤维状晶簇，构成放射状及平行排列的集合体，无色透明，干涉色一级黄，平行消光。利用电子探针波谱及能谱有标样定量测定其成分如表 6-5 所示，与标准钠沸石接近，光性特征及成分特征综合鉴定该矿物为钠沸石。

表 6-5　钠沸石成分

氧化物含量测定方法	Na_2O	MgO	Al_2O_3	SiO_2	K_2O	CaO	$FeO+Fe_2O_3$	H_2O
电子探针波谱分析	14.596	1.885	27.857	45.957	0.056	0.727	1.421	8.5
能谱分析	11.31	0.20	22.43	55.16	1.53	0.88	0.54	7.94
标准	14.74		27.67	47.33	少量	少量		9.64

二、与阴极发光显微镜结合揭示矿物发光机理

矿物的发光是由于晶体存在发光中心。发光中心可以是晶格缺陷而自身发光，也可以是由于主晶内含有外来的杂质元素。形成发光中心的杂质元素有激活剂与猝灭剂。

在观察矿物阴极发光的同时，了解整个矿物的元素组成以及引起发光或抑制发光的微量元素含量也是必要的。因为微量的杂质元素即使浓度很低，含量很少也能促使矿物发出不同颜色的光。另外不同矿物由于含相同的元素也可以发类似的光，因此在研究阴极发光的同时还必须采用电子探针波谱及能谱进行矿物成分的测定。前已述及长石的发光与杂质元素的关系，碳酸盐矿物发光与锰、锶、铁等微量元素之间关系，分别揭示了长石和碳酸盐矿物的阴极发光机理。

三、与 X 射线衍射分析仪结合准确鉴定各类黏土矿物

扫描电镜，X 射线衍射分析从各个不同方面提供了黏土矿物的分析资料，例如黏土结晶形成及产状，黏土的种类及其相对百分含量等等。而黏土的化学成分则用探针、能谱分析提供，如表 6-6 所示，这几种手段集中起来，对正确鉴定各种黏土矿物是极为有效的。

下面是利用波谱与能谱仪对常见黏土矿物的成分分析（具体矿物成分见表 6-6）。

1. 对高岭石及埃洛石矿物的测定

高岭石的化学组成比较简单。经测定主要成分是二氧化硅和三氧化二铝。SiO_2/Al_2O_3 之比为 1.1~1.3。埃洛石与高岭石成分区别是层间水的加入，其他与高岭石相似，含有微量的 Fe、Cr、Cu、Mg。

2. 对蒙皂石矿物的测定

蒙皂石矿物在形态上与 I/S 混层、C/S 混层很难区分，但在化学成分上三者有较大的区别。主要是三者的 K_2O 含量不同。经检测，纯蒙皂石的 K_2O 含量只有 0.5%左右。I/S 混层的 K_2O 含量则随混层中蒙皂石层的减少，K_2O 的含量逐渐增高。C/S 混层只是 FeO 和 MgO 含量比蒙皂石高。测定蒙皂石的化学成分的全铁含量 0.11~6.35%，MgO 1.96~6.53%。

3. 对伊/蒙混层矿物的测定

在成岩作用过程中，随着埋藏深度的增加，蒙皂石逐渐转变为伊/蒙混层矿物。在形态上与蒙皂石和伊利石很相似。利用能谱，可以对 I/S 混层的化学成分进行系统分析，一般来讲，随着埋藏深度的增加，K_2O 含量有增高的趋势，其形态也会由蜂窝状→半蜂窝状→片状转化，即伊利石的含量比例逐渐增高，最后完全替代了蒙脱石。

4. 对伊利石矿物的测定

伊利石矿物在沉积岩中分布很广，具有随着埋藏深度的增加而增多的趋势。伊利石的主要化学成分是 SiO_2、Al_2O_3、K_2O。其中 K_2O 含量 6.0%~9.0%。除这些主要元素外，还有少量 FeO、MgO、CaO 和 TiO_2。K_2O 含量高是伊利石区别于其它黏土矿物的重要标志。

5. 对绿/蒙混层矿物的测定

绿/蒙混层主要化学成分为 SiO_2、Al_2O_3、FeO 和 MgO。绿/蒙混层的氧化铁和氧化镁含量比蒙皂石高，但比绿泥石矿物低。

表 6-6　黏土矿物形态特征、晶体结构及元素成分

构造类型	黏土矿物类型	代表黏土矿物	主要元素	次要元素	SiO₂	Al₂O₃	K₂O	CaO	NaO	FeO	MgO	结晶水	X衍射谱图 $d(001)$ Å	扫描电镜下单体形态	扫描电镜下集合体形态
两层构造铝硅酸盐	高岭石族	高岭石、地开石等	Al, Si, O, H	Na, K, Mg, Ca, Fe, Ti	43.64~46.90	36.83~40.22	0.00~1.49	0.00~1.48	0.00~1.16	0.10~1.61	0.01~1.02	12.18~14.27	7.1~7.2	假六方惯用的鳞片状	书页状、鳞虫状、手风琴状
	埃洛石族	埃洛石	Al, Si, O, H	Na, K, Mg, Ca, Fe, Ti	43.64~46.90	36.83~40.22			痕量			12.18~14.27	7.2~10.05	针状、管状	细微的棒状集合体
三层构造铝硅酸盐	蒙皂石族	蒙皂石、囊脱石	Al, Si, O, H, Ca, Mg, Fe	Na, K, Ti	45.12~65.97	15.96~28.24	0.00~0.60	1~6	0.00~2.75	0.06~7.3	1.95~6.53	6.45~8.91	Na-12.5 Ca-15.0	棉絮状、蜂窝状	皱成鳞片状、蜂窝状、集合体
	伊利石族	伊利石、海绿石、蜒石等	Al, Si, O, H, K, Mg, Fe	Na, Ca, Ti	38.18~56.91	15.08~34.64	3.25~7.98	0.00~1.59	微量 0.07~0.70	0.00~21.78	0.44~6.86	6~9	10	片状、丝缕状	鳞片状、碎片状、羽毛状、集合体
混合层构造铝硅酸盐	绿泥石族	各种绿泥石	Al, Si, O, H, K, Ca, Mg, Fe	Na, K, Ca, Ti	20.82~39.05	9.5~47.47	0.00~0.03	0.00~3.32	0.00~0.04	0.00~51.71	0.2~37.64	7.6~14.90	14.1 7.1 3.53 4.74	针叶片状、玫瑰花朵状、绒球状	薄片状、鳞片状、集合体
混层黏土矿物		伊蒙混层	Al, Si, O, H, Mg, Ti	Na, Ti	49.0~60.00	18.10~34.50	2.65~9.07	0.02~1.49	0.00~1.03	0.19~9.37	1.3~4.4	5.5~10.4			蜂窝状→片状
		绿蒙混层	Al, Si, O, H, Mg, Fe, Ca	Na, K, Ti	22.00~54.31	1.9~37.38	0.02~2.72	0.00~2.83	0.00~0.52	0.00~36.52	0.08~28.56	7.4~15.4			蜂窝状→片状

6. 对绿泥石矿物的测定

绿泥石在含油气盆地中多数分布在 2500m 以下地层中，其形态多种多样。其主要成分是 SiO_2，Al_2O_3，FeO 和 MgO。其中全铁含量 0%～43.01%，MgO 含量 0.20%～37.64%。FeO 和 MgO 含量高是绿泥石区别于其他黏土矿物的特征。不同地区、不同形态的绿泥石的 FeO 含量不同。

四、与扫描电镜结合研究各类岩石组构及成因

矿物与组成岩石的矿物，在扫描电镜下均呈一定形貌特征，据此形貌特征可以研究矿物与岩石的组成、结构及成因，正确鉴定这些矿物。但在形貌特征难以鉴定时可以结合电子探针波谱和能谱仪，特别是能谱仪的结合，由电子探针波谱仪与能谱仪的定性与定量分析，利用成分上的微弱差异可以准确鉴定矿物，区分不同环境、不同成因及不同结构和构造的矿物，使对矿物鉴定与研究的工作更深入，更趋于正确。

第七章
阴极发光显微分析

阴极发光显微分析技术是在普通显微镜技术基础上发展起来的、用于研究岩石矿物组分特征的一种快速简便的分析手段。阴极发光显微镜主要由发光装置与光学显微镜两部分组成。发光装置是仪器的主体部分，即阴极发光仪。在地质上，主要采用偏光显微镜与发光装置组成阴极发光显微镜。

第一节 阴极发光概述

19 世纪中叶到 20 世纪中叶，人们对阴极发光现象由认识阶段发展到对阴极发光理论的探讨阶段。20 世纪 60 年代以来是阴极发光研究的现代阶段，许多学者对阴极发光理论的研究更加深化，其技术方法和实际应用更加成熟，如 Medlin（1964）、Wiliams（1966）等，从量子力学、晶体场理论、配位场理论等观点出发，阐述了发光原理，这些理论涉及激活剂、猝灭剂、发光中心的概念，对地质学方面的应用有很大指导意义。

20 世纪 60 年代末期，由美国 Nuclide 公司生产出第一台现代阴极发光装置，即 ELM 型阴极发光仪。它和常规的偏光显微镜相结合，成为第一台阴极发光显微镜。

1983 年，我国引进了美国 Nuclide 公司生产出的 ELM-2B 型阴极发光仪，主要从事石油地质方面研究。1993 年，石油大学（北京）引进了当时世界上最新型号的 ELM-3RX 型阴极发光仪，主要用于岩石、矿物等地质方面教学科研工作。当时国内已有自己生产的阴极发光仪，北京燕山科学仪器公司设计的仪器、成都地质学院与有关厂家设计的仪器均已通过鉴定并正式生产，当时国内有不少单位使用，改变了该仪器完全靠进口的局面。到 21 世纪初，经多年发展，阴极发光显微技术在中国得到了一定的应用，特别是在地学领域应用广泛。

伴随着 21 世纪油气地位的提高，阴极发光显微分析技术在地质和石油系统得到进一步应用，该设备在各大油田地质研究院、各大地质院校都有配置。设备组合上又有了新的进展，即将有关装置与阴极发光显微镜相配合，增加了阴极发光显微镜的功能，提高了应用效率。

（1）在阴极发光显微镜上配置能谱装置，这样可以在观察矿物发光颜色的同时，知道矿物的成分、发光元素、发光光谱的波段等，实现了定性基础上的半定量元素分析。

（2）配有摄像装置并装有高分辨率显示荧光屏，将在阴极发光显微镜的目镜中所看到的实况，通过摄像装置摄入投放到荧光屏上，可供讨论、研究和教学用。同时实况摄录资料可作为实验过程与结果记录在数据体中，供适时网络交流及后续系统研究。

（3）高像素CCD数码相机代替了胶片摄像（照像）装置，并配有计算机储存系统。稳定、灵敏的数码相机将实验工作人员从需要冲洗的胶片照相中解救出来，应用操作变得和普通显微镜使用一样简单和快速，并实现了有目的性地储存。

（4）配有分光光度计，获得发光颜色与发光强度，进而扩大测试精度与应用范围。

第二节　阴极发光显微镜的仪器结构与工作原理

一、阴极发光机理

根据激发源不同，晶体发光的原因有多种。任何物质吸收了外加能量，都会由于能量增加而处于不稳定状态，并有自然放出能量的趋势。如果这些能量以光的形式放出，这就是发光现象，发光时间仅限于激发时间的发光称为荧光；在激发停止以后还继续发光的称为磷光；用强大的交变电场激发的称为电致发光；用可见光、红外光、紫外光、X射线来激发的称为光致发光；由阴极射线管发出的加速高能电子束对样品（固体）进行轰击，使电能转化为光辐射而产生发光称为阴极发光。阴极发光也属于荧光的一种，因为只有在激发时，发光体才发光。此外还有因热激发、化学能激发、高能粒子激发而发光等。

无机物质和有机物质都可产生荧光。引起矿物发光的因素有以下几种情况：

第一种是矿物的基本成分引起发光。这种发光在自然界中比较少，如白钨矿、一些铀矿等是属于矿物的基本成分发光的。在发光学术语上常用"激活剂"一词，激活剂是指在矿物晶格中，存在着一定的过渡元素和稀土元素，如锰、钛等，它们能发光，也能使矿物发光。对于基本成分能发光的矿物来说，发光的元素就是矿物的基本成分，因此也可以称这种矿物的发光是属于激活剂引起的发光，如上述白钨矿的发光。

第二种是类质同象元素引起发光。类质同象元素在晶体中为不稳定状态，当授能量给这种晶体时，晶体就会发光。但并不是所有的类质同象元素进入晶体都能使晶体发光，只有是激活剂的元素才能使晶体发光，因此这种发光称为由激活剂引起的发光，它不同于由矿物的基本成分引起的发光。在自然界中这种矿物是比较多的，大多数矿物的发光都是由于晶格中含有某些杂质元素，它们在矿物中是以类质同象状态存在的，被称为"激活剂"。如方解石就是属于由激活剂引起的发光矿物，方解石的化学分子式是$CaCO_3$，其中Ca^{2+}和CO_3^{2-}都不引起发光，引起方解石发光的是Mn^{2+}等，它在方解石晶体的晶格中以类质同象状态存在。这些激活剂包括镧系元素离子（Eu^{2+}、Sm^{3+}、Dy^{3+}、Tb^{3+}、Eu^{3+}）以及过渡金属元素离子（Mn^{2+}、Fe^{3+}、Cu^{2+}、V^{3+}、Ti^{4+}）。这些激活剂原子中电子层结构的共同特征是具有未填满的壳层，如Mn的3d5等；或者是有价电子层以及空位层等，如稀土元素。在同一种矿物中可以有不同种激活剂存在，由于不同种激活剂的存在，可以导致矿物发光颜色不同，而激活剂存在的多少，则会引起矿物的发光强度不同。

在发光物质中除激活剂外，尚有一些敏化剂。敏化剂的作用是在它受激发后所获得的能量并不直接辐射发光，而是将其能量再传输给激活剂使激活剂发生辐射。也就是在一种离子（敏化剂）吸收带里被吸收的能量，能够在另一种离子（激活剂）的发射带里发射出来。如果在没有敏化剂的作用下，激活剂的发射就具有一定的强度，则敏化作用使激活作用加强；当激活剂浓度很低或某些激活剂可能是"休眠的"，因此它不能够吸收可获得的激发能，但敏化剂能吸收入射射线，然后再传递给激活剂而使激活剂被激发。

在碳酸盐岩中，Pb^{2+}是激活剂，其发光频带为480nm，但它又是敏化剂。另一种敏化剂是Ce^{3+}，在方解石中敏化剂的有效浓度可低达10ppm。

与激活剂相对抗，能抑制矿物的发光的物质称为猝灭剂。也就是在发光中心"截获"部分或全部已吸收的能量，抑制了激活剂的发光的物质。猝灭剂有Co^{2+}、Ni^{2+}、Fe^{2+}、Ti^{2+}等。已报导的最小有效浓度可低达30~35ppm。

第三种发光情况是矿物的晶体结构变化而引起的发光，这主要是矿物受应力作用后，使晶体格架发生变形而引起发光。

第四种情况是矿物受到辐射源辐射之后，在可见光、紫外光下可以发光，或在加热条件下也可以发光。

有机物质的发光是由有机物的分子构造决定的，C/S、C/N、N/O等双键连接的分子结构都可产生阴极发光。

二、仪器的结构及工作原理

阴极发光仪有两大类，一类是扫描电镜和电子探针附加功能的阴极发光附件；此类设备得到图像多为黑白色，不是彩色的影像。另一类是用于配光学显微镜的显微阴极发光仪，也就是阴极发光显微镜。本章重点讲述后一种仪器。

阴极发光显微镜主要由光学显微镜、阴极电子枪、样品室、控制系统、真空系统、图像记录系统组成（见图7-1，图7-2）。

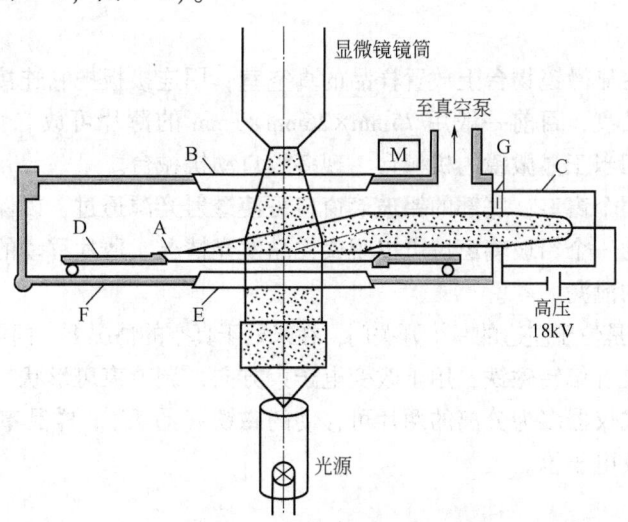

图7-1　阴极发光显微镜横剖面示意图
A—薄片；B—观察孔；C—电子枪；D—带X—Y调节滑板的样品架；E—下观察窗；
F—真空室；G—准直阳极；M—磁偏转器

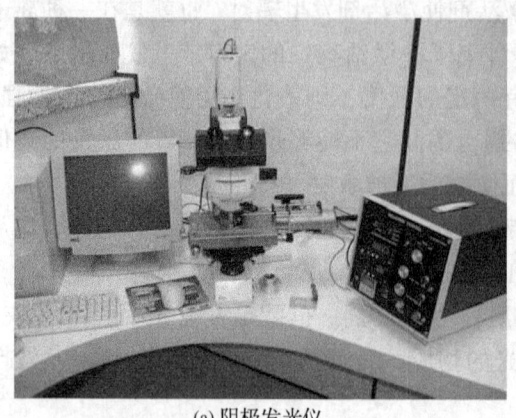

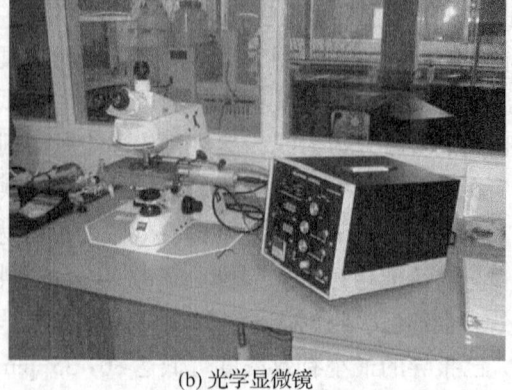

(a) 阴极发光仪　　　　　　　　　　　　(b) 光学显微镜

图 7-2　阴极发光仪与光学显微镜

1. 显微镜

应选用配有数码显示和照相设备的偏光显微镜，因样品室放在物台上，距离较大，因此要求配有长焦距物镜，物镜工作距离应大于 15mm。这样偏光及阴极发光特点均可观察，并可随时照相。

2. 阴极电子枪

阴极发光的核心部件是阴极电子枪，可分为热阴极式及冷阴极式二种类型。多数使用冷阴极式电子枪，就是利用气体放电原理制成的电子枪，阴极勿需加热。电子枪由阴极和阳极组成阴极发出电子束，穿过阴极上的小孔，通过聚焦线圈，进入样品室，使用电压为 0~15kV，也可达 20~30kV，电子束强度为 0~2mA 之间。

电子枪与样品室之间是水平连接，所以电子枪所发出的电子束也是成水平方向进入样品室，它必须通过一组电磁偏转器将电子束偏转一个角度，使之折射到样品上。

3. 样品室

样品室是一装在显微镜物台上放置样品的真空室，用连接板把它连接在显微镜物台上。

样品室内有样品盘，目前一般用 75mm×26mm×1mm 的薄片可放二片。样品室有 X、Y 两个方向推进器，相当于显微镜的机械台，现多为自动机械台。

样品室有下上两个窗口，底部的铅玻璃窗口可使透射光源透过，以保证对薄片的偏光特性进行观察。上部的一个铅玻璃窗口可以观察样品发光情况、薄片移动的位置、电子束斑的情况，并防止射线的泄漏。

样品室的入口，是位于左边的一个开关门，在未处于真空的情况下，门可以打开放入薄片。

在样品室上面装有偏转磁铁，用于改变电子束方向，调节束斑形状。目前这组电磁偏转器为固定装置，老式仪器多为分离的两片可移动的磁铁（易丢）。样品室右侧，有进气阀及针阀，连接真空泵及电子枪。

4. 控制系统

本系统主要有以下几种功能。

真空监测：在样品室上真空规管的压力读数。检测时真空度常保持在 0.003~0.1mbar。

控制冷阴极电源：提供了用于电子枪电源的电路，电路包括有开关、高压开关、电压电流表。束流一般是 0~5mA、连续可测与可调。高压一般是 0.5~30kV、连续可变与可测。

控制聚焦电源：用于调节聚焦电流，实现束斑从不聚焦→聚焦→散射聚焦的过程。电子束流打到样品上的亮点称为束斑，束斑范围内的矿物受激发而发光，束斑亮度的强与弱会使矿物发光的强度有差别。要使矿物发光符合要求，对电子束斑要进行调整，要把束斑调到圆形又不分散，以保证观察与获取图像。

本系统包含多根容易移动的输入和输出电缆，带有便于观测的倾斜架，便于得到合适的观察效果与保证设备运行正常，并尽可能使阴极发光显微镜处于正常的最佳工作状态。

对工作电压和束流，要依检测对象进行选择：

（1）对于大多数矿物来说发光程度属于中等—强，如一般的石英、方解石等，在观察时这些矿物电压可调至 8~10kV，束流调至 0.5~0.8mA 即可。

（2）对发光很强的矿物，如发亮蓝色光的钾长石，很亮的方解石等，电压可以不改变，束流调节在 0.2~0.5mA 之间，根据发光具体情况来选择，因为发光强度很强的矿物束流早先对胶片照相效果影响较大，同时对仪器内冷阴极也有一定影响。

（3）对于发光很暗的矿物，适当增加电压和束流强度。如有的石英、含铁方解石、含铁白云石等，电压可调至 8~15kV，束流可在 0.8~2mA 之间，根据具体情况而定，以保证阴极发光图片的清晰度和样品发光的本来面貌。

5. 真空系统

电子枪及样品室均要求在真空条件下才能工作，因此阴极发光显微镜需要配备一套真空系统。真空系统由真空泵、连接管、泵开关、真空规管、进气阀及针阀等部件组成，正常工作要求真空度在 10^{-2} mm Hg。真空泵通常要外接出气口，排气要符合相关环保标准。

6. 图像记录系统

图像记录系统包括 CCD 数码摄像系统或胶片摄像装置。目前多采用数码像机记录，要求对弱光敏感，摄像头像素 500 万以上，并配计算机与图像处理软件。老式仪器用摄影胶片记录，因部分样品阴极发光弱，曝光时间会很长，一般胶卷不宜使用，需用长时间曝光的特殊胶卷。阴极发光室应选择避光、相对暗的房间，适于发光图像记录。

7. 其他

分光光度计，样品发光后由显微镜观察，而用分光光度计记录波谱。

能谱仪系统，包括能谱探测器（含测微窗口）、分析软件、计算机。

X 射线强度溢漏监测仪（备选项）。

稳压电源（备选项）。

微型钻取系统（备选项）。

第三节　常见矿物的阴极发光特征

目前人们已经对许多矿物的阴极发光特性进行了研究，尤其是对方解石、白云石、磷灰石、石英等研究得较为深入。Nickel（1978）总结了 80 余种矿物的阴极发光特征，现仅介绍几种常见的矿物阴极发光特征。

一、石英

石英常有两种变体，一种为高温石英，即 α-石英，呈六方锥，柱面很短；一种为低温石英，即 β-石英，呈长柱状。二者的转化温度为 573℃。石英在地壳中分布很广，是碎屑岩的主要成分。在侵入岩和喷出岩中常为 β-石英，在伟晶岩和脉岩中常见 α-石英。

1. 石英的阴极发光特征

石英的阴极发光有三种类型：紫色发光的石英，它们有较宽的色谱，以蓝、蓝紫、紫、紫红、红色为主；褐色发光石英，包括红棕、深棕和浅棕色发光石英；不发光的石英（图 7-3，表 7-1）。

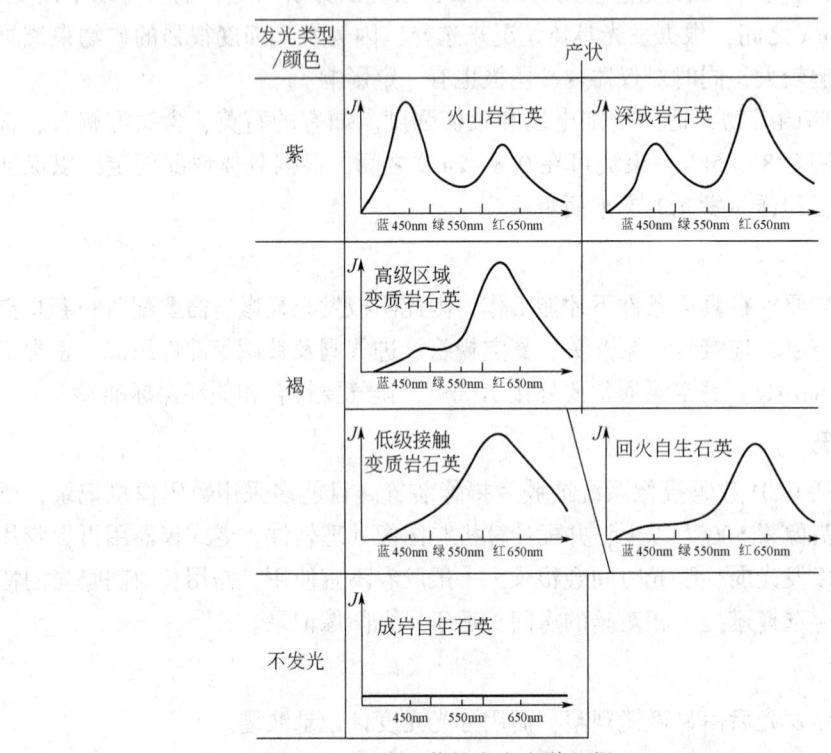

图 7-3 三种石英的发光光谱（据 Zinkernagel, 1978）

表 7-1 石英发光类型及其产状

发光类型	发光颜色	温度条件	产状		
Ⅰ	以紫色为主，变化于蓝—紫、红—紫之间	>573℃，冷却"快"	火山岩	深成岩	接触变质岩
Ⅱ	褐色	>373℃，冷却"慢"	深变质岩	a. 变质的火成岩 b. 变质的沉积岩	
		300~573℃	浅变质岩	a. 接触变质岩 b. 区域变质岩 c. 回火的沉积物（自生石英）	
Ⅲ	不发光	<300℃	沉积物中自生石英		

石英的阴极发光光谱从蓝色到棕色呈一系列的变化。即由蓝色—蓝紫色—紫色—红紫色—棕红色—棕色，其波长在350~650nm之间（图7-3）。

2. 影响石英阴极发光的因素

石英阴极发光特征与很多因素有关。总体来说石英中的激发是由微量元素、结构中的缺陷以及两者之间的相互作用造成的。例如，蓝色发光被归因为Al^{3+}替代Si^{4+}以及Ti^{4+}的含量有关。石英的阴极致发光颜色与岩石的形成环境密切相关，如发蓝紫色光的石英，包括红紫、蓝紫和蓝色的石英与火成岩、深成岩以及快速冷却的接触变质岩的环境有关联。成岩的自生石英多不发光。石英矿物内的激活剂包括金属离子（Eu^{2+}、Sm^{2+}、Dy^{2+}、Tb^{3+}、Eu^{3+}）以及过渡金属离子（Mn^{2+}、Fe^{3+}、Ca^{2+}、V^{3+}、Ti^{4+}）。与激活剂相对应，存在能抑制石英发光的猝灭剂，如Co^{2+}、Ni^{2+}、Fe^{3+}、Ti^{4+}等。

石英阴极发光特征明确其与地质体产状、温度的关系，三种不同发光类型正好反映了三种不同成因的石英（表7-1）。紫色发光石英产于火山岩和接触变质岩中，形成温度大于573℃，快速冷却的高温石英（β-石英），包括蓝、蓝紫、紫、红紫、红色。褐色发光石英，包括棕色发光石英，地质产状有两种：第一种石英形成温度>573℃，缓慢冷却，产于高级区域变质岩，包括变质火山岩和变质的沉积岩；第二种石英形成温度为300~573℃，为低温石英（α-石英），产出于低级变质岩，其中包括接触变质岩外带、区域变质岩和回火的沉积岩（自生石英）。不发光石英，形成温度小于300℃，即成岩过程中形成的自生石英，后期未经过回火作用。

快速冷却的高温火成岩石英的晶格有序度较低，在电子束的轰击下，阴极发光呈蓝紫色。成岩过程中形成的自生石英，因结晶温度低、结晶缓慢、晶格排列整齐、有序度高，不发光。如果自生石英后来又受到高温（>300℃）的作用，如火山或变质作用，使结晶速度加快，使晶体造成晶格缺陷，缺陷位置后来又结合进来杂质离子即激活剂，石英可从不发光到发棕色光（这种激活剂可能是少量的Fe^{3+}）。区域变质石英的有序度介于两者之间而呈褐色光（见图版9至图版12）。

二、长石

长石是一种最常见最重要的造岩矿物，广泛分布于岩浆岩、变质岩和沉积岩中。准确鉴定长石及其种属具有重要意义。根据化学组成、结晶特征以及生成温度有关的类质同象特征，可以将长石分为碱性长石和斜长石两类。

1. 长石的阴极发光特征

长石的阴极发光颜色较多，有蓝、红、绿、褐、不发光。一般来说，碱性长石主要发亮蓝色光，斜长石多发暗蓝色光。碱性长石中的正长石多发红色光，斜长石中的钠长石为粉红色光，更长石为黄绿色光，受低温变质作用影响的长石有时发褐色光，有时近于不发光，自生长石不发光（表7-2）。

不少学者对长石的阴极发光颜色作了研究，发现同一类型长石在不同岩石中发光颜色不同（表7-3）。如在伟晶岩中的钠长石为淡黄绿色，而在黑云母花岗岩中的钠长石为粉红或红色，在条纹长石中的钠长石为暗褐色、黑色、蓝色或红色，呈脉状产于富钾微斜长石主晶中的钠长石为暗蓝色，月岩中钠长石为红色、蓝色及淡绿色。又如斜长石为深海蓝色，斑岩中的斜长石为暗蓝色，酸性、基性或变质火山岩中的斜长石为蓝色到"芥末黄色"。还有钙长石一般为淡红色，月球结晶岩中的钙长石为蓝黄色。

表 7-2 长石的发光颜色

长石的发光颜色	杂质元素	发光光谱波长	备注
发蓝光的长石	Ti^{4+}	460nm±10nm	
发红色光的长石	Mn^{4+}		
	Fe^{3+}	470nm±10nm	或 690~725nm
发绿色光的长石	Fe^{2+}	550nm±5nm	含 Fe^{2+}<1%
发深棕（褐）色光的长石		长石的蚀变及受低温变质作用影响	

表 7-3 不同长石的发光颜色（据 E. Nickel，1978）

长石	发光颜色	波长, nm	激活剂, %
正长石	微红—蓝色	480	
微斜长石 微斜长石（带有碎屑长石核心的自形晶）	浅蓝色； 碎屑核心；鲜蓝色； 自形晶；无阴极发光		
条纹长石	浅蓝—浅褐		
钾长石 钾长石自形晶	浅褐色或带有蓝色斑点的浅褐蓝色 无阴极发光		
钠长石（碱性长石） 钠长石自形晶	暗蓝色、淡黄绿色； 无阴极发光		
歪长石	鲜蓝色		
奥长石	鲜绿色		
斜长石 （人工合成，含 Ca）	蓝色 绿色 红色 蓝色 淡黄色	460±10 550±5 700±10 450±5 570±5	Ti^{4+} Fe^{3+} Fe^{2+} Ca^{2+} Mn^{2+}
斜长石 （月球岩心）	红色 红色和蓝色 淡黄绿	550	Fe^{3+}>0.1 Ti^{4+} 0.05~0.1 Mn^{2+} 0.1 Fe^{2+} 1~0.1
斜长石 　地球钠长石 　月岩钠长石 斜长石（取自白云母花岗岩—酸性斜长石）	浅蓝色 浅蓝色 深海蓝色		Ti^{4+} Ti^{4+}
单斜和三斜碎屑长石	浅蓝-浅褐色以及 橄榄褐到黄绿色		

2. 激活剂对长石阴极发光的影响

研究表明，激活剂对长石具多种发光的影响很大，不同激活剂导致长石发不同颜色的光（表 7-3）。常见的激活剂有 Ti^{4+}、Fe^{3+}、Fe^{2+}、Mn^{2+} 及一些稀土元素。结合电子探针分析，可以看出长石不同发光颜色与所含激活剂的关系。

1）蓝色长石

在阴极发光显微镜下发蓝色光的长石（包括碱性长石类和斜长石类）是长石中最常见的。当长石中含有元素 Ti^{4+} 时，有阴极发光显微镜下发蓝色光，其光谱波长范围为 $460nm\pm10nm$，这是蓝光的波长范围，在人工合成的长石试验中也可以得出这样的结果。

将发蓝色光的长石砂岩薄片拿到电子探针仪上进行分析，便可以发现蓝色光的长石与其中含 Ti^{4+} 有关。

2）红色长石

在阴极发光显微镜下，由 Fe^{3+} 为激活剂而发红色光的长石比发蓝色光的长石要少得多，红光光谱波长范围是 $690\sim725nm$。掺有 Fe^{3+} 的合成长石的发射光谱与发红光的天然长石的光谱是相同的。

另外，锰的化合价不同会有不同的发光，Mn^{4+} 起激活作用时发红光。

红色的长石在电子探针仪上进行分析的结果有 FeO 的出现（包括 Fe^{2+} 和 Fe^{3+}），FeO 的重量百分比仅次于深棕色（褐色）长石，大于蓝色长石和绿色长石。

在电子探针仪上分析红色长石时，还有 MnO 的出现，在蓝色长石、绿色长石及深棕色（褐色）长石进行电子探针分析时都没有发现。综上所述，发红色光的长石与其中含有 Fe^{3+} 和 Mn^{4+} 有关。

3）绿色长石

在阴极发光显微镜下发绿色光的长石比发蓝色光的长石少得多，比发红色光的长石也少些。少量的 Fe^{2+} 在长石中有时会起激活作用，而一般情况下，Fe^{2+} 对矿物发光都起猝灭作用，如当 Fe^{2+} 的重量百分比小于1%时，它不起猝灭作用，而可以起激活作用。

在电子探针仪上对绿色长石进行分析时，FeO 的重量占比与蓝色长石、红色长石及深棕色（褐色）长石相比较，除蓝色长石外，绿色长石的 FeO 含量最低，由此可见，发绿色光的长石与长石中含有少量 Fe^{2+} 有关。

4）深棕色（褐色）长石

深棕色（褐色）长石在岩石中不常见，在电子探针仪上分析的结果表明，FeO 的含量略高于蓝色长石、红色长石及绿色长石。

深棕色（褐色）长石与受低温变质作用有关。另外，长石本身的蚀变、黏土化等作用的发生也会使其发光变暗或近于不发光。

三、碳酸盐矿物

具有造岩意义的碳酸盐矿物主要有四种：方解石、白云石、菱镁矿、菱铁矿。

1. 碳酸盐矿物的阴极发光特征

方解石常见的阴极发光颜色为橙色、橙黄色、橙红色（见阴极发光图版）。少数方解石为褐色、蓝色和绿色以及不发光。往往低镁方解石为鲜橙色，高镁方解石为暗红色。方解石呈现阴极发光的波长为 $580\sim595nm$。

白云石常见的阴极发光颜色为紫色、玫瑰红色、桔红色、红褐色等，也可见蓝色和绿色。不同成因的白云石发光明显不同，一般认为埋藏白云石发光多为亮红、玫瑰红、亮橙黄、橙红色，准同生白云石多呈中等黄、红、橙红、桔红、蓝、绿等色。与混合水有关的白云石呈明亮的蓝色，淡水白云石发光昏暗，相对高温变质的白云石（如大理岩中白云石）为淡黄、淡红、淡紫-深紫色，白云岩化鲕状岩中的白云石边缘为暗红褐色、中心为淡红褐色。白云石的发光波长为597~675nm。

菱镁矿为红、玫瑰红色发光，有时具蓝和亮蓝色发光；菱铁矿为橙色发光。

2. 方解石和白云石类矿物的阴极发光与元素组成

经电子探针、X衍射、原子吸收光谱、能谱、阴极发光和薄片的染色分析，对各类碳酸盐矿物的分析数据表明阴极发光与元素含量关系密切。

方解石、含铁方解石、白云石、含铁白云石、铁白云石在元素含量及有关比值上有较大差别，Ca/Mg比值可以区分方解石和白云石，方解石Ca/Mg比值>3.5，白云石类Ca/Mg比值<3.5，对白云石类矿物又进一步可用Fe/(Fe+Mg)比值来区分，S. Douglas McDowell和James B. Paces（1985）以此比值来划分白云石、含铁白云石和铁白云石，按他们的标准，白云石的Fe/(Fe+Mg)比值<0.05，含铁白云石Fe/(Fe+Mg)比值为0.05~0.2，铁白云石Fe/(Fe+Mg)比值为>0.2。

王衍琦等认为，白云石的Fe/(Fe+Mg)比值<0.05，含铁白云石的Fe/(Fe+Mg)比值为0.06~0.37，铁白云石的Fe/(Fe+Mg)比值为0.48~0.62（表7-4）。参考X衍射分析和薄片下的染色特征，将Fe/(Fe+Mg)比值为0.2~0.4的白云石定为含铁白云石是合适的，因为含铁白云石染色呈浅蓝色，而铁白云石在染色后即呈蓝色。X衍射分析结果，Fe/(Fe+Mg)比值为0.2~0.4的白云石的d值为2.895，而铁白云石的d值为2.907~2.914，因此暂将Fe/(Fe+Mg)比值在0.05~0.4的白云石均定为含铁白云石，将Fe/(Fe+Mg)比值>0.4的定为铁白云石。

此外，Fe/Mn比和Mn/Fe比也可用来区分含铁白云石与铁白云石，含铁白云石的$FeCO_3$含量为3%~11.8%，Fe/Mn比值为2.4~10.7，Mn/Fe比值为0.09~1.41，而富钙铁白云石$FeCO_3$含量为14%~26%，Fe/Mn比值大于13，Mn/Fe比值为0.008~0.074。

富钙铁白云石和铁白云石的区别主要表现在$CaCO_3$含量上，富钙铁白云石的$CaCO_3$含量为57.5%~61.6%，铁白云石则在54%~57%。

3. 碳酸盐矿物阴极发光的控制因素

利用多种测试手段对碳酸盐岩矿物不同发光部位进行分析，得出不论是方解石还是白云石类矿物，它们的发光受Fe/Mn或Mn/Fe控制。

由$FeCO_3$、$MnCO_3$含量及Fe/Mn比值与发光的关系图（图7-4）来看，矿物的发光颜色的强度显然与Fe/Mn比值有关，如Fe/Mn比值>13或Mn/Fe的比值<0.07的就不发光，它们的Fe、Mn含量分别为6.8%~10.6%及0.05%~0.7%。而Fe/Mn比值为0.1~10.7或Mn/Fe比值>0.07的都发光，随着Fe/Mn比值的增加，发光颜色由黄—橙黄、橙红—橙褐—褐—暗褐色，且强度减弱，最后变为不发光，各种颜色的界线与Fe/Mn比值大致如图5-1所示，Fe/Mn比值小于0.5的发黄色光，为0.5~1.0的发橙色、橙红色光，为1~2发橙褐色光为2~10.7发褐—暗褐色光，大于13的不发光。

含Fe、Mn分别为0.03%时，矿物也能发光，说明在Fe含量低时，有0.03%的含Mn量也能引起矿物发光。

表 7-4 碳酸盐类矿物的元素组成与阴极发光（据王衍懿等，1996）

矿物	分析手段	Ca/Mg	Mn/Fe	Fe/Mn	Fe/(Fe+Mg)	FeCO$_3$ %	MgCO$_3$ %	CaCO$_3$ %	X衍射	阴极发光
方解石	电子探针	165~195	0.7~1.5	0.6~1.4		0.06~0.1	0.4~0.5	99		橙黄—褐
	能谱	42					1.96	98	3.035	
	原子吸收	240	0.51	1.95		0.2	0.35	99		
含铁方解石	电子探针	66	0.7~1.2	0.8~1.4		2.5~2.9	1.2	94		橙—褐
	能谱	51	0.58	1.74		2.6	1.56	94	3.02	
	原子吸收	34.8	0.58	1.74		1.69	2.3	95		
白云石	电子探针	0.9~1.26	0.16	0.13~6.5	0.004~0.04	0.05~1.2	39.5~54	51~58	2.882	橙黄
	能谱	0.99~1.29			0.06	1.45	39~46	54~59.6	2.888	
	原子吸收	1.09	0.04	(23)	0.04	1.16	43	55.7		
含铁白云石	电子探针	1~1.5	0.09~1.14	2.4~10.7	0.06~0.37	3~11.8	34.6~43	51~56	2.895	褐—暗褐
	能谱	1.08~1.38	0.17~0.33	3~6	0.07~0.35	8.9~10.9	32.6~42.9	51~54.8		
	原子吸收	1.07~1.08	0.19	5.2~5.3	0.18~0.26	5~5.8	40.36	50.3		
铁白云石	电子探针	1.5~1.2	0.01~0.074	13~93	0.48~0.62	15~22	21~30.5	54~57		不发光
	能谱	1.7~2.1	0.04~0.074	15~27	0.51~0.66	17~25.9	22~27	51~57	2.907~2.914	
	原子吸收	1.64~2.0	0.06	15	0.47~0.58	14.9~19.4	23~38	55~56		
富铁铁白云石	电子探针	2~2.6	0.008~0.074	13~126	0.48~0.64	14~26	19.25~25	57.5~61.6		不发光

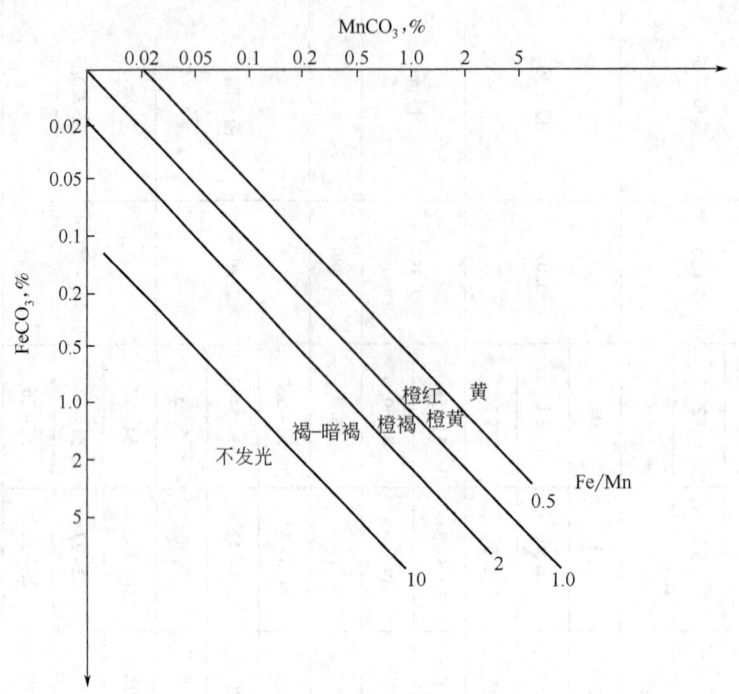

图 7-4 方解石、白云石类矿物的 Fe/Mn 比值和阴极发光颜色关系

分析资料表明，凡是不发光的铁白云石，其含 Fe 量均大于 6%，而所有发光的白云石和含铁白云石，其含 Fe 量均小于 6%，如含 Fe 为 6.8%，含 Mn 为 0.05% 的铁白云石就不发光，含 Fe 达 10.6%、含 Mn 为 0.46% 时也不发光，所以能否以含 Fe 量为 6% 作为发光和不发光的界线，有待今后进一步积累资料并予以证实。

四、其他矿物的阴极发光特征

除了石英、长石和碳酸盐矿物之外，国内外学者还对其他矿物的阴极发光特征进行了深入研究，现综合列入表 7-5。

表 7-5　常见矿物阴极发光特征

矿物	阴极射线激发下的发光情况	发光因素
锆石	本身能发光，有亮黄色、微黄色、或者黄色	由化学数量偏差引起的缺陷而发光，痕量的镝也可作激活剂而发光，含钍时呈红色晕圈
锡石	本身能发光，波长可有变化	
蓝晶石	呈鲜红色	因硅酸铝矿物中 Fe^{2+} 取代 Al^{2+} 而发光
红柱石	呈鲜红色	
金刚石	本身能发光，亮蓝色	不同金刚石有不同发光波长，发光很强
石榴子石	红色	因含 Cr^{3+}
	黄色	因含 Mn^{2+}
	不发光	因含过渡元素（Fe、CO、Ni、Ti）猝灭而不发光

续表

矿物	阴极射线激发下的发光情况	发光因素
白钨矿	明亮的蓝白色、蓝色、浅黄、黄色	本身能发光因含有 Mo 而引起类质同象元素发光；Mo 含量<0.05%发浅蓝、带蓝的白色光；0.05%<Mo 含量<0.2%发微带蓝的黄白色光；Mo 含量>1.2%发浅黄色光
刚玉	红色	含 Cr^{3+} 引起发光
磷灰石	黄、橙	因含 Mn^{2+}
	紫、黄或蓝	因含稀土元素离子 Eu^{2+}，Eu^{3+}，Sm^{3+}，Dy^{3+}，Tb^{3+}，颜色取决于稀土元素存在及相对比例
独居石	未发现发光	因含 Th 起猝灭作用不发光
钙钛矿	不发光	因含 Ti 起猝灭作用不发光
绿帘石	不发光	因含 Fe，Co，Ni，Ti 起猝灭作用不发光
褐帘石	不发光	
橄榄石	橙色	
硬石膏	黄褐色，棕黄，橙红色，绿色	
辉石	粉红色	
蛇纹石	橙、黄、蓝及不发光	与 Fe，Mn，Cr 和 Ni 有关
透闪石	粉红色	
萤石	蓝紫色、红色、黄绿色、橙红色、蓝色	由于萤石中的钙常被 Eu^{2+}，Yb^{2+}，Sm^{2+}，Tm^{2+} 转换而发不同颜色的光
符山石	鲜黄色	
赤铁矿	红色	
黄玉	黄色	
硅灰石	亮土黄色	
天河石	浅蓝色	
陨磷钙钠石	橙色	
金刚石（碳化硅）	绿、黄、褐色	
锂云母	深红色	
水锌矿	不发光	
白铅矿	浅蓝色	

第四节 阴极发光在矿物学中的应用

一、鉴定矿物

每种矿物都具有特定的阴极发光颜色（表7-5），因此可以据发光颜色鉴定矿物。阴极发光显微镜既能进行偏光观察,又能观察阴极发光特征,它已成为一种常规鉴定矿物的方法之一。

1. 薄片中相似矿物的鉴定

有些矿物光性特征十分近似,又常共生,在偏光显微镜下难以区分,但根据它们不同的阴极发光特征,可以迅速加以区分。如不具双晶的钾长石、酸性斜长石和一些方解石。偏光显微镜下细粒石英和磷灰石,硅灰石和夕线石,鉴定难度经常较大,但根据它们不同的发光特征,很易区分和鉴定。

2. 极细粒矿物的鉴定

极细粒矿物用常规手段难以准确鉴定或易被忽略,但根据它们不同的阴极发光特征极易鉴定。如喷出岩中的微晶,火山岩中的晶屑,不同的黏土矿物,碳酸盐的微晶或泥晶,细粉砂岩以及蚀变岩石中的细粉粒变晶等,用阴极发光手段鉴定十分准确和可靠,且可估算出极细粒矿物的含量。

3. 微量矿物的鉴定

有些矿物在岩石中含量虽微,但意义却很大。如沉积岩中的重矿物、自生矿物,可以用来了解母岩的类型以及形成环境。这些矿物尽管数量微少,但阴极发光特征不同,可在岩石中明显表示出。

4. 矿物中包裹体的鉴定

包裹体是矿物形成过程中被捕获的成矿介质,它相当完整地记录了矿物形成的条件及历史。阴极发光对固态包裹体鉴定十分有效。

二、研究晶体的生长方式和成因

阴极发光可以揭示矿物的内部构造,如方解石、白云石的环带构造,条纹长石中富钾、富钠的交互生长关系,长石双晶及其定向,锆石的扇形环带等,可以了解其形成时的物理、化学条件的差异。

三、研究矿物中的微量元素

一些微量元素进入晶格,导致矿物发光,随着矿物中微量元素的成分或数量的改变,矿物的阴极发光颜色(表7-6)和强度也发生变化,因此阴极发光是研究微量元素含量和成分变化的标志。如磷灰石中若含微量 Mn^{2+},则磷灰石发黄色光;如磷灰石中含 Eu^{3+} 和 Eu^{2+},则磷灰石呈现紫色或蓝色发光。又如方解石若含 Mn^{2+} 丰富,则方解石为亮黄色发光,发光强;若方解石中 Mn^{2+} 含量降低,Fe^{2+} 含量增加,其发光颜色从黄至褐发光强度逐渐减弱。

表7-6 阴极发光颜色与微量元素的关系

阴极发光颜色	元素/离子
红色发光	Pr^{3+}, Sm^{3+}, Eu^{3+}, Mn^{2+}, Mn^{4+}, Sm^{2+}, Cu, Cr^{3+}
绿色发光	Pr^{3+}, Tb^{3+}, Ho^{3+}, Er^{3+}, Mn^{2+}, Sr^{2+}, Yb^{2+}, Cu, Tb
蓝色发光	Tm^{3+}, Ag, Eu^{2+}, Tm^{2+}
黄色发光	Dy^{3+}, Mn^{2+}, Th, Yb^{2+}, Mo

四、研究矿物的成因

由于形成时的条件或所含微量元素的差异,导致相同矿物发光不同。因此,可以根据矿物阴极发光颜色特征,推断矿物成因。在阴极发光下,如果石英和长石不发光,说明它们为成岩时期形成的自生石英和长石;如果石英为紫色或蓝色发光,说明它们是在高温条件下(>573℃)形成的,常产出于火山岩、深成岩或接触变质岩中;如果石英具褐色发光,说明它们是低温条件下(300~573℃)形成的,常产于区域变质岩中。又如磷灰石,蓝紫色磷灰石形成于碳酸岩、基性岩及超基性岩中;粉红色至橙黄色磷灰石产于花岗岩及其有关矿化带中;黄色磷灰石形成于变质岩内;桔红色为沉积成因的磷灰石等。

五、阴极发光对金刚石的研究

目前,国外用阴极发光研究了金刚石的晶体结构、金刚石同位素变化与阴极发光的关系、金刚石内部具放射晕的阴极发光特征等。

六、阴极发光对宝石的研究

阴极发光可以鉴定宝石的类型、宝石的成分,宝石中的杂质及显微裂隙等,对评价宝石的质量可提供有力的证据,可成为鉴定宝石的一种手段。

七、阴极发光和能谱仪联合对矿物分析

应用阴极发光仪或电子光学阴极发光采集显示系统和能谱分析系统联机,在发光分析基础上进行矿物元素成分分析,确定不同阴极发光颜色的矿物能谱谱线图和元素组成,结合元素和发光鉴定特征,完成矿物的定性和定量分析。利用此联机系统除维护能谱分析正常工作调试外,需选择标准样品、建立相应数据库并完成数据处理,才可以进行矿物的定性与定量分析。

第五节 阴极发光在岩浆岩和变质岩岩石学中的应用

利用阴极发光显微镜研究非沉积岩中的一系列问题已取得很大进展,已形成岩浆岩与变质岩阴极发光标准化鉴定方法。

(1)可利用阴极发光技术描述矿物的发光颜色,分析岩浆岩中主要矿物、次要矿物和其他矿物的成分,展示岩浆岩各种结构与构造。

(2)因不同矿物具有不同阴极发光特征,可重点解决偏光显微镜难以确定的这两类岩石的矿物成分。

(3)描述岩浆岩与变质岩中孔、洞、缝的数量、期次、大小、填充物、充填期次与其它特征,分析岩石中孔、洞、缝发育规律与探讨成因,确立它们次生变化与蚀变作用等。

(4)鉴定变质岩中的矿物成分以及结构、构造,原始结构分析,构造恢复,原岩恢复

等。例如对花岗岩的阴极发光特征进行研究，主要可以用来估测矿物含量、岩石结构等。又如对区域变质岩的研究可以用于研究变质程度，恢复变质前的结构及原岩恢复等。

一、阴极发光在变质岩中的应用

1. 分析长英质变质岩和花岗岩中的主要矿物

变质岩和花岗岩中主要矿物与阴极发光特征见表7-7。不同矿物具有自己独特的发光，根据不同矿物的阴极发光特征，能很好地揭示出矿物之间的相互关系，恢复原岩的结构、构造特征，了解各种矿物的含量及结晶状态。

表7-7 变质岩和花岗岩类岩石中主要矿物的阴极发光特征

矿物名称	阴极发光颜色	母岩及产地
石英	棕—褐红色	紫苏花岗岩、麻粒岩、角闪岩、石英片岩
	深蓝色	花岗斑岩（江西）、花岗岩（秦岭）
斜长石	草绿—褐绿色	麻粒岩、角闪岩、花岗岩、花岗斑岩（江西）
钠长石	绿褐—粉红色	花岗岩、片麻岩（内蒙、河北）
钾长石	蓝—天蓝色	花岗岩（西藏、江西）、变质岩（河北）
	灰蓝色	花岗斑岩（江西）
绿帘石	蓝、绿、金黄色、	角闪岩、花岗岩（河北）
钙质辉石	深绿色（透辉石）	麻粒岩（内蒙、冀东）
紫苏辉石	暗玫瑰色	麻粒岩、紫苏花岗岩（冀东）
石榴子石	草绿色、黄色	片岩（辽东）、榴辉岩（湖北）
夕线石	血红、暗蓝色	片麻岩（内蒙、河北）
蓝晶石	鲜红、暗蓝色	片麻岩（内蒙、河北）
锆石	黄、绿黄、蓝色	各种变质岩、花岗岩（内蒙、山东）
磷灰石	金黄、黄、蓝色	麻粒岩、花岗岩（北方各省）、大理岩（河北）
白云石	深红、玫瑰红色	大理岩（河北）、大理岩（秦岭）
方解石	橙红—黄橙色	大理岩（河北）、大理岩（秦岭）
菱镁矿	紫红色	菱镁石大理岩（辽宁）
堇青石	浅黄色	片麻岩（冀东）
红柱石	蓝色	红柱石角岩（周口店）

2. 确定变质相

变质相是指变质作用过程中同时形成的一套矿物共生组合及其形成时的物化条件。依据温度可将常见的变质相划分为：低温相—绿片岩相，相当于低变质级，温度300~500℃；中温相—角闪岩相，相当于中变质级，温度大致在500~600℃；高温相—麻粒岩相，相当于高变质级，温度大于650℃。

在阴极发光下，同一种矿物在不同的变质相中可有不同的阴极发光。如石英，在麻粒岩相和角闪岩相变质岩中都显示均匀的棕-棕褐色，但多数麻粒岩相岩石中的石英更偏棕红色，而角闪岩相的岩石中石英则偏棕褐-暗褐色，绿片岩相岩石中石英，除呈暗淡的褐色外，尚见部分为蓝色。因此，利用石英不同的发光特征可以初步判断岩石的变质程度。

3. 恢复原岩的结构构造

恢复变质岩的原岩结构，是变质岩石学经常遇到的一大难题，有些岩石经受变质作用后原岩的面目皆非，有些岩石尚能保持一些残余的结构构造，在阴极发光下，根据这些残余痕迹来恢复原岩的性质，有时比其他方法更可靠和有效。徐惠芬等（1987）研究了西藏喜马拉雅期的变质花岗岩（遭受了绿片岩相的变质作用），在偏光镜下，只见绿帘石等矿物密布，原有矿物组分和结构构造难以辨认。但在阴极发光下，斜长石、钾长石、石英等显示了不同的发光颜色，颗粒界线十分清楚，同时显示了很好的花岗二长结构。据这些特征，很快可确定这种岩石的原岩应为钾长二长岩。又如福建省近东山岛的海边古生代变质酸性火山岩，显微镜下只见细粒的长英质矿物，原岩的结构构造已经模糊不清，很难确定是熔岩还是凝灰岩。但在阴极发光下清楚地显示出原岩的凝灰岩结构，可见草绿色的细网脉状流纹构造，其间散布着各种形态、大小悬殊的晶屑、岩屑，其中草绿色的细脉是斜长石等细粒矿物。上述信息表明，阴极发光对变质岩原岩恢复，提供更多的信息和佐证。

4. 促进变质反应及成岩重结晶的研究

变质作用是一系列变质反应的综合过程。变质反应的产物及成岩重结晶可以通过岩相显微镜进行观察，但是往往由于矿物颗粒过细或者某些矿物光性相似等原因，使不同矿物颗粒界线和相互关系模糊不清，因此许多现象的观察受到很大限制，阴极发光则恰恰可弥补这一点。例如，冀东黄柏峪一带的蛇纹石化大理岩，岩相显微镜只能观察到蛇纹石和碳酸盐矿物，矿物的反应关系很不清楚，但在阴极发光下，方解石为橙黄色，白云石为深红色，因此，首先能确定这种大理岩的成分以白云石为主，方解石只是呈细网脉穿插白云石中或呈蛇纹石的镶边，蛇纹石集合体具橄榄石假象，从而确定大理岩的矿物生成顺序为：橄榄石+白云石→蛇纹石→方解石。后成重结晶的矿物颗粒往往因细小而难以辨认，如在冀东曹庄夕线石黑云片麻岩中，夕线石+黑云母+钾长石组成了具有石榴子石假象的后成重结晶，在阴极发光下，能清楚地辨认出这三种矿物，并确定其相对含量。

5. 揭示副矿物环带，探讨其成因

变质岩和花岗岩类岩石中的锆石、磷灰石等副矿物，不管是原生的还是变质的，绝大多数能显示很好的阴极发光，且同种矿物的颜色变化很大，这与某些元素（Mn^{2+}）的含量变化有关。如麻粒岩相变质岩中的磷灰石一般发光呈金黄色，粒径可达0.1mm，比较均匀，且环带较少；而角闪岩相的岩石，如斜长角闪岩、某些片麻岩中磷灰石为黄色，有时显示出很好的条带状分布，单个颗粒具环带光环；在绿片岩相变质沉积岩中，磷灰石有时具明显环带，核部为圆至椭圆形，阴极发光为亮绿黄色，外环则为暗金黄色，呈自形晶体轮廓；在某些碳酸岩盐中磷灰石阴极发光为为蓝色和深蓝色（这与Eu^{2+}、Eu^{3+}含量有关）；花岗岩中的磷灰石以黄-金黄色阴极发光为主，混合花岗岩中的磷灰石常见多环带状光环。以上现象表明，磷灰石阴极发光颜色的变化与环带特征提供了磷灰石形成时成分的变化以及成因环境的变迁。

6. 再现构造形变

对于长英质片麻岩、片岩及大理岩等变质岩，在阴极发光下能更好地显示出构造形变的特征。如在阴极发光下可见大理岩中两组构造形变方向；一组由白云石组成（早期），一组

由方解石组成（后期），但普通显微镜下是分辨不清的；又如二长片麻岩在阴极发光下显示出斜长石、钾长石沿片麻理方向呈间隔条带分布，钠长石梳状生长。

二、阴极发光对花岗岩、混合花岗岩的研究

1. 花岗岩

在阴极发光显微镜下花岗岩中的石英发蓝紫色光，钾长石发亮蓝色光，斜长石发暗蓝色光，黑云母不发光。黑云母中常见包裹有磷灰石的小晶体，它在偏光显微镜下常被掩盖，在阴极发光显微镜下以其鲜艳的亮黄色被发现，一般呈圆形小柱状。利用花岗岩中不同矿物的发光特征与形态特征，可以有效地估测出矿物的相对含量，显示矿物之间的关系、矿物的结构构造并探讨矿物的成因。

如西藏喜马拉雅期花岗岩中两种长石（斜长石和钾长石）均显示"补丁"构造，"补丁"的发光颜色基本同主晶，但略亮一些，证明这种"补丁"和主晶同属同一类长石，只是端元组分有变化，说明这种"补丁"构造的成因可能是长石本身出溶的结果。福建燕山期二长混合花岗岩中斜长石在阴极发光下呈现复杂的多环带。江西斑状花岗岩中钾长石斑晶在阴极发光下呈蓝色，具明显的环带构造，环带组成主要为深和稍浅的蓝色相间组合，这种环带在偏光下是见不到的。

2. 混合花岗岩

混合花岗岩是变质岩，石英发棕色光，钾长石发蓝色光，斜长石发暗蓝色光。

混合花岗岩具交代残留结构和交代穿孔结构，而花岗岩则是花岗结构。在阴极发光显微镜下区别花岗岩与混合花岗岩主要用两个特征：石英的发光颜色；长石的交代特征，如交代残留结构、交代穿孔结构、花岗结构。

第六节　阴极发光显微镜在成岩作用及储层研究中的应用

正因为微量元素和阴极发光密切相关，对在一般偏光显微镜下难以识别的沉积岩中部分成岩现象和储层特征，可以在阴极发光下获得满意的结果。碎屑岩的硅质胶结作用、碳酸盐岩及碳酸盐矿物的胶结地层学研究、次生孔隙的识别、被重结晶破坏的结构构造、矿物之间的交代与转化等，都可以用阴极发光获得较好的效果。这对于恢复遭受变化岩石原来的结构、构造，了解特殊沉积岩的形成环境、成岩变化及储层特征是十分重要的。观察碎屑岩（砂岩与火山碎屑岩及页岩等）内矿物的阴极发光特征，判断碎屑岩的矿物成分、结构与构造、成岩序列与成岩演化、孔隙成因、裂缝愈合与分布（及演化）等内容，实现了碎屑岩储层特征描述。

一、碎屑岩中硅质胶结特征及其他硅质成岩作用特征

石英是组成砂岩及其它碎屑岩的主要碎屑颗粒，随着成岩作用的不断加深，石英会产生一系列的次生变化。碎屑岩中的石英由陆源颗粒石英和胶结物石英（即自生的晶体和次生

加大边）组成，通过阴极发光的观察是极易鉴定的，因为两者的阴极发光特性常有较大的差异。普通的光学显微镜和扫描电镜技术对辩别不同形态的颗粒边界及某些情况下辩别颗粒和胶结物有些无能为力，只有阴极发光能揭示出胶结的石英颗粒的碎屑形状，可观察到石英次生加大生长期次、胶结程度、破裂愈合状况、压溶嵌合式胶结分布。

石英的阴极发光大致可分为三种情况：发两种不同颜色光的石英多为陆源石英，来自流水搬运、机械沉积分异的碎屑。不发光石英或者说黑色石英，多是自生石英不发光所致（但也有少量发棕色光的，自生石英若发棕色光，与棕色的陆源石英在多数情况下都有一些深浅和明暗的差别）。

1. 碎屑石英原始状态及成岩变化观察

当石英呈无痕加大时，在一般显微镜下就难以分辨出石英的碎屑部分与自生加大部分，从而无法对硅质胶结作用进行研究。在阴极发光显微镜下，碎屑石英与自生石英发光颜色截然不同，很容易把它们区分开。将石英颗粒的次生加大部分去掉以后就可以恢复原来颗粒的大小、分选、圆度，从而很容易地解决是否存在硅质胶结作用以及胶结程度、胶结世代的相关问题。

在不少情况下，在偏光显微镜下可以发现石英颗粒间呈现紧密接触，分点接触、线接触、凹凸接触和缝合接触。以往，对这种现象解释为由于在成岩作用过程中，经受了上覆地层的机械压实作用的结果，使颗粒接触而孔隙消失。也可能是由于强烈压实作用产生了溶解现象，使颗粒镶嵌了。但在阴极发光显微镜下多见到陆源的石英颗粒基本是分散的，颗粒之间原来有着一定的孔隙，不发光的自生石英充填了孔隙。充填孔隙的自生石英晶体使碎屑石英颗粒之间紧密地接触起来，在偏光显微镜下造成了石英颗粒紧密镶嵌的假象，因而也有出现石英砂岩中存在强烈的机械压实作用的认识误区。

在偏光显微镜下所观察到的砂岩结构误解有：粒度比原始的大，圆度比原始的降低，分选比原始的变好，接触关系比原始的显得更紧密。同时，也多认为压实作用代替了硅质胶结作用。阴极发光显微镜可以去伪存真，恢复岩石原始的沉积和成岩特征。这样得出的结构与沉积成岩特征有利于对砂岩的硅质胶结作用和孔隙率演化、石英的溶蚀程度的研究。

随着阴极发光技术进步，对目前非常规储层—页岩储层中富含泥粒级的硅质是何种成因可以进行研究，仍是借助颜色区分自生石英和碎屑石英。笔者对昭通地区多口井志留系龙马溪组龙一段下亚段页岩储层 XRD 测定硅质高于 40% 的样品进行薄片分析，结果不理想，主要是颗粒太细而分散、发光太弱。方法、制片和记录设备都需要调整。

2. 石英颗粒的压碎和愈合作用

常见有些石英颗粒上有裂隙，有的颗粒甚至压碎成若干块，后又被硅质胶结起来。在偏光显微镜下很难发现这些裂隙，有时甚至误认为是多晶石英，在阴极发光下这些压碎及愈合现象可分得很清楚。愈合后它们光性保持一致，仍为单晶石英，如破碎各部分彼此间有位移、扭动，造成光性不一致，愈合后颗粒就成为多晶石英。

3. 推断成岩顺序

胶结物形成顺序与成岩演变有着密切关系，在存在石英加大时，可用阴极发光推断成岩顺序。

（1）当石英在碎屑接触处没有加大而在与胶结物按触处明显加大时，说明岩石首先经受了压实或压溶作用，其后当有硅质来源时，使未接触的孔隙处产生自生加大，后又被其他化学胶结作用再次胶结。石英自生加大早于晚期胶结作用，而晚于机械压实作用。

（2）当石英的自生加大在颗粒四周均有，即碎屑石英颗粒之间和颗粒与其他胶结物之间都有石英加大时，表明石英自生加大早于机械压实作用或同时进行。由于自生加大形成支架阻碍了压实作用，随后产生其他胶结作用。

二、碎屑岩孔隙中残余碳酸盐胶结物的分布及次生孔隙的识别

当碎屑岩存在粒间孔隙时，有时很难区分和确认是原生孔隙还是次生孔隙。例如，被方解石、白云石或其他矿物充填满的孔隙，在成岩过程中，胶结物全部或大部分溶解了，这样形成的次生粒间孔与原生粒间孔在常规的显微镜下有时很难区分。用阴极发光显微镜来解决这一问题能收到较好的效果。在颗粒边缘只要残留有一点方解石，在阴极发光显微镜下均可以发现，所以在颗粒边缘如能看到残余的方解石、白云石、菱铁矿等胶结物就可以推断这是次生孔隙的特征。

有的砂岩中陆源石英碎屑的边缘不规则或呈锯齿状，利用阴极发光可明显区分出是交代溶蚀作用的不规则外形，还是局部加大引起的不规则外形。前者形成次生孔隙，而后者为缩小了的原生孔隙。

三、原岩结构的恢复

岩石经过成岩作用的改造会发生一系列的变化，常常会改变岩石原来的结构。阴极发光显微镜在一定程度上可以再现原岩的结构。

（1）对生物化石结构的恢复。在成岩过程中，重结晶作用破坏了生物介壳碎屑，利用阴极发光显微镜可以再现这些残余生物结构。可以为原岩形成的环境及重结晶作用、生物化石的保存研究提供实际资料。

（2）研究岩石中白云岩化及去白去岩化作用，可以加深对成岩作用认识。

（3）可以研究成岩过程中，胶结物对颗粒的交代现象，恢复被胶结物交代了的颗粒的痕迹。

四、微裂缝的研究

研究岩石裂缝是储层研究的重要组成部分，但由于成岩作用的改造有许多裂缝也观察不清，有的根本看不到。通过阴极发光显微镜能够比较清楚地观察裂缝情况，可以观察到裂缝的大小、宽度及充填情况，特别是对多组裂缝相互之间的交叉切割关系及形成顺序均可进行研究。

五、碳酸盐矿物和碳酸盐岩储层阴极发光的研究

碳酸盐类矿物方解石和白云石特别适合于用阴极发光来研究，因为碳酸盐矿物都能发光。由于碳酸盐矿物是砂岩中最常见的孔隙充填胶结物，它们一般会含有多个阶段的矿物生长世代，而且容易发生重结晶作用和蚀变作用。阴极发光能比其他技术更快地、而且通常更成功地鉴定出成岩成矿作用事件的序列，具有不同的阴极发光颜色环带的方解石胶结物可以

被用于指示成岩孔隙水物理化学条件随时间的变化，有助于推断出成岩过程中矿物的替代。此外，阴极发光能够"看穿"重结晶作用前的原岩结构，它是测定碳酸盐的蚀变历史和成矿序列的重要可行的方法。

应用阴极发光显微镜可以解决碳酸盐胶结世代，研究其环带结构。这是由于方解石及白云石晶体易于在空间呈层状生长，在生长过程中，由于流体中所存在的离子浓度以及 pH 值、Eh 值条件的不同，就会有不同种类和数量的激活剂和猝灭剂加入，导致晶体成条带状。在阴极发光下可以看到不同的发光环带，根据其形成的先后就可以区分不同世代，同时也反映不同阶段空隙水的化学性质的变化。对晶体环带不连续或受破坏情况的详细观察，可了解溶蚀作用的时期和程度。这样实现了对晶体生成环带及胶结物世代的研究（图 7-5）。

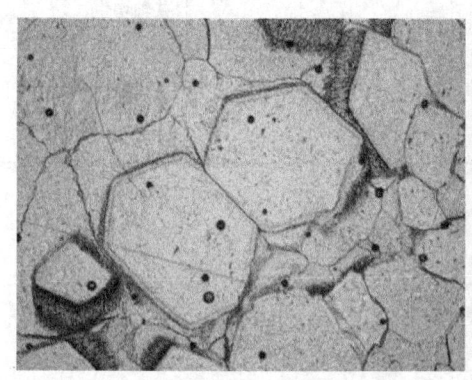

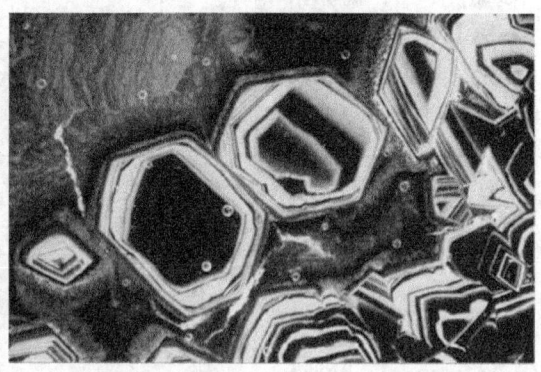

图 7-5 碳酸盐矿物环带与不同世代及相对应的不同阴极发光颜色（左单偏光，右阴极发光）

利用阴极发光技术鉴定碳酸盐岩的组分、成因、结构构造、成岩作用、孔隙演化等内容（表 7-8）。具体鉴定偏光显微镜下难以确定的组分和矿物，如粒屑、陆源矿物、自生矿物、胶结物和填隙物；指出在偏光下部分或全部消失的颗粒、生物碎屑、孔隙、矿物、结构和构造；通过恢复岩石中的原始结构来推断其原岩岩性。判别碳酸盐岩中各类孔隙的成因、并将孔隙分为原生孔隙与次生孔隙，探讨孔隙的发育过程与演化历史及孔隙结构。描述各世代发光特征、判断胶结物的世代关系，判断胶结物形成期次与各期次的矿物名称，描述自生矿物形成序次和胶结特征，描述环带的形态、带数、缺陷、溶蚀及发光颜色。判断溶蚀程度、指出溶蚀孔发育的部位及被溶蚀的组分名称，指出交代与被交代矿物的名称及相互间的交代关系，指出生物碎屑发光特征以及它们的交代、被交代、重结晶等特征。指出裂缝的数量、宽度、溶蚀、充填物成分及充填程度等特征。综合研究，进而揭示碳酸盐岩储层岩性、成岩及物性特征。

表 7-8 碳酸盐岩的矿物形成序次与成岩阶段划分

成岩环境	成岩阶段	形成期次	古地温, ℃	阴极发光特征	方解石和白云石胶结物晶形
海底潮上潮底 混合水 大气淡水	同生成岩		常温	不发光~昏暗	球状 等厚环边 纤状 马牙状 叶片状 栉壳状

续表

成岩环境	成岩阶段	形成期次	古地温,℃	阴极发光特征	方解石和白云石胶结物晶形
浅埋藏	早成岩	A	常温~65	昏暗~中等明亮~发光~明亮发光	粒状 镶嵌状 共轴增生 新月形 环边状 重力
		B	65~85		
中~深埋藏	中成岩	A	85~140	中等明亮~昏暗发光	粒状粗晶 镶嵌状连晶 共轴增生
深埋藏	晚成岩	B	140~175		
			175~200		
表生成岩	表生成岩		常温	昏暗~中等明亮发光	粒状 裂缝充填 镶嵌状

第八章

荧光显微镜分析

荧光显微镜技术是以短波光照射被测物质以激发其发射荧光、而在荧光显微镜下加以检视的方法。荧光显微镜技术在光学显微镜领域占有极为重要的地位。自 1904 年库列（Köehler）创建以紫外光为光源，激发出荧光来观察细胞组织结构的方法以来，各国已开发出不同系列的荧光显微镜产品。因其光源波长短，具有超出传统显微镜分辨率极限的高分辨率，且能够直接显示标记微量荧光抗体等生物组份、烃类及元素化学成分，在医学、生物学、光学、材料学与地质学研究中具有其他技术方法难以替代的作用、也获得了广泛的应用。

第一节 荧光显微镜工作原理与基本结构

一、荧光显微镜工作原理

1. 荧光的产生原理

荧光是物质受激发辐射产生的一种发光现象。当某种物质受到波长较短的高能量光波照射时，其分子内的电子获得能量，跃迁到较高能级的轨道，使分子由最稳定的、最低能量的基态上升到一个不稳定的、高能状态的激发态。此激发态极不稳定，高能分子迅速向较低能态转变，最终回到较稳定的基态。在转变的过程中一部分能量以热形式损耗，而另一部分能量则以光的形式释放，这种形式的光就是荧光。荧光是一种非温度辐射冷光，属光致发光，分为自发荧光和人工荧光。某些物质无需经过处理、受到激发光照射就能产生的荧光，称为自发荧光（如动植物组织、蛋白质、有机化合物、烃类、结晶体等的荧光）。但有些物质必须经过与荧光色素结合等方式处理，才能在激发光照射下产生荧光，这种荧光称为人工荧光。荧光色素是一类能产生明显荧光并能作为染料使用的有机化合物，包括天然荧光色素和人工合成荧光色素。

当有机分子或烃类物质受到特殊光源辐照吸收光量子后，基态电子便受激跃迁，这些受激跃迁的电子再返回基态时，就发出荧光。有机物的荧光与其组成和结构有着密切的联系，有机分子中能够发射荧光的生色团称为荧光基团，其荧光的产生主要和共扼 π 键体系和 C=O 官能团有关。观察分析这些发光物质本身的变化及其与岩石结构、构造的相互关系，有助于判断有机质的类型、变质程度、有效储集空间、油气运移等一系列有关石油地质问题。

源岩中显微有机组分的荧光，主要取决于有机质三维芳香缩聚网络体系的大分子固定相、捕集于网络体系中的小分子游离相分子内和分子间的相互作用，当大分子中活泼的 π 电子吸收激发光能量，跃迁到较高能级的激发态、再从激发态回到基态时发射荧光。如果激发光的强度低，荧光基团产生的荧光量子少，难产生明显的荧光，只有当激发光强度增高至荧光基团分子吸收饱和，使受激的原子数的跃迁保持恒定，荧光强度的增加才与激发光的强度无关，因此，当激发光强度尚未达到荧光基团分子饱和吸收时，提高激发光的强度和效率可以提高观测样品荧光的亮度与灵敏度。如对荧光基团的荧光效率低的源岩，实验时采用功率较高、单色性好的激光诱导源岩产生利于观测的荧光。

2. 荧光的特性

在常温下所发出的荧光波长较激发光长，能量较激发光弱；荧光的吸收光谱和发射光谱大致对称于某轴分布，形成明显的镜象关系；荧光的光谱特性是物质所固有的，当物质接收到特定的激发光后，就会发出固有荧光色，依据荧光的特异性可判断是什么物质；荧光是一种冷光，激发光停止照射时在 $10^{-8} \sim 10^{-7}$ s 时间内迅速消失；荧光呈球体辐射，其发光方向与激发光的方向无关；荧光具有衰减和猝灭的现象；荧光具有明显的偏振性。

3. 荧光显微镜的原理与特点

荧光显微镜和普通光学显微镜一样，都是将被检标本通过物镜和目镜做不同程度的放大。普通光学显微镜是用普通光源照明条件下观察标本，看到的是标本的本色。荧光显微镜则是用特定的光——紫外光作为光源，激发能够发光的物质产生荧光，再研究发光物质特征及其与不发光物质整体之间的关系。荧光显微镜使标本产生荧光而进行观察，因此看到的不是标本的本身，而是它的荧光；或者对样品进行荧光色素染色，使样品与荧光色素结合，在特定的光源激发下产生合适的荧光，便于人们精确地鉴别和分析。石油中某些具有共轭双键的有机物质可被激发而发荧光，观察分析这些发光物质本身的变化及其与岩石结构、构造的相互关系，从而分析判断有机质的类型、变质程度、有效储集空间、油气运移等一系列相关石油地质问题。

基于荧光显微镜的荧光的特性，荧光显微镜具备一些独特的功能与要求。不同于普通显微镜，其独特在于配有提供足够能量的能激发出荧光的光源和一组特殊的滤色片。光通过不同滤色片形成不同激发光谱的荧光，不同的激发光谱能适应不同被检测物质所需；从光源中选择合适的激发光谱，使析出的光谱与该物质的吸收光谱重合，以期望获得最大的荧光。为获得较弱的荧光图像，还要建立一套截止滤色片，以使所需观察的荧光进入系统成像，而将其余的光波（包括发射光）阻挡在外，用于提高图像的衬度。放大的光学系统应适应荧光的特性，获得既能观察又能摄影的高亮度、高分辨率的良好衬度的荧光图像。应用汞灯要防止紫外线的泄漏和汞灯的爆炸，保护电器，保证仪器的安全。

荧光显微镜技术具有以下优点：制样与观察程序简便，适于快速鉴定；高度的专一性和灵敏性，能以很低浓度的荧光染料检测出特定物质极微的含量……。随着新荧光色素及染料的发明，可不断扩大被测物质的范围，该技术在生命科学、医学、农业科学等方面将得到更为广泛的应用。

二、荧光显微镜基本结构

荧光显微镜是荧光显微检测的专用工具，它是光学显微镜的一种，它具有光学显微镜的基本结构和光学放大作用。根据荧光显微镜内部光路的不同，荧光显微镜的结构，可分为两个系统，即透射光系统与反射光系统（图8-1）。荧光显微镜对应为透射式荧光显微镜和反射式荧光显微镜两种类型。

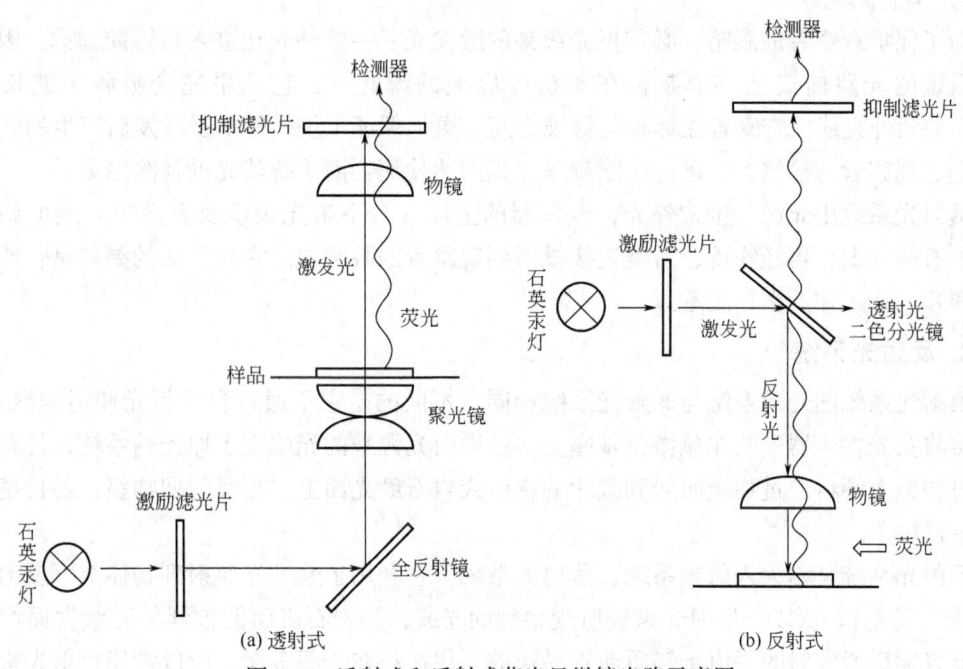

图 8-1 透射式和反射式荧光显微镜光路示意图

1. 透射光系统

本系统大体可分为光源部分、仪器主体部分及镜头 [图 8-1(a)]，并含有抑制滤光片。

1) 光源部分

光源的作用是提供足够亮度的特定波长的光，使受检标本得到某种程度的激发，因此，光源必须有较大的强度，以保证必要程度的激发。

(1) 石英汞灯：为石英质外壳内充填超高压或高压汞气的灯管。荧光显微镜灯泡多用石英汞灯，其寿命通常是200h，为了安全，不应超时使用，到时应立即换灯泡。此灯泡使用寿命与安全和其被启动的次数密切相关，尽可能保证开灯时间为一小时到四小时之间，实验时应严格按照操作规程开关石英汞灯。此灯常加一个为了防止紫外线外溢和灯泡爆炸的保护灯箱。

(2) 消球差透镜：通过该透镜可使光源来的光线形成清晰而平行的光束。

(3) 激励滤光片：又称激发滤光片，为了滤掉由灯管所发出的其他非紫外光部分，选用光谱波长为365nm的紫外光滤光片，使光源成为紫外光源。它安置在光源与被检标本之间，作用是通过特定长度的短波、压制长波。

2) 仪器主体部分

地质领域用荧光显微镜仪器主体部分基本同于偏光显微镜构造主体，具有台下棱镜、台下聚光镜、载物台和上下偏光装置等。

3）物镜及目镜镜头

荧光显微镜具有一套显微目镜和显微物镜系统，在可见光通过与发荧光物体的光程范围内的条件下，进行肉眼观察和在紫外线透射光下成像记录。常配有石英萤石物镜、玻璃透镜、消色差物镜等。此物镜不吸收紫外光，目镜同于一般普通显微镜的目镜，为防止荧光损失通常用低于10倍的目镜。

4）抑制滤光片

为了保护观察者的眼睛，必须把光源来的激发光——紫外光在进入目镜前滤掉，因此在进入目镜的光路前安上一个波长在436nm以上的滤光片，它几乎完全吸收了波长短于365nm的紫外光线。它安置在标本与目镜之间，更加保证了仅是样本受激发后产生的荧光通过、到达观察者与检测器，进一步限制激发光到达检测器而干扰荧光的检测结果。

透射光系统由光源产生紫外光，经仪器的主体（台下折光棱镜及聚光镜）透射到载物台的岩石薄片上，再经物镜、目镜直接投射到观察者的眼睛中。它对样品的要求是：能制成荧光薄片，让工作的多种光透过。

2. 反射光系统

反射光系统的光源系统与透射光系统相同，不同的是它不通过台下折光棱镜和聚光镜，而直接将荧光发生器安装在显微镜基座上。这样由光源来的光改变了原光路系统，使紫外光先经过物镜上端再通过物镜照射到载片的物体或岩石磨光面上，再反射回物镜，经目镜观察［图8-1（b）］。

反射光系统又称为入射光系统、落射光系统，它利用了紫外光照射到物体上再反射回来的光线（荧光）。所以，反射光系统所观察到的光线，是岩石表面能被紫外光激发而产生荧光的沥青物质所发射的。由于轻质沥青易逸散，往往浮在岩石表面，所以常用反射光来观察薄片及岩石磨光面上的轻质沥青物质，以及煤层、天然沥青、裂缝等中的沥青物质等。

3. 透射式荧光显微镜与反射式荧光显微镜

透射式荧光显微镜的聚光器和物镜之间具有高度的直线性，在极大程度上降低了激发光对荧光的干扰。另外，透射式荧光显微镜还具有一个屏障过滤器，能够有效地屏蔽激发光，更进一步减弱了激发光对放射荧光的干扰。然而，透射式荧光显微镜却不能应用于荧光相位或荧光微分相衬成像的过程。

反射式荧光显微镜装配有附带光源系统，使其物镜同时具有聚光器的作用。因此，该显微镜内部仅有一条光路通往检测器，几乎完全避免了激发光对发射荧光的干扰。另外，与透射式荧光显微镜相比，反射式荧光显微镜的优点还在于二色分光镜的有效使用。

反射式荧光显微镜主要由激发光源、波长选择装置、物镜、检测器等部分组成［图8-1（b）］。通常，光源能发射不同波长的高能量光波来激发被检测样品中荧光的产生，并且当其波长的最高峰接近荧光分子吸收的最高峰时，荧光的激发产量达到最大值。荧光的最大激发量可以通过一个感光滤色片来实现。这种感光滤色片仅能传输波长短于荧光分子最大吸光率的光，而且能过滤那些波长较长、能量较低的光，在一定程度上提高了荧光的激发效率。波长选择的另一个滤波器是二色分光镜［图8-1（b）］，它不但能够反射短波长的光，而且能同时透射较长波长的光。较短波长的高能激发光经二色分光镜反射后汇集在物镜的焦点上，然后到达被测样品，并激发产生荧光；随后，样本产生的荧光到达检测器。此二色分光镜基本解决了荧光显微镜光路中激发光和荧光相互干扰的问题。

油气地质研究中透射式荧光显微镜是用来观察岩石薄片中所含烃类物质的各个组分（除不发光的烷烃外）。而最轻的油质沥青，往往悬浮于岩片或岩石磨光面上，观察这些沥青分布不均匀的样品和一些不易磨成薄片、仅能制成较厚光片的样品（如煤、源岩等细粒、易脆裂的样品），比较适合用反射式荧光显微镜进行分析。

第二节　荧光显微镜在含油气岩石中的鉴定内容

利用荧光显微镜中偏光组件，可以完成偏光显微镜的鉴定内容，观察薄片的岩石矿物类型、结构构造、成岩演化、孔隙与储集空间特征等内容。类似普通薄片分析，在分析前挑选适宜岩石矿物样品制成荧光薄片和荧光光片，制片前不得用有机溶剂浸泡或污染岩石标本。生物样品依分析鉴定需要加染色剂处理，并制成不同规格的切片。不同岩石在荧光显微镜下鉴定的内容不同。

透射光系统用于观察一般含油样品；反射光系统用于观察煤层、天然沥青、微细裂缝中的沥青物质及其他有机岩类。

一、荧光显微镜镜下沥青特征

油气地质研究中利用荧光显微镜详细描述荧光颜色、亮度、分布，确定含油气特征。

1. 沥青组分、含量及性质的确定

荧光颜色反映沥青组分特征，发光亮度反映沥青的含量。荧光颜色与沥青组分的关系见表 8-1，发光亮度与沥青含量的关系见表 8-2。

表 8-1　沥青的发光颜色与成分

沥青组分	发光颜色	沥青组分
油质沥青	黄、黄白、淡黄白、绿黄、淡绿、黄、黄绿、黄绿绿、绿、淡绿、蓝绿、淡蓝绿、绿蓝、淡绿蓝、蓝、淡蓝、蓝白、淡蓝白、白	为烃类化合物，包括饱和烃、环烷烃、芳香烃，饱和烃局部发光
胶质沥青	以橙为主，褐橙、浅褐橙、淡褐、黄橙、淡黄橙	为含氧、氮、硫的烃类，是石油中较固定的组分，含量不低于1%，芳香烃为主
沥青质沥青	以褐为主，褐、淡褐、橙褐、淡橙褐、黄褐、淡黄褐	为不溶于石油醚的胶质沥青，非烃及沥青质
碳质沥青	不发光（全黑）	

表 8-2　发光强度与沥青含量关系

发光强度	沥青目估含量（定性）
极亮	最高
亮	高

续表

发光强度	沥青目估含量（定性）
中亮	较高
中暗	中低
暗	低
极暗	极低

2. 区分沥青"A"和沥青"C"

按沥青与矿物的联系形式可分为沥青"A"和沥青"C"。

沥青"A"，又称游离沥青，是依附于矿物晶体表面能够游离、运移的沥青。

沥青"C"，又称为束缚沥青，它是被束缚在矿物晶体内部的，用普通的抽提方法是提取不出来的，属化学结合到矿物结晶格架内的沥青物质。当沥青"A"参加到结晶格架内之后就成为沥青"C"。

因为沥青"A"是能够活动的沥青物质，这种能自由活动的沥青，生成后经过运移、聚集可以形成油藏，它是石油存在的重要信息。

沥青"C"的数量甚微，但在各个成岩阶段均可看到，用它可以追踪地质时期石油的踪迹。

3. 沥青成因类型和发光特征

沥青在围岩中的分布情况和有机残体、指相矿物的总和反映沥青的成因性质，展示了沥青产状与沥青性质的关系。沥青在岩石中的分布是多种多样的，有在洞内的、粒内的、粒间的、晶内的、晶间的，每种沥青的产状实际上反映了它的成因本质。认识这些成因类型将有助于揭示油气生成、运移、聚集的规律。

原生沥青是与围岩同时形成的，也就是说，是在岩石沉积作用和成岩作用早期与各种沉积物堆积和改造同时形成的，它的物质基础是各类有机物的残体。

发光特征：原生沥青的沥青"A"存在于岩石的原生基质中，其中重质和中质组分的沥青物质向着次生孔洞、裂缝中运移；运移越远原生沥青物质越轻，镜下发光特征由褐→褐黄→橙黄→黄→绿→白→蓝色。原生沥青中的沥青"C"，因不存在运移与集散的过程，所以镜下无浸染现象。

次生沥青是经过迁移作用的沥青。根据其运移时间和运移的位置又可分为三大类。

（1）早期次生沥青：脱离生油母质后最初迁移到原生孔洞、早期成岩孔洞中的沥青。

（2）中期次生沥青：分布在由于岩石不断压实重结晶、晚期白云化加大而加宽了的晶体、晶隙中的沥青。沥青"A"分布于晶隙中，沥青"C"局限于晶体内。

（3）晚期次生沥青：沥青分布在构造力和淋滤、溶蚀形成的缝洞中，因此它的显著特点是以沥青"A"为主，很少发现沥青"C"的踪迹。

通过镜下观察，发现分布在大缝大洞中或充填以后晶隙内的沥青，其发光特点是色晕宽、沿缝、洞壁向外浸染，越远越轻，或呈弥漫状浸染。在基岩油气勘探过程中，沥青是重点关注对象。

4. 沥青在岩石中存在的自然分馏现象

在荧光显微镜下，沥青的自然分馏现象是表现得很明显的。在砂岩胶结物空隙处为重质沥青，而颗粒表面往往比胶结物的轻；碳酸盐岩孔、缝、洞的中心部位相当于砂岩胶结物孔隙的情况，而孔、缝、洞外壁的围岩则越远越轻；有些泥岩（生油岩）或碳酸盐岩生油层中的次生孔隙，也许会发生由围岩基质向孔、洞、缝内越来越轻的分馏过程。

二、不同岩类荧光显微镜镜下鉴定内容

1. 碎屑岩的荧光鉴定

在荧光显微镜观察碎屑岩碎屑组分、填隙物、结构与孔缝等基本特征，描述其内荧光颜色、发光亮度及特征，应注意以下几个方面的观察与描述。

（1）碎屑颗粒的蚀变与含油性的关系（见图版13）。
（2）孔隙类型、形成时间与含油相对时间的关系。
（3）胶结物的形成顺序、充填情况、演化过程及其对油气的影响。
（4）泥岩除对生油岩发光特征进行描述外，要注意孔隙和裂缝的荧光显示。

对于碎屑岩含油层，在荧光显微镜下可将其荧光薄片当成铸体薄片进行研究，因为油相当于铸体物质存在于孔隙中，可以：判断原生及次生粒间孔隙；判断各种孔隙类型，如粒内、胶结物内孔隙等等；判断配位数，喉道情况，孔隙连通情况；通过油的存在可以观察孔隙网络情况的相关资料。

2. 碳酸盐岩的荧光鉴定

在荧光显微镜观察碳酸盐岩矿物成分、结构组分、结构、孔隙与裂缝等基本特征，描述其内荧光颜色、发光亮度及特征，应注意以下几个方面的观察与描述。

（1）粒屑荧光显示：详细描述粒屑本身的缝洞发育情况、延伸范围，荧光颜色、色晕、亮度、部位等发光情况。
（2）胶结物荧光显示：胶结物结晶晶粒大小与含油性质的关系，胶结物与次生孔、洞、缝的关系及含油显示等情况。
（3）裂缝荧光特征：描述缝的成因类型与充填期次，缝与基质的关系，荧光显示的浸染方向、范围、颜色、色晕、亮度与发光部位等，要特别注意晚期裂缝发光显示。
（4）孔洞荧光特征：描述基本与裂缝相似，要注意洞的形成范围、成因、时间与缝的关系。

3. 火山碎屑岩、火成岩、变质岩荧光鉴定

在荧光显微镜观察火山碎屑岩、火成岩、变质岩的组分、结构与孔缝等基本特征，描述其内荧光颜色、发光亮度及特征。在鉴定过程中，应着重描述孔、洞、缝中沥青物质的荧光颜色、亮度、浸染方向及色晕，详细描述沥青物质与各期充填物、交代物之间的关系。

三、荧光薄片图像分析

通过数码摄像装置获取薄片荧光图像信息，将传统观察者的颜色视觉感官描述转换为数学表达，根据荧光颜色确定波长，根据图像的亮度分量确定发光亮度，对各种沥青组分的荧光颜色进行分类，以区分不同组分的沥青，并计算出各种沥青的含量和发光亮度。颜色与波长范围之间的关系见表8-3，图像的亮度与发光亮度之间的对应关系见表8-4。

表 8-3 颜色与波长范围对照

颜色	红	橙	黄	绿	蓝靛	紫
波长范围，nm	770~620	620~600	600~580	580~490	490~450	450~350

表 8-4 沥青组分含量与发光亮度关系

沥青组分含量		最高	高	较高	中低	低	极低
测量结果	发光亮度	极亮	亮	中亮	中暗	暗	极暗
	L（亮度值*），cd/m^2	255~165	165~135	135~115	115~85	85~65	<65

注：* 亮度是指发光物体表面发光强弱的物理量，用 L 表示，单位为 cd/m^2。

荧光薄片中有机物受紫外光激发后发出的荧光亮度一般较弱，需选用高灵敏度、颜色还原度真实的摄像头，运用荧光图像分析软件，选择有代表性的视域进行图像分析，不同岩石鉴定内容不同，主要包括以下内容。

1. 沥青的总含量分析

提取岩石中沥青发光面积，用图像分析软件计算，得出沥青总含量值，即为岩石中的沥青总含量，用百分数表示。

2. 沥青组分及含量分析

不同组分的沥青在紫外光下具有不同的波长范围，根据波长范围不同，用不同的颜色来区分沥青组分，应用图像分析系统计算出各种沥青组分的相对含量，用百分数表示，并由分析系统得出各种沥青的发光颜色。

3. 发光亮度分析

由图像分析系统将每个视域中各种沥青组分的发光亮度后进行平均，得出整个薄片的平均亮度。

4. 洞、裂缝的荧光图像分析

根据洞、裂缝发育情况，选取适当的视域进行分析，测得值不得高于洞、裂缝在岩石中所占的实际面积。

5. 视域的选择

发光均匀的荧光图像分析，每个样品至少测 6 个以上视域；发光非均匀的荧光图像分析，每个样品至少测 10 个以上视域。

四、荧光显微镜中荧光树脂技术与应用

1. 荧光树脂技术原理

带荧光的若丹明 B 蓝光碱性蕊香红（rhodamine B）荧光染色剂及蓝色染色剂一起灌入磨片所用树脂中，混合染料的树脂再注入岩石中，后完成全部磨片过程，得到特殊的荧光薄片。在波长为 540nm 的绿光波的激励下，若丹明 B 蓝光碱性蕊香红染色的样品呈亮的带红色的橙色光，清楚地表示所浸渍的孔隙空间。抑制滤光片仅仅能通过带红色的橙色光及大量的非荧光矿物颗粒。荧光显微镜使用反射光系统，可以允许在不透明矿物中观察树

脂浸入的空间，譬如煤。这样就有可能研究致密沉积岩、结晶岩中的狭窄的、线状的或微小的孔隙。

反射式荧光显微镜附加正常光源和激励滤光片，仅仅能让发荧光的波通过并到达到目镜中，镜下红的橙色荧光能通过抑制滤光片，而绿光被阻挡。而未浸渍的固体矿物颗粒表现出黑色，使矿物颗粒不能被看到，产生了只有环氧树脂才能看到的高反差的图像，从而得到仅裂缝和微孔隙的图像，可以用于观察不透明物质中的微孔隙。较大孔径的孔隙在单偏光、透射荧光、反射光下均能看到，但是微孔隙仅仅能在反射荧光下才能看到。

2. 荧光显微镜下荧光树脂染色观察

荧光树脂技术可应用于不同岩石样品染色后荧光显微镜下的观察。

1）低渗透致密气层

天然气可以通过的窄的裂缝及片状孔隙，其大小为 100nm，小于可见波的波长（400~700nm），这种窄孔缝用光学显微镜是不能看到的，用若丹明 B 蓝光碱性蕊香红荧光染色树脂浸渍，那样产生的荧光就使得微孔缝变得可见，并可定性分析与定量表征。

2）页岩

用若丹明 B 蓝光碱性蕊香红荧光树脂浸渍页岩是有意义的。实践中页岩的浸渍比砂岩及煤层注入要难，显然是由于黏土矿物的影响。但尽管如此，荧光树脂也能浸渍入页岩的层状裂缝中，很少浸入到页岩本身的基质中。但有时也可见到树脂浸入到页岩的基质孔隙中，呈小的孤立的亮斑或微小的孔隙亮斑。

页岩内若丹明 B 蓝光碱性蕊香红荧光树脂的注入，对了解页岩组构、页岩内微孔隙组构、有机质含量、沉积环境是有帮助的。

3）砂岩内微孔隙

通过若丹明 B 蓝光碱性蕊香红荧光树脂注入，可以发现由风化作用造成的顺着长石颗粒双晶边界的微孔缝及由基质溶解造成的微晶燧石颗粒内部的微孔隙。

4）火成岩与变质岩

通过若丹明 B 蓝光碱性蕊香红荧光树脂浸渍结晶岩—变质岩与火成岩，也能观察到火成岩与变质岩的微孔隙与微裂缝。例如玄武岩中结晶燧石中的精巧网格常常是由联结气泡的网络形成的连通的通道。孔隙网络也可以由辉绿岩、凝灰岩、辉长岩及花岗岩中获得。

利用荧光树脂浸渍样品能够提高孔隙结构的可见度，是一种人工荧光色素染色应用的一种典型例子。当用正常装备的入射光显微镜观察薄片时，仅仅浸染的孔隙是可见的，结果孔隙在透射光下呈靛蓝色，在荧光下呈带红的橙。

5）煤中微缝

在煤层中裂缝宽度、大小分布和裂隙间隙是煤层甲烷产出物的存储场所，在反射光下荧光浸渍技术可提供许多有用的煤层岩石学信息。

若丹明 B 蓝光碱性蕊香红荧光树脂的优点是应用范围宽、成本低、荧光反应强，缺点是稍有毒性。其他荧光染色技术也不断地在勘探开发生产中得到应用，特别是水淹地层水淹程度评价和不同种聚驱剂使用效果评价中。

第三节　荧光显微镜分析在油气地质研究中的应用

一、储集岩有效储集空间及含油性的判断

1. 储层有效储集空间

储集空间的有效性与储集空间的大小、数量、形态、连通情况、形成时间、围岩介质的性质、沥青组分、沥青充填的顺序等有关。在取得这些参数以后，才能鉴别何种类型的储集空间最有效，并根据这些资料对有效储集空间进行评价。

（1）裂缝是渗滤通道，而孔洞往往是储集空间。仅有孤立洞而无缝将其连通者，洞中虽饱含油但这种油不能产出；在荧光镜下仅缝中有油，而岩石中不存在洞或洞中无油，产油有限；有洞又有缝相通且含油，其储油性最佳。

（2）缝洞周围基质含油与否与产油无关。

（3）碳酸盐岩储层的粉晶晶体间隙是含油储集空间的下限。

（4）最晚形成的储集空间含沥青物质最有效。

（5）填隙物世代与含油关系。当缝洞充填物中有第三世代充填物时，仅早期充填的第一世代、第二世代充填物含油则无效。

2. 储集空间的含油性判断

观察油井含油井段储层镜下特征，主要观察储层孔、洞、缝内的沥青。由孔洞缝自内向外浸染，孔、洞、缝内沥青重，色泽较深，孔、洞、缝外沥青较轻（越远离缝越轻），荧光颜色连续，范围较广，由褐→褐黄→绿→白→蓝色等。所谓有效孔、洞、缝，指荧光镜下发光，经试油能产油的孔、洞、缝。当含油丰富时，基质可被油质沥青浸染，发光较好，经常见到由洞、缝向基质浸染的色晕；若仅见基质发光，而缝、洞内不发光，则不产油。尤其是基质中未经次生的原生基质均匀发光，呈黄色弥漫状与产油无关。

在含油规律性方面，孔洞缝发光好坏与产油有密切关系，孔、洞、缝中含油则可产油；若不含油，仅基质含油，则不产油。孔、洞、缝含油，并向基质浸染越宽，色晕越多，颜色越鲜、越亮则越好，这预示着能获得高产油流。基质发光与否与产油无关。基质发光，缝、洞不发光，不产油；基质不发光，缝洞发光，仍能产油。

二、真假油层的荧光显微镜下区分

在钻井过程中为了解除事故，往往要向井内注入一定数量的原油浸泡井壁，这就必然对岩屑、岩心造成污染而形成一些含油假象。实践中建立一套区别真假油气显示标准，真假含油显示对比如表 8-5 所示。

表 8-5　真假含油显示对比（据郭舜玲，1994）

显示部位	假含油显示	真含油显示
岩样（岩屑岩心）边缘（表面）	由表向里浸染 钻井岩心及岩屑内部均不发光	表里一致，尤其不会发生岩屑周围发光现象
裂缝	岩样裂缝边缘部位发光，由边缘向内部浸染	由裂缝中心向基质浸染，较重质部分在缝内，向基质逐渐变轻
基质（胶结物）	晶隙不发荧光	晶隙发光，当油饱和时可呈均匀弥漫状

三、荧光显微镜对油水界面的判断及预测含油性

原油具有荧光特性，原油的不同组分荧光特性不同，不同组分在荧光的强度、颜色方面会有所差异。因此，可以根据荧光的颜色来判断原油的组分（表8-6）。在紫外光激发下，饱和烃不发荧光；芳烃一般呈蓝白色；非烃通常显示黄、橙黄、橙、棕色；沥青质呈红、棕红甚至黑褐色。水在荧光显微镜下不发光。但孔隙中的水会溶解微量的芳烃，这样会发出颜色较浅的蓝色。利用荧光颜色可以将油和水区分开来。

表 8-6　石油组分荧光特征

组分	荧光颜色	荧光强度
饱和烃	不发光（紫光照射），蓝绿、黄绿	极暗—极亮
芳烃	蓝白、绿黄、黄、橙黄、黄橙	极暗—极亮
非烃	橙、褐橙、红橙	极暗—亮
沥青质沥青	以褐为主，褐、浅褐、橙褐、浅澄褐、黄褐、浅黄褐、黑褐	暗
碳质沥青	不发光（全黑）	极暗

一般含油井段岩样发光显示好，所有孔隙均含油，缝合线、晶间孔隙、粒间孔隙、晶体解理缝等浸染发光极好；油水界面附近井段发光显示不均匀现象，基质发光差，部分孔隙发光；水层样品的缝及岩石均不发光。从含油的纵向变化可以判断出油水界面。

通过荧光地质工作并充分了解该区及该井的地质情况，综合考虑有关资料，如岩心（岩屑）录井、钻井、气测、钻井液录井、井径、地球物理测井，现场荧光分析等资料，给出勘探区块是否含油的结论。

四、荧光显微镜分析在剩余油表征中的应用

在实际地层中，油和水没有明显的边界。可以将孔隙中原油饱和度大于某一界限值的部分作为剩余油，其他则为水，也就是说，将颜色大于某一值的定为剩余油。这样，通过面积法可以求解剩余油饱和度。

随着油气不断开采，出现含油饱和度降低与含水饱和度上升的状况，荧光颜色和发光强度则遵循由弱变强再变弱的总体规律。荧光出现在孔隙中饱含石油时，石油中含有很多重质的组分，这些组分发出的都是长波的光，颜色较暗，以褐色、棕色为主，整体上为黄色。随着含水饱和度的增加，孔隙中有自由水进入，极少量的轻质石油溶解进入水中，发出亮度较高的绿色、绿黄色，荧光颜色整体上变强。当孔隙中只剩下残余油时，孔隙中的石油的饱和

度很低，孔隙中以水为主。残留的石油往往是黏度较高、颜色较暗的重质石油，这种石油极难溶解进水中，因此荧光颜色又变暗。

随着含水上升，孔隙内含水饱和度增加，由于低渗透岩石亲水，剩余油被挤向孔隙的中央；在中高渗透岩石中，剩余油被挤向孔隙边缘、微孔中，油的侵染作用减弱，孔隙及孔隙边缘轮廓将逐渐清晰。可依据油水比例划分孔隙中水淹级别。

采用冷冻制片技术，在低温环境进行切磨样品，确保磨片时孔隙内流体的原有形态不会被破坏，保持了样品的油水岩的原始状态、油水界面清晰的特点。利用普通薄片、铸体薄片和荧光薄片系列显微镜薄片分析相结合，铸体图像分析提取孔喉特征参数、岩石颗粒特征，偏光分析识别矿物组分与结构，荧光分析选取紫外荧光滤镜，区分油水边界，用相关分析软件完成剩余油饱和度和剩余油赋存状态信息的提取，通过观察荧光图像，对孔隙中的剩余油分布状态进行判别，明确其赋存状态，以此结果表征剩余油微观分布的特征。

采用冷冻制片技术，建立了一套剩余油冷冻制片荧光分析方法，定性和定量地描述了自由态、半束缚态和束缚态三种类型微观剩余油的赋存状态和空间分布特征。冷冻制片技术保持了油水分布的初始状态，避免了颗粒上下遮挡和荧光干扰，可以清晰区分油水界面。利用计算机软件进行图像分析，求解含油面积、含水面积，确定聚驱后剩余油饱和度，微观剩余油的类型、含量，建立局部富集的分布模式及明确不同地区水洗程度。

五、荧光显微镜分析在石油流体包裹体研究中的应用

储层中的石油流体包裹体，本质上就是在成岩作用过程中包裹在岩石中的沥青，因此在荧光下这些包裹体会发光。通过荧光显微镜观察可以快速识别这些烃类流体包裹体，另外通过这些包裹体中沥青发光的颜色和亮度也可以估计沥青的组分、含量及性质，以便于判断油气成藏期次、成藏过程与成藏演化。发光颜色反映沥青的组分（见表 8-1）；发光亮度反映沥青的含量（见表 8-2）；沥青在围岩中分布情况和有机残体、指相矿物的总和反映沥青的成因性质。

第四节　荧光显微镜分析在煤与油页岩研究中的应用

荧光显微镜方法无论是与传统的透射偏光显微镜法相结合，还是与地球化学研究相结合都是研究煤、油页岩和油源岩的一种有效的技术。在蓝色—紫外光照射下，壳质体荧光强度大，镜质体荧光强度弱，虽然在低级煤和富炭油页岩中一些基质镜质体由于吸收了低分子量组分荧光较强。大部分惰质组的荧光仅在应用特殊技术时才能观察到。

一、煤在荧光显微镜下特征

偏光显微镜下，卤素灯照射的薄片和反射光（白光）照射的抛光片中一般看不见煤及岩石中的显微组分，但在荧光显微镜下这些组分却变得十分清晰可辨。对泥炭、褐煤、不同变质程度的烟煤及无烟煤等进行了荧光分析研究，可知不同煤级的煤在荧光显微镜下呈现不

同的发光。

1. 泥炭

来自北京地区的泥炭在荧光镜下观察，发现它显示很强的荧光。植物细胞组织发黄色或暗黄色光；茎的断面发暗褐色及黑色光；泥炭中角质体外缘呈亮黄色、内部显示褐色，其树脂体发黄褐色光。对比显示，紫外光要比蓝光的照射更好。

2. 褐煤

荧光显微镜用蓝光激发时，壳质组所有组分都显示较强的荧光，一般呈绿色、浅绿色、亮黄色到橙色，镜质组发比壳质组弱的荧光，二者的形态和内部结构都比在普通偏光镜下清晰可见。显微组分呈现不同发光颜色，孢子体主要呈黄至浅黄绿色、少量呈橙色；树脂体呈橙黄色、绿橙色；角质体呈亮黄色和橙黄色。基质多为暗褐色和褐绿色，成分为褐煤的腐植基质呈褐色，腐泥基质则呈绿色，而混合基质则呈褐绿色。

3. 长焰煤

以抚顺琥珀煤（树脂煤）为例说明荧光特征。抚顺煤所含树脂体并不多，并不突出，而所含的壳质组比较复杂，含有不少孢子体、角质体以及碎片体等。树脂体的荧光较强，发亮黄色、带红色的黄色、褐黄色三种不同的荧光，其荧光强度依次减弱，对应树脂体为由体态完整的个体到支离破碎的碎片。孢子体发暗黄色和黄色荧光，碎片与完整个体并存。腐泥基质发绿褐色和墨绿褐色荧光，基质多为不发光组分。

4. 气煤和肥煤

气煤和肥煤中壳质组和藻类组发育，发黄色荧光。木质结构体的叠层构造发育、呈黄色或浅褐黄色，孢子体和角质体发褐黄色到橙黄色，藻类体呈褐黄色。

5. 焦煤和瘦煤

焦煤和瘦煤理论上应该不发光，但其内含树脂体（组成壳质体最稳定的物质）而呈褐带红色荧光。

6. 贫煤和无烟煤

贫煤和无烟煤不具荧光，如京西的无烟煤就不发光。

二、不同煤化程度的荧光性变化

从上述描述中可看出，当用蓝光或紫外光激发壳质组的所有亚显微组分时，都显示不同程度的荧光。荧光的强度和颜色因不同的显微组分、不同的变质程度以及在泥炭沼泽中的不同的生物化学分解程度而有变化。

1. 不同变质程度煤的荧光变化

泥炭和褐煤壳质组的荧光颜色以带有绿色和浅黄色的黄色为主、发光强，低变质的烟煤呈黄色，当煤级增高则荧光颜色变为黄橙色以及带点红的橙色，中变质（中等成熟度的）烟煤变为带红橙色，发光变弱，较高成熟度、镜质组反射率 R_o 达到 1.3%~1.4%（油浸）时，变质的煤内的壳质组就不再显示荧光。镜质组在褐煤、长焰煤中显示弱荧光，在中变质煤中则就消失了。不管那一煤级的惰性组中，各组分都不发荧光。

煤的荧光强度随煤级的增高而有下降的趋势，也即大致与镜质组反射率成反比。伴随煤演化时代由老至新、热演化加深、成熟度升高，煤的结构单元由完整的显微个体至破裂的支链与碎片，结构种类逐渐减少，呈现发光颜色由亮变暗、发光强度也逐渐减弱。煤的显微组分多以孢子体与树脂体为研究对象。

某一显微组份的荧光强度，当煤化程度增高时通常是下降的，其荧光颜色是向较长的波长变的。例如某地泥炭中孢子体发绿色光到褐煤时呈黄色再到肥煤时发红橙色光。

2. 相同变质程度、不同组分的荧光特征

相同变质程度、不同组分的荧光不同，通常相同变质程度树脂体是荧光最强的。在褐煤至低变质烟煤阶段，壳质组发黄色荧光、镜煤组发褐色荧光，惰质组不发光。惰质组是各种煤级、各个不同变质程度都不发荧光的组分。

3. 相同组分的不同荧光特征

相同组分在不同地方和不同阶段呈现不同荧光特征是一种常见现象（表8-7），因此荧光分析的优点还在于可将相同组分分开，它们与泥炭沼泽阶段的转变条件有关。例如，抚顺的树脂体可分α、β、γ三类，各有其不同荧光强度，不仅可看到强度渐减也可看到裂隙增加，它们主要反映氧化条件的差别。又如淮南乐平煤树皮组分也均可区别出两种荧光强度，颜色也有差别，并可见较暗的树皮荧光逐渐向基质中消失，这是树皮体不同凝胶化的结果。

表8-7 不同地区煤类显微组份与发光颜色及强度对应简表

不同地区煤样品	显微组分	颜色	荧光强度
北京泥炭	树脂体	亮黄	强
	角质体	亮黄	较强
	木质纤维质体	褐色	弱
云南褐煤	腐植质	黄褐色	弱
山东黄县褐煤	树脂体	黄色	中等
	孢子体	黄色略带橙色	弱
云南小龙潭褐煤	树脂体	黄色	中等
	角质体	黄略带褐色	弱
抚顺长焰煤	α—树脂体	亮黄	强
	β—树脂体	黄	较强
	γ—树脂体	暗黄	中等
	腐殖腐泥混合基质	绿带褐色	弱
轩岗气煤	树脂体	灰黄	中等
	角质体	橙黄	弱
	孢子体	黄色	中到弱

三、油页岩为主的显微组分在荧光显微镜下特征

使用反射光显微镜法和荧光显微镜法相结合，对油页岩及其他岩类的显微组分进行鉴

定。强反射荧光的显微组分来源于富氢有机质，它们沉积于碎屑岩中或不与沉积碎屑物伴生，或者为其他显微组分在成岩作用和变质作用过程中的衍生物（见图版13）。用显微组分的荧光确定显微组分的类型，进而揭示岩石类型与演化特征，判断油页岩含烃量与生烃能力，揭示油页岩的生烃过程和烃类运移的演化程度，判别与评价有效烃源岩和优质烃源岩。

岩石中显微组分是指存在于沉积岩、变质岩和火成岩中，自然形成的有机质或光学性质类似的具有特殊的物理和化学性质的有机聚合体。每一种显微组分都是具有一些特殊性质、自然形成的物质，并在成岩作用过程中发生变化。油页岩中显微组分是指油页岩中的有机质组分或组织。油页岩中显微组分壳质组—高氢显微组分丰富、荧光强，适用于荧光显微方法研究；镜质组和惰质组适于普通光反射观察。

镜质组来源于腐殖质中的腐殖酸，主要是木质素、纤维素和鞣酸。在煤中多呈细粒碎片产出，多形成于其他显微组分的基质和再活化的腐殖凝胶。镜质组反射率是一项非常重要的烃源岩成熟指标。某些镜质体发荧光，但通常很弱，在同样的煤中，其荧光波长要比壳质组的长。镜质体的荧光，一般为淡绿色、橙色、棕色或淡红到棕色。煤级高的镜质体不发荧光。但随着煤级的升高，煤中生成可溶有机质，导致不发荧光的镜质体逐渐变成发荧光。

惰质组母质与镜质组相同，包括纤维素、木质素和鞣酸，其形成经历了丝炭化作用，出现过强烈的芳构化作用和缩合作用。惰质组发出非常微弱的荧光，其波长较镜质组的更长，须用特殊的仪器设备才可测定其很弱的荧光强度。在高挥发份的煤中惰质组的荧光性质比镜质组的好，大部分惰质组不发荧光。

壳质组源于富氢的母质，其反射率低、荧光强（见图版13）。随着煤级升高，壳质组的荧光强度降低，出现荧光从蓝色到红色的逐渐变化。壳质组的荧光随着蓝光到紫外光射线持续照射而变化，其变化表现在强度或颜色上、变化可以是正值（增强）也可以是负值（减弱）。这些变化视类型和煤级而定。壳质组的平均最大反射率一般不超过 1.30%。

壳质体中含大量藻质体，包括结构藻质体和纹层藻质体等，其源于藻类有机质的显微组分。

结构藻质体是由分散的球形到圆片形或条带形的藻体组成（群体和单体）。在垂直层的切面上通常厚度超过 0.01mm，在平行层的切面上常为圆形或片状；结构藻质体长轴长度不超过短轴长度的 2~5 倍，形态特殊。大多数结构藻质体为粒状结构，具有残余植物结构。不同藻类组成不同结构藻质体的类型，形成于不同沉积环境。普通显微镜下为黑色到暗灰色，其反射率随着煤级升高而缓慢增大、在较高煤级中具高反射率。

荧光显微镜中结构藻质体产生强烈的荧光，在蓝光到紫外光激发下经常呈黄色、橙色或绿色（见图版13），在白光下呈白色到绿色。

结构藻质体可以依据其粒度体积较大、很强的荧光和锯齿状边界来识别。结构藻质体在许多油页岩中是丰富的，而在其他类型的岩石中是缺乏的。

纹层藻质体具很细的纹层，一般纹层厚度小于 0.005mm。表现为不连续的、交叉状薄层，由很多纹层组成层，个体缺乏双壁结构。在普通显微镜下白光照射，纹层藻质体是半透明的，无色到淡色、直到中挥发份烟煤煤级时才发生反射、呈现短的、薄层的形态。

在蓝光到紫外光激发下，纹层藻质体发光较强，通常发绿色、绿黄色、黄色、橙色或棕色荧光，很少见到强烈的绿到黄色荧光。来源不同的藻类的荧光颜色与强度不同，荧光强度是与煤级相关的。

在湖相油页岩中纹层藻质体是最丰富的，而在其他油页岩中仅是中等到无，煤系地层中基本不发育纹层藻质体。

沥青是用来表示各种颜色、硬度和挥发份的天然物质的术语，它们由不含氧化基团的碳氢化合物混合体组成。地沥青、自然矿物石蜡、沥青烯和石油都被视为沥青。天然沥青的荧光为黄色到橙色，一般情况下是相同的，除非存在两个以上的沥青相。在页岩中天然沥青较多。

依油页岩及生成油的化学性质，可以很容易地通过荧光显微镜方法鉴定镜质体、惰质体和壳质体的含量，进而评价油页岩生油潜力，研究其显微组分，岩石类别，形成环境，其内烃类生成、运移的时间及成熟度，热演化史和其他等。

第九章

包裹体分析

包裹体研究作为地质学的一种手段和方法，已被广泛应用于矿物学、岩石学、构造地质学、经济地质学、地球化学等领域中，尤其是在金属和非金属矿产的普查勘探以及成矿作用、物化条件、矿床成因模式研究等方面已日益显现其优势。

第一节　包裹体概述

一、包裹体的定义

包裹体是矿物生长时一部分成矿流体被包裹在矿物的晶格缺陷或窝穴之中，至今尚在矿物中存在，并与主矿物有着相界限的那一部分物质。包裹体简称为包体，它是成岩成矿作用流体的原始物质，反映了成矿流体的本质特征。何知礼（1982）认为包裹体是矿物形成过程中被捕获的成矿介质，将其称为成矿流体的样品。它相当完整地记录了矿物形成的条件和历史，是矿物最重要的标型特征。

矿物包裹体形成后处于一个相对封闭的物化体系，可自成为一个独立的地球化学体系，这包括：

（1）均一体系：包裹体形成时，捕获在包裹体内的物质为均匀相。

（2）封闭体系：包裹体形成后，没有物质交换，即物质的进入或逸出。

（3）等容体系：包裹体形成后，包裹体的体积没有发生变化。近期研究表明，也有非均匀体系捕获的包裹体存在。

理想、均一的封闭体系是利用包裹体研究系列地质问题的基础。

包裹体普遍存在于矿物中，但一般很小、小于 0.1mm，一般介于 $2\mu m$ 至 $20\mu m$ 之间，所以肉眼很难察觉，要在显微镜和电子显微镜下放大 200 倍以上才能看到。包裹体在矿物中数量相当多，据统计，在含矿的石英中每立方厘米有 100 万至 1000 万个，但在矿物中所占总体积是有限的，一般不超过 0.1%。

自然界中几乎所有矿物都含有包裹体，但最常用来研究的矿物为数不多，主要有石英、萤石、石盐、方解石、磷灰石、白云母、闪锌矿、重晶石、黄玉、锡石、锆石等，这些含有包裹体的矿物通常被称为宿主矿物、主矿物。它们在显微镜下呈现透明或浅色状。

二、包裹体的分类

捕获包裹体的成岩矿物称为主矿物,包裹体在主矿物中有一定的形态、大小和相界。根据包裹体的成因、组分、相态可划分出不同的类型。

1. 按成因分类

按成因划分,包裹体可分为原生包裹体、次生包裹体和假次生包裹体。

(1) 原生包裹体:指主矿物结晶的同时捕获的包裹体,它代表了主矿物结晶时孔隙流体的性质和物化环境,也就是说其溶液可代表成矿物质的成分和各种条件。它分布较规则,一般与晶体生长面和系统边缘平行排列;包裹体平面被个别矿物颗粒限制,或者该处包裹体的排列不清;沿平面存在的包裹体和不沿平面分布的包裹体,在几乎所有情况下具有相同的大小、形状、成分和充填温度。它是地质包裹体研究最主要的种类,沉积岩中发育的成岩包裹体大部分都是原生包裹体。

(2) 次生包裹体:指主矿物形成后,由于机械作用或其他作用使矿物产生破裂时捕获的包裹体。它们的主要特点是排列方向不受晶体生长面的控制而与裂缝方向一致,有时将原生包裹体的排列错开。在成分及温度、压力、含盐度上它与原生包裹体有很大区别。它反映了主矿物生成后孔隙流体性质和物化环境的变化。如碳酸盐岩中次生包裹体不受晶面控制,而与裂缝方向一致,有时还将原生包裹体排列错开,其特点分别代表了各期构造运动的影响。

(3) 假次生包裹体:指成岩矿物在形成结晶矿物时或在结晶过程中,由于受到某种力的作用产生裂隙,并沿裂隙方向弥合而捕获了流体包裹体。这些包裹体的成分与原生流体包裹体的成分是一致的,但它们的排列方向却与次生包裹体相同,在未进行成分分析的条件下,二者很难区分。但假次生包体的流体性质及所反映的物化环境与原生包体基本一致,不少假次生包裹体的走向常与原生包裹体有交会点,且不错开原生包裹体的排列。

2. 按成分分类

按照其所含成分,包裹体可分为若干类型,如以含盐度、CO_2、烃类等划分。常见以下三类。

(1) 高盐度包裹体:在室温下,包裹体中可见到石盐子矿物。

(2) CO_2 包裹体:在低于 CO_2 临界温度下,常可见到三相流体,即水溶液、液态 CO_2 和气态 CO_2。

(3) 有机包裹体:有机包裹体由有机液体(石油)、气体(甲烷)、固体(沥青)组成(见图版15、图版16)。有机包裹体宿生于沉积岩组分中,相对沉积过程与成岩过程形成的包裹体,有机包裹体个体较大、壁厚,颜色丰富,无色、淡红、浅黄、浅棕、棕色、黑色均有,镜下突起较高,包裹体单相、多相,烃类与盐水溶液混溶或互不相溶常见(见图版15、图版16)。

3. 按物理状态分类

包裹体按常温下相态为依据可大致分为固态、气态、液态三大类。

由于矿物包裹体中的气相、液相是包裹体形成后,经过长期的物理、化学作用的结果,气液比［气体体积/(气体体积+液体体积)］的大小在一定程度上反映了流体的原始温度、压力，也反映了流体的某些其他基本性质，因此，按气液比的大小划分流体包裹体类型是实用的。

（1）固态包裹体：来源于火成作用其被捕获时成矿介质为岩浆熔体，均化后仍恢复到熔体状态。固态包裹体一般可分为晶质与非晶质的。

（2）气体包裹体：指气液比大于50%的流体包裹体。

（3）液体包裹体：气液比大于1%而小于50%者，系两相高密度气—液包裹体，均化成液相，为热液矿物特征。其中气液比小于1%者称为纯液态包体，属于一种特殊的液体包裹体。纯液态包裹体对于液态烃类具有重要的研究意义，同时也可作为冷水沉积或低于50℃温水沉积矿物的特征之一。

（4）多相包裹体：含固、液、气三相的包裹体（图版15）。固相是指子矿物、有机质等。对油气勘探有意义的含固体沥青的有机包裹体就属于这种类型。

三、流体包裹体

本章所讨论的主要是沉积岩中的流体包裹体，多指沉积岩沉积物在成岩过程中捕获孔隙流体形成包裹体。流体包裹体是指在沉积成岩成矿的过程中被捕获，并保存于矿物晶格缺陷或空穴中，与主矿物有明显相界线的原始流体介质，它反映了沉积成岩成矿流体的本质特征。流体包裹体是包裹体研究中的主要对象，这种原始流体介质指成岩流体、成矿流体、岩浆水、变质水、石油、天然气等。不同类型的流体包裹体，具有不同的成因及环境意义。因其形成条件的特殊性，使成矿溶液包裹体形成时的物化条件及本质特征，基本上由流体包裹体的研究和测定来展现出来。

流体包裹体特殊性：物理化学条件、成份、性质与主矿物结晶生长时的相一致；为单一成因的均匀相（原始状态下），即为成分一定的等容热力学体系，有独立的相界，在常温下能流动；形成后与主矿物间几乎不发生物质的溶解、交换及化学反应；为一封闭体系，则当没有强烈的外力条件和变质作用，其体积大小不发生变化，无物质的流入与溢出；形成于沉积物发生结晶、重结晶、胶结（次生加大）或自生矿物形成时，且可保存至今；形成演化特征与整个盆地及含油系统的演化相一致。其中综合流体包裹体内成分与相态等特征，可分为盐水包裹体、含烃盐水包裹体和烃类有机包裹体（表9-1）。

表9-1 流体包裹体分类表

成因分类	相态、组分分类											
	盐水包裹体（烃含量为0）				烃类有机包裹体（烃含量>15%）								含烃盐水包裹体（烃含量<15%）
					烃类包裹体					含盐水烃类包裹体			
原生包裹体／次生包裹体／假次生包裹体	气体包裹体（气液比>60%）	液体包裹体（气液比<60%）	纯液态包裹体（气液比为0）	单组分液烃包裹体	多组分液烃包裹体	气烃+液烃包裹体	气烃包裹体	固烃+液烃包裹体	固烃包裹体	盐水+单组分液烃包裹体	盐水+多组分液烃包裹体	盐水+气烃+液烃包裹体	盐水+固烃包裹体

1. 盐水包裹体

盐水包裹体一般由气液两相组成［见图版 16（c）］，按室温下的气液比又可进而分为：气体包裹体（气液比>60%）、液体包裹体（气液比<60%）和纯液体包裹体（气液比为零）。

据研究，碳酸盐岩还以液体包体最普遍，纯液体包裹体多见于近地表环境，气体包裹体少见，经分析，气相以水蒸气为主，含微量 H_2、N_2 等气体。液体成分一般为 $NaCl-H_2O$ 二元体系，部分为 $NaCl-CaCl_2-H_2O$ 多元体系。

2. 烃类有机包裹体

烃类有机包体一般由液烃、气烃和固烃组成，烃类含量超过组分的 15%，出现单相、双相、三相烃类包裹体［见图版 15(c)~(f)，图版 16(g)~(h)，15-16］。常见单相烃液有机包裹体、两相含烃液有机包裹体、三相烃类有机包裹体，后两种含盐水溶液。据荧光显微镜鉴定，有机包裹体液、固烃的主要组分为油质沥青、胶质沥青、沥青质沥青和碳质沥青等。按室温下的相态和组分，有机包裹体又可进一步分为两大类十小类（参见表 9-1）。

烃含量 15%~50% 为含盐水烃类包裹体，烃含量大于 50% 为烃类包裹体。在研究中烃类有机包裹体也称为有机包裹体、烃类包裹体、烃包裹体；含盐水烃类包裹体多称为含烃包裹体。

据测试，赤水三叠系嘉陵江组（Tc）气层有机包体中的气烃以甲烷为主，混有少量 N_2、CO_2，盐水为 $NaCl-MgCl_2-CaCl_2-H_2O$ 多元体系。百色中三叠统兰木组（T_2）油层有机包裹体中的气烃含生物甲烷气和以 CO、N_2 为主的混合气，盐水为 $NaCl-H_2O$ 二元体系。

烃类有机包裹体的研究有助于对油气运移时间、运移方向、运移通道、运移相态以及油气来源、工业油气藏的远景评价等问题进行研究。

3. 含烃盐水包裹体

这类包裹体介于盐水包裹体与有机包裹体之间，其液（气）烃与盐水比小于 15%，其特征是液烃呈油膜状沿包体壁和气泡周缘均匀分布，发蓝灰色荧光，并且在同一主矿物内发光颜色、发光强度以及光环宽度基本一致。表明包体捕获时盐水和气相中都溶有少量液烃，后经温压变化液烃从盐水和气相周缘析出并聚积成膜。流体包裹体类型与孔隙流体相态有关，孔隙流体为均匀相时，捕获的包裹体以盐水包裹体和含烃盐水包裹体为主，类型单一、形态、大小和相比较趋于一致；孔隙流体为非均匀相时，捕获的包裹体类型相对复杂，在同一主矿物内盐水包裹体与有机包裹体同时存在，有机包裹体中气烃、液烃和盐水可以任意比例混溶成相态、相比不同和形态各异的包裹体群。研究中含烃盐水包裹体又称为含烃包裹体。

第二节 流体包裹体分析方法

一、流体包裹体形成机理与产状

1. 包裹体形成机理

自然界大多数矿物是从流体中结晶而成，流体是矿物的生长介质，无论天然矿物或者合成矿物，总是由于种种原因，或多或少地存在一些缺陷，这些缺陷就导致了包裹体的形成。每一种缺陷都有其一定的起因，因此每一种缺陷也都能在一定程度上反映其形成过程和某一形成时期的特征。所有的原生包裹体大多被与流体被捕获的同时沉淀的主矿物所圈闭。而次生包裹体是在主矿物结晶基本结束之后成岩演化过程中所形成的，如一个晶体在某种流体存在的情况下产生裂隙，而后晶体愈合便形成了一期次生包裹体。如果在油气运移经过的矿物裂隙中捕获了当时的流体便形成了一期与该期次油气有关的烃类包裹体或有机包裹体、水溶液包裹体。从生油岩向储集层运移时，在其所运移的通道中均可以形成一系列与油气有关的包裹体，如在泥岩中的方解石脉、石膏脉、石英脉中。包裹体在储集岩中运移时，成岩过程中碎屑颗粒的裂隙也是包裹体形成的好场所，自生矿物中的包裹体则代表主矿物形成时的成岩环境。所以包裹体较完整地记录了不同地质时期的物理化学条件，封闭在矿物中的流体包裹体的化学成分更能代表储层封存水的性质，包含了形成时地质流体的信息"密码"。

形成包裹体的主要的机制是：（1）晶体生长速度的变化；（2）生长机制的改变；（3）溶液中某些组分浓度的变化；（4）固、液或气相微粒与晶面生长作用之间的相互影响。前三个因素通常导致流体包裹体群的形成，因此显示出晶体中的生长带，第四种机制往往形成一些孤立状的包裹体，其中有时可见到被捕获的杂质。

2. 流体包裹体产状与期次

由于流体包裹体一般都赋存与矿物颗粒之中，因此不同矿物颗粒的成因和演化对包裹体的研究有决定性作用。在显微镜下能观察到流体包裹体与宿主矿物之间的关系，通过分析包裹体赋存矿物的形成和演化、矿物共生次序以及不同类型的包裹体，可明确包裹体与矿物的共生关系，划分包裹体期次。在包裹体期次划分的基础上，可以更有目的地对包裹体进行测温、成分定性与定量分析，并且能更好地体现包裹体地质信息与意义。

对于不同的矿物，往往根据矿物的岩性，对不同的原生和次生矿物进行共生次序的研究。对于砂岩，主要是要分清矿物骨架颗粒和胶结物的区别，这样便于识别矿物骨架颗粒形成时共生的包裹体和砂岩成岩作用过程中共生包裹体的区别（图9-1）。之后，根据不同类型胶结物的产状和化学性质结合成岩环境的变化，对胶结物次序进行厘定。不同期次胶结物例如石英加大边、方解石、白云石等矿物中的包裹体自然也代表了不同的共生环境。

不同类型的包裹体除了和不同矿物共生以外，还可能进一步和矿物共生次序有一定的世代关系（图9-2），其中最主要的就是各类矿物内原生和次生包裹体的区别。原生包裹体分布一般较规则，与主矿物的结晶要素有关，常呈负晶形沿解理、双晶纹、晶面或生长环带以及次生加大边成群出现（图9-2）。在各个成岩阶段，多世代的胶结物及重结晶，白云化等作用条件下形成的矿物晶体都可捕获到这类包裹体，次生包裹体形态多不规则，一般体积较原生包裹体小，沿裂隙分布，裂隙切割主矿物，并穿越相邻矿物（图9-2）。次生包裹体不受晶面控制，而与裂缝方向一致，有时还将原生包裹体排列错开，其包裹体特点分别代表了各期构造运动的影响。假次生包裹体多为圆或椭圆形，个体较原生包裹体小，沿微裂纹分布，平行或交叉出现，沿微裂纹在各矿物内延伸，少有穿过主矿物假次生包裹体排列方向不受晶体生长面控制，而与微裂缝方向一致，其形成时间既晚于原生包裹体而又早于次生包裹体（图9-2）。

Ⅰa为在沉积岩的石英岩屑的包裹体，有两种类型：含石盐子矿物的包裹体和气体包裹体。这些包裹体组合提供了石英砂粒的可能来源，即可能来自岩浆岩（如斑岩）或高温热液体。

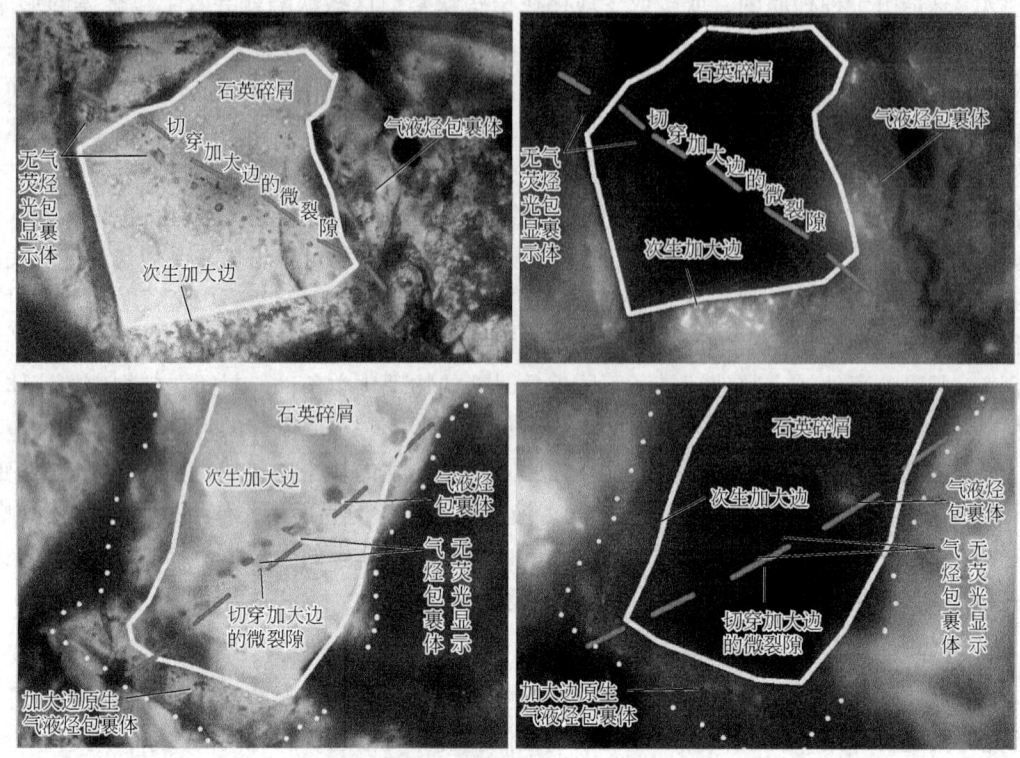

图 9-1　砂岩中的包裹体与矿物共生关系

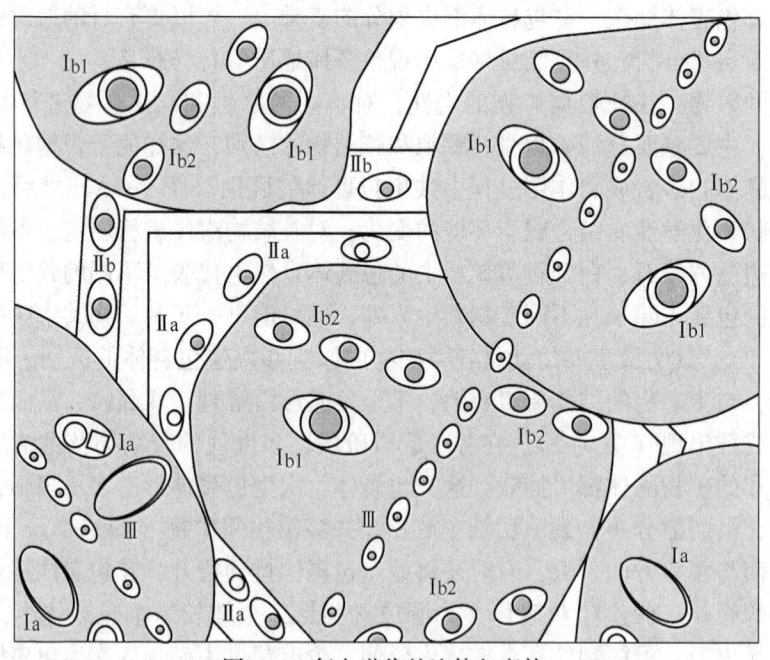

图 9-2　复杂世代的流体包裹体

Ⅰb1 为 $H_2O—CO_2$ 包裹体，可能反映出原岩是一种中到高等的变质岩。

Ⅰb2 为与含 H_2O-CO_2 包裹体在同一岩屑中的包裹体，是一种低盐度、排列整体的水溶液包裹体，或许也含有 CO_2。从成分及排列分布推测，它可能是在变质高峰之后岩裂缝形成的次生包裹体。

Ⅱa为在石英的次生加大边中分布的水溶液和油气包裹体，这是在沉积岩胶结和油气迁移过程中形成的包裹体，代表了沉积作用的包裹体。

Ⅱb为水溶液包裹体（盐度比Ⅱa类型包裹体可能来得高），分布于石英次生加大边的外带，代表油气迁移之后和最后一次胶结阶段的流体特征。

Ⅲ为低温、低盐度，穿过岩屑的次生水溶液包裹体，代表了沉积盆地中最后一次热液活动。

二、流体包裹体显微镜下鉴定特征

包裹体测试第一步是在显微镜下进行的，寻找到理想的包裹体，确定包裹体的成因类型和捕获后是否变化，可为测定包裹体的成分、盐度和均一温度奠定基础。在偏光与荧光显微镜下很方便地完成对包裹体的整体描述和不同类型包裹体数量的统计（目估法），效果也更佳，同时利用显微镜能捕获到更多的成岩成矿信息，得到更清晰的图像。

1. 偏光显微镜下流体包裹体鉴定特征

多数包裹体大小为微米级，通常显微镜放大 250 倍后才容易找到包裹体，要详细观察包裹体的细节与内部特征，至少要放大到 400 倍~630 倍。实验时常先使用低倍镜（100 倍以内）、大视域内观察整体情况，确定可能存在的包裹体位置，并寻找石英加大边为主的颗粒边缘、阴极发光显示的裂缝愈合处、亮晶胶结物等包裹体生长带。新生成岩矿物内含微米级包裹体，呈小黑点状以群体或呈枝蔓状定向分布。进一步将物镜换成较高的倍数，观察黑色斑点，调整聚光镜和焦距，包裹体就清晰可见了。因此包裹体观察过程中经常要交替使用低放大倍数和高放大倍数的物镜。

由于主矿物和流体包裹体之间折射率存在较大差异，包裹体在正常平行光照射下呈黑色。为了减少折射或反射引起的这种暗化效应，可采用物台下聚光镜提供聚敛照明光线。通过提或降低聚光镜，可以使光线最大限度地聚集在包裹体上，从而有可能获得清晰的图像。实际工作中要求观察者悉心调整显微镜的每一个调节系统，特别是那些光路上的调节系统，以便获得更佳的光学图像。

流体包裹体在主矿物中有一定形态、大小和相界，根据包裹体在室温下的相态、颜色、折光率等，可以在偏光显微镜下予以鉴定。包裹体的类型及其在主矿物中的产状和数量，以及主矿物与孔缝等成岩组构的关系，是镜下研究的主要内容。

包裹体的形态轮廓明显与否取决于包裹体与主矿物之间折光率的差异，差异大轮廓显著、突起高；反之，轮廓不明显，突起低。盐水（$n=1.36~1.38$）、原油（$n=1.35~1.51$）与主矿物石英、长石、方解石、白云石、石膏等的折光率接近，因此轮廓欠明显，方解石和白云石常呈现闪突起。气体包裹体与主矿物或原油和盐水的差异最大，因而无论单独成气体包裹体或是在包裹体内与油或盐水共存，总是呈圆或椭圆形宽暗边状气泡、负高突起，轮廓明显。

盐水包裹体由气液两相组成，一般透明无色，少数带粉红或浅绿色，气相常呈圆或椭圆形，悬浮于盐水之中，可以自由移动或跳动。包裹体圆、椭圆、棒状到负晶形、不规则状产出，一般较同期有机包体小。

有机包裹体多以其体大、壁厚、带色、多相态和较大的折光率区别于盐水包体，其形态多样，从负晶形到不规则状都有出现。

　　通常情况下，经热解分解成气、液、固三相的烃类有机包裹体，气烃一般无色，但具宽厚的暗灰环边；液烃颜色与其组分有关，从透明无色到浅灰、棕黄、褐色均有出现，稍有混浊；固烃则多为褐黑色无定形麻斑状。

　　在由气液烃两相组成的有机气液包裹体内，气烃寓于液烃中，液烃沿包裹体壁分布。包裹体内含有两种以上不同组分的液烃时，一般由于颜色和折光率不同，相界清楚。这类包体若同时含有气烃，则其中一种液烃环绕气烃分布，形成双环形烃类包体。

　　在含盐水的烃类包体中，盐水与液烃的分布形式多样，有油水各居一隅，也有水包油或油包水，或者相互穿插。

　　有机体包体含有液—半固态沥青时，沥青沿包裹体壁缘呈黑褐色的花瓣状分布，构成有机包体的一种特殊形态。

　　偏光显微镜下对包裹体的气液比、形状、大小、颜色、数量和分布等特点需要进行详细的记录和描述，这有利于探讨成矿介质的物理性质和化学性质。

　　包裹体的颜色是指包裹体在单偏光镜下呈现的颜色。颜色的不同表示流体包裹体的流体组分或离子价态的差异。由盐水溶液和气泡组成的包裹体经常为无色，含液态烃的液体烃类有机包裹体镜下呈淡褐色或浅黄、米黄色等。

　　包裹体的形状变化较大，与包裹体的成因、时代和主矿物的晶体结构类型有关。其形状分为规则的和不规则的两类。形状规则的包裹体常具有一定的几何多面体外形（如石英中包裹体呈带有双锥的柱状，萤石中包裹体常呈立方体形和四面体形，方解石中可见到菱面体形的包裹体），或者轮廓比较圆滑。形状不规则的包裹体是指没有一定几何外形，与矿物本身的结晶习性相差甚远，并具有不规则棱角状、多角状及其他不规则状的包裹体。

　　包裹体大小是指包裹体在聚焦平面上个体的尺寸，通常用包裹体长轴的长短来表征。可用目镜测微尺及其他方法直接测量。

　　矿物中包裹体的数量变化很大。实际工作中沿主矿物纵横两个方向上统计每个视域中包裹体总数及各类包裹体个数，分别取它们的平均值，最后根据视域面积计算出单位面积中包裹体的总数，并计算出各类包裹体所占份额。

　　包裹体的分布是指包裹体的聚集状态和排列方式，即是孤立存在的还是成群分布，杂乱无章的还是沿一定方向分布的。这种描述对区分包裹体的成因，解释某些地质现象具一定意义。

2. 荧光显微镜下流体包裹体荧光特征

　　荧光发光效应是鉴定烃类有机包体的重要技术。荧光显微镜主要对单个烃类包裹体组分作定性鉴定，研究包裹体内烃类的组成、相对含量以及各组分的分布关系。

　　石油是饱和烃、芳烃和环烷烃构成的混合物。石油除低分子量的气烃和石蜡外，大部分在紫外光下都能激发荧光。发光的颜色反映烃类组分，发光的强度反映烃类丰度。烃类组分与发光颜色的关系见表9-2。

　　荧光显微镜下烃类包裹体普遍有发光现象，常见的为浅灰、淡蓝、浅黄、棕褐、褐黑等色荧光，相应的组分有油质沥青、胶质沥青、沥青质沥青和碳质沥青。

　　沉积岩中各类型烃类（有机）包裹体的荧光特征和所含烃类密切相关，不同烃类发光特征见表9-2。

表9-2 石油沥青包裹体荧光发光颜色与组分关系

石油沥青分类			发光颜色
组分的轻重	石油沥青存在形态	组分分类	
极轻组分	气—液态	天然气部分凝析油	不发光
轻组分	液态	油质沥青	浅蓝、蓝、灰、灰白、白、蓝白
中组分	液态	胶质沥青	黄、浅黄、铜黄、亮黄、棕黄
重组分	液态—半固态	沥青质沥青	褐、棕褐、深褐、黑褐
极重组分	固态	固态沥青	褐黑、黑、不发光
变质沥青	固态	碳质沥青	不发光

烃类有机质充填的烃类包裹体呈现不同特征，单组分液烃包体在单偏光下包裹体边缘往往呈灰黑色（因液体烃的折射率较高），与盐水包裹体相比透明度稍有混浊，有时呈黄、棕褐等色。荧光下全面积发光、发光颜色和发光强度均匀，发光颜色和发光强度不均匀时，则可能溶有盐水。多组分液烃包裹体在一个包裹体内有两种以上的发光颜色，相界明晰，各组分的分布组合形式多样。荧光下气烃包体多不发光，单偏光多呈现浑圆及椭圆形，荧光下壁缘常有很薄的蓝白色发光圈。荧光下主要呈现包裹体中所含液态烃类特征。

含盐水烃类包裹体，其内除含烃类组分外，尚含一定的盐水溶液。盐水不发荧光，气烃也不发光，但混溶有液烃时发荧光，烃类和水液、气液相界清晰对应的发光也明晰。相界清晰，是由于液体烃的折射率较高（$n=1.42\sim1.57$），与水溶液（$n<1.395$）相差较大，二者相界极为明显，但与主矿物（石英与方解石）界线较弱并随物台转动相界清晰度有所变化。

综合偏光和荧光显微镜下各类型烃类（有机）包裹体的鉴定特征见表9-3。

表9-3 烃类（有机）包裹体鉴定特征

包裹体类型		鉴定特征
烃类包体	单组分液烃包裹体	单偏光下从无色—显色，包体内全面积发一种颜色的荧光
	多组分液烃包裹体	包体内发多种颜色的荧光
	气烃+液烃包裹体	气烃呈圆—椭圆，气壁厚呈灰—灰黑色，不发荧光。液烃发荧光
	气烃包裹体	气烃特征，同上，壁缘常有一很薄的蓝白色荧光圈，成群出现
	固烃+液烃包裹体	固烃单偏光下为黑色，发褐黑色荧光，固烃表面附有液烃时发蓝色荧光。液烃发荧光
	固烃包裹体	固烃特征同上
含盐水烃类包体	盐水+单组分液烃包裹体	液烃发荧光，盐水不发光。两相在包体中的分布有油水各居一隅、油包水、水包油、油水互相穿插等
	盐水+多组分液烃包裹体	盐水不发光，液烃发多种颜色的荧光，相界清楚
	盐水+气烃+液烃包裹体	气烃、盐水不发光，液烃发光，各相界清楚
	盐水+固烃包裹体	固烃表面附有液烃发荧光，盐水不发光

有机质在荧光显微镜下显示出的各种颜色与热演化成熟度有关，根据包裹体的均一温度

以及与其共生的有机包裹体的对应关系可以看出一般发黄色、蓝色、浅黄色荧光的有机包裹体的共生水溶液包裹体的均一温度在 60~100℃，为低成熟油—成熟油；而发黄白色、蓝白色、白色、灰白色荧光的有机包裹体与其共生的水溶液包裹体均一温度在 100~140℃ 之间，为成熟—高成熟油；发褐色、黑色荧光的有机包裹体多为石油裂解后的沥青质，与其有关的包裹体均一温度多在 140~160℃ 以上。

三、流体包裹体的常规分析方法

包裹体测定方法视包裹体测定内容而言，到目前为止，对流体包裹体的研究大致包括四个方面，即四种方法。

1. 测温法

包裹体是一种地质温度计，可以用来确定某种岩石、矿物的形成环境。利用矿物包裹体测定成岩成矿温度是包裹体研究中的重要内容。最常见的气液包裹体是在某种温度和压力条件下从均一的流体中捕获的，当温度、压力下降时，由于流体和主矿物的收缩系数不同，包裹体中的流体才分离成液体和气体，加热包裹体使它们恢复到原来的均一状态，此时所对应的温度称为均一温度。

气液两相流体包裹体是最常见的包裹体类型。包裹体中的液相部分在镜下通常为无色透明，或微带紫色，与主矿物的折射率相差较大，两者相界清楚。气相一般存在于液相之中，由于比重和表面张力的关系，常呈球形或椭球形悬浮在液体的边部。气泡的颜色较深，气液相界粗黑，十分明显。在倾斜或振动样品时，气相有可能移动，当气液比较小时气泡可以来回不停地跳动。在加热过程中液相扩大时，气泡缩小或二者的变化相反。当温度降至室温时，恢复到原来状态。对气液两相包裹体测定温度有均一法、爆裂法等（图 9-3）。

气液包裹体测温的简单原理与方法是：把矿物（透明的）制成薄片，放在一种特制的加热台上进行加热，并在显微镜下进行观察。在室温下为气—液两相包裹体，在加热过程中重新变为单一的相态时，即发生均一化时，记录均一化时的温度，此温度相当于包裹体被晶体俘获时成矿溶液的温度，这种测温法称为均一法。它的测温准确度较高，但一般只代表成矿温度的下限，即代表该矿物形成时的最低温度，所测得的温度为均一温度。

一块样品可以磨制成多块薄片，一般要测十几个或几十个包裹体，将所得测温数据绘制成直方图，取其峰值，即该样品的均一温度值。

此外，在均一化时，如果两相均一为液相，则说明成矿介质是水溶液，如果两相均一为气相，则说明成矿介质中存在气相（气成作用）。

不透明矿物在显微镜下无法观察到气—液包裹体，不能用均一法测温，而可用爆裂法测温（图 9-4）。爆裂法的原理是对矿物碎粒加热，达到均一状态后，继续升温，这时包裹体内部压力急剧升高，体积迅速扩大，对包裹体周围产生巨大作用力，当这一内压力超过矿物晶体的强度、超过包裹体腔壁的强度极限时，包裹体就涨破界面、发生爆裂，伴有啪啪的响声（可用专门仪器记录下来）和释放流体引起系统压力增加，这时的温度即为爆破温度。这种方法的优点是操作容易、速度快，能获取大量数据，并且爆破次数的多少可以反映矿物中包裹体数目的多少。

通过包裹体的爆破，可以得到爆破曲线图。从曲线上可以得出爆破温度和包裹体爆破的

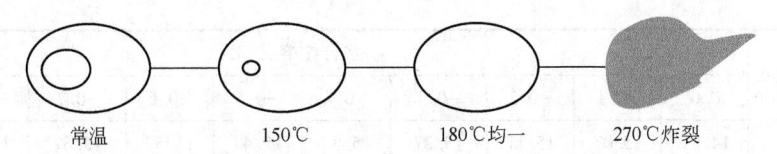

图 9-3 晶体中包裹体均一和爆裂示意图

脉冲数（或爆破响声）。爆破温度经过压力校正后，可以认为是矿物形成温度的上限，它和均一法测温相配合，可以得出较好的效果。它利于不透明矿物内的包裹体测定，但其干扰因素较多，实验条件要不断调试。

对气液包裹体的要求是：事先要明确解决的问题和研究目的，所采的样品必须具有代表性。可按成矿阶段、成矿期或按矿物组合系统采集有代表性的样品。应尽量选取未遭破坏或变化的标本，并注意记录产状。对于"均一法"测定温度来说，完整的晶体也是重要的。样品采出后，如果是用于显微镜观察和用"均一法"测定温度，则需磨制光薄片（一种两面抛光的透明薄片、透明性与包裹体保存均保证时决定厚度），厚度一般为 0.2~1mm，视样品的透明度而定（透明度差者应减薄）。为了便于寻找和区分原生和次生包裹体，在切片时，如果是一些结晶较好的晶体，则注意切片的方向，最好各个晶体轴向都切到、同一样品可以磨制多个不同方位的薄片，切片大小取决于热台尺寸（叶尔马柯夫式仪器可磨成 1.5~2cm^2，Link THMS600 热台要求磨成 1~1.5cm^2 圆形片）。如果样品是用于"爆破法"测温或测定成分（如真空球磨法），一般要把样品磨细到 0.5~0.4mm，然后经过各种手段，把样品提纯，选出单矿物、烘干备用。

2. 冷冻法

冷冻法是指将包裹体冷却到室温以下时观察包裹体中相变的方法。利用冷冻的手段，测定气液包裹体中液体的冰点、水合物熔点，以求得其溶液的盐度（表 9-4）、大致成分和密度的方法。

表 9-4 流体包裹体冰点温度与盐度关系表

冰点,℃	水合物熔点,℃										
	0.0	-0.1	-0.2	-0.3	-0.4	-0.5	-0.6	-0.7	-0.8	-0.9
0	0.00	0.18	0.35	0.53	0.71	0.88	1.06	1.23	1.40	1.57
-1	1.74	1.91	2.07	3.87	4.03	4.18	4.34	4.49	4.65	4.80
-2	3.39	3.55	3.71	3.87	4.03	4.18	4.34	4.49	4.65	4.80
-3	4.96	5.11	5.26	5.41	5.56	5.71	5.85	6.01	6.16	6.30
-4	6.45	6.59	6.74	6.88	7.02	7.17	7.31	7.45	7.59	7.73
-5	7.86	8.00	8.14	8.28	8.41	8.55	.898	8.81	8.95	9.08
-6	9.21	9.34	9.47	9.60	9.73	9.86	9.38	10.11e	10.24	10.36
-7	10.49	10.61	10.73	10.86	10.98	11.10	11.22	11.34	11.46	11.58
-8	11.70	11.81	11.93	12.06	12.16	12.28	12.39	12.51	12.62	12.73
-9	12.85	12.96	1307	13.18	1323	13.40	1351	1362	1372	13.83
-10	13.94	14.04	14.15	14.25	14.36	14.46	14.57	14.67	14.77	14.87

续表

冰点,℃	水合物熔点,℃								
	0.0	-0.1	-0.2	-0.3	-0.4	-0.5	-0.6	-0.7	-0.8	-0.9
-11	14.97	15.07	15.17	15.27	15.37	15.47	15.57	15.67	15.76	15.86
-12	15.96	16.05	16.15	16.24	16.34	16.43	16.53	16.62	16.71	16.80
-13	16.89	16.99	17.08	17.17	17.26	17.34	17.43	17.52	17.61	17.70
-14	17.79	17.87	17.96	18.04	18.13	18.22	18.30	18.38	18.47	18.55
-15	18.63	18.72	18.80	18.88	18.96	19.05	19.13	19.21	19.29	19.37
-16	19.45	19.53	19.60	19.68	19.76	19.84	19.82	19.33	20.07	20.15
-17	20.22	20.30	20.37	20.45	20.52	20.60	20.67	20.76	20.82	20.89
-18	20.97	21.04	21.11	21.19	21.26	21.33	21.40	21.47	21.54	21.61
-19	21.68	21.75	21.82	21.89	21.96	22.03	22.10	22.17	22.24	22.31
-20	22.38	22.44	22.51	22.58	22.65	22.71	22.78	22.85	22.91	22.98
-21	23.05	23.11	23.18							

注：表内数值为 NaCl 质量百分数。

当流体包裹体完全冻结后回温过程中首次出现液相时的瞬间温度称为始溶温度。始结温度和体系（如盐水体系）共结点温度一致。某一体系的低共结点温度是该体系的特征值。如 $NaCl-H_2O$ 体系的低共结点温度是 -20.8℃，$KCl-H_2O$ 体系是 -10.6℃，三元体系 $CaCl_2-NaCl-H_2O$ 是 -52℃。这样只要测出包裹体的始溶温度，就能确定该包裹体溶液属于哪一个体系。

冷冻法原理：本法的理论根据是物理化学上的冰点降低定律，即稀溶液冰点的下降与溶液的重量克分子浓度成正比。浓度越大，冰点越低（表 9-4，表 9-5），纯水冰点为 0℃，5%w（NaCl）溶液冰点为 -2.9℃，10%w（NaCl）溶液冰点为 -6.5℃，23.3%w（NaCl）溶液冰点为 -21.1℃。显然介质浓度增加，冰点下降。

表 9-5 NaCl 溶液的计算密度及冰点

密度（在15℃时）g/cm³	NaCl 的质量分数,%		冰点,℃	密度（在15℃时）g/cm³	NaCl 的质量分数,%		冰点,℃
	在100g溶液内	在100g水内			在100g溶液内	在100g水内	
1.01	1.5	1.5	-0.9	1.10	13.6	15.7	-9.8
1.02	2.9	3.0	-1.8	1.11	14.9	17.5	-11.0
1.03	4.3	4.5	-2.6	1.12	16.2	19.3	-12.2
1.04	5.6	5.9	-3.5	1.13	17.5	21.2	-13.6
1.05	7.0	7.5	-4.4	1.14	18.8	23.1	-15.1
1.06	8.3	9.0	-5.4	1.15	20.0	25.0	-16.0
1.07	9.6	10.6	-6.4	1.16	21.2	26.9	-18.2
1.08	11.0	12.3	-7.5	1.17	22.4	29.0	-20.0
1.09	12.0	14.0	-8.6	1.175	23.1	30.1	-21.2

如测得气液包体中溶液的冰点，即可在已知盐度和冰点的关系图上和表中求得盐度，进而根据盐水包裹体均一温度测得其均一时的密度（表9-5），即可在p-T相图中做出该包裹体在均一状态下的等容线。

冷冻法是在有冷台装置的显微镜下进行。将含有气液包裹体的薄片放入冷台中冷却，使其所含的液体全部冻上，然后慢慢升温解冻，在显微镜下观察其变化。

冷冻法在区分原生、次生包裹体、校正均一温度、鉴定包裹体中各个相的区别等方面也有用处。

盐水溶液包体冷冻测定可获得包裹体盐度、大致组分和密度。其包裹体冻结温度一般在-40~-60℃之间，回温过程相变清晰，盐度值通常在0~23.3%（wt）范围，测定值准确可靠。如，在测定赤水气田二叠系阳新统裂缝充填物方解石晶体中赋存的盐水溶液包裹体时，当温度冷却到-49℃时，液相冻结成颗粒极细的固相，同时液相颜色瞬间变暗，呈褐色细鱼鳞状，气相亦因此被挤压变形，边界由模糊到消失。关闭致冷器，自然缓慢回温到-22℃时，包裹体瞬间出现微皱纹，包裹体颜色变亮，这一现象是包裹体液相全部冻结后回温过程中发生初溶的典型特征。继续回温、固相颗粒逐渐熔化，气相重新出现，其冷冻、回温过程具可逆性，表明冷冻实验是在平衡条件下进行的。测得该包裹体为NaCl-KCl-H_2O三元体系，冰点为-6.5℃，盐度值为9.9%（质量分数），盐水溶液密度为1.022g/cm^3。

含烃盐水溶液包裹体进行冷冻实验时，绝大多数包裹体表现为无冻结特征（相态无任何变化）。其中部分包裹体在冷冻温度小于-100℃以下时，有气水化合物多晶固相出现，在回温温度达0℃左右或大于0℃时，常会发现这些似冰块状的气水化合物尚未溶化。但要确切判断是何种水化物的熔化，目前还很困难。因此，包裹体盐度测定时一般不宜用含烃盐水溶液包裹体来测定盐度，以免发生错误的结果。这类包裹体的冷冻特征仅可指示包裹体流体组分较为复杂，并含有气、液烃物质。

通过冷冻的方法可以鉴别部分有机包裹体，对于含有水相的有机包裹体，还可测定其盐度及水化物的熔化温度。有机包裹体在冷冻过程中有以下特征：一般情况下很难冻结，即使过冷却温度达到-180℃，包裹体也很少表现出显著的冻结现象。但有时也可观察到包裹体的有机气相塑性变形、气相缩小，有机液相冻结和具有低冻结温度的盐水相等冷冻特征。

3. 压力估算法

查明成岩成矿时的压力，是研究成岩成矿时的物理化学条件的重要内容之一，同时也是校正矿物包裹体测温时所得温度数据所必须的。因为包裹体测温是在常压下进行的，所得数据与实际形成温度有所差异（形成时压力越大，差值也越大），所以须经压力校正。

用CO_2气液包裹体和H_2O-CO_2流体包裹体测定压力。在H_2O-CO_2体系的包裹体中，CO_2在临界温度（31.1℃）下可分别呈液相和气相存在，呈现出一种"气泡"中有气泡的特征，即液体"新月型"在气相和盐水溶液之间绕气泡分布。由于三者的折射率（n）差别较大（H_2O，n=1.33；液体CO_2，n=1.18；气体CO_2，n=1.0），它们之间的相界粗黑。液体CO_2无色，在达到31.1℃之前，液体CO_2转变为气体CO_2，或反之（取决于CO_2密度），包裹体由三相变为两相。可以用丙酮喷洒样品表面，或用电吹风加热样品，使液/气相界再现或消失。冷冻时与水生成 $8CO_2 \cdot 46H_2O$ 水合物，呈锯齿状，熔点可达+10℃。

目前对气液包裹体测压的估算方法是：选取 CO_2 的气液包裹体和 H_2O-CO_2 流体包裹体，测得均一化温度按给定公式计算 CO_2 的浓度。然后根据均一温度和浓度，在 H_2O-CO_2 系统气相液相 P-V-T 及浓度关系曲线图上得出压力数值。用气液包裹体测定压力的方法尚在发展中，还需要作很多进一步的工作。H_2O-CO_2 流体包裹体的水并不是纯水，而是盐水溶液，使测试变得更复杂了。

4. 气液包裹体成分分析——激光拉曼光谱成分分析法

研究包裹体的成分对了解成矿溶液及岩浆的性质，查明成岩成矿的物理化学条件，阐明成岩成矿的机理以及指导找矿都有重要意义。

由于封存在矿物中的包裹体很细微，成分复杂、含量少，故不能采用常规方法分析其成分。目前采用两种处理方法：一为打开法——将包裹体打开以取得供定量分析用的足够数量，选用原子吸收光谱和化学法对阴、阳离子进行分析；二为不打开法——主要有在显微镜下观察和鉴定法、冷冻法、激光发射拉曼光谱法、扫描电镜法、激光电子探针法等方法。下面简要介绍显微激光拉曼光谱成分分析法。

与显微镜相结合的激光拉曼光谱仪，将单色可见激光引入改装后的光学显微镜，并通过高倍玻璃物镜聚焦于载物台上的样品，使用同一物镜同步收集拉曼信号，再由光谱仪进行分析。这是一项非破坏性的快速而高精度的微区分析技术，是用于分析物质分子组分、分子结构及相对含量的一种有效光谱分析手段。拉曼光谱可以单独或与其他技术（如 X 衍射谱、红外吸收光谱、中子散射等）结合起来应用，方便确定离子、分子种类以及物质结构。其应用主要是对各种固态、液态、气态物质的分子组成、结构及相对含量等进行分析，实现对物质的鉴别定性。

通常拉曼光谱仪配备有 514.5nm、785nm 等不同波长的激光器，能够满足不同条件的激光拉曼光谱测定需要。显微激光拉曼光谱仪的激光可以聚焦到大小约为 3μm 的束斑、穿透 6μm 的深度，因此分子直径大于 10μm 的气烃包裹体中的气体成分（如 CO_2，CH_4，N_2，H_2，H_2S，C_2H_6 等）一般都能够鉴定出来。

运用激光拉曼光谱法对石油进行分析时，可见激光照射芳香族化合物、共轭体系及芳香族有机杂环分子，趋向于引起强荧光，且荧光的强度比拉曼散射强好几个数量级，会完全掩盖很弱的拉曼信号，严重干扰拉曼光谱的测定。因此，拉曼光谱对液烃包裹体的分析相对较为困难。但是随着温度的增高，有机质成熟度加大，包裹体成分将由以液态烃为主逐渐向以气态烃为主转变，最终以含 CH_4 及 CO_2 气为特征。由于气烃类包裹体通常无荧光特征，因此显微镜下很难将其与气体水包裹体区别。有时气体包裹体壁上有荧光物质残留，可以帮助识别烃包裹体；如果没有任何荧光指示，则拉曼光谱成分分析法不失为一种方便快捷的手段，根据 CH_4 的拉曼特征峰就可以较快地鉴别出来。

利用激光拉曼光谱仪可测试各种固态、液态、气态物质的分子组分和结构，如各类矿物、有机质、溶液，以及物理、电子、化工材料等的非破坏性的微区分析。显微激光拉曼光谱仪保留了显微镜原有的所有性能，找样品方便，对样品无接触、无损伤，为碎屑岩、碳酸盐岩及其他岩石矿物单个有机包裹体成分研究提供了较简单可靠的测试手段，它有利于对不同期次、不同世代、不同成因包裹体的地球化学研究。

四、流体包裹体分析其他方法简介

1. 颗粒荧光定量分析

油气包裹体研究通常通过荧光显微镜观察和显微光谱检测法来分析储层颗粒中包裹体烃和吸附烃的性质，但由于受岩性、油气充注速率和沉积环境条件等因素的影响，沉积岩中油气包裹体的形成有很大的不确定性，给研究带来一定难度。澳大利亚联邦科学与工业研究组织（CSIRO）石油资源研究所建立的定量荧光分析技术 QGF（颗粒荧光强度定量），QGF-E（颗粒抽提物荧光定量）和 TSF（三维扫描荧光）测定技术，能快速探测储层颗粒中油包裹体和颗粒表面吸附烃的性质，从而反映储层中油气包裹体丰度及油气特征。该技术相对经济且不破坏样品，所需样品量很少。考虑到烃类物质紫外激发的荧光量偏小，QGF、QGF-E 和 TSF 方法选择灵敏度较高的紫外分光光度计作为检测仪器。

1）QGF（颗粒荧光强度定量）方法

QGF 方法是通过测量石英颗粒中烃类物质被紫外激发光激发出的荧光的强度来探测古油层的技术。测量前需按特定方法要求，对样品进行碎样和化学清洗，以除去钻井过程带来的污染，确保检测结果的准确性和较好的重复性，为比较来自油层和残余油层的石英颗粒中赋存烃类的荧光强度提供客观的证据。

不同烃类的 QGF 光谱特征反映油质由轻至重，光谱向长波长方向偏移：凝析油和轻质油的光谱曲线在 300~600nm 间呈现不对称且向短波长方向倾斜的特征，其最大光谱强度介于 375~475nm 之间；重质油光谱曲线在 475nm 附近形成宽峰，四环芳烃和极性化合物的最大光谱峰出现 470 和 550nm，次级峰在 375nm 附近。

由于不同烃类具有不同的光谱特征，利用 QGF 分析可以帮助识别样品中烃包裹体的存在，更有助于确认古油水界面。沿古油水界面上，QGF 指数呈增加趋势，而另一参数 $\Delta\lambda$ 有降低趋势。对现今油层和古油层样品的分析显示，QGF 指数大于 6；而水层样品的光谱曲线通常较平坦，接近基线，在 350nm 附近经常有一微弱的峰，QGF 指数小于 6（图 9-4）。

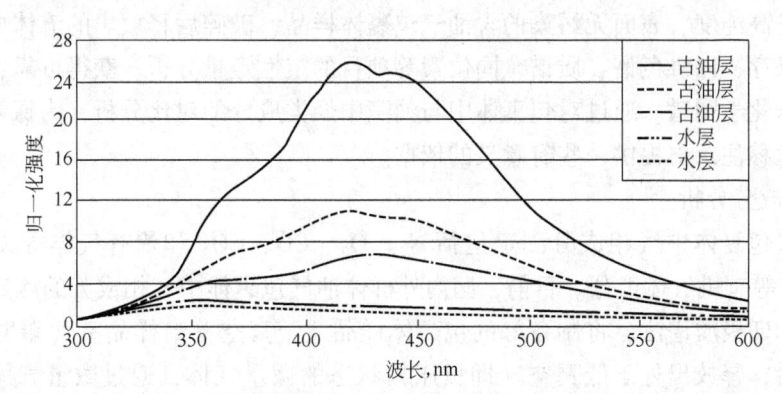

图 9-4 古油层、水层样品典型 QGF 光谱（据 Liu K, Eadington P, 2005）

2）QGF-E（颗粒抽提物荧光定量）方法

QGF-E 是 QGF 的拓展，测量吸附于储层石英和长石颗粒表面的 DCM 可溶烃抽提物的紫外激发荧光光谱强度。QGF-E 不同于通常的岩石抽提，它分析的抽提物是吸附于矿物表面的那些吸附力很强的芳烃和极性化合物。

QGF-E 光谱实验显示，四环芳烃和极性化合物的光谱向短波长方向倾斜，在 360~380nm 附近形成最高的峰，而且四环芳烃在 320nm 附近还有一次级峰。沥青质的荧光光谱较对称，谱峰宽阔，位置大约在 420nm。

QGF-E 光谱分析同样也指示现今油层和残余油层样品的荧光强度较高。油层的荧光强度普遍大于 40pc，残余油层通常大于 20pc，大约为 50pc，并且在 370nm 附近出现与溶剂中四环芳烃和极性化合物相似的特征光谱峰；而水层样品的荧光强度很低，谱线平坦，基本接近基线，大多数情况下小于 20pc，在 320~370nm 之间略呈微弱的峰形；DCM 空白检测则几乎无荧光显示。QGF-E 的分析结果可用于勘探和钻井评价中现今残余油层的判定，从而识别古油水界面。

3）TSF（三维扫描荧光）测定技术

TSF 方法测量石英中抽提物的 3DEx-Em 荧光光谱，根据光谱特征分析包裹体中油的各种性质，如成熟度、API 特征、烃类特征及含量等。TSF 光谱能够区分不同烃类成分，帮助分析判断油源及油气运移通道。用于 TSF 分析的石英颗粒必须经过严格的清洗程序，以彻底去除颗粒表面的任何烃类成分。TSF 参数 R_1 与 API 和成熟度密切相关。当荧光强度变化较大时，R_1 值基本保持稳定；而随着成熟度的增加和 API 的增大，R_1 呈现减小趋势。通过在不同层段 TSF 对油质差异的指示，能够帮助判断各储层间封闭性的好坏。

颗粒荧光定量分析方法因其快速、简便、经济，可以连续采集多口井不同深度的样品进行系统的光谱检测，从而根据样品的整个剖面变化和横向展布规律来识别油水界面、判断现今油层和古油层、分析油气藏性质等。

2. 群体包裹体成分分析

群体包裹体成分分析是一种破坏性的成分分析方法，一般利用机械压碎法、研磨法或热爆法打开岩样中的包裹体，提取其中的有机与无机成分，来进行气相色谱、色谱—质谱、稳定碳同位素等地化分析。这种方法的优点是能够获取较多的包裹体中的流体，以满足分析仪器的检测限要求；缺点是样品分析结果的代表性差，无法区分不同期次包裹体成分。该技术的关键是制备高纯度、表面无污染的含油气包裹体样品，破碎后释放出的流体成分准确转移收集与定量保存，以供色谱、质谱、同位素等项目的定性定量分析，获得可靠、有效、高质量的分子地球化学图谱。通过对包裹体中与油藏中烃类成分的对比分析，为探索油气藏油气来源、油气运移注入史提供一些有意义的依据。

1）气相成分分析

群体油气包裹体中气相成分测定包括 N_2、O_2、CO、CO_2 和稀有气体等无机气体以及 C_1~C_6 和 C_{6+} 等有机气体组分。目前，国内外群体油气包裹体中气相成分的测定，一般采用气相色谱法和四极质谱法。将制备好的包裹体样品置于真空密封样品室（碾磨罐）内经高速碾磨破碎后，释放出处于低真空（即负压）状态的微量气体，通过微量气体定量收集装置有效地转移并密封收集、定量保存在储气计量管中，再经过气相色谱、同位素等仪器进行相关项目的检测；或者是接上载气将微量气体带出，经过含有干冰和丙酮或酒精混合物的冷阱，使 H_2O 处于固体状态留在冷阱中，而不冷凝气体（N_2、CO、H_2、CO_2、稀有气体以及烃类气体）则可通过冷阱逸出，直接与气相色谱仪或同位素质谱仪在线连接，分析烃气组分或碳同位素。

该方法采用非在线连接可以检测到 $C_1 \sim C_5$ 气体组分及其碳同位素，对推断包裹体中烃类气体的来源及演化程度具有非常重要的意义。另外，采用真空球磨法提取气体成分之后可以再进行样品中重质烃类成分的提取，实现了用同一份样品即可完成群体包裹体中气体组分、碳同位素和重质液态烃分析，整个实验方法比较简单，易于操作。

2) 重质烃分析

群体包裹体中重质烃分析就是对岩石颗粒表面油气组分进行彻底去除后，使用密封冷冻球磨法（颗粒粒径 5μm）细磨岩石颗粒，使包裹体中的油气组分释放出来，有机溶剂抽提收集重质烃后，进行族组分、饱和烃和芳烃的气相色谱、色谱—质谱、稳定碳同位素等地化分析。与普通碾磨法（颗粒粒径 74μm）相比，冷冻球磨法获得的群体包裹体中氯仿抽提物（重质烃类组分）量有较大增加，表明球磨法能够更加有效地打开流体包裹体。已有研究表明：由于包裹体中氯仿抽提物研究的烃类物质一般为 C_{15} 以上的较重化合物，它们在成熟油中含量高，而在高成熟油中含量很低。群体包裹体中的重质烃类成分通常可以反映早期充注的低成熟石油的特征，据此可以研究成藏过程中的烃流体来源及成分变化。

3) 轻烃分析

轻烃是指碳数小于 15 的烃类。由于我国海相烃源岩成熟度普遍偏高，重质烃类含量很低，许多常规地化指标失去了原有的意义与指示作用，而在高成熟的烃源岩中轻烃含量相对较高，因此，积极开展包裹体中轻烃分析十分必要。

测定岩石中 C_{15} 以下轻质烃类化合物，国内外大多采用热蒸发技术。该技术是将已粉碎的岩样放置在气相色谱仪的一个特殊附件内，然后加热至 200~300℃，使包含在岩样中的轻烃化合物受热而蒸发。蒸发的轻烃组分被色谱柱捕集，然后通过程序升温进行色谱分析，分析鉴定岩样热蒸发出来的 C_{15} 众多的轻烃化合物。该方法只能进行岩石中轻烃的色谱分析，而不能进行轻烃的同位素和质谱分析。无锡石油地质研究所有关研究人员在总结国内外岩石轻烃测试技术优缺点的基础上，已成功建立了一套低沸点试剂密封冷抽提岩石轻烃技术，并获得了广泛应用。近年来，又针对群体油气包裹体中轻烃的特殊性（含量低、粉碎粒度小），应用超细真空密封粉碎技术打开包裹体，以低沸点试剂作溶剂，采用与高分辨率毛细柱气相色谱仪和同位素质谱计相结合的方法，开展油气包裹体中轻烃的指纹与碳同位素分析。

第三节　流体包裹体在油气地质学中的应用

油气盆地中流体包裹体分布广、类型多，观测研究结果解决了油气地质领域中的很多实际问题，归纳起来主要包括两大方面：其一，是根据包裹体均一温度测定数据以及捕获温度、捕获压力的计算资料，研究盆地烃源岩和储层的热演化历史，为油气勘探评价提供基础资料；其二，是根据各类烃包裹体的观测分析资料，剖析油气生成—运移—聚集的成藏信息，直接为油气普查勘探提供科学依据。前者一般以测定盐水包裹体均一温度、冰点温度为重点，后者以研究油气包裹体产出和分布特征为重点。流体包裹体在油气勘探及储层成岩作用中有以下几方面具体应用。

一、流体包裹体在油气储层研究中的应用

流体包裹体保留了原始矿液的本质特征，反映了成岩矿物结晶时的物化环境和孔隙流体性质，其中盐水包裹体的均一温度、盐度和 pH、Eh 值是解释与岩石矿物有关的成岩环境、研究储层孔缝演化的重要参数。

1. 恢复古地温与重塑热历史

在油气储层与烃源岩研究中，古地温和储层成岩演化史、生油热历史、有机质成熟史密切相关。目前一般所采用的古地温测定方法，如镜质组反射率、孢粉颜色、干酪根的顺磁共振等都有一个难以克服的缺点，其测定的温度只能代表该岩石所经受的最高温度，难以反映油气生成、运移等不同期次成岩环境及过程中各自的温度特点，同时镜质体标本不是所有地层或岩石中都含有。对沉积岩中的颗粒和各期胶结物中有代表性的流体包裹体进行详细的温度测定，就可以大致确定该岩层所经历的各种温度，为恢复古地温、研究热历史提供可靠资料。

2. 利用包裹体研究储层成岩作用

盐水包裹体是在与胶结物结晶的同时捕获形成的产物，在成因上与成岩环境有关。碎屑岩和碳酸盐岩储层在不同成岩环境所形成的包裹体类型与特征（成分、盐度、pH 值、Eh 值、形态、大小、气液比、颜色等）不同，其温度更有明显的差异，它是解释成岩环境的重要依据，因而通过包裹体特征的研究可大致确定成岩环境及成岩历史。

同一成岩环境下捕获的包裹体形态、大小、气液比接近一致，不同成岩环境形成的包裹体则有较大的差异。各成岩环境包体总的变化趋势随埋深增加温压升高，包裹体个体和气液比增大，形态由椭圆至半规则到负晶形，包裹体类型由以纯液体包体为主到完全出现气液两相包裹体。盐水包裹体的形态、大小和数量与胶结物即主矿物的结晶速度有关，近地表环境 CO_2 去气作用快，成核质点多，结晶速度快，晶体容易造成缺陷并捕获流体形成包裹体，结果包裹体数量丰富但个体小，以圆至椭圆为主；相反，埋藏条件下环境稳定，结晶速度慢，晶体粗大，包裹体数量减少，个体增大，形状规则，多负晶形。

不同的成岩作用和环境，其包裹体的类型和特征不同。一般来说，早期成岩作用阶段的包裹体体积较小（$1\sim5\mu m$），气液比和温度也很低，而且包裹体不发育，以纯液体包裹体为主，偶见少量气液包体。由于温度低，有机质未成熟，故未见有机包体。中—晚期成岩作用阶段的包裹体体积较大，直径 $10\sim40\mu m$，气液比较高（10%～30%），均一温度较高（70～80℃），而且包裹体异常发育，以气液包裹体为主，并且见大量有机包裹体。晚期成岩作用阶段的包裹体温度大于早期成岩作用的包裹体温度，表明深埋环境的成岩温度大于浅埋环境的成岩温度，说明成岩作用是从浅埋环境逐渐向深埋环境条件下产生。但是，若一些曾经历深埋地下的地层，因构造作用而抬升，而淋滤、溶蚀后，又充填了新的矿物，其中包裹体的特征就要变化，尤其是温度会明显的降低。因此，利用不同成岩作用阶段的包裹体类型、特征，可以了解不同的成岩环境、成岩温度、划分成岩作用阶段与期次。

3. 利用沉积岩储层包裹体研究孔隙演化

孔隙演化是储层的重要特征，其实质是孔缝隙的形成、保存和破坏。碳酸盐岩和碎屑岩储层的孔隙演化主要受各种成岩作用的控制，主要是压实作用、胶结作用和溶蚀作用。这一

固结成岩过程主要发生在沉积岩成岩的各个阶段和各种成岩环境,无论原生孔隙或次生孔缝,通常都要被各种不同的成岩矿物所充填,同时捕获性质不同的盐水包裹体,形成与孔缝充填世代相应的包裹体序列,通过对此包裹体特征的观察和均一温度的测试,即可确定各世代胶结物形成环境和结晶温度。再根据古地温梯度又可计算各世代胶结物形成的大致深度和地质时代。通过统计各世代胶结物的百分含量,就可了解各世代胶结物的形成历史,还可了解沉积岩孔隙演化的历史。因此,对盐水包裹体序列的系统分析研究、可恢复孔隙演化史,可以了解沉积岩孔隙和裂缝的形成、保存和破坏的历史过程。

二、流体包裹体在油气勘探开发研究中的应用

盆地中各类烃包裹体和含烃包裹体的发现,提供了该层段在地质历史中曾有烃类生成或油气活动的重要证据。进一步研究样品中烃包裹体的类型和产出分布特征,可以了解油气成烃、成藏演化等很多重要信息,为勘探开发评价提供科学依据。

1. 利用包裹体识别油气层与油气藏(GOI 应用)

碳酸盐岩和砂岩中油层、气层及非油气层中的包裹体具有不同的特征标志,利用这些特征标志,可以识别油气层。现将包裹体的类型、数量、气液比、均一温度、盐度等主要特征标志综合归纳于表 9-6 中,作为预测评价油气层的参数标准。

表 9-6 油层和气层及非油气层包裹体特征对比表

产层类型	包裹体主要类型	有机包裹体占总包裹体数量,%	包裹体颜色	气液比%	均一温度℃	盐度(质量分数),%	荧光	还原参数(CH_4+CO+H_2 CO_2)
油层	纯液烃包裹体 液烃+气烃包裹体 液烃+气烃+盐水	>60	棕红 浅黄	0~60	60~150	8~14	亮黄 褐黄	0.5~1.0
气层	纯气烃包裹体 气烃+液烃 气烃+液烃+盐水	>60	浅灰 灰黑	60~100	150~250	14~21	无色或暗蓝色	>1
非油气层	极少见有机包裹体 盐水包裹体	<20	无色透明			<8	不发光	<0.5

通过荧光识别了含油包裹体后还可以进一步通过 GOI(grains with oil inclusions)指数来反应储层的含油饱和度。GOI 指数意指含油包裹体的矿物颗粒数占总矿物颗粒数目的比例。GOI 的地质意义应按以下三种情况区别对待:储层中 GOI≥5%,且岩石孔隙普遍具强荧光(饱含油),则表明油气持续充注成藏;储层中 GOI≥5%,但岩石孔隙不含油,或还普遍见固体沥青充填物,即为古油气藏;储层中 GOI<5%,但岩石孔隙普遍强荧光(饱含油),表明该油(气)藏为晚期一次性充注。另外 GOI 在判别古油柱高度中的三种情况:古油水界面,则 GOI≥5%;油藏不断充注的最新油水界面,则 GOI<1%;古油藏为气所驱替(气藏),则 GOI≥5%。

2. 烃源岩排烃史、有机质类型及成熟度研究

包裹体均一温度的变化可以反映排烃的次数,通常认为均一温度峰值区间即代表排烃过程,若只有一个峰值,则认为是连续排烃,若出现多个峰值区间,则为多次排烃。根据包裹

体的类型、荧光特征、均一温度、成分等参数可以确定有机质的类型及成熟度。Isaksen 等对 Sleipner 地区中生代储层流体包裹体、相关石油或石油显示的 API 和生物标志化合物等进行有机地球化学研究，确定流体包裹体源自 Ⅱ 型母质，而石油来自 Ⅱ 型或 Ⅱ、Ⅲ 型混合源岩，包裹体有机质成熟度比石油低，揭示流体包裹体是从源岩捕获的最早的烃类组分。

油气包裹体是油气运移的原始记录，有研究发现，有些岩层中大量的裂隙网络中留下了包裹体排列迹线，保留了古流体渗流的"化石"通道形态。因此在一定地区，对构造矿脉或各期缝隙中充填的包裹体进行分布方向、期次的研究，可以推断油气运聚时的动力状况和相对时间，从而有助于油气的运移方向、运移通道体系的模拟研究。有机包裹体类型可以确定油气运移大致时间，含液相烃有机包裹体标志着烃类物质已开始成熟，大量液相烃有机包裹体和气—液两相烃有机包裹体的存在代表了石油的大量运移和聚集过程，大量气态烃有机包裹体和沥青—气相烃有机包裹体的广泛分布则是天然气大规模运移、聚集历史的直接标志。

3. 油气形成的物理化学条件

利用油气包裹体成分分析，对比不同阶段的成分分析结果，可显示油气藏流体成分的性质及演化，如利用包裹体过冷却现象或气相成分确定油气从生成到运移聚集阶段的氧化还原性质；利用包裹体液相成分中阴阳离子总和之差与 CO_2 总量、离子浓度及均一温度参数来计算流体酸度；采用拉曼光谱技术对天然气包裹体成分分析，若烃类流体中存在二氧化碳流体，则可证实成藏过程中存在酸性流体。

沉积岩矿物流体包裹体的液相是含有各种离子的盐水溶液，它代表了形成岩石时油气田水的性质。对其离子浓度、盐度及组合情况研究就能了解当时油气田水的性质，与油气一起运移的流体来源可通过包裹体氢、氮同位素和其他成分分析来解决。利用气体特征，结合有关的 PVT 相图，可了解油气运移的温度、压力、深度等物理化学条件。

4. 油气演化程度

随着有机质不断向烃类转化，其伴生的有机包裹体的特征会发生规律性的变化，即随着有机质从低成熟向高成熟演化：

（1）颜色表现为由无色→浅黄色→黄色→褐黄色→褐色→灰色→黑色→淡红色，气态烃为黑色。

（2）相组分表现为由水油为主→油气为主→气态单相（主要为 CH_4）。

（3）荧光颜色表现为由褐红色荧光→黄色荧光→黄绿色荧光→暗红色荧光，气态烃不发荧光。

（4）有机包裹体的类型表现为由液态烃为主→液+气态烃→气态烃为主→含固体沥青包裹体。

（5）成分表现为 $CH_4/(CO_2+H_2O)$ 值逐渐增大，烷烃（$CH_4+C_2H_6+C_3H_8$）与总有机组分的含量比值由小变大。

（6）荧光强度比值及光谱形态变化特征表现为若荧光强度比值大，谱峰为开放型，则处于生油阶段。若荧光强度比值小，谱峰为封闭型，则演化程度高，属凝析油湿气阶段。

根据以上特征可定性确定有机质的热演化程度和油气的形成阶段。

5. 油气充注期次与成藏时间确定

油气包裹体的形成世代是反映油气运移充注的最好记录，因此，利用油气包裹体在成岩矿物中的产状、分布位置、交切关系、颜色、荧光特征、均一温度分布、成分及有机组分的差别等准确进行包裹体的分期，进而确定成藏期次。其中较关键的是确定沉积岩含烃包裹体和伴生的盐水包体的期次。

包裹体期次的判断主要依据为：

（1）包裹体赋存的主矿物，如方解石、白云石、石英加大、硬石膏、盐岩等，判断其自生矿物的生长顺序和生长期次；

（2）包裹体的均一温度；

（3）有机包裹体的荧光颜色；

（4）包裹体的赋存位置，如切穿在生油层或储层的岩脉。包裹体的期次也反映了油气可能充注的期次。

通常利用与油气包裹体共生的盐水包裹体的均一温度恢复古地温，根据古地温进一步确定包裹体的形成深度，再根据研究区的沉积埋藏史和热演化史来确定包裹体的形成时间，结合盆地地层的时间—温度埋藏史曲线，进而确定自生矿物和油气的充注时间。包裹体的形成时间即代表其宿主自生矿物的形成时间，若其中含有烃类包裹体，其形成时间也即为油气充注时间。

油气演化程度具不可逆性，因此在不同阶段形成的不同期次的包裹体反映出油气不同阶段的演化信息，在低演化程度时形成的有机包裹体由于被捕获并封存在晶体内，虽经受了后期的高温环境，但在晶体内密闭的环境下，保证了轻烃、烷烃部分不至于散失、裂解并仍保持其较低演化程度的特点，即在高演化储层中能有低演化程度的有机质存在。因此，包裹体对于研究油气的演化、运移以及地层埋藏史有着非常重要意义。

目前利用包裹体研究古温度、地层埋藏史较为普遍，而利用有机包裹体探讨油气的运移与成藏史多在探索阶段。相信随着技术的进步、更为精密的测试仪器的不断出现，包裹体将会带给人们越来越多的信息。包裹体被称为认识自然界的"密码"，它可以为储层成岩作用、油气的运移聚集以及油气藏的形成带来许多信息。

6. 烃类（有机）包裹体在油气成藏综合研究中应用

在包裹体研究中，烃类包裹体类型和分布的精细观察往往比烃包裹体的均一温度测定更加重要。例如，在烃源岩中发现了明显的石油包裹体，表明该烃源岩不仅有实际生烃能力，而且已进入了生烃门限。进一步测定石油包裹体或共生盐水包裹体的均一温度，可以了解源岩生烃阶段的温度、压力和地球化学条件。

储层中分布的各类烃类或含烃有机包裹体，包含了油气充注和成藏演化的大量信息。根据烃包裹体类型、荧光、期次和有机组成的观测分析资料，可以了解油气成藏阶段、温度、压力等地球化学条件。地层中烃包裹体的分布规律，也是剖析古油水界面变迁和鉴别古油藏、原生油藏与次生油藏的依据。此外，储层中含气包裹体、含沥青包裹体与储层沥青的对比研究结果，对于探讨油裂解气藏的成因或干酪根热成因气有重要意义。如果储层中富集的主要是干酪根热成因气，则同期矿物捕获的包裹体应以气态烃包裹体为主；如果储层中富集的主要是油裂解成因气，则同期矿物捕获的包裹体类型十分复杂，不仅有比较典型的高温包裹体和气体包裹体，而且有较多含沥青的气液包裹体，它们常与储层孔隙中的孔壁中球粒状构造和中间相结构的焦沥青及微粒状—片状镶嵌结构的焦沥青—碳沥青伴生。

在成藏研究中根据石油包裹体均一温度和体积气液比的测定结果等基本资料，可利用

"PVT sim"、"PIT"和"PVT pro4.0"等软件，模拟计算地层中石油包裹体的捕获温度与捕获压力，为油气成藏条件研究提供科学依据。

第四节 包裹体在岩石矿物学中的应用

目前对于包裹体研究因在方法与手段上的进展，已可以测定包裹体温度、压力、pH值、盐度、密度和成分、同位素等各项内容，这就使包裹体研究在地质上的应用日益广泛。石油与天然气地质学中运用成岩包裹体测定方法，为成岩作用、油气生成、运移、聚集及成藏提供了许多有用的信息。相关应用特别广泛，也特别活跃，在解决矿床与岩石成因、成矿成岩物质来源、成矿和成岩演化过程、成矿和成岩规律问题以及指导寻找盲矿体等方面具有很重要意义。因此，在国内外包裹体的研究得到了迅速发展，在岩石和在矿物研究方面也得到广泛的应用。

一、多种宝石中的包裹体标型特征

1. 深成岩浆中结晶的宝石包裹体特征

深层岩浆中结晶的宝石有金刚石、橄榄石、红宝石、蓝宝石、镁铝榴石、锆石、顽火辉石、紫苏辉石等。其包裹体特征有：除金刚石没有气液包裹体外，每种宝石均有少量气液和子晶包裹体；在宝石中微小的矿物包体的四周有一个因应力作用而呈现的平面状裂隙环，看上去很象睡莲的叶子，称睡莲叶状包裹体；气液包裹体中以液相为主，气泡所占面积较小；宝石的折光率一般都在1.70以上，与包裹体中液态物质折光率差值较大，包裹体边界明显，即是宝石中只含微量的包裹体，也显得十分清楚，影响宝石的净度和透明度（常见包裹体物质的折光率：NaCl，1.544；KCl，1.49；液态CO_2，1.170；液态H_2S，1.374；水，1.333）。

2. 伟晶岩中晶出的宝石包裹体特征

综合伟晶岩的成矿特点可知，产于伟晶岩的宝石品种较多，有祖母绿、绿柱石、海蓝宝石、电气石、黄玉、金绿宝石、水晶、锂辉石、透辉石、磷灰石、芙蓉石、似晶石、硅铍石、锰铝榴石等，一般晶体颗粒较大。

由于形成伟晶岩的残余熔浆中富含挥发分的气态溶液，所以从伟晶岩中结晶出的宝石均含大量气液包裹体。气液包裹体多呈星点状分布的泪滴形、椭圆形，或密集平行排列的管状空隙。在气液包裹体中，一般气泡所占面积较大，约一半左右。由于伟晶岩宝石的折光率一般在1.60左右，与包裹体物质的折光率相近，所以包裹体的轮廓不是十分清晰，虽含气液包裹体较多（除特别集中外），一般不影响宝石的透明度和净度。在黄玉中，普遍存在一种特殊的、不相混溶的两种以上的液态包裹体。伟晶岩宝石中还常含云母片的固态包裹体。

3. 气成热液作用产生的宝石包裹体特征

气成热液作用产生的宝石包裹体具有下列特征：常为气、液、固三态包体；常有围岩残留的固态矿物包裹体，包裹体的晶棱受熔蚀而圆滑，例如磷灰石包裹体；常见子晶包裹体，如尖晶石中的小八面体尖晶石包裹体；红柱石沿晶面发育的纤维状固态包裹体；见岩石的变余结构，如翡翠具橄榄石粒状变斑晶结构。

4. 远成热液型宝石包裹体特征

远成热液型宝石，目前所见有价值的宝石矿床仅有哥伦比亚的祖母绿，这种祖母绿的最大特征是在一个包裹体空隙里有气、液、固三相，即 NaCl 溶液、石盐晶体和气泡。

5. 火山岩宝石包裹体特征

火山岩（火山喷出岩）均具有气孔和流动构造。产自火山岩的宝石为火山热液充填在岩石气孔或空洞中浓缩或结晶而成，主要有玛瑙、紫晶、烟晶、黄玉。由于是火山热液浓缩而成，所以多含气液包裹体和环带构造。

6. 区域变质作用生成宝石包裹体特征

目前变质岩中有经济价值的宝石少见，只见石榴子石—角闪岩和片麻岩相中的铁铝榴石和斜长角闪片麻岩中的红宝石、蓝宝石。

该类包裹体的特点是固溶体分解而形成的包体较多，如铁铝榴石中有平行晶面排列的金红石包裹体。此外，矿物的包裹体较多。

7. 风化壳型宝石

风化壳型宝石属单一矿物的隐晶质或非晶质构成的集体体，呈半透明—不透明状，属玉石范畴，包裹体在此类宝石中不具特殊意义。

二、矿床学研究实例——矿测温及应用

以我国海南铁矿为例，采集测温样 65 个，包裹体测量结果为：

贫矿（有些地段与富铁矿过渡）：含铁石英岩中的石英的测温结果分别为 140℃、235℃、243℃、293℃、473℃、465℃、591℃。

富矿：赤铁矿矿石中的脉石（以石英为主、其次是锆石、水白云母等）的爆裂法测温在 300~800℃ 之间有不连续爆裂声，爆裂曲线呈犬齿状。

富矿中矿石矿物赤铁矿，呈微晶、细鳞片状，13 个样品除一个样（呈脉状体）外，没有或极少爆裂声，说明无气液包裹体。

气液包裹体是热液期的特征。赤铁矿无包裹体，说明不是热液条件生成。至于赤铁矿中脉石矿物的爆裂温度为 300~800℃，跨越岩浆—热液的范围，属多元成因的，具沉积的特点。再之锆石棱角磨圆，晶面麻面状，显示出经过搬运的特点，说明矿床具沉积成因的特点。结合矿体围岩均有变质现象，矿石呈片状构造，鲕粒椭圆定向排列等现象，所以得出结论：矿床是受变质的沉积矿床。

该矿区热液活动明显，高、中、低温均有，其中与热液有关的石英，测温结果相当稳定，在 241~300℃ 范围内，截然不同于富铁矿石中的石英。

第十章 稳定同位素分析

稳定同位素化学是 20 世纪 30 年代新兴的一门学科，在 40 年代得到了迅速的发展。稳定同位素地球化学是 50 年代后逐渐形成的一门边缘性学科，它的主要任务是研究自然界中各种元素的稳定同位素在时间、空间上的运移和分布规律，以及这些规律与地球化学之间的联系。

第一节 稳定同位素概述

一、稳定同位素的基本概念与研究内容

1. 稳定同位素定义

同位素是指原子核内质子数相同而中子数不同的一些原子。同位素在元素周期表中占据同一位置，其质子数相同、具有基本相同的化学性质。比如氧的同位素 ^{18}O、^{16}O，质子数都是 8。

同位素按其形成方式，分为天然同位素和人工同位素；按其核的稳定性，分为稳定同位素和放射性同位素。

凡能自发地放出粒子并衰变为另一种元素的同位素，称为放射性同位素，如 ^{238}U、^{235}U 等。至少在人类能够测量的衰变期内，有少量同位素是没有放射性的，这就是稳定同位素，也就是无可测放射性的同位素称为稳定同位素。如 ^{12}C、^{13}C、^{16}O、^{18}O、^{32}S、^{34}S 等，迄今已发现了大约 300 种稳定同位素。

样品中某一种元素的各种同位素的相对含量，就是同位素的丰度，同位素丰度包括绝对丰度和相对丰度。同位素绝对丰度指某一同位素在所有各种稳定同位素总量中的相对份额，常以该同位素和 ^1H 或 Si 的比值表示。同位素相对丰度是指同一元素各同位素的相对含量。影响同位素丰度变化的主要因素为与核合成有关的过程、与放射性衰变有关的过程和同位素分馏。

由同位素质量差所引起的物理化学性质上的差异称为同位素效应。

稳定同位素地球化学是根据相同元素的同位素之间具稍有差异的热力学和物理学性质而建立起来的一门新兴边缘学科，是同位素化学、地球化学和地质学等许多学科交叉、渗透的

产物。它研究轻元素的稳定同位素在自然界（岩石圈、土壤圈、水圈、生物圈、大气圈以及星体）的丰度及变化机理、在各种天然过程中的化学行为，并以此为指导研究天然和环境物质的来源、运移过程以及经历过的物理化学反应条件。它是研究元素的稳定同位素在不同地质体中的变化规律，并用这些规律来解决各种地质问题的一门新学科。该学科研究的时间尺度从太阳系演化早期到现在，空间尺度从宇宙空间到原子，示踪地球内部圈层的化学演化和相互作用、监测全球变化等即为其研究实例。

2. 稳定同位素研究内容

由于同位素之间微弱的热力学与物理学性质差异，使得元素的同位素在化学和物理学反应中的行为也略有差异。所以，当它们或者含有它们的化合物参加化学反应或经历状态变化时，同位素就会被分离或者分馏，由此而引起的同位素相对丰度的变化经常是可以检测的，而且可对许多地球化学过程的认识提供重要的信息。

稳定同位素地球化学的形成和发展不是孤立的，它是随着其他学科的发展而发展起来的（图 10-1）。

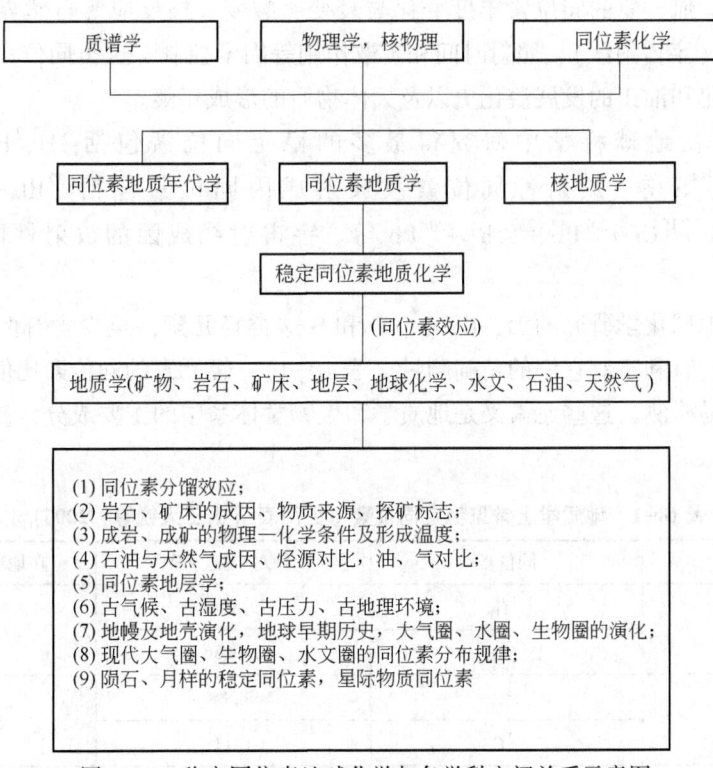

```
┌─────────┐  ┌────────────┐  ┌──────────┐
│ 质谱学  │  │物理学，核物理│  │同位素化学│
└────┬────┘  └──────┬─────┘  └────┬─────┘
     └──────────────┼──────────────┘
     ┌──────────────┼──────────────┐
┌────┴────────┐ ┌──┴──────────┐ ┌─┴──────┐
│同位素地质年代学│ │同位素地质学 │ │核地质学│
└─────────────┘ └──┬──────────┘ └────────┘
                   │
           ┌───────┴────────┐
           │稳定同位素地球化学│
           └───────┬────────┘
                (同位素效应)
    ┌──────────────┴──────────────────────┐
    │地质学(矿物、岩石、矿床、地层、地球化学、水文、石油、天然气)│
    └──────────────┬──────────────────────┘
    ┌──────────────┴──────────────────────┐
    │(1) 同位素分馏效应；                   │
    │(2) 岩石、矿床的成因、物质来源、探矿标志；│
    │(3) 成岩、成矿的物理—化学条件及形成温度；│
    │(4) 石油与天然气成因，烃源对比，油、气对比；│
    │(5) 同位素地层学；                     │
    │(6) 古气候、古湿度、古压力、古地理环境； │
    │(7) 地幔及地壳演化，地球早期历史，大气圈、水圈、生物圈的演化；│
    │(8) 现代大气圈、生物圈、水文圈的同位素分布规律；│
    │(9) 陨石、月样的稳定同位素，星际物质同位素│
    └─────────────────────────────────────┘
```

图 10-1 稳定同位素地球化学与各学科之间关系示意图

稳定同位素地球化学的研究内容从传统的地质测温到地球化学示踪，研究手段从常规化学制样方法到新式探针分析，研究方法从静态半定量到动态定量，研究范畴从三维结构到四维演化，研究对象从局部地质单元到地球不同圈层，研究领域从固体地球科学的各个学科（例如地球动力学、构造地质学、岩石学、矿床学、矿物学、沉积学）到其他学科（例如海洋学、水文学、冰川学、古气候学、环境学、考古学、天体化学等），甚至到医学和食品工业。稳定同位素地球化学具体研究以下方面。

1) 轻元素的稳定同位素地球化学

氢、氧、硫、碳等轻元素,它们的稳定同位素质量相对差别较大,其物理化学和热力学性质的差别也较明显。在自然界的各种物理化学作用过程中,会发生明显的同位素分馏效应。动力同位素效应和同位素交换反应是引起同位素丰度变化的主要原因。同位素分馏效应与温度关系密切,对地质体的不同埋藏深度反应很灵敏,因此,用于研究地壳和地表(包括水圈、生物圈和大气圈)的各种地质作用有效,测温是它们的特有效能。

2) 重元素的稳定同位素地球化学

铅、锶、钕等重元素,它们的稳定同位素质量相对差别很小,同位素组成的变化与各种物理化学作用(比如蒸发、扩散、渗透、吸附、生物作用、热裂解作用等同位素动力效应和交换反应)无关,不受温度、压力和地质体埋藏深度的控制。它们的同位素组成变化,如 ^{238}U、^{32}Th、^{87}Rb、^{47}Sm 和 ^{187}Re 的丰度变化,直接受衰变常数和时间控制,这类稳定同位素对研究地壳深部和上地幔的地质作用特别有效,所以可以用来测定地质年代。

3) 惰性气体同位素地球化学

氢、氖、氩、氪、氙的同位素丰度变化与衰变、裂变、核反应等自然界核转变过程有关,受射线强度(宇宙射线)、照射时间和扩散作用等因素控制。这类同位素往往用来研究气圈、水圈的演化和油田的发展演化史以及天体物质的形成年龄。

几十年来,在地球科学中研究得最多的稳定同位素包括:^1H、^2H、^{12}C、^{13}C、^{14}N、^{15}N、^{16}O、^{18}O、^{32}S、^{34}S 等。放射性同位素及放射成因同位素包括:$^{87}Rb \rightarrow ^{87}Sr$、$^{147}Sm \rightarrow ^{143}Nd$、$^{238}U \rightarrow ^{206}Pb$、$^{235}U \rightarrow ^{207}Pb$、$^{232}Th \rightarrow ^{208}Pb$ 等。宇宙射线成因的放射性同位素如 ^{10}Be、^{14}C 等。

稳定同位素地球化学研究的 H、C、N、O 和 S 这类轻元素,至少含有两种相对丰度较高的稳定同位素,有利于对它们的精确测量(表10-1);轻元素的同位素比值的变化是最大的,因此也最容易检测;这些元素又是地质学和生物学体系中的主要成分,参与了大多数地球化学反应。

表10-1 地质学上常见稳定同位素特征简表(据王大锐等,2006)

元素	同位素	相对丰度,%	在地球上的变化,‰
氢	^1H	99.9844	$\delta D = 700$
	$D(^2H)$	0.0156	
碳	^{12}C	98.89	$\delta^{13}C = 100$
	^{13}C	1.11	
氧	^{16}O	99.763	$\delta^{18}O = 100$
	^{17}O	0.0375	
	^{18}O	0.1995	
硫	^{32}S	95.02	$\delta^{34}S = 100$
	^{33}S	0.75	
	^{34}S	4.21	
	^{36}S	0.02	

元素	同位素	相对丰度，%	在地球上的变化，‰
锶	^{84}Sr	0.56	$^{87}Sr/^{86}Sr=0.7119$ $^{84}Sr/^{88}Sr=0.0068$ $^{86}Sr/^{88}Sr=0.1194$
	^{86}Sr	9.9	
	^{87}Sr	7.0	
	^{88}Sr	82.6	

3. 稳定同位素研究简述

稳定同位素首先是由汤姆森（Thomson）1913 年在研究氖元素时发现的。随后，阿斯顿（Aston）利用他制成的第一台质谱计在氖、氩、氪等 71 种元素中共发现 202 种同位素。利用元素的稳定同位素组成来研究地质过程首先由霍姆斯（Homes）提出。他早在 1932 年就建议利用钙同位素组成的变化来研究岩石的成因，开创了稳定同位素的地质研究工作。不过早期的研究工作除了解决实验室对同位素丰度的分析测试技术外，主要致力于查明自然界地质体中各种元素同位素组成的一般特征和阐明同位素组成的变化机理。研究的对象仅限于铅、氧、碳等少数几个元素的同位素。由于当时对分析数据的解释较少、与所研究的地质体的特征相联系也不够，因此得出的结论常可能与实际情况不相吻合，研究工作的进展也较缓慢。在实践的过程中，随着研究经验的积累，研究人员逐渐注意到将解释分析数据与地质体相联系。

乌雷（Urey，1947）发表《同位素物质的热力学性质》，奠定了同位素分馏的理论基础，使稳定同位素地球化学这一学科得到了飞速发展。霍夫斯（Heofs 1973）编写的专著《稳定同位素地球化学》，系统性地论述了稳定同位素的主要内容及研究方法，极大地推动了稳定同位素地球化学的发展。

二、同位素的表示方法与标准

1. 同位素表示方法

能用作分析的元素至少含有两种相对丰度较高的稳定同位素，一个元素的诸稳定同位素之间的差别首先是质量差别。通常将质量数大的同位素叫做重同位素，如 ^{13}C、^{18}O、^{34}S、^{206}Pb 等等；将质量数小的同位素称为轻同位素，如 ^{12}C、^{16}O、^{32}S、^{204}Pb 等。要衡量稳定同位素丰度的变异情况可以用重同位素原子丰度与轻同位素原子丰度之比 R 为标准，例如 $^{13}C/^{12}C$、$^{18}O/^{16}O$。这是稳定同位素两种表示方法之一，也是早期稳定同位素唯一的表示方法。

在实际操作中，由于测定难度大和仪器（如质谱仪）中也可能存在着同位素分馏现象，所以 R 值极难测准。实验中取一给定样品的 R 值为标准，来测定地质样品中 R 值与标样 R 值的千分差，以 δ 表示，定义为：

$$\delta(‰) = (R_{样品} - R_{标准})/R_{标准} \times 1000 = (R_{样品}/R_{标准} - 1) \times 1000 \quad (10-1)$$

式中 $R_{样品}$ 代表样品中元素的重同位素与轻同位素的比值（如 D/H、$^{13}C/^{12}C$、$^{18}O/^{16}O$ 和 $^{34}S/^{32}S$，），而 $R_{标准}$ 则为标准物质中重、轻同位素的比值。式 10-1 的 δ 值是指样品中某元素的稳定同位素比值相对于标准相应比值的千分偏差，如 H、C、O 和 S 元素，相应的 δ 标记分别是 δD、$\delta^{13}C$、$\delta^{18}O$ 和 $\delta^{34}S$。

δ 标记法可以清楚地反映出同位素组成变化的方向和程度。例如，若样品的 $\delta^{18}O = +15‰$，

说明样品的 $^{18}O/^{16}O$ 比值比标准高 15‰；反之，若样品的 $\delta^{13}C = -15‰$，说明实验样品比标准样品相比贫 15‰的 ^{13}C。样品的 δ 值越高，反映重同位素越富集。

2. 同位素的分馏与分馏系数

由于同位素分子之间存在着物理、化学性质方面的差异，在各种地质过程中常常引起元素同位素组成的变动，造成同位素在不同矿物或不同物相间分布不均匀的现象。由同位素质量差所引起的物理化学性质上的差异称为同位素效应。

将同位素在不同物质或在不同物相间分布的差异现象称为同位素分馏，是同位素效应的表现，包括热力学平衡分馏、动力学非平衡分馏和非质量相关分馏。同位素平衡状态建立后，只要体系的物理、化学条件不发生变化，同位素在不同的矿物和物相中的分布就维持不变，这就是同位素平衡状态的特点，体系处于平衡状态时，同位素在两种矿物或两种物相间的分馏称为同位素平衡分馏。动力学非平衡分馏指偏离同位素平衡面与时间有关的分馏，即同位素的在物相之间的分配随时间和反应进程而不断变化。

分馏系数是指化学体系经过同位素分馏过程后，在一种化合物（或一部分馏分）中两种同位素浓度比与另一种化合物（或另一部分馏分）中相应同位素浓度比之间的商，用 α 表示。它表示同位素分馏的程度，反映了两种物质之间同位素相对富集或亏损的大小。$\alpha_{A-B} > 1$ 表示 A 物质比 B 物质富集重同位素，反之 $\alpha_{A-B} < 1$ 表示 A 比 B 富集轻同位素。α 偏离 1 越大，两种物质同位素分馏程度也就越大；$\alpha = 1$ 时，物质间没有同位素分馏。

在自然界，分馏系数是指两种矿物或两种物相之间的同位素比值之商，表达式为

$$\alpha_{A-B} = R_A / R_B \tag{10-2}$$

式中，R_A 和 R_B 分别为两种物质的轻重同位素比值，如 D/H、$^{13}C/^{12}C$、$^{18}O/^{16}O$ 和 $^{34}S/^{32}S$ 等。两种物质的比值差别越大，同位素分馏程度就越大。

同位素分馏系数是温度的函数，加以应用可实现同位素地质测温。稳定同位素在地质过程中有分馏现象，从而对地质过程有示踪效果。放射性同位素的衰变可以用作地质体的年龄测定。放射成因同位素与同一元素的稳定同位素的比值往往对地质过程也有示踪效果。

3. 标准

样品的 δ 值总是相对于某个标准而言的。对同一个样品来说，比较的标准不同，得出的 δ 值也各异。所以对样品的同位素组成进行对比时，必须采用统一的标准；或者将各实验室的数据换算成国际公认的统一的标准，这样获得的 δ 的值才有实际应用价值。

一个理想的稳定同位素实验室标准应具备：样品的同位素组成均一，性质稳定；样品量大，可以便利获得与满足长期使用；化学制备及同位素测定方法简便；它的同位素组成大致为天然同位素变化范围的中间值。目前国际上承认的标准有（表 10-2）：

（1）SMOW 是标准平均海洋水，作为氢和氧同位素的世界统一标准。

（2）V-SMOW 是奥地利维也纳国际原子能委员会向世界各实验室分发的一个标准。它采用太平洋纬度 0°、经度 180°海域的海水，并加入了少量其他水。

（3）SLAP 是国际原子能委员会配制和分发的另一个标准，它是富含轻同位素的南极冰融水。

（4）PDB 是美国南部卡罗莱纳州白垩系皮狄组地层内的美洲拟箭石的鞘，用作碳同位素和沉积碳酸盐氧同位素（古气候研究中）的世界统一标准。其绝对碳同位素比值

为：$^{13}C/^{12}C = (11237.20±0.90)×10^{-6}$，定义其 $\delta^{13}C=0‰$，PDB 标样如今已经用完，但碳同位素的分析结果的报导仍然以 PDB 为标准。目前通用的两种碳酸盐标准是 NBS-18（来自火成碳酸盐岩）和 NBS-19（来自大理岩）。

（5）CDT 是美国亚利桑那州迪亚布洛峡谷铁陨石中的陨硫铁，用作硫同位素的世界统一标准。

目前国际常用的碳同位素标样有：NBS-18（碳酸盐岩）$\delta^{13}C=-5.01‰$，NBS-19（大理岩）$\delta^{13}C=+1.95‰$，NBS-20（石灰岩）$\delta^{13}C=-1.06‰$，NBS-22（石油）$\delta^{13}C=-29.7‰$，USGS24（石墨）$\delta^{13}C=-16.1‰$。中国国家标准计量局批准的碳酸盐岩的标准（GBW04405）产自北京周口店的奥陶系灰岩，其 $\delta^{13}C(PDB)=0.58‰$、$\delta^{18}O(PDB)=-8.49‰$；另有 GBW04416（大理岩）$\delta^{13}C=+1.61‰$和 GBW04417（碳酸盐岩）$\delta^{13}C=-6.06‰$。

氧同位素的分析标准 SMOW 是标准海洋水，是以 NBS-1 定义的，其绝对氧同位素比值为：$^{18}O/^{16}O=(2005.20±0.43)×10^{-6}$，$^{17}O/^{16}O=(373±15)×10^{-6}$。相对于 SMOW 的标准，NBS-1 的氧同位素比值为 $\delta^{18}O_{NBS-1}=-7.94‰$。SMOW 与 PDB 的转换关系为：

$$\delta^{18}O_{SMOW}=1.03091\delta^{18}O_{PDB}+30.91 \qquad (10-3)$$

$$\delta^{18}O_{PDB}=0.97002\delta^{18}O_{SMOW}-29.98 \qquad (10-4)$$

综合来看，不同元素使用标准为氢同位素为 SMOW（标准平均大洋水）和 V-SMOW，碳同位素为 PDB、NBS-18、NBS-19，氧同位素为 SMOW 和 V-SMOW，硫同位素为 CDT，氮同位素为空气，硅同位素为 NBS-28，硼同位素为 SRM951。

由于各个实验室的工作参考标准样品的差别较大，因此，在报导实验室的分析数据时，最好能标明参考标准的同位素数据，以便对各实验室的数据进行正确的比较。

表 10-2 国际通用的稳定同位素测定标准（附我国常用的标准）（据王大锐等，2006）

元素	标准及代号	来源
氢	V-SMOW	维也纳标准平均海水；同于标准平均海水（SMOW）；$D/H=155.76×10^{-6}$（Hagemann 等，1970），$\delta D=0.00‰$
	北京大学自来水	北京大学自来水，来自井水，$\delta D=-64.7‰$
碳	PDB	皮狄组箭石；$^{13}C/^{12}C=1123.75×10^{-5}$（Craig，1957）；$\delta^{13}C=0.00‰$
	NBS-19	选自白色大理岩中 $CaCO_3$，粉碎后取 48~80 目的组分［由联合国国际原子能委员会推荐（IAEA）］$\delta^{13}C=1.95‰$
	TTB-1（即 GBW004405）	北京周口店石灰岩，$\delta^{13}C=0.58‰$
	碳黑（即 GBW00407）	国内用于有机物质制样时标准，$\delta^{13}C=-24‰$
氧	V-SMOW	皮狄组箭石，$^{18}O/^{16}O=2005.2×10^{-6}$（Craig，1957）；$\delta^{18}O=30.91‰$（V-SMOW）。用于古温度研究
	NBS-19	$\delta^{18}O=-2.20‰$（PDB）
	TTB-1（即 GBW004405）	$\delta^{18}O=-8.49‰$（PDB）
硫	CDT	迪亚布洛峡谷铁陨石中的陨硫铁，$^{34}S/^{32}S=449.94×10^{-4}$（Thode 等，1961），$\delta^{34}S=0.00‰$
	LTB-1	吉林盘石红旗岭Ⅰ号岩体磁黄铁矿（国内推荐使用的参考标准），$\delta^{34}S=-0.32‰$

第二节　稳定同位素分析测试原理及样品制备方法

一、质谱仪分析原理与基本构成

简单来说，质谱仪器是用于测定物质的分子量、原子量及其丰度以及同位素组成的仪器。早先按检测离子的方式，质谱仪器可分为两类：一类是用照相法同时检测多种离子，称为质谱仪（mass spectrograph），另一类是用电子学方法来检测离子，称为质谱计（mass spectrometer）。目前广泛应用的是后者，即电子学方法来检测离子方式已被用来精确测定元素的同位素组成。质谱仪器现都统称为质谱仪。

1. 质谱仪工作原理

质谱仪器是利用离子光学和电磁原理，按照质荷比进行分离，从而测定样品的同位素质量和相对含量的科学实验仪器。它测量了质量与其所带电荷的比值 M/e，测量方法是离子光学方法。质谱分析可归纳为下列步骤：

（1）将被分析的气体样品送入离子源；

（2）将被分析的元素转变为电荷为 e 的阳离子。应用纵电场将离子束准直成为一定能量的平行离子束；

（3）利用电、磁分析器将离子束分解成为不同 M/e 值的组分；

（4）记录并测定离子束每一组分的强度。

质谱仪可用四个基本部分来表示（图 10-2）。

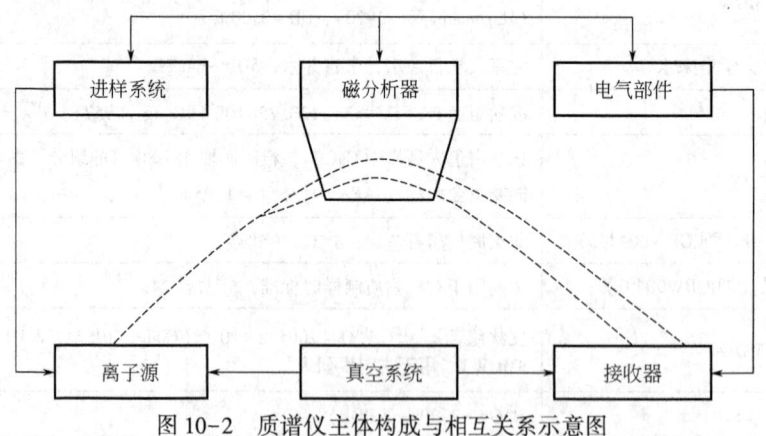

图 10-2　质谱仪主体构成与相互关系示意图

2. 质谱仪发展简史

第一台质谱仪是由英国剑桥大学 Cavendish 实验室发现电子并获得诺贝尔奖的约瑟夫·汤姆生（J.J Thomson，1913）在研究阴极射线过程中设计成功的。当时叫做"正离子装置"，并用这个装置揭示了氖（Ne）有两个同位素 ^{20}Ne、^{22}Ne。随后登普斯特（A.J. Dempster，1918）和弗朗西斯·威廉·阿斯顿（W.F. Aston，1919）设计了较完善的质谱仪，并进行了元素同位素丰度测定的大量工作。20世纪30年代，班布里奇（K. T. Bainbridge）、玛塔赫（J. Mattaach）和赫佐格（R. Herzog）进一步改进质谱仪器。30年代末，发现天然存在的同位素并测定其丰度的工作已经完成，从那以后，质谱仪器演化为研究物理、化学和生物问题的工具。1940年尼尔（A. O. Nier）首次设计成功磁偏转角为60°的扇形磁场质谱计，之后他（1947）又设计了双接收系统，成为现代质谱计的基础，并使得测定和解释天然物质中一些元素的同位素组成变化成为可能，从而为同位素地质学的发展提供了条件。

3. 质谱仪的应用概述

早期质谱设备用于探索同位素和测量元素的原子量。利用质谱法查明了周期表中所有元素的同位素组成，测量了原子、分子的质量，研究自然变化过程中轻元素的同位素组成发生的变化（同位素分馏），根据Pb、Sr、Ar同位素特征测量地质样品的年龄，展示了地球和宇宙物质中同位素的同一性，在特殊情况下测定放射性同位素的半衰期。质谱技术在奠定同位素人工分离及其浓缩工艺中起过重要作用，为原子能事业的发展作过巨大的贡献。

现今，质谱分析已广泛应用于各个学科与技术领域，在固体物理、金属与冶金工业、地质、硅酸盐材料工业、航天工业、原子能、地球化学和宇宙化学、腐蚀化学、催化化学、生物化学、医学、环境科学、表面科学以及其他材料科学中均有应用。

4. 质谱仪器的组成

质谱仪是一类能使物质粒子（原子、分子）离子化并通过适当稳定的或者变化的电场、磁场将它们按空间位置、时间先后或者轨道稳定与否来实现质荷比分离并检测其强度后，再进行物质分析或同位素分析的仪器。现代质谱仪由三大系统组成——分析系统、电学系统和真空系统（图10-2）。分析系统是质谱仪实现检测的主体，电学系统和真空系统用以保证分析系统得以实现检测的完成。

质谱仪的实质是利用不同质量的带电原子和分子在电场和磁场中进行分离并检测的仪器。在地质同位素分析中所采用的是用电子学方法来检测离子的质谱仪，分析系统由单能级离子源、质量分析器和离子接收器三部分组成（图10-2）。三个部件都抽真空至$10^{-6} \sim 10^{-9}$ mmHg。

二、稳定同位素分析的样品制备

在用同位素质谱计测定样品的C、H、O、S等同位素组成之前，须先将样品转变为相应的气体，如H同位素分析采用氢气，C和O同位素分析采用CO_2气体，S同位素分析采用SO_2或SF_6气体。制备时还要精心选择样品与考虑样品纯度和用量等。

1. 样品的选择

稳定同位素分析样品的种类很多，研究的目的也各有侧重，因此对分析样品的要求也不可能有统一的规范。从地质学研究的角度来说，要求每一原始样品代表地质体某一部分的组分，取样必须要有地质代表性。

从稳定同位素在地学方面的应用来说，同位素地质样品选样原则与要求为：在欲测定的温度范围内矿物同位素分馏的系数有可靠的数据，矿物能保存形成时的同位素组成，形成以后没有再发生同位素交换作用，共生矿物之间达到同位素平衡并有相当大的同位素分馏。利用稳定同位素组成做示踪原子时，情况也是复杂的，应该将样品所处的地质体的其他信息综合分析。

采样时，应在详细研究地质条件的基础上，分清所采集的岩石或矿物是原生还是次生的、是早期的还是晚期的。采样时还应注意，不同地质位置的矿物、岩石样品不能混合，哪怕是同一种矿物也不能混合。同样，不同相带、不同层位和不同构造位置的样品也要分开。

2. 样品的纯度

在稳定同位素地球化学的研究工作中，除了一部分工作是利用全岩样品外，其他类型的分析样品都存在样品纯度问题。

储层分析中大多用磷酸法分解碳酸盐矿物，利用反应生成的 CO_2，进行碳、氧同位素的分析。样品中的硅酸盐杂质不与磷酸盐产生气体物质，不影响 CO_2 的进行质谱分析，也不与磷酸生成黏稠物质妨碍碳酸盐与磷酸进一步反应。这种情况下对碳酸盐样品的纯度要求不高。但是用 BrF_3 法分析含氧矿物的氧同位素组成时，由于该试剂能与磁铁矿和石英等矿物同时反应生成氧气，所以应注意矿物的提纯。各种样品在分析前都应烘干，除去有机物以防止对质谱检测的影响。

地质体中除了个别特殊条件影响之外，一般情况下，同位素组成的变化都不大，有时甚至小于1‰。为了提高检测的精确度，除了提高样品的纯度以及测试手段以外，还应最大限度地降低采样与制样过程中的污染。譬如在做矿物包裹体同位素测定时，包裹体与所存在的矿物就不能含有相同的同位素成分。即方解石中的包裹体不能用来作包裹体的氧、碳同位素分析。石英、磁铁矿中的包裹体，不能用来作包裹体的氧同位素分析，云母类和角闪石类矿物不能用来作包裹体的氢同位素分析。因此，做包裹体同位素分析用的样品，要尽量选用没有次生包裹体或次生包裹体很少的单矿物。

3. 分析样品的用量

通常质谱仪离子源要求进气量不少于 $8\mu mL$，所以样品的用量一般在几 mg 到几十 mg 之间，具体的用量可根据样品的分子量计算。理论上 1mg（毫克）纯净的碳酸盐样品产气量足以供质谱仪检测，但由于样品的纯度及分析时进气过程中的损耗等原因，目前要求的样品量一般应在 2mg 以上。野外岩石取样时石灰岩应在 1g 以上，其他岩类在 10g 左右。

4. 样品制备方法

为了提高分析数据的精确性和代表性，就应准确地获得样品。

首先应在单偏光或阴极发光显微镜下按不同的发光特性划分出应取样的部位，然后进行剥离。比较可行的手段是薄片观察定位，牙钻定点钻样、获得样品。这特别有利于碳酸盐岩储层成岩作用的研究。

为了进一步提高碳酸盐微量样品同位素测定的精确度，近年国外还开发研制了激光器（配备显微镜）—CO_2 提纯装置—质谱仪联机装置。它利用了激光聚焦准、能量高的特点，并将经过净化的 CO_2 气体直接输入质谱仪的离子源，所以可以进行单个有孔虫、包裹体以及矿物颗粒的分析。

三、稳定同位素实验分析方法

常见的 C、H、O、N、S 元素的稳定同位素的比值是由气体质谱仪测定的。稳定同位素的分析方法基本上分两个步骤：

（1）样品制备，将样品用化学或物理方法转化为适于质谱测定的形式，一般为纯的气体。

（2）质谱测定，将该气体输入质谱仪进行同位素比值测定。

下面分别介绍几种元素稳定同位素的实验分析方法。

1. 碳同位素分析方法

碳同位素的分析过程包括样品制备和质谱仪分析两步，样品通过化学反应制出纯净的 CO_2 气体，然后把收集的 CO_2 气体送入质谱仪进行同位素比值测定。

1）碳酸盐岩样品

碳酸盐岩样品碳同位素的实验室分析，采用 McCrea 正磷酸法。首先将挑选出来的全岩样品粉碎至 200 目。每个样品称取 10mg 左右装入反应瓶中，采用传统无水正磷酸法溶解样品，反应温度控制在 25℃，一般石灰岩样品需要恒温反应 24h 以上，而白云岩样品则需要恒温反应 48h 以上。利用液氮吸收反应产生的 CO_2 气体，收集于玻璃气样管中，以供质谱分析用。

$$2H_3PO_4 + 3CaCO_3 \longrightarrow Ca_3(PO_4)_2 + 3H_2O + 3CO_2 \quad (10-5)$$

在制备阶段得到的纯二氧化碳气体，通过双路系统送入质谱仪进行同位素比值的测定（图 10-3）。它主要依据光学和电磁的相关理论，质谱仪按照质荷比的区别进行分离统计并获得所测样品中各个同位素的质量和相对含量。仪器的测量过程归结如下：（1）通过双路进样系统把制备好的高纯度气样送入离子源；（2）仪器将要分析的元素转变为阳离子，用纵向电场将离子束准直成为带有能量的平行离子束；（3）质谱仪中的电、磁分析器按照质荷比的分别将离子束分解为不同的组分；（4）测定并记录下产生的离子束的每一组分的强度；（5）通过计算机语言按照编程计算，将离子束的强度数据转化成同位素丰度值；（6）将待测样品与实验室标准样品进行比较，得出同位素比值。

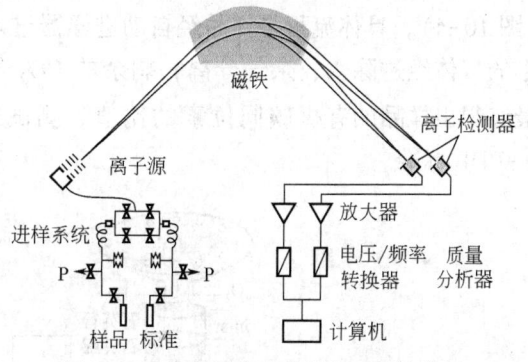

图 10-3 气体同位素质谱仪原理结构图

现今新式联机组合质谱仪普遍运用于碳酸盐岩样品碳同位素分析，此仪器的出现使得碳酸盐岩样品正磷酸法制备 CO_2 实现了自动化，效率大大提高。通过连续接口使样品气化出口和质谱仪样品入口直接相连接，产生的 CO_2 气体进入气体稳定同位素质谱仪中进行分析。

磷酸法是分析碳酸盐中氧、碳同位素组成的简便可靠的方法，不仅适用于方解石和霰石等碳酸钙样品，还适用于白云石、铁白云石、菱镁矿等富含碳酸镁样品，后者反应缓慢，对后者可以适当提高反应温度到 50℃ 或 75℃。对于微量样碳酸盐样品（0.1mg 以下）可用经过改进的方法进行分析。

2）有机化合物样品

沉积有机质是有机化合物，包括石油、煤、干酪根以及石油与岩石中的抽提物饱和烃、非烃、芳香烃、沥青质及植物等有机样品。沉积有机质与过量的氧气或者氧化剂在高温下反应（燃烧过程），生成二氧化碳、并去除其中的干扰杂质，把收集到处理后的 CO_2 气体送入质谱仪进行同位素比值测定。

对于含有机质的碳酸盐岩与含灰页岩的岩石样品，分析有机碳碳同位素需要除去样品中的无机碳酸盐矿物。将全岩样品粉碎至 200 目后，页岩样品称取 1g 左右，碳酸盐岩称取 5g 左右，用 5mol/L 的 HCl 溶液溶解样品，可以除去岩石样品中的碳酸盐矿物，再用去离子水冲洗溶解后的剩余矿物 3 次以上，过滤后烘干备用。

对天然气的同位素分析，主要对天然气（$C_1 \sim C_5$ 气态烃）和含 CO_2 的天然气、"罐顶气"和"岩屑气"中气态烃类样品，借助气相谱分离与燃烧分解得到 CO_2 气体进行质谱仪分析。气态烃类样品进入色谱仪后被气化，然后被载气带入色谱柱，由于样品中不同组分在色谱柱中的气相和固定液的液相间分配系数不同，当两相间相对运动时，这些物质也随流动相一起运动。由于固定液对各组分的吸附或溶解力不同（即保留时间不同），各组分在色谱柱中的运行速度不同。经过一定的柱长，依次流出色谱柱，使之彼此相分离，顺序进入检测器，产生的信号经放大器后在记录仪上画出色谱图。随着柱长的增加，柱分离效果也将有所增加。在色谱图上，每一组分都有一个相对应的色谱峰，其峰高或面积大小与相应组分的浓度成正比。从色谱柱流出的不同轻烃组分及 CO_2 在自动或半自动状态下逐一被导入 CuO 炉中（炉温为 800℃），然后被氧化形成 CO_2（气体样品中的 CO_2 组分不必经过 CuO 炉），被液氮冷阱收集后即可送质谱仪检测。

对于有机碳碳同位素分析，离线制备 CO_2 气体然后质谱分析的传统方法，相对来说，耗时耗力。现在，常运用 EA-MS 在线分析方法，进行有机碳的碳同位素组成的实验分析（图 10-4）。具体流程是样品经自动进样器进入元素分析仪，在元素分析仪中燃烧，燃烧产生的气体经过除水、杂气分离，剩余的 CO_2 气体进入气体稳定同位素质谱仪中进行分析，最终得出样品的有机碳同位素的比值。测试结果用 $\delta^{13}C$（‰）值表示，分析结果相对于 V-PDB 标准。

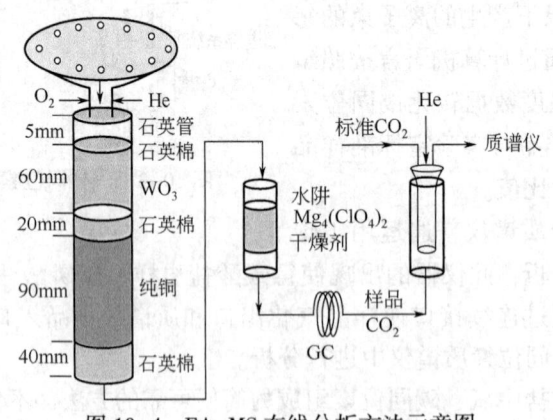

图 10-4 EA-MS 在线分析方法示意图

2. 氧同位素的质谱分析

进行氧同位素丰度和同位素比值测定时，所使用的检测气体可以是氧气，也可以是含氧的简单化合物、如 CO 和 CO_2。氧气与含氧化合物的物理与化学性质不同，所以使用时各有优缺点。

用氧气检测时的优点有：不需任何转换，可直接送入质谱仪测定，从而可以避免由于转换带来的误差；计算 δ 值时不必进行 ^{13}C 校正；具有检测 ^{17}O 的能力。

用氧气检测时缺点在于：由于氧的电离电位较高，因而电离效率低，从而会使仪器对氧的灵敏度降低；由于空气中大量存在的氧分子，会造成制样与质谱检测中的较大误差，而且自然界中与氧元素相同质荷比的杂质较多，这些杂质的离子流将可能汇入氧同位素的离子流，进而造成检测结果的误差；氧属于较为活泼的元素，当其与其他易氧化物质相互作用时，会产生同位素分馏，也会造成氧同位素比值的变化；活泼性较强的氧会将质谱仪的金属部件氧化，如氧化会使灯丝的寿命缩短，离子源光学系统电极表面的氧化会导致其系统性能变差等；氧的温度系数较大，当温度变化时，氧的离子流强度改变就大；氧的记忆效应干扰性较强。

用 CO_2 检测时的优点有没有像氧气那样严重的缺点，易满足黏滞流，用液氮纯化 CO_2 时可以消除其他杂质。其缺点是某些化学试剂（如乙醚、丙酮、酒精和碳氢溶剂等）产生的碎片峰，有的质荷比与 CO_2 相同，因此，在清洗试管时它们的存在会干扰 CO_2 的测定；测量结果需作 ^{13}C 的校正；需要经过 O_2 转化为 CO_2。

用处理后的 CO_2 气体送往质谱仪进行氧的同位素测量，并得到相应谱线与数据值，测出氧的同位素比值。在极少数情况下，如需要测量 ^{17}O 时，才用 O_2 做质谱测量。对于非碳酸盐的矿物如石英等的氧同位素组成分析则用五氟化溴法进行。

3. 硫同位素分析

硫同位素的分析过程包括样品制备和质谱仪分析两步，样品通过化学反应制出纯净的 SO_2 或 SF_6 气体，然后把收集的 SO_2 或 SF_6 气体送入质谱仪进行硫同位素比值的测定。

对于硫化物样品，采用直接氧化法（图 10-5），在真空系统中样品和氧化剂在高温条件下反应，生成 SO_2。

$$MS+V_2O_5 = MO+SO_2+V_2O_3 \tag{10-6}$$

对于硫酸盐样品，采用高温热分解法产生 SO_2。

$$MS+V_2O_5 = MO+SO_2+V_2O_3 \tag{10-7}$$

如果要测定 $\delta^{33}S$ 和 $\delta^{36}S$，采用六氟化硫制备方法（图 10-6）：将硫化物与强氧化剂 BrF_5 反应产生 SF_6。

$$5MS+8BrF_5 = 5MF_2+4Br_2+5SF_6 \tag{10-8}$$

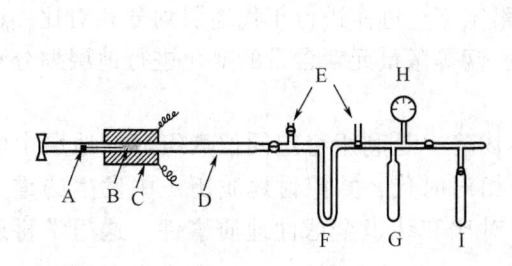

图 10-5 硫化物样品直接法示意图
A—磁铁；B—磁舟；C—电热炉；D—石英管；E—接真空泵；
F—冷阱；G—冷指；H—真空计；I—气样管

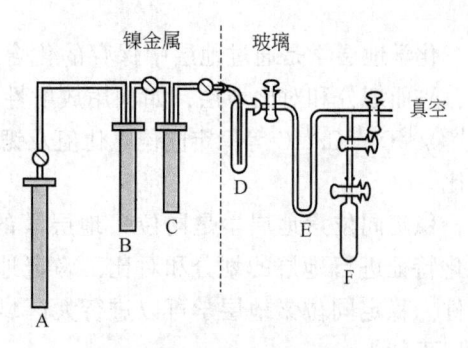

图 10-6 硫化物样品六氟化硫法示意图
A—镍反应管；B—金属阀门；C—NaOH 阱；
D—玻璃冷阱；E—冷阱；F—气样管

4. 其他稳定同位素分析的分析方法

近年来稳定同位素分析已从常量分析发展到微量和微区分析，特别是激光探针和离子探针技术的建立，从而可以研究岩石中微量的同位素特征和微区内的同位素变异，分析结果可以用研究同位素交换反应动力学机制和研究流体成分随时间的变化等，极大地丰富了同位素地球化学理论，推动了同位素研究的发展。

1) 静态测量质谱法

常规质谱分析采用动态测量，即待测气体和标准气体交替地流入质谱仪。为了进行微量样品气体的测量，将全部待测气体一次引入质谱仪的离子源，测定其同位素组成，然后将它全部抽走。仪器则用已知同位素组成并且化学成分相同的标准气体标定，或引入内标来对质谱仪标准化。用静态测量法可以测定纳克量级的样品，并且保持0.5%的精度。静态测量方法常与激光探针和色-质联用技术一起使用。

2) 激光探针

采用激光束燃烧样品表面，使特定微区内的样品气化并与反应剂反应，同时将气体纯化并收集起来，供质谱同位素分析之用。目前采用的激光源种类有 CO_2 激光器、Nd：YAG 激光器和紫外 KrF 激光器等，主要用 CO_2 激光器。这类反应装置由光学观察-激光聚焦系统和真空制样系统两部分组成。采用激光探针技术，可以分析小于 0.1mg 的样品，可用于氧和硫同位素分析。

3) 二次离子质谱仪（SIMS）

利用离子束轰击样品表面，收集并分析所生成的二次离子，可得到表面物质的同位素组成。其优点是灵敏度高，可以进行微区分析。其缺点是各种散射的离子相互干扰，因此测定精度较差，目前精度比常规质谱法低约一个数量级，但这种技术在研究微量但同位素组成变化比较大的天体样品时很有效。高精度离子探针（SHRIMP）是目前常用的一种二次离子质谱仪，在单颗粒锆石 U-Pb 测年方面广为应用，也被用到测定矿物原位微区的 O 或 S 同位素组成。

第三节 稳定同位素分析在地层学研究中的应用

化学地层学是通过地层中保存的化合物或元素含量、同位素比值的变化等体现地层特征，进而划分和对比地层，如利用放射性同位素定年、进而进行年代地层划分和对比；通过 $^{18}O/^{16}O$、$^{13}C/^{12}C$ 等稳定同位素比值及锶、硼、锰等微量元素含量的变化进行地层划分和对比。

稳定同位素地层学是同位素地层学的基本内容，是利用稳定同位素组成在地层中的变化特征进行地层的划分和对比，确定地层的相对时代，并探讨地质历史中发生的重大事件。稳定同位素地层学可以进行大区域地层对比和认识全球性地质事件，这门学科还有以下特点：

(1) 用稳定同位素地层曲线可以进行钻井（孔）之间精确的地层对比；

(2) 与古生物地层学配合，同位素地层曲线分析有可能得出各探井之间"时代"的概念并进行对比；

（3）运用稳定同位素地层曲线可以克服生物地层学、岩性地层学以及地震剖面分析等方面的缺陷，建立浅水与深水环境不同沉积地层之间的对比关系。与层序地层学结合，突出其区域性特点。

目前在地层学研究以及油气勘探中运用得较为成熟的稳定同位素地层学方法大致有四种，即氧同位素地层学、碳同位素地层学、硫同位素地层学及锶同位素地层学。

一、氧同位素地层学

1. 氧同位素地层学概念

早在1966年，有学者研究加勒比海和北大西洋第四纪深海沉积物中有孔虫壳的氧同位素组成时，发现它们呈规律性变化，并根据这些规律性将深海沉积地层划分为若干个阶段。然后，其他学者对印度洋、地中海和太平洋同时代以及相近时代的深海沉积物中有孔虫壳体的氧同位素组成研究也证实了这种规律性与地层阶段性。进而发展成为一门地层学分支——氧同位素地层学，它逐渐成为地层学研究的重要组成部分。

各大海域中有孔虫壳体与钙质超微化石的氧同位素组成变化并不受研究样品地理位置的影响。而且，通过不同方法的相互验证、互相补充，可以确定氧同位素组成的变化或阶段在地质年代表上的位置。可以进行全球性区域的地层比对。

2. 氧同位素地层学研究的样品与适用范围

氧同位素地层学的分析样品是钙质超微化石、有孔虫壳体和碳酸盐岩的全岩。其研究方法与其他同位素地层学的研究方法相同。

在全球各地采用三种样品得出的古近系和新近系氧同位素组成的波动曲线十分相似；用氧同位素组成可以明显地划分出中新统和始新—渐新统界线处的重要同位素事件；三种样品的分析可以系统地反映出古近系和新近系的氧同位素地层波动曲线，并推测这段地质历史时期的古气候与古海水温度波动趋势。

对于前两种样品，特别钙质生物壳体而言，考虑到可能发生的成岩作用影响，目前国内外的研究范围仅限于中—新生代地层，尤其是新生代地层的划分与对比的精度更高。如全球深海钻孔的DS-DP项目，已完成不同海域钻孔中有孔虫壳体、钙质超微化石所做出的更新统的氧同位素组成地层曲线及各海区之间的详细、精确的对比。而若采用全岩（海相碳酸盐岩）则研究范围可适用于古生界以来。如在我国塔里木盆地的古生界和华北下古生界的海相碳酸盐岩地层研究中，氧同位素地层学发挥了重要的作用。

二、碳同位素地层学

碳同位素地层学是当前同位素地层学研究中最活跃、进展迅速、涉及地域和地层层位最为广泛、极为引人注目的一部分，主要研究集中在了解海相碳酸盐的碳同位素组成及其在剖面上的变化情况，特别是在大的地层单位分界线附近的变化情况。

1. 碳同位素地层学概述

碳同位素地层学研究与海相碳酸盐岩的碳、氧同位素研究密切相关。早在20世纪50年代初期，一些学者就致力于世界各地不同地质时代的海相碳酸盐岩的碳同位素分析并探过其与地质年代的关系。苏联学者在1973年提出，海相碳酸盐岩的碳同位素组成的变化可以成为划分地层的标志，从而首次把碳同位素与地层学结合起来了。

碳同位素的变化受全球碳循环影响。碳的储库可以分为有机碳和无机碳两个储库，有机碳富集轻同位素 ^{12}C，无机碳相对富集 ^{13}C。影响全球碳循环的主要因素是生物生产率和有机碳的埋藏速率。在地质界限附近生物生产率或者埋藏条件常常会发生大规模的变化，因此，碳同位素组成常常在大的地层单位分界线附近发生大幅度的变化，这可以作为地层划分和对比的标志，如寒武—前寒武、奥陶—志留、二叠—三叠等界线。

2. 碳同位素地层学研究样品与研究方法及范围

新生代类似氧同位素地层学一样，采用有孔虫壳体与钙质超微化石作为碳同位素地层学分析样品。较老地层如中生代和古生代，多采用全岩样品，此时碳同位素组成因具有受成岩作用影响较小等特点。

由于单纯的稳定同位素地层曲线不具备"时代"的概念，所以应先从古生物地层工作成熟层段开始，得出特征明显的碳同位素地层曲线以后即可向新探井扩展，进而获得高精度的地层划分与对比结果。塔里木油气区在勘探初期就应用了这种方法，获得了高精度的地层对比结果。

对于陆相地层因湖泊中的浮游动物与植物体内含有丰富的 ^{12}C，它们的大量绝灭与兴盛可以使湖相沉积内的有机碳 $\delta^{13}C$ 值发生变化（这种变化大多与气候波动有关）。比如，当温度升高时，湖水中的浮游生物生长速度加快，在它们进行光合作用中 CO_2 因大量快速地被消耗，分馏效果相对减弱，有机物中的 ^{13}C 含量就增加。而在水温较低时，浮游生物体内的 ^{13}C 含量就相对减少。因此，在碳酸盐岩缺乏的湖相沉积地层中，甚至浅海相沉积层中，也可以用有机碳的 $\delta^{13}C$ 值地层波动曲线进行整个盆地内甚至更大区域范围内的地层划分与对比。

碳同位素地层学的主要研究内容曾经集中在剖面上海相碳酸盐的碳同位素组成的变化情况，尤其是在大的地层单元分界线附近的变化情况，比如渐新统—始新统、始新统—古新统、古近系—白垩系、三叠系—二叠系、泥盆系内部的法门阶—弗拉阶、寒武系—前寒武系的分界线等。但近期在无化石或只有少量化石的油气探井中，地层学研究也得到了越来越广泛的应用。

在一些地层单元分界线处，往往是氧、碳同位素地层曲线几乎同时发生波动，因为二者是气候、生态环境、生物量发生重大变化的反映。地史中的这种明显的碳、氧同位素波动可能成为一种极有潜力的地层学研究标志。如已经在浙江长兴煤系剖面上的三叠、二叠系界线、陕西汉中梁山吴家坪村剖面上的三叠、二叠系界线附近都找到了大幅度的 $\delta^{13}C$ 值波动，这类波动可以成为远距离、高精度地层对比的显著标志。在界线处同向波动表明同位素记录的完整性及其在地层学研究中的实用性，可进行有效的碳、氧同位素地层曲线的综合解释与表征。

有学者认为碳同位素组成的正向波动与海平面的上升有关，而负向移动则意味着海平面的下降。因此可以利用地层中碳同位素组成的波动趋势对比，分析海平面升降，分析水体变化。这有效地将稳定同位素地层学与层序地层学结合起来综合分析地层学问题。

在浅海碳酸盐沉积环境中，碳同位素组成偏离正常值的现象则可能与原始海相沉积物的成岩作用有关。

三、其他稳定同位素地层学

除了 O、C 同位素之外，常用于化学地层学的稳定同位素还有 S 同位素、Sr 同位素等。S 同位素和 O、C 同位素都属于轻元素同位素，实验测试分析时，同位素质谱仪测试的对象为这些元素的气体化合物，所以也称为气体同位素。Sr 同位素虽然也属于稳定同位素，但原子序数比较大，称为重元素同位素或固体同位素。测定其同位素组成实验分析方法与 C、H、O、N、S 这些轻元素不同，实验方法是用酸溶解样品，形成离子溶液，用固体同位素质谱仪测定其同位素组成，常用 ICP-MS 法测定。

稳定同位素地层学发展至今，它的主要优点为：提高了大陆架边缘区域的地层学对比精度；可将大洋钻孔间的区域性地层对比与全球性对比相联系；可进行浅水区与深水区不同沉积相之间的地层对比，而且这种对比可以提供年代地层学的框架；与生物地层学、地震地层学以及磁性地层学互相配合，弥补不足，可以获得高精度的地层划分与对比结果；可以使生物地层学标志具有年代地层学的意义；可以用来检查一个盆地内以及不同盆地之间古生物地层学分带的可靠性；可以用全球海平面的基准校正岩石地层学方法对地层的划分与对比方案。

第四节　稳定同位素在储层地质学中的应用

稳定同位素在地质学上应用主要在两个方面，一是利用共生矿物对其中的同位素分馏值计算生成温度，即"同位素地质温度计"；二是利用自然界物质中稳定同位素组成的特征值作为标记物质，追溯物质来源和研究地质演化过程中环境的物理化学条件等，即"同位素示踪"。这可以应用于沉积岩储层的沉积环境分析和成岩作用与成岩演化分析。

一、在沉积环境判断中的应用

水体中 C、O 稳定同位素分馏受温度、盐度等因素的影响，沉积物的稳定同位素的组成可以反映古环境的特征和变化。

1. 同位素地质温度计

一种同位素交换反应分馏系数是取决于温度的，这就是同位素地质温度定量分析的基础。利用地质样品的同位素数据估算地质温度的方法称为同位素地质测温法，也称为同位素地质温度计，简称为同位素地温计。

进行古温度计算的理论基础是，碳酸盐（方解石或霰石）与其平衡的水体发生沉淀时，二者的氧同位素组成会有所差别。这种差别是碳酸盐与水之间发生同位素交换所引起的。通过测定生物碳酸钙壳体与水体之间的氧同位素组成确定古海洋水体的温度。

方解石-水体系的同位素分馏系数在 25℃ 时为 1.0286。因此，当同位素均衡时，方解石比水要富集 ^{18}O。如果把海水的 $\delta^{18}O$ 值设定为 0，则方解石的 $\delta^{18}O$ 值为 28.6‰。因为在碳酸钙与水之间的分馏取决于温度，所以与水均衡的方解石的氧同位素组成同样是温度的函数，这就是古海洋水体温度计的理论基础。

古海水的 $\delta^{18}O$ 值除和古海洋的温度有关外还和古盐度有关，测定古温度时必须了解与碳酸钙平衡的海水 $\delta^{18}O$ 值，但这是很难做到的，因为首先那些古海水早已不复存在了。其次，古海水的 ^{18}O 值与盐度有关，而海水的盐度受冰期与间冰期水的影响。冰川水富集 ^{16}O，在冰期时，大量的 ^{16}O 被封固在冰中，海水的 $\delta^{18}O$ 值偏重；间冰期时，由于 ^{16}O 被释放出，海水的 $\delta^{18}O$ 值则偏轻。研究认为在间冰期海水盐度每变化 3.5‰、将会造成 1℃的误差。

2. 碳酸盐矿物同位素环境分析

陆相淡水碳酸盐岩的 $\delta^{18}O$ 值变化范围较大且一般比海相石灰岩的轻，与地质时代之间的关系也无明显的规律性。淡水相碳酸盐矿物比海相的 $\delta^{13}C$ 值可变性大，比海水中富集 ^{13}C，淡水相灰岩 $\delta^{13}C$ 值变化范围为 -30‰~+30‰，平均 -8‰。正常海相碳酸盐矿物的 $\delta^{13}C$ 值为 1.5‰~3.5‰。理论上，碳酸盐岩的 $\delta^{18}O$ 及 $\delta^{13}C$ 值可作为沉积环境的标志。

人们在对大量中生代—新生代石灰岩样品进行碳、氧同位素测试的基础上，总结出盐度与碳酸盐岩的 $\delta^{13}C$、$\delta^{18}O$ 值的拟合公式：

$$Z = 2.048 \times (\delta^{13}C + 50) + 0.498 \times (\delta^{18}O + 50) \tag{10-9}$$

式中，$\delta^{13}C$ 值和 $\delta^{18}O$ 值均为 PDB 标准。当 Z 值<120 时为陆相沉积岩；当 Z 值>120 时为海相沉积岩；当 Z 值等于 120 时沉积相不确定。这一关系式被广泛应用于水体古盐度与沉积环境的判断。

这仅是一个经验公式，在实际应用中得综合考虑区域沉积环境、古气候和沉积物类型等因素。通常淡水石灰岩的碳同位素组成或变化很大，有的可能与海相成因的重叠；即使是纯海相碳酸盐岩，也可能会因沉积后的变化，尤其是老地层中的次生变化，使 $\delta^{18}O$ 值产生明显的变化。所以虽然同位素的指相意义是肯定的，但并不是唯一的。对地质时期的岩石，要弄清楚它的碳、氧同位素组成是否来自原始颗粒组分和发生过次生变化的组分。

在封闭、局限环境里形成的灰岩和白云岩中氧、碳同位素的组成具有鲜明的特点，陆相咸化湖泊的 Z 值一样大于 120。在这类环境中，具有较高 $\delta^{13}C$ 负值的生物成因的 CO_2 气体不易发散，进而参与了碳酸盐矿物的形成，而且这种环境中的蒸发作用会将大量氧的轻同位素 ^{16}O 带走，使 ^{18}O 相对富集，即 $\delta^{18}O$ 值向正向波动。这种指相信息对于研究沉积环境，尤其是无化石的沉积相显然是十分有帮助的。

3. 沉积环境古温度和古盐度分析

用同位素组成计算古温度 t(℃) 常采用式(10-10)：

$$t = 16.9 - 4.38(\delta_c - \delta_w) + 0.10(\delta_c + \delta_w)^2 \tag{10-10}$$

该公式应包括两个方面的数据，即在 25℃ 条件下，所测定的 $CaCO_3$ 样品与其所形成的水体平衡的 CO_2 的 $\delta^{18}O$（SMOW）值（δ_w），以及岩石样品在 25℃ 真空条件下与 100% 的磷酸反应所生成的 CO_2 的 $\delta^{18}O$（PDB）值（δ_c）。

利用此公式时应该参考前人研究结果，以提高计算的准确性。如一些古海洋的 $\delta^{18}O$ 值（PDB 值）：奥陶纪 -1.5‰、泥盆纪 -4.8‰、石炭纪 -1.5‰、二叠纪 +2.0‰、侏罗纪 -1.2‰、新生代更新世间冰期 -1.2‰、更新世冰期 +1.2‰、现代 0‰、也有人认为中泥盆世为 -3.0‰。

在研究同一时代的储层时，应该选用含钙质壳的生物化石进行同位素分析，常选环境平衡壳层生长温度变化小的属种，如有孔虫中的拟抱球虫是最适合作古海水温度计的。同一种生物在不同时期的氧同位素组成变化则常常可以作为古水温变化、古气候波动的可靠标志，这种"氧同位素地质温度计"的作用在新生代地层中的应用广泛与效果显著。

在进行古气候、古水温分析时，最佳方案是选取同一地区不同层位中的同属甚至是同种碳酸钙质生物壳体。这样，就可以将可能存在的"生命效应"降低至最小程度。

在无法了解古水体 $\delta^{18}O$ 值的情况下，亦可以假设其与现代海水的 $\delta^{18}O$ 值相似（即为零），这样，若采用的是相同的属种生物，就可以相对精确地了解在其生存的地质历史时期中古水温、古气候的波动与变化情况。

比较精确的方法应该是从样品中找到共生的碳酸盐矿物对，或者与保存完好的生物碳酸钙骨骼共生的碳酸盐矿物，分别进行氧、碳同位素组成测定。即同环境形成的原始无机碳酸钙和生物体内碳酸盐矿物相应测定、相互映证，然后在相应的"氧同位素分馏和温度的关系图"中查出这一共生矿物对形成时较为精确的古温度。

根据氧、碳同位素组成的差别区分海相、陆相石灰岩的原理同样可以进行古盐度分析。在陆相湖盆中，水体变化也往往是蒸发作用大于补偿作用的结果，这种环境中，水体和沉积物也相对地富集重同位素。随着大量淡水的加入，水体中的碳酸盐就会向贫 ^{13}C 和 ^{18}O 的方向发展。开展此项研究时，最可靠的也是与岩石共生的钙质生物壳体，同时还应配合对矿物流体包裹体的研究结果而进行。

理论上海相沉积的碳酸钙古温度计原理同样也适用于陆相淡水沉积的碳酸钙形成的古温度与古盐度测定，必须是在平衡条件下沉淀的无机和生物中的淡水相碳酸钙才有效，往往是岩石中的碳酸钙含量越高，所得出的数据则越可靠。

氧、碳同位素数据还可以提供盆地内一些沉积环境信息。如伊拉克基尔库克（Kirkuk）油田第三系碳酸盐岩储层的氧同位素组成负向漂移（$-7.0‰$ PDB），表明这套地层形成于近岸浅水区，水体受到暖流影响。由于淡水中相对富集 ^{16}O 和 ^{12}C，所以在有河流注入的海口处，淡、咸水的混合，$\delta^{18}O$ 和 $\delta^{13}C$ 都比正常海区下降，向盆地内部逐渐上升与盆地内正常同位素值接近并持平。

二、在储层成岩作用方面研究中的应用

碳、氧和硫等稳定同位素在岩石矿物形成与演化的成岩过程中有分馏现象，从而对地质过程有示踪效果。不同岩类储层的成岩作用、储层物性和氧、碳同位素研究关系密切。

对于碳酸盐岩储层，成岩作用过程中地下水的溶蚀作用、碳酸盐矿物的沉淀、胶结作用、交代作用等，都可能改变储层的孔隙结构。成岩流体与碳酸盐颗粒的来源不同，具有不同的同位素组成。另外，不同期次的成岩流体，也可能具有不同的稳定同位数组成。

对于碎屑岩储层来说，如果是钙质胶结，根据胶结物碳酸盐的 C、O 同位素组成，可以推断胶结物的来源和胶结时间。如果是硅质胶结，根据胶结物 SiO_2 的氧同位数组成，也可以推断胶结物流体来源和胶结的期次。

1. 成岩作用中碳酸盐胶结物的研究

碳酸盐岩和碎屑岩储层中的成岩自生碳酸盐矿物含量丰富、分布广泛，其氧、碳同位素特征及变化显示了成岩环境、成岩阶段、成岩过程及成岩演化，可定性与定量描述成岩作用

及成岩过程。自生碳酸盐胶结物的形成是一个复杂成岩反应产物，有机质有关的碳酸盐胶结物氧、碳同位素成分与无机碳酸盐的不同、存在差异，并以此可以区分成岩阶段和成岩演化。胶结物中碳酸根离子特征及来源体现胶结物中氧、碳同位素组成。

碳酸盐成岩时的碳酸根离子来源十分复杂。在沉积物中，从浅至深存在着与沉积有机质有关的四个演化带，依次为喜氧细菌氧化带、硫酸盐还原带、甲烷生成菌作用带、热成熟带，各个演化阶段的反应见式(10-11)至式(10-14)。

$$(Ⅰ) CH_2O + O_2 \xrightarrow{氧化} H_2O + CO_2 \qquad (10-11)$$

$$(Ⅱ) 2CH_2O + SO_4^{2-} \xrightarrow{还原} 2CO_2 + S^{2-} + 2H_2O \qquad (10-12)$$

$$(Ⅲ) 2CH_2O \xrightarrow{发酵} CH_4 + CO_2 \qquad (10-13)$$

$$(Ⅳ) RCO_2H \xrightarrow{热解} RH + CO_2 \qquad (10-14)$$

喜氧细菌氧化带，有机质被氧化后放出的 CO_2 的 $\delta^{13}C$ 具高负值 0~-25‰（PDB 值），此带多发育在距地表或水/沉积物界面的几至十几公分处、浅层地表水或沉积物—水界面，产生的 CO_2 极易发散，对成岩作用的影响不大。

硫酸盐还原带，有机质被硫化细菌分解，释放出的 CO_2 中也富含 ^{12}C，$\delta^{12}C$ 值可达 -25‰，与 HCO^- 形成根离子就是具有轻同位素比值的碳酸盐来源。

甲烷生成菌作用带，又称为发酵作用带，在硫化还原带之下，有机质进一步被厌氧的甲烷菌所降解。在甲烷菌的作用下，有机质被分解、产生最贫 ^{13}C 的甲烷，分馏产生的 CO_2 富含 ^{13}C，形成的碳酸根的离子中 $\delta^{13}C$ 值达+15‰，为重同位素比值的碳酸盐成岩胶结物。胜利油田某油区新近系馆陶组河道砂岩储层中碳酸盐胶结物 $\delta^{13}C$ 值达到 13‰~14‰（PDB 值），这应是甲烷发酵菌作用放出的 CO_2 参与成岩的产物。

随着深度加大进入热成熟带，处于大约 80℃ 以上的相对深层，甲烷发酵菌停止活动，此时的 CO_2 由化学过程生成。地层中的烃类被热解，在脱羧作用影响下，含氧化合物从干酪根热裂解下来，形成 CO_2，或者形成低分子量的有机酸，由有机质转化的 CO_2 也具有较高的 $\delta^{13}C$ 负值（-20‰）。

测定储层水中 HCO 离子的 $\delta^{13}C$ 值可以相当精确地判断其来源，从而为进一步了解储层中油气性质、动态提供可靠的资料。查明和理解这些与生物化学作用成岩有关的形成机制对进一步研究储层形成机理与油气开采，特别是油藏提高采收率工程中注 CO_2 效果方面都有着十分重要的意义。

2. 成岩过程中同位素组成变化及原因

在成岩过程中，同位素组成除了受其原始形成和生物化学作用影响以外，还会因大气水的渗入、碳酸盐矿物相、沉积速率、成岩强度等因素的变化而发生变化。

在国内外的研究报告中，都认为成岩作用中随着埋深加大，地温增加反映成岩水温增高的氧同位素 $\delta^{18}O$ 值呈逐渐下降的趋势。而在通常情况下，晚期胶结物比早期胶结物含更高 $\delta^{18}O$，即从早期到晚期的胶结物 $\delta^{18}O$ 值亦呈下降的趋势，这主要是在埋藏的过程中温度逐渐升高的缘故。这一特征在开放与封闭系统中的表现是一致的。

3. 成岩流体分析及流体效应

流体对成岩作用中十分重要，通过碳酸盐的同位素组成研究可以为成岩流体的来源、演化和不同的成岩期的探索提供充分的信息。

正常海相沉积的 $\delta^{18}O$ 和 $\delta^{13}C$ 值都较淡水沉积的值重。在成岩过程中，沿不整合面等通道渗入的大气水往往在下伏岩层中造成碳酸盐的溶解与沉淀，形成不均匀的溶蚀孔洞与充填薄层，这必然会将以前的碳酸盐置换，其同位素组成也会发生负向漂移。这种变化特别容易在富集重同位素的白云岩地层中造成较为强烈的反差。如果这种大气水是迅速地流过储层的孔隙，那么 $\delta^{18}O$ 值可能变化不大，然而如果这种水缓慢流动甚至呈近滞流的状态存在于储层之中，水/岩比的影响减小，$\delta^{18}O$ 值就会发生较大的变化。根据这种变化，可以追索成岩中大气水渗入入口、地下运移路径与方向以及渗入面积，了解油气运移和由于这种置换而造成的次生孔隙（或封闭）与原生孔隙之间的相对关系。

碳酸盐岩的结晶颗粒越粗大，其 $\delta^{18}O$ 值的变化范围就越大，同时粗颗粒的岩石具有较高的孔隙度和渗透率。研究某碳酸盐岩井段物性，其孔隙度最大的层段 $\delta^{18}O$ 的负值最大、$\delta^{13}C$ 值也向负值移动了 1.5‰；孔隙度最小层段 $\delta^{18}O$ 值最大，同时镁离子浓度也最低。这与该井段附近发育的潜水/渗流带有着密切的关系。这一孔隙变化现象在砂岩碳酸盐胶结物发育层段也很明显，甚至在两种不同岩相中也发育。孔隙变化与沉积相无关，为成岩作用控制孔隙分布提供了有力的证据，是大气水的渗入的结果。

与碳同位素相似，成岩环境的氧同位素特征也常常被有效地记录在碳酸盐胶结物中。通常在受大气水（包括大气水下渗成为地下水）影响的淡水渗流带、淡水潜流带及淡水—海水混合带中形成的胶结物中，$\delta^{16}O$ 的含量明显增加，$\delta^{18}O$ 值下降。

结合油气显示，可以准确地确定这类潜水/渗流带的厚度，推断出储层的大致厚度及分布范围。胶结物同位素组成分析，可以解释储层特征成因，对油气的分布规律研究起到重要作用。

油气产层（储层）中油田水含 HCO_3^- 离子来源分析，在不同的沉积带内有机质的分解以及所产生的 CO_2 与 HCO_3^- 离子具有的碳同位素组成特征。在油田勘探与开发的不同阶段，地层水的流动性、地层的倾向、地层压力以及储（油、气、水）层的孔隙度与渗透率都会影响油田水的流动方向和扩展范围。在不同的油气区，甚至同一油藏的不同部位、层段，水的流动方式也会大不相同。水中溶解、携带的 HCO_3^- 离子的碳同位素组成就会成为重要的示踪标记。借助碳同位素良好的示踪作用，分析凹陷中不同深度油田地层水中溶解的 HCO_3^- 离子的来源，明确其不同层是否同源、同一层是否混源，上下层各自对应流体来源、路径与演化，确定流体和油气的运移通道，展示不整合、断层是流体或油气的通道还是分割阻挡层，有利于流体与油气的聚集与保存条件分析。

4. 同位素判断储层中含油气性

由于烃类物质具有极高的 $\delta^{13}C$ 负值，在储层中高温高压下，油气的同位素必然会与四周的碳酸盐矿物发生交换作用，两者之间出现分馏作用，与有机成因有关的同位素比值能定性描述与定量表征。

加拿大图克湖地区清水组含油层就是一个例子。按从上到下顺序采集的含油层、含水层和无油层的不同样品都属细—极细粒砂岩，它们的同位素分析结果见图 10-7。

无油层和含水层是由各种碎屑方解石和无油方解石构成，其氧、碳同位素组成都属海相石灰岩范围。这些同位素组成揭示：无油带和油层上下含水带样品的方解石胶结物都是成岩沉淀形成的、经历相同的成岩及流体改造过程，二者同位素组成十分接近、难以区分。含油带方解石胶结物的同位素组成为富集^{13}C、缺少^{18}O，各点中仅少量与前两带的叠加，大多数散布在图内的上半部（图10-7）。随着含油带方解石的增加和碎屑方解石与含水带方解石的减少，同位素比值向愈加富集^{13}C的方向发展。这种从上到下层序碳酸盐岩层同位素组成差异是由于在成岩过程中是否有烃类侵入，利用这种同位素组成差异区分储层含油和不含油、确立碳酸盐岩储层的含油性。

在清水组底部依然有高值的方解石出现，可认为油的聚集是贯穿于该组的全部岩层的。不同层位胶结物的同位素研究揭示了该组砂岩层中非海相成岩水的影响，而且海水的作用也是来源于近岸砂带。含油层方解石胶结物的氧、碳同位素组成应归因于石油降解和生物发酵与贫^{18}O的大气水混合的结果。

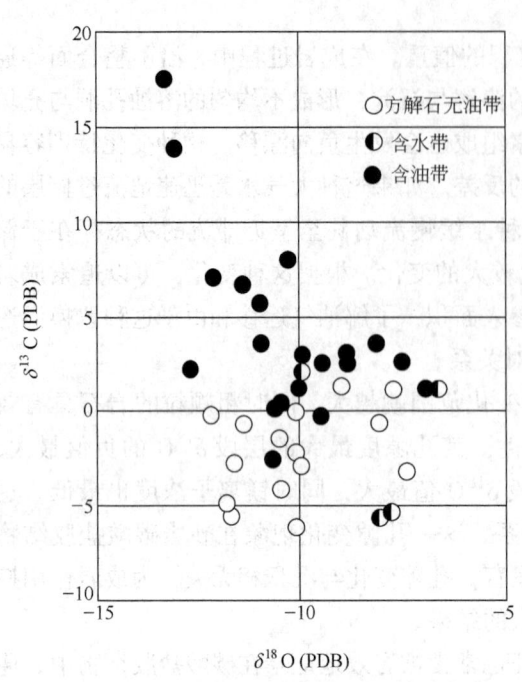

图10-7 清水组全岩样品中方解石的δ^{13}C值与δ^{18}O值分布（据Hutcheon等，1989）

除碳、氧同位素以外，国内外还有用硫同位素和锶同位素研究成岩作用和古沉积环境。碳、氧同位素分析在白垩系等特殊储层的研究中也有着广泛的的应用领域，且如与锶、镁、镍等微量元素分析相结合，将会给储层研究及储层微相对比提供更多更可靠的信息。

第五节　稳定同位素在其他地质方面的应用

一、全球气候变化

氧同位素组成的变化与全球气候密切相关。根据同位素分馏理论，海水蒸发时，水蒸气相对海水富集轻的同位素，降水相对于海水富集轻的同位素。全球变冷时期，冰雪圈范围扩大，陆地输入海洋的淡水大大减少，海水逐渐变得富集重同位素。所以全球气候寒冷时期，海水氧同位数变重；反之，气候温暖时期，海水氧同位数变轻。氧同位素组成变化可以指示全球气候的变化。氧同位素除了定性地指示全球气候的变化，氧同位素的分馏受温度的控制，所以还常常用于定量地计算古温度，即氧同位素测温。

碳同位素变化可以反映全球碳循环的变化，全球碳循环的变化可以影响全球气候的变化，因此碳同位素变化也可以指示全球气候的变化。如果全球发生大规模的有机碳埋藏，大气二氧化碳的浓度必然会降低，全球的气候会变冷；反之埋藏的有机碳大规模氧化转化为无机碳，会导致大气二氧化碳的浓度升高，由于温室效应导致全球变暖。

二、油气成因、来源分析及油气勘探开发

通过对现代生物有机碳同位素组成的实验分析，发现不同类型的生物具有不同的碳同位素组成：陆地植物典型的 $\delta^{13}C$ 值为 $-24‰\sim-34‰$，沙漠、盐沼和热带草等植物的 $\delta^{13}C$ 值为 $-6‰\sim-18‰$，海藻、地衣等的 $\delta^{13}C$ 值介于上述两者之间，为 $-12‰\sim-23‰$，海洋生物比陆生植物"重"，$\delta^{13}C$ 值为 $-6‰\sim-19‰$。

石油和天然气是由古代的生物有机质经过一系列地质作用形成的，其同位素组成可以反映母源有机质来源和类型。运用沉积有机质碳、氢同位素组成特点判断生烃母质类型、有机质的来源，进行油气与烃源岩的对比等已成为有机地球化学研究的重要组成部分。

石油形成于干酪根的热成熟作用之中，由于热分解作用以及运移、混源和可能的生物降解作用等，将使岩石中的有机物质发生明显的同位素分馏效应，会使得其碳同位素组成变得更加复杂化。研究显示石油的碳同位素组成在一定程度上继承了不同类型干酪根的碳同位素组成特征，海相沉积岩和陆相沉积岩中碳同位素组成特点相似，海相成因的原油具有比陆相成因的原油更为偏正 $\delta^{13}C$ 值。对干酪根不同演化阶段中稳定同位素的示踪，轻同位素在反应产物中富集，$\delta^{13}C$ 值从干酪根到氯仿沥青"A"到原油逐渐减少，碳轻同位素相对富集，实现原油和烃源岩对比。

根据多个陆相原油和海相原油样品的统计，陆相原油的 $\delta^{13}C$ 值分布范围为 $-27‰\sim-29‰$；海相原油的碳同位素组成重于非海相原油，海相产油层中的原油的 $\delta^{13}C$ 值为 $-23.1‰\sim-32.5‰$，非海相产油层中的原油 $\delta^{13}C$ 值为 $-29.9‰\sim-31.5‰$。平均而言，非海相原油相对于海相原油 $\delta^{13}C$ 相对偏轻。但在油气成藏保存中由于各种地质、地球化学而作用导致的同位素分馏效应将掩盖两者的同位素组成的差异。

不同成因的天然气具有不同的碳同位素组成，无机成因天然气甲烷具有较重的碳同位素组成，有机成因的天然气甲烷具有较轻的碳同位素组成，一般用甲烷的 $\delta^{13}C=-20‰$ 作为划分天然气有机成因和无机成因的界限。对于有机成因的天然气，不同成因类型，其碳同位素组成也有所区别。一般情况下，油型气甲烷的 $\delta^{13}C$ 值小于煤型气的甲烷的 $\delta^{13}C$ 值；生物成因天然气甲烷的 $\delta^{13}C$ 值常小于 $-45‰$，石油高温裂解天然气相对生物成因天然气具有较重的碳同位素组成。

石油和天然气的碳同位素组成除了受有机质来源影响外，还受热演化程度、油气运移、混合作用等因素的影响。利用碳的稳定同位素可以进行气—气、气—油、气—源对比。稳定同位素资料在判识天然气成因类型、确定干酪根母质来源、追索油气二次运移路线、探讨有机质的热演化规律、分析油气的次生变化以及油气混层开采中都起到重要作用。

由于在漫长的地质历史中，错综复杂的地质因素，以及目前尚未能认清的许多化学、物理化学、生物化学和地球化学机制，所以在石油与天然气的勘探与开发中利用同位素分析，在进行稳定同位素地球化学研究时，应尽可能多地参考其他学科的分析结果与参数，才能尽可能客观而正确地评价地质体、指导勘探与开发工作。

三、其他方面

除了以上方面之外，稳定同位素还在早期生物演化方面为地球最早生物出现提供了有利证据。稳定同位素还被应用在地球动力学、矿床成因、古环境变化等方面。

第十一章

光谱学分析简介

第一节 红外光谱分析原理与应用

一、红外光谱原理

在电磁波谱中,波长范围为 0.75~1000μm、介于可见光与微波之间的电磁辐射称为红外光。根据红外辐射定律,任何物体只要温度高于绝对零度(0K,即-273.15℃)都要向周围发射红外辐射,随着温度不同辐射的特性有所变化。红外波段按照其波长可以分为近红外区 (0.78~2.5μm)、中红外区 (2.5~25μm) 和远红外区 (25~1000μm)(图 11-1)。近红外光谱是粒子的能级跃迁和倍频震动产生的,中红外光谱是分子振动态跃迁产生的;而远红外光谱是分子转动能级跃迁或晶格震动产生的。多数无机固体红外光谱只涉及中红外区,大多数化合物的化学键震动能级跃迁发生在这一区,因此该区域出现的光谱被称为分子振动光谱,是研究分子结构的重要手段。

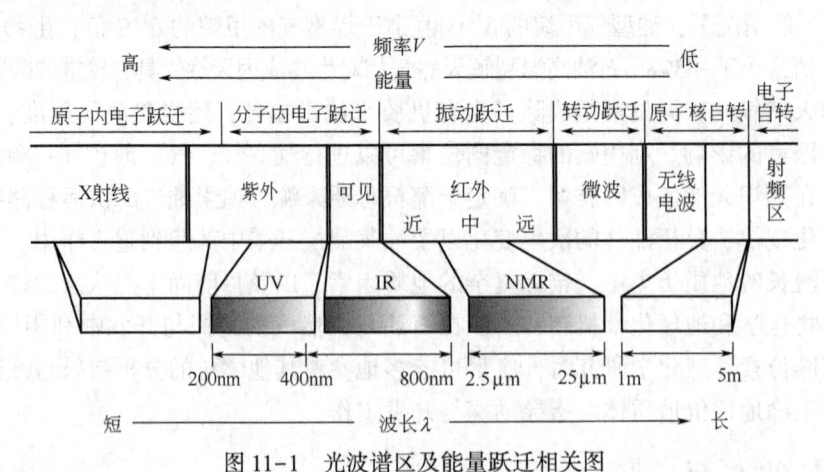

图 11-1 光波谱区及能量跃迁相关图

红外辐射的量子能量与频率的关系为:

$$E = h\nu \tag{11-1}$$

式中，h 为普朗克常数，6.624×10^{-34} J·s；ν 为光速，3×10^8 m/s。

红外光谱的产生与分子内部的运动有关。分子运动可分为平动、转动、振动和电子运动。因此分子运动的能量为

$$E = E_{平} + E_{转} + E_{振} + E_{电} + E_0 \tag{11-2}$$

式中，E_0 为分子零点能，即分子内在的不随分子运动而改变的能量。分子平动的能量是温度的函数，不产生吸收光谱。与光谱有关的能量是分子的转动能量、振动能量和电子能量。根据量子力学理论，每个分子存在转动能级、振动能级和电子能级。各种能级间隔极不相同，分子转动能级间隔很小，分子内电子能级间隔最大，分子振动能级间隔居于中间。图11-2为双原子分子的能级图所示。

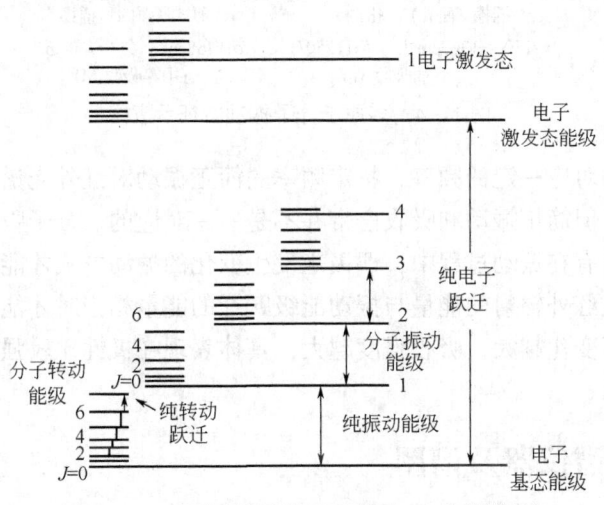

图11-2 双原子分子能级示意图（J 为能级数）

双分子的振动可以用双原子分子振动的经典力学——谐振子模型来表示，将两个原子看作由弹簧联结的两个质点。根据该模型，双原子分子的振动方式就是在两个原子的键轴方向上作简谐振动，该振动服从胡克定律，即振动时恢复到平衡位置的力与位移成正比，力的方向和位移方向相反（图11-3）。

胡克定律
$$v = \frac{1}{2\pi}\sqrt{\frac{k}{\mu}} \quad \mu = \frac{m_1 m_2}{m_1 + m_2}$$

图11-3 两个质点谐振特征

因此，双原子分子的振动行为表明，化学价越强，相对原子质量越小，分子的振动频率越高。分子的振动能级方程为

$$E_{振} = \left(n + \frac{1}{2}\right)h\nu \tag{11-3}$$

多原子分子振动比双原子分子要复杂得多。双原子分子只有一种振动方式，而多原子分子随着原子数目的增加，其振动方式也越加复杂。双原子分子的主要振动方式为简正振动，其特点是分子的质心在振动过程中保持不变，所有原子都在同一瞬间通过各自的平衡位置。每个简正振动代表一种振动方式，有其自身的频率。复杂分子的简正振动方式虽然复杂，但主要可以分为两大类，即伸缩振动和弯曲振动（图11-4）。伸缩振动是指原子沿着键轴方向伸缩使键长发生变化的振动，弯曲振动又称变形振动，一般是指键角发生变化的振动（图11-4）。弯曲振动分为面内弯曲振动和面外弯曲振动。面内弯曲振动的振动方向位于分

子的平面内，而面外弯曲振动则是在垂直于分子平面方向上的振动（图11-4）。

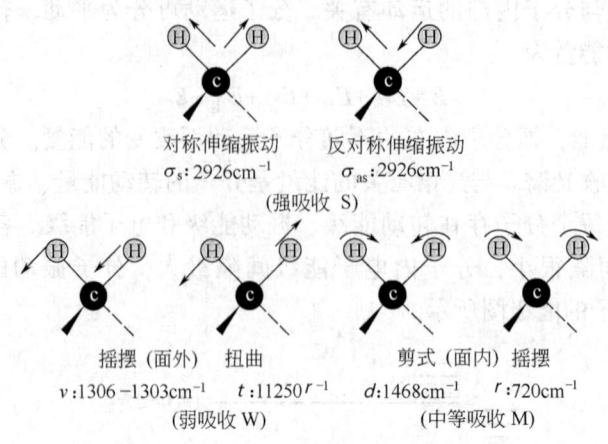

对称伸缩振动
σ_s: 2926cm^{-1}

反对称伸缩振动
σ_{as}: 2926cm^{-1}

（强吸收 S）

摇摆（面外）　　扭曲　　　　剪式（面内）　摇摆
v:1306−1303cm^{-1}　t:11250^{-1}　d:1468cm^{-1}　r:720cm^{-1}
（弱吸收 W）　　　　　　　　（中等吸收 M）

图 11-4　多原子分子振动特征示意图

分子的简正振动对应一定的频率，特定频率的简正振动对红外光谱的吸收就会形成特定频率的红外光谱带。但简正振动和吸收谱带并不是一一对应的。分子吸收红外辐射必须满足两个条件。第一是只有在振动过程中，偶极矩发生变化的振动方式才能吸收红外辐射，反之则不能；第二是吸收红外辐射的能量与振动能级跃迁的能量相当时才能形成红外光谱带。另外，振动时的偶极矩变化越大，吸收强度越大，具体表现在极性比较强的分子或基团吸收强度都比较大。

二、红外光谱仪器及谱图

红外光谱的样品制备因固体、液体和气体而有不同的方法。液体和气体相对较简单，一般包括纯物质法和溶液法两种。而固体样品则包含卤化物压片法、浆糊法、溶液铸膜法、热压膜法、热裂解法、溶液法等多种方法。

红外光谱仪目前已经发展了三代，第一代是以棱镜为色散元件的棱镜分光红外光谱仪，第二代是以光栅为色散原件的光栅分光红外光谱仪。随着现代科学技术的不断发展，以色散原件为主要分光系统的光谱仪暴露了能量弱、扫描速度慢的缺点，因此基于干涉分光系统的傅里叶变换红外光谱仪则成为了第三代红外光谱仪。总之，色散型红外光谱仪和傅里叶变换红外光谱仪是目前最常用的两类仪器，其中傅里叶变换红外光谱仪更加先进。

色散型红外光谱仪主要由光源、吸收池、单色器、检测器以及记录系统构成（图11-5）。其中光源通常是用惰性固体，用电加热使其持续发射高强度的红外辐射；吸收池一般用可透红外光的氯化物等矿物；单色器由色散原件、准直镜和狭缝构成；常用的检测器有高真空热电偶、热释电检测器和碲镉汞检测器；由计算机和相关软件组成的记录系统负责谱图的记录和相关参数的计算。

与色散型红外光谱相比，傅里叶变换红外光谱仪有很多优点。首先是实现了信号的多路传输，十分有利于光谱的快速测定；其次是辐射通量大、信噪比高，大幅提高了仪器灵敏度，可以实现对微量样品的检测；然后是更高的波数精度和分辨率；最后是可更方便地用于考察物理—化学过程中样品的变化。

红外光谱以波长或者波数为横坐标（有的上横坐标为波长，下横坐标为波数），易吸收

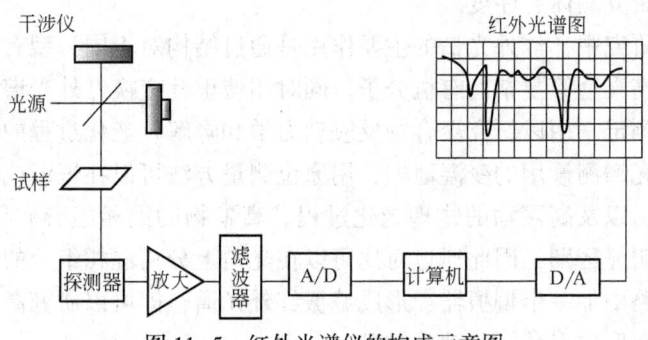

图 11-5　红外光谱仪的构成示意图

百分率或者透过百分率为纵坐标（图 11-6）。一般样品常在 1300~4000Hz 范围内存在强的不易受分子中周围其他基团影响的、能反映分子中某基团存在的特征峰。特征峰主要由分子的伸缩震动引起，是红外光谱定性分析的重要依据。其他频率范围较宽而弱的峰带区被称为指纹区，频率一般在 1300Hz 以下。

以有机化合物的红外光谱为例，其振动频率一般位于 400~4000cm^{-1}，其中 1500~4000cm^{-1} 属于基团频率区，该区域的振动吸收带较稳定，受结构变化的影响较小，在化合物的结构鉴定中作用较大（图 11-6）。

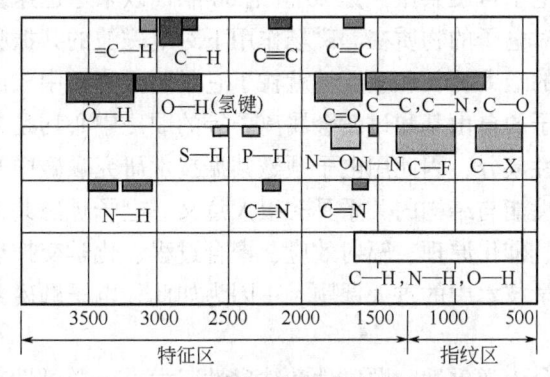

图 11-6　常见官能团的红外吸收区间

三、红外光谱在无机和有机材料的研究中的应用

在无机材料的研究中红外光谱可以用于鉴定物相，即根据被测物质强吸收谱带特征与标样的对比，对被测物质进行鉴定。除了定性分析以外，样品中物相含量的分析也是红外光谱的重要用途之一。由于每一种物相都有自己的特征红外光谱，因此根据不同物相的吸收谱带与标样的对比可以鉴定物相。样品中物相含量的定量分析主要根据朗伯特—比尔定律。朗伯特—比尔定律表明，样品厚度和吸收系数已知时，吸收光度与样品的浓度成正比。显然根据红外光谱的透过率求出吸收光度后，即可根据朗伯特—比尔定律求出未知样品的浓度。值得注意的是，吸收光度还具有加和性，即多元混合物的各组分在某波数都有吸收的时候，该波数处的总吸收光度等于各组分吸收光度的算术和。由于不同元素和不同分子结构的无机物对红外光谱的吸收特征也有明显不同，所以红外光谱可以检测无机物晶体中的无机元素含量，例如硅晶体中的杂元素含量。同时还可以检测晶体有序度、基团存在形式等晶体结构相关问

题，并可以进一步研究晶体有序度。

在有机材料的研究中，红外光谱的主要作用是通过结构对不同类型有机分子进行定性和定量分析，特别是高聚物等复杂的有机分子。同时用傅里叶变换红外光谱仪可以直接对聚合物的反应进行原位测定，用以研究聚合物反应动力学和降解、老化过程的反应机理等。将高聚物样品放在红外光谱测量用的变温池内，用原位测量方法可以在恒温或者变温条件下跟踪高聚物的结晶过程，以及高聚物的物理老化过程。高聚物的混相组分和单相（纯）组分的红外光谱特征也有明显区别，因此通过对比可以在光谱上分析混相组分的特征。最后，在红外光谱仪的测量光路中加一个偏振器、形成偏振红外光谱，即可以研究高分子有机质的取向程度、变形机理以及取向态分子的弛豫过程。

第二节　电子顺磁共振分析原理与应用

一、电子顺磁共振分析原理

电子顺磁共振又称电子自旋共振，是 20 世纪 60 年代以来才迅速发展起来的一门新兴学科，它是利用具有未成对电子的物质在静磁场作用下对电磁波的共振吸收特性来对物质进行分析的技术。这一技术的最大特长和重要性就在于它是测量物质中未成对电子的唯一直接方法。由于具有未成对电子的自由基和过渡金属离子等的顺磁中心均是在化学反应过程或材料性能中起重要作用的活性成分，因此用电子顺磁共振技术研究顺磁中心的结构和演变，对阐明反应机理或弄清材料性能与结构的关系具有很大意义。电子顺磁共振技术所参与研究的诸如光合作用、致癌机理、催化原理、辐射效应、聚合过程、化学交换现象和反应中间产物等一系列问题均是当代科学技术中的重大课题。正因为如此，电子顺磁共振波谱技术一出现就受到各方面普遍重视。

物质磁性的本质可分为逆磁性、顺磁性和铁磁性三大类。逆磁性来源于外加磁场对原子内整个电子壳层的电磁感应作用而产生的诱导磁矩，这种磁矩的方向与外加磁场相反，故称逆磁性，它不是物质本身所固有的磁矩。顺磁性与此相反，其先决条件是物质中应存在固有磁矩，这些固有磁矩是孤立的，在没有外加磁场时完全混乱排列，当加上外加磁场时有沿磁场方向排列的趋向，故称顺磁性。铁磁性的先决条件也是在物质中应存在固有磁矩，它与顺磁性的差别在于固有磁矩之间有强烈的交换偶合，以致于在没有外加磁场时，在铁磁体的许多微小区域内固有磁矩成有序排列出现自发磁化。因此，物质的顺磁性有两大特征—是应具备固有磁矩，二是当没有外加磁场时固有磁矩呈混乱排列。

固有磁矩即分子或原子总磁矩，主要由三个部分组成，即电子自旋磁矩、电子轨道磁矩、核磁矩。对于物质顺磁性的主要贡献核磁矩可以忽略，因为核磁矩比电子轨道磁矩小三个数量级；理论和实验都证明，在大多数情况下电子轨道磁矩对物质顺磁性的贡献很小不到百分之一，这是因为在凝聚态固相和液相中，电子的轨道运动或多或少受到由临近原子或离子产生的电场（称晶体场或分子场）的影响。在某些情况下，例如在自由基和铁族元素离子存在的场合，晶体场作用很大，以致使电子轨道运动完全"碎灭"，因此在凝聚态中物质的顺磁性主要来源于未被抵消的电子自旋磁矩。根据量子力学中的泡利不相容原理，一个分子轨道中最多只能容纳两个电子，且其自旋必须相反。当分子轨道填满电子时，两个方向相反的自旋磁矩互相抵消，分子呈现逆磁性，若分子轨道中只有一个电子，由于电子是不成对的，电子自旋磁矩不被抵消，所以这时分子将呈现顺磁性。当然，此时逆磁性仍存在，但微弱的逆磁性被强烈的顺磁性掩盖了，正是这种未成对电子可以提供电子顺磁振的信息。

当将具有未成对电子的物质置于静磁场中时，将会发生因电子自旋磁矩与外加磁场相互作用而产生的塞曼能级分裂，裂距 $\Delta E = g\beta H$。此处 g 是波普分裂因子（或称 g 因子），β 是玻尔磁子。如果在垂直于静磁场方向再加上一频率为 ν 的电磁波，当电磁波的能量与塞曼能级间距相适应，即频率 ν 满足 $h\nu = g\beta H$ 时（为普朗克常数）（图11-7），就会发生物质从电磁波吸收能量的共振现象。

所谓塞曼能级分裂是塞曼在1890年的光谱实验中发现的。塞曼发现在强磁场中钠的光谱线（D_1 线和 D_2 线）会分裂成几条次级谱线后来，人们将此类现象统称为塞曼效应，这一效应可以用空间量子化的概念成功地作出解释（图11-7）。在恒定磁场中，磁场使一条电子能级分裂成几条次能级，该类分裂被称为塞曼能级分裂，次能级被称为塞曼级或磁能级（图11-7）。塞曼能级分裂的结果使原子激发态到基态的能级间隔不再是单一的，有微小

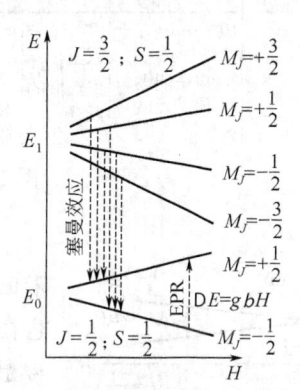

图11-7 磁场中单一价电子原子（H、Na等）的基态和激发态的能级分裂图
跃迁选择定则中 $\Delta M_J = \pm 0.1$；S—总自旋角量子数；J—总角动量量子数；M—总自旋磁量子数

的变量，从而使电子从激发态跃迁到基态而辐射出光波的频率也不再是单一的，即产生称为塞曼效应的谱线分裂现象。电子顺磁共振与塞曼效应都基于电子磁矩与外加磁场相互作用而产生的塞曼能级分裂，两者的差别在于塞曼效应对应于价电子在电子能级间的跃迁，塞曼能级分裂仅使跃迁频率有微小移动，而电子顺磁共振则对应于未成对电子在基态塞曼能级本身之间的跃迁。

二、电子顺磁共振波谱

电子顺磁共振主要用于检测固体或者液体材料。固体材料一般需要制成粉末，而液体材料主要为溶液，样品颗粒的具体大小和溶液量视不同仪器的特点而定。在现代名目繁多的分析仪器中，有相当一部分是利用被物质吸收或辐射的不同波段的电磁波对应于物质内部不同类型能级间的量子跃迁这一特性，来探测物质内部结构的信息的。例如，价电子在电子能级间的跃迁产生紫外和可见光谱，在分子振动和转动能级间的跃迁产生红外光谱、电子顺磁共振谱、核磁共振谱等磁共振谱与红外光谱、可见光谱、紫外光谱等光谱一样，也是波谱的一种，只不过它们所对应的电磁波波长落在微波和射频波段（图11-8）。

电子顺磁共振的测量通常是固定微波频率，通过线性扫描磁场来获得信号。图11-9(a)给出在外磁场中塞曼能级分裂的示意图，图11-9(b)的曲线为电子玻磁共振吸收曲线，但是，通常观测的是电子顺磁共振一次微分曲线，如图11-9(c)所示，这是因提高波谱仪灵敏度，在仪器结构中引进了高频调制和相敏检波而出现的谱线形式，绝大多数电子顺磁共振

波谱参数就是通过分析这种谱线来获得为了提高仪器的分辩率,现代的波谱仪还能观测二次微分曲线形式,见图11-9(d)。

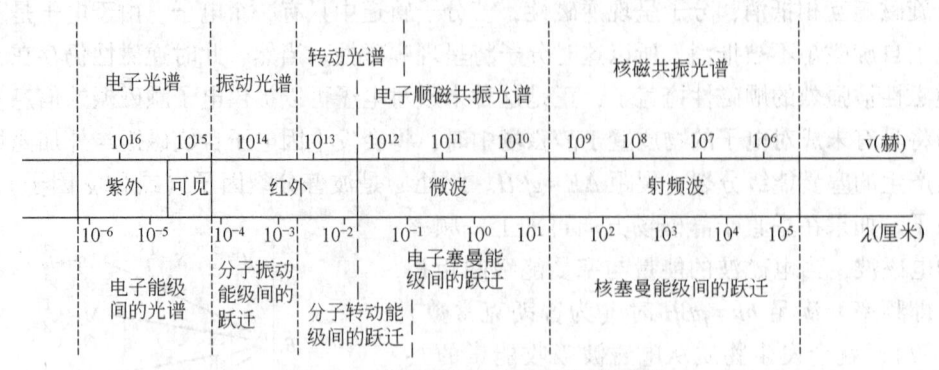

图 11-8 光波谱区及能量跃迁关系图

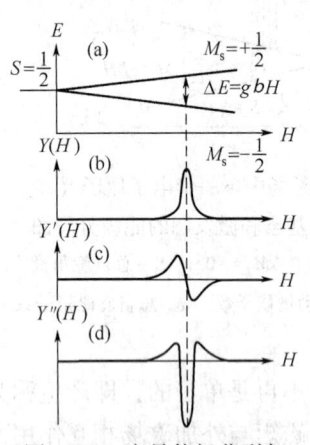

图 11-9 塞曼能级分裂与电子顺磁共振信号

光谱中的价电子几乎全部处在基态,而电子顺磁共振中的未成对电子由于塞曼能级间隔很小,并不是全部处于低能态,它在塞曼能级间的分布遵从玻尔兹里分布规律,计算表明,在常温热平衡时,处于低能态的未成对电子数仅比处于高能态的多0.08%。假如未成对电子与其所处的环境完全隔绝,则共振发生时,处于高低能级上的电子总数很快达到相等,致使能量吸收终止。因此,体系受激跃迁后如何回到平衡态的问题?在电子顺磁共振全过程中关系重大,顺磁弛豫讨论的正是这个问题。

电子从高能态回到低能态通常有两种方式,一是辐射跃迁,这是发射光谱产生的机制;二是弛豫跃迁。它是一个能量平衡过程。顺磁弛豫就是自旋体系受到电磁波扰动以后的热平衡过程,是未成对电子与其周围环境(晶格、其他未成对电子)以非辐射跃迁的方式进行能量交换的过程,弛豫时间 T 表征体系恢复到平衡态的速度。

顺磁弛豫主要有自旋—晶格弛豫和自旋—自旋弛豫两种。前者是自旋体系与称为晶格的外部环境进行能量交换的过程,用自旋-晶格弛豫时间 T_1 来表征,交换的结果将能量转换成晶格的热振动能,这种弛豫相互作用强烈地依赖于体系的温度。后者是自旋体系内部顺磁粒子之间的能量交换过程,用自旋—自旋弛豫时间 T_2 来表征,交换的结果将能量转换成自旋体系内部的偶合能,这种弛豫相互作用与顺磁粒子的浓度有强烈依赖关系。

在自旋体系中,除存在未成对电子与外加磁场之间的相互作用外,还在未成对电子之间、未成对电子与临近的磁性核之间、未成对电子与周围环境之间以及未成对电子的自旋运动和轨道运动之间,存在着弱的但又是复杂的相互作用,这些相互作用使不同物质的电子顺磁共振波谱具有千差万别的特征。电子顺磁共振波谱由因子、超精细结构、精细结构、饱和特性、线宽、线型和自旋浓度等一系列参数来表征。

将共振频率 ν 和共振中心磁场 H 代入共振关系式 $h\nu = g\beta H$,就能求出波谱因子,实际上由此求出的是等效 g 因子,它与原子物理中的郎德(Lande)g 因子既有联系又有区别,两者都与电子自旋磁矩和轨道磁矩的相对贡献有关,但郎德 g 因子仅适用于自由原子或自由离子场合。电子顺磁共振中，顺磁粒子一般是处在由近邻原子或离子产生的静电场中，它受到的有效磁场将是外加磁场 H 和局部内磁场 H_i 的叠加。H_i 的影响被反映在 g 因子中。由于局部内磁场是各向异性的，所以 g 因子一般也是各向异性的，可以用二级张量来表达。

g 张量在本质上反映顺磁粒子周围晶体场的特性，由 g 张量的对称性可以确定晶体场的对称性，进而判断配位体的空间结构。配位结构对材料性能常有重要影响，例如氧化铬催化剂，处于畸变四面体配位结构的五价铬离子对乙烯聚合有催化活性，而处于八面体配位结构的五价铬离子就没有这种活性。

g 因子与过渡金属离子的 d 电子壳层充满程度有关，因此 g 值有助于判断离子价态众所周知，离子价态对材料性能也有重要影响，例如上述氧化铬催化剂，五价铬离子对乙烯聚合反应有活性，而三价铬离子就没有这种活性。此外，g 张量在研究化学键共价性质和电子组态等方面也能发挥作用。

在电子顺磁共振的实验条件（微波波段）下，核自旋不能引起核磁共振，但核自旋通过与电子自旋的相互作用对电子顺磁共振波谱产生很大影响，出现所谓超精细结构分析。超精细结构能知道与未成对电子相关的磁性核的数目、核自旋大小、空间排布和化学键性质等情况，因此超精细结构是鉴别自由基品种的"指纹"信息。

若分子中含有两个或两个以上未成对电子时，则由于电子之间偶极—偶极相互作用及自旋—轨道耦合，使当外加磁场为零时塞曼能级就发生分裂，即产生所谓"零场分裂"，这导致波谱出现精细结构。因其谱线分裂比超精细结构大而得称电子顺磁共振波谱的精细结构是研究零场分裂特别是有机三重态分子能级结构和电子组态的唯一直接方法。三重态常是光化反应的中间态，因此通过电子顺磁共振波谱研究三重态结构对阐明光合作用等机制具有重要意义。

饱和特性、线宽和线型都是与顺磁弛豫机制有关的波谱特征。若体系内弛豫相互作用太弱，弛豫时间太长，电子受激跃迁后不能及时回到热平衡态，就会出现信号饱和现象。反之，若体系内弛豫相互作用太强，弛豫时间太短，也可能观察不到信号，因为线宽与弛豫时间成反比，弛豫时间太短会使线宽超出实验的磁场范围而看不到信号。

线宽依赖于体系内各种弛豫相互作用的强度，而线型则依赖于这些相互作用的类型。因此，线宽、线型和饱和特性的分析有助于明确弛豫相互作用的性质和强弱，并能确定弛豫时间饱和特性的差别，可用于区别顺磁中心；此外，线宽、线型、因子和超精细结构等波谱参数都与分子运动和内旋转情况有关。因此，电子顺磁共振波谱能够研究诸如电子转移、质子交换、环倒转运动、顺式反式交换、异构化等化学交换过程，提供有关这些动态过程的速率及机理的许多信息。

应该说，在电子顺磁共振波谱所提供的所有信息中，最重要的还是未成对电子本身，具有未成对电子的顺磁中心是活性中心，它的含量是化学家最关心的。自旋浓度是表达顺磁中心含量的一种参数，它可通过电子顺磁共振信号强度来测定。

三、电子顺磁共振的应用

现代化学是建立在电子的转移和键合的基础上的，物质中的未成对电子常在反应过程中扮演重要角色，因此作为检测未成对电子唯一直接方法的电子顺磁共振技术，一出现就受到各方面专家的普遍重视。这一技术还具有深入物质内部进行细致分析而不破坏样品、对化学反应无干扰等优点，因此通过追踪反应过程中未成对电子的形成、消失、再生和转移，有助于阐明反应机理或弄清材料性能与结构的关系。

虽然磁天平也能研究物质的顺磁性，但它考查的是宏观综合磁性，而不能研究特定的顺磁中心。顺磁中心是散布在逆磁性材料中的某些含未成对电子的杂质，可以是过渡金属离子杂质、自由基、活性中心、吸附中心、晶体缺陷或生物体组织。如果放在磁天平上去称，未必能称出顺磁磁化率，但是生物体中含有的微量自由基和过渡金属离子却是电子顺磁共振研究的两个最主要对象，因此生物学和医学是电子顺磁共振研究的最活跃的领域之一。即使在样品中本来不存在未成对电子，也可以采用人工的方法形成未成对电子，吸附、电解、热解、高能辐照、氧化—还原和流动法化学反应等都是产生顺磁中心的常见方法。特别是自1965年麦克康奈（H. McConell）等人提出自旋标记技术以来，人们可以用外来的"顺磁探头"接到被标记物质的分子上或扩散到被标记物质的内部，从而更加拓展了电子顺磁共振的应用范围。

把电子顺磁共振与核磁共振作一番比较，可以更好地说明它们各自的特点。核磁共振所研究的对象必须具有核自旋，显然并不是每种原子核都可以满足这一条件的。例如在有机化学上颇为重要的 ^{12}C 及 ^{16}O 就没有核自旋的样品，就无法进行核磁共振探测。通常的高分辨核磁共振波谱仪观测的是由 ^1H 核引起的共振（或称质子共振），近年超导核磁共振波谱仪和脉冲傅立叶变换核磁共振波谱仪相继问世，大大提高了仪器检测灵敏度，使 ^{13}C 核磁共振得以观测。由于H、C均是有机化合物的主要成分，因此高分辨核磁共振波谱仪在有机化合物或基团的指纹鉴识，以及对分子结构和运动状态的研究方面是一个重要手段，日益受到人们的重视。

虽然电子顺磁共振技术在这些方面也能发挥作用，但是只有将有机化合物转化成自由基以后才能加以研究。同时电子顺磁共振只能考察与未成对电子相关的几个原子范围内的分子结构，因此在有机化合物的定性分析方面，它远不如核磁共振优越。反过来说，核磁共振技术的应用又主要限于有机化合物，电子顺磁共振就没有这种限制，它的应用几乎遍及一切材料，只要能在材料中形成顺磁中心就能加以研究，在反应历程的研究方面核磁共振也无法与电子顺磁共振相比。此外，高分辨核磁共振波谱一般是在液态下进行测定，有关晶体结构的信息它是无法得到的。电子顺磁共振技术在研究晶体场或分子场的对称性、顺磁离子的价态和空间配位结构、自由基的取向和晶位对称性、未成对电子自旋密度在各核上的分布等方面则很有特点。

自由基，按其定义就是指含有未成对电子的化合物，广泛地存在于自然界中。例如，某些固体表面吸附容易发生电荷迁移的化合物，能够形成自由基，用电子顺磁共振技术研究吸附自由基，不仅可能探明与催化活性密切相关的吸附中心的结构，弄清吸附中心是受电子性还是给电子性，从而有助于阐明多相催化反应的机理，而且能够测定吸附剂表面酸性中心的浓度和强度。

高能辐照能产生自由基，形成缺陷或色心，引发辐射化学反应，电子顺磁共振技术与高能辐照联用，应用于有机化合物、高聚物、生物材料、新技术晶体、半导体、金刚石等各个领域。许多高分子聚合是以自由基反应机理进行的，自由基常是某些化学反应的中间产物。电子顺磁共振技术与快速均相反应的流动法联用，能够观察过去未曾发现的短寿命自由基中间体，从而能够细致地研究那些与自由基有关的快速反应动力学。

在电化学过程中，由于电子的迁移，常形成自由基。因此，早在1958年就出现了电子顺磁共振技术与电化学的联用，这种联用不仅能够用电化学方法制备自由基以研究自由基的结构，并可通过自由基的测定探索电化学的反应机理，而且可通过控制电化学参数等实验条件有选择地产生自由基，有可能在多种有机化合物存在时定性鉴定某种化合物，同时通过与流动技术相结合，有可能定量测定自由基母体的含量。

自由基的电子顺磁共振研究在地质和矿物学中也得到应用。在煤、沥青、石油和沉积岩分散有机质中广泛地存在着自由基，这些自由基的含量与有机质的变质程度有关，因此岩石分散有机质自由基浓度的测定能够在一定程度上反映地质演化情况，从而对油田的远景评价有一定意义。岩石分散有机质自由基浓度随加热温度变化的曲线曾被用于测定样品在历史上所经历的最高古地温。

在生物过程中更存在大量的自由基问题，绿色植物的光合作用，肿瘤的致瘤过程和致癌物质，生命的衰老过程等都跟自由基有关。在生物材料中；广泛地存在着具有生理学、药理学和生物化学意义的自由基。电子顺磁共振技术是在分子水平及细胞水平（例如生物膜的研究）上研究生物问题的不可缺少的工具。

过渡金属包括稀土元素离子具有未填满的3d、4d、5d或4f电子壳层，它们在一定价态下具有未成对电子，是电子顺磁共振研究的另一主要对象。许多固体材料，例如催化剂、各种新技术晶体材料（如激光晶体、发光晶体、全息摄影记录用晶体及半导体等）、特种玻璃（如半导体玻璃和变色玻璃）、生物体中的各种酶以及矿物等，在它们的组成中往往含有一定数量的过渡金属离子，不仅这些离子的含量对材料性能有很大影响，而且这些离子的价态、分布状况、存在形式、化学键性质、配位结构和晶体场对称性等对材料性能也有很大的甚至是决定性的影响。虽然电子顺磁共振技术在定量测定这些元素的含量方面不如原子吸收光谱、电子探针、离子探针等手段来得准确和方便，但是在测定离子的价态，不同价态离子的含量、离子的分布状况、存在形式、化学键性质、配位结构和晶体场对称性等方面都具有特长，是其他分析手段不能相比（甚至是无法代替）的。因此，凡是性能与过渡金属离子的这些行为密切相关的材料都是电子顺磁共振技术的研究对象。此外，电子顺磁共振技术在研究天然金刚石、合成金刚石、液晶材料、金属中的自由电子、双自由基和有机三重态分子等方面也是有力的工具。

第三节　核磁共振分析原理与应用

一、核磁共振分析原理

核磁共振波谱学是利用原子核物理性质，采用现代电子学和计算机技术研究各种分子物理和化学结构的一门学科。核磁共振谱和红外、紫外光谱有共同之处，实质上都是分子吸收光谱，但其研究的频率范围是无线电波射频范围。红外光谱主要来源于分子振动能级之间的跃迁，紫外—可见吸收光谱来源于分子电能级的跃迁，核磁共振谱来源于原子核能级间的跃迁。只有置于强磁场中的某些原子核才能发生能级分裂，当吸收的辐射能量与核能极差相等时，就发生能级跃迁进而产生核磁共振信号。核磁共振现象于1946年由布洛赫（Bloch）和珀塞尔（Purcell）发现，为此他们获得了1952年的诺贝尔物理学奖。经过70余年的发展，核磁共振普在化学、物理学研究和材料学、医学等领域得到了广泛的应用。

原子核是带正电荷的粒子，多数原子核的电荷能绕核轴自旋并形成一定的自旋角动量 p，同时由于电荷的移动产生了磁场，因此也具有磁矩 u，他们之间的关系为 $u=rp$，其中 r 是一个常数表示原子核的磁旋比。原子核的自选运动与自旋量子数 I 有关，$I \neq 0$ 的原子核都具有自旋现象，具有自旋角动量 p 和核磁矩 μ（方向可由右手定则确定）。

自旋量子数（I）不为零的核都具有磁矩（表11-1），自旋核与原子量和原子序数的关系如下：

表11-1 自旋核与原子量和原子序数的关系

原子量（A）	原子序数（z）	自旋量子数（I）	例子
偶数	偶数	0	$^{12}C_6, ^{16}O_8, ^{32}S_{16}$
奇数	奇或偶	1/2，3/2，5/2	$I=1/2, ^1H_1, ^{13}C_6, ^{19}F_9, ^{15}N_7$ $I=3/2, ^{11}B_5, ^{35}Cl_{17}$ $I=5/2, ^{17}O_8$
偶数	奇数	1，2，3…	$I=1, ^2H_1, ^{14}N_7$ $I=3, ^{10}B_5$

自旋量子数为0的原子核可以被看作一个椭圆的球体，没有自旋也没有磁矩，所以不产生任何共振吸收（图11-10）。自旋量子数等于1或者大于0的原子核可以看做椭球体，因电荷分布不均匀而共振吸收十分复杂，规律不容易把握，所以研究和应用较少（图11-10）。自旋量子数等于1/2的原子核可以看做核电荷均匀分布的球体，此类核在磁场中像陀螺一样自旋，有磁矩产生，是核磁共振研究的主要对象（图11-10），其中 $^{12}C_6$ 和 $^1H_1$ 也是有机化合物的主要组成元素。

根据量子理论，当自旋核置于外磁场 H_0 中时，相对于外磁场有 $2I+1$ 总取向，因此当 $I=1/2$ 时自旋核有两种取向，也就对应了两个能级，分别是与外磁场平行的低能级以及与外磁场不平行的高能级。自旋核的自旋轴不完全与磁场方向平行，因此自旋核的自旋轴在平面上的投影点会产生旋进，也就是自旋核的进动即为拉莫尔进动，进动角速度 $\omega_0=rB_0$；两种取向不同的自旋核间的进动能极差 $\Delta E=2uB_0$（r 为磁旋比；B_0 为外磁场强度）（图11-11）。在外磁场中，自旋核能级产生分裂，由低能级向高能级跃迁，需要吸收能量，射频振荡线圈产生电磁波，共振条件为：$v_0/B_0=r/(2\pi)$（图11-11）。综上所述，产生核磁共振的条件为：首先，原子核有自旋；其次，在外磁场作用下核能级能够裂分；最后照射频率 v_0 与外磁场的比值需满足 $v_0/B_0=r/(2\pi)$。

在自旋核产生能级裂分之后，不同能级上分布的核数目可以通过波尔茨曼定律进行计算。以 ^1H 核为例，在外磁场的作用下，有较多 ^1H 倾向于处于低能态，但由于两个能级之间

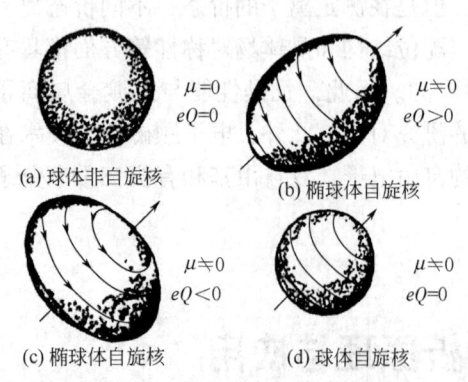

图11-10 原子核自旋特征示意图
(a) 球体非自旋核 $\mu=0, eQ=0$
(b) 椭球体自旋核 $\mu\neq 0, eQ>0$
(c) 椭球体自旋核 $\mu\neq 0, eQ<0$
(d) 球体自旋核 $\mu\neq 0, eQ=0$

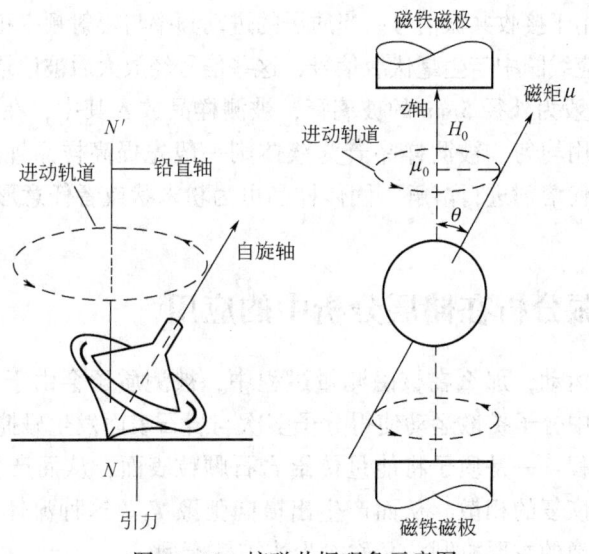

图 11-11 核磁共振现象示意图

的能差很小，如高能态核无法返回到低能态，那么随着跃迁的不断进行，这种微弱的优势将进一步减弱直到消失，此时处于低能态的 ^1H 核数目与处于高能态核数目逐渐趋于相等，与此同步，磁化矢量的信号也会逐渐减弱直到最后消失，上述这种现象称为饱和。

^1H 核可以通过非辐射的方式从高能态转变为低能态，这种过程称为弛豫（relaxation）。弛豫的方式有两种，分别为自旋晶格弛豫（纵向弛豫）和自旋-自旋弛豫（横向弛豫），纵向弛豫是处于高能态的核通过交替磁场将能量转移给周围的分子，即体系往环境释放能量，其速率用 $1/T_1$ 表示；横向弛豫指两个处在一定距离内，进动频率相同、进动取向不同的核互相作用，交换能量，改变进动方向的过程，其速率用 $1/T_2$ 表示。

二、核磁共振分析仪器

目前常用的核磁共振谱仪器有两种形式，即连续波方式（CW）和脉冲傅里叶变换方式（PTF）。以 CW 波谱仪为例，核磁共振仪器主要由以下 4 部分组成（图 11-12）：

（1）磁铁：核磁共振仪中最贵重的部件，主要用于提供稳定和均匀的强磁场，其性能决定了核磁共振仪器的灵敏度和分辨率。磁铁可以是永久磁铁、电磁铁或者超导磁体（前者稳定性好但长期使用后磁性会产生波动）。由永久磁铁和电磁铁获得的磁场强度一般不超过 2.4T，而用超导磁铁可以获得高达 10T 以上的磁场（但超导磁铁的成本和维护费用都较高）。

（2）射频振荡器：射频信号的发射装置，主要部分是在样品管外的与磁场方向垂直的线圈。振荡器发射一定频率的电磁辐射信号，相当于吸收光谱仪器中的光源。

（3）射频接收器和检测器：缠绕在样

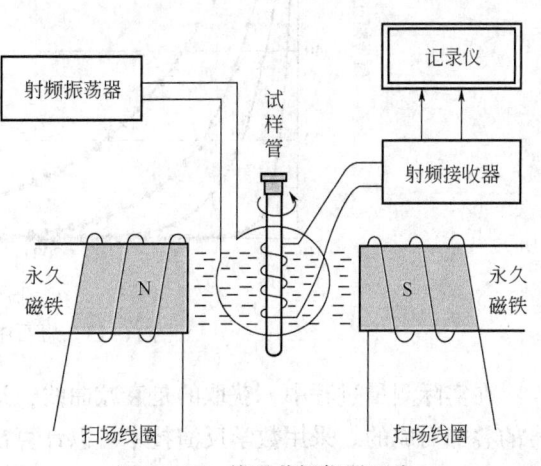

图 11-12 核磁共振仪器组成

品管上的接收线圈，用于接收共振信号。当质子的进动频率与辐射频率相匹配时，发生能级跃迁，吸收能量，在感应线圈中产生毫伏级信号，这些信号经放大后被记录下来并形成谱图。

（4）试样管：一般为外径 5mm 的玻璃管，被测样品放入其中，在测量过程中玻璃管不断旋转以保证磁场作用均匀。被测样品若为液体则一般先提高样品纯度至大于 95%，去除杂质后并用合适的氘代溶剂进行溶解。固体样品可为粉末状或者任意形状，一般岩石样品需加工成为标准柱塞状。

三、核磁共振分析在储层分析中的应用

分子存在自扩散运动，那么在核磁测量过程中，被测质子会由于自扩散运动而产生位移。在核磁测量过程中分子扩散运动使得分子多次与岩石表面发生碰撞，在每次碰撞中，可能会发生两种弛豫过程：一是质子将能量传给岩石颗粒表面，从而产生出纵向弛豫 T_1；二是自旋相位发生不可恢复的相散，从而产生出横向弛豫 T_2。这种流体分子与岩石颗粒表面的相互作用是岩石弛豫的主要机制，又称之为快扩散模型。

岩石的矿物组成对表面弛豫有较大影响，顺磁物质如铁、锰、镍和铬等有很强的弛豫作用，而纯石英则对弛豫影响很少。在常规砂岩中铁、锰等顺磁物质的含量很低，因而岩石中流体的弛豫一般都很快。流体本身的弛豫与岩石表面弛豫相比要弱得多，在石油核磁研究和应用中一般可以忽略。但是如果岩石中存在比较大的洞或者裂缝时，如在石灰岩中，流体分子很难与岩石表面发生碰撞，此时体弛豫不能忽略。当岩石中流体的黏度非常大时如稠油，流体自扩散运动比较弱，体弛豫也不可忽略。虽然岩石中单个孔道内弛豫可以看作是单指数弛豫，但岩石孔隙网络是由不同大小的孔隙、缝隙及通道组成的，每种尺寸的孔隙有其自己的特征弛豫时间，因此在岩石中存在多种指数衰减过程，总的弛豫为这些弛豫的叠加，见图 11-13。

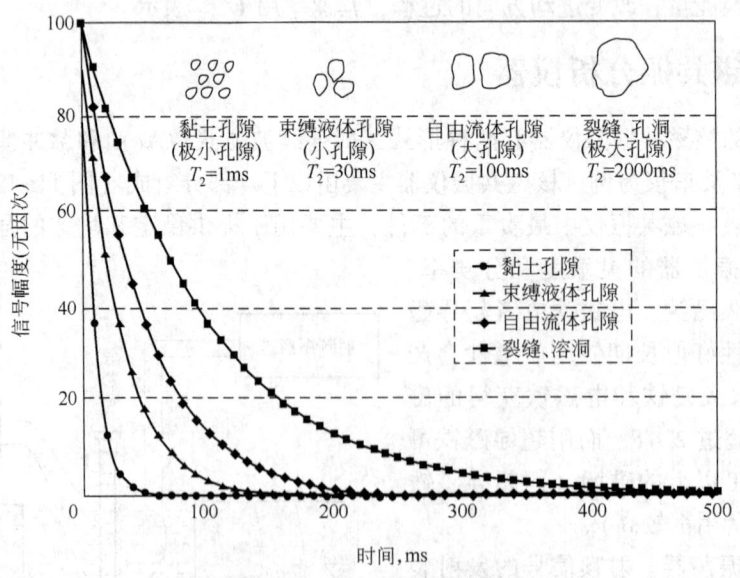

图 11-13 岩石中的多指数弛豫

在实际测量过程中，获取的是衰减曲线，这个衰减信号是由许多不同孔隙中流体衰减信号的叠加而成的。采用数学反演技术可以计算出不同大小孔隙中的流体所占的份额，即所谓的弛豫时间谱。图 11-14 为大庆头台油田某岩心的弛豫时间谱，横坐标表示弛豫时间，纵

坐标表示岩心不同弛豫时间组分占有的份额。较大孔隙对应的弛豫时间较长，较小孔隙对应的弛豫时间较短。弛豫时间谱在油层物理上的含义为岩心中不同大小的孔隙占总孔隙的比例。从弛豫时间谱中可以得到丰富的油层物理信息。

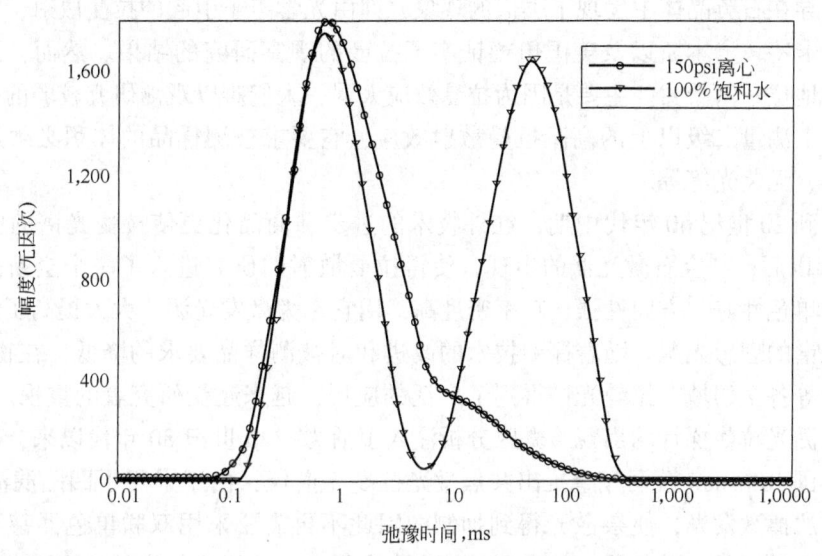

图 11-14　大庆头台油田某岩心的弛豫时间谱

1. 岩石有效孔隙度

弛豫时间谱积分面积的大小与岩石中所含流体的多少成正比，只要对弛豫时间谱进行适当刻度，可获得岩石的有效孔隙度。

2. 岩石可动流体及束缚流体饱和度

由上述可知，弛豫时间谱代表了岩石孔径的分布情况。而根据油层物理学理论，当孔径小到某一程度后，孔隙中的流体将被毛管力所束缚而无法流动，因此对应在弛豫谱上存在一个界限，当孔隙流体的弛豫时间大于某一弛豫时间时，流体为可动流体，反之为束缚流体。这一点从图中高速离心前后弛豫时间谱的变化中可清楚地看出。这个弛豫时间界限，常被称为可动流体截止值。

3. 岩石渗透率

既然弛豫时间谱代表了地层孔径分布，而地层岩石渗透率又与孔径、孔喉有一定的关系，因此可以从弛豫时间谱中计算出地层渗透率，这种计算一般采用相关经验公式来进行。

第四节　激光拉曼光谱分析原理与应用

一、激光拉曼光谱原理

印度物理学家拉曼于 1928 年用水银灯照射苯液体，发现了新的辐射谱线：在入射光频

率 ω_0 的两边出现呈对称分布的、频率为 $\omega_0-\omega$ 和 $\omega_0+\omega$ 的明锐边带，这是属于一种新的分子辐射，称为拉曼散射（ω 为介质的元激发频率）。拉曼因发现这一新的分子辐射和所取得的许多光散射研究成果而获得了 1930 年诺贝尔物理学奖。与此同时，前苏联兰茨堡格和曼德尔斯塔报导在石英晶体中发现了类似的现象，即由光学声子引起的拉曼散射，称为并合散射。法国罗卡特、卡本斯以及美国伍德证实了拉曼的观察研究的结果。然而，到 1940 年，拉曼光谱的地位一落千丈。主要是因为拉曼效应太弱，人们难以观测研究较弱的拉曼散射信号，更谈不上测量二级以上的高阶拉曼散射效应，它要求被测样品的体积必须足够大、无色、无尘埃、无荧光等等。

所以，到 20 世纪 40 年代中期，红外技术的进步和商品化更使拉曼光谱的应用一度衰落。1960 年以后，红宝石激光器的出现，使得拉曼散射的研究进入了一个全新的时期。由于激光器的单色性好，方向性强，功率密度高，用它作为激发光源，大大提高了激发效率并成为拉曼光谱的理想光源。随着探测技术的改进和对被测样品要求的降低，在物理、化学、医药、工业等各个领域，拉曼光谱得到了广泛的应用，越来越受研究者的重视。20 世纪 70 年代中期，激光拉曼探针的出现给微区分析注入了活力，20 世纪 80 年代以来，美国芬里克斯公司和英国 Rrinshow 公司相继推出共焦激光拉曼光谱仪，由于采用了凹陷滤波器（notch filter）来过滤掉激发光，使杂散光得到抑制，因此不再需要采用双联单色器甚至三联单色器，而只需要采用单一单色器，使光源的效率大大提高，这样入射光的功率可以很低，灵敏度可得到很大的提高。迪罗公司推出了多测点在线工业用拉曼系统，采用的光纤可达 200m，从而使拉曼光谱的应用范围更加广阔。

当一束激发光的光子与作为散射中心的分子发生相互作用时，大部分光子仅是改变了方向，发生散射，而光的频率仍与激发光源一致，这种散射称为瑞利散射。但也存在很微量的光子，不仅改变了光的传播方向，而且也改变了光波的频率，这种散射称为拉曼散射。光子和样品分子之间的作用，可以从能级之间的跃迁来分析。样品分子处于电子能级和振动能级的基态，入射光子的能量远大于振动能级跃迁所需要的能量，却又不足以将分子激发到电子能级的激发态。这样，样品分子吸收光子后到达一种准激发状态，又称为虚能态。样品分子在准激发态时是不稳定的，它将回到电子能级的基态。若分子回到电子能级基态中的振动能级基态，则光子的能量未发生改变，仅发生瑞利散射。如果样品分子回到电子能级基态中的较高振动能级，即某些振动激发态，则散射的光子能量小于入射光子的能量，其波长大于入射光。这时散射光谱的瑞利散射谱线较低频率将出现一条拉曼散射光的谱线，称为斯托克斯线。如果样品分子在与入射光子作用前的瞬间不是处于电子能级基态的最低振动能级，而是处于电子能级基态中的某个振动能级激发态，则入射光光子作用使之跃迁到准激发态后，该分子退回到电子能级基态的振动能级基态，这样散射光能量大于入射光子能量，其谱线位于瑞利谱线的高频侧，称为反斯托克斯线。斯托克斯线和反斯托克斯线位于瑞利谱线两侧，间距相等，斯托克斯线和反斯托克斯线统称为拉曼谱线。由于振动能级间距还是比较大的，根据波尔兹曼定律，绝大多数分子在室温下处于振动能级基态，所以斯托克斯线的强度远远强于反斯托克斯线，拉曼光谱仪一般记录的都只是斯托克斯线。斯托克斯与反斯托克斯散射光的频率与激发光源频率之差 $\Delta\nu$ 统称为拉曼位移（Raman Shift）。斯托克斯散射的强度通常要比反斯托克斯散射强度强得多，在拉曼光谱分析中，通常测定斯托克斯散射光线。拉曼位移取决于分子振动能级的变化，不同的化学键或基态有不同的振动方式，决定了其能级间的能量变化。因此，与之对应的拉曼位移是特征的，这是拉曼光谱进行分子结构定性分析的理论依据。

二、拉曼光谱图

激光拉曼光谱常被用于检测透明物质，包括气体、液体或者固体。具体制样要求和红外光谱相似，同时对于岩石样品也可以直接使用薄片进行检测。拉曼谱的主要参数是谱峰的位置和强度（图11-15）。峰位是样品分子电子能级基态的振动态性质的一种反映，它是用入射光与散射光的波数差来表示的。峰位的移动与激发光的频率无关。拉曼散射强度与产生谱线的特定物质的浓度成正比例关系，样品分子量也与拉曼散射强度同步增加。对于一定的样品，峰强度 I 与入射光强度 I_0、散射光频率 ns、分子极化率 a 有如下关系：$I=CI_0 ns4a^2$（这里 C 是一个常数）。

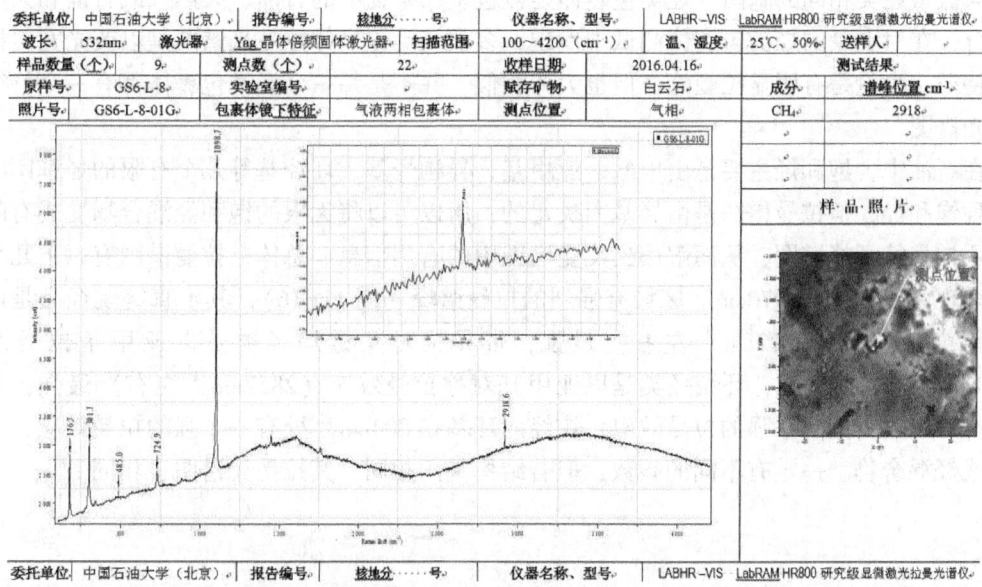

图 11-15 安岳气田储层纯甲烷包裹体拉曼光谱特征分析（软件截图）

外加交变电磁场作用于分子内的原子核和核外电子，可以使分子电荷分布的形状发生畸变，产生诱导偶极矩。极化率是分子在外加交变电磁场作用下产生诱导偶极矩大小的一种度量。极化率高表明分子电荷分布容易发生变化，如果分子的振动过程中分子极化率也发生变化，则分子能对电磁波产生拉曼散射，即称分子有拉曼活性。有红外活性的分子振动过程中有偶极矩的变化，而有拉曼活性的分子振动时伴随着分子极化率的改变。因此，具有固有偶极矩的极化基团，一般有明显的红外活性，而非极化基团没有明显的红外活性。拉曼光谱恰恰与红外光谱具有互补性，凡是具有对称中心的分子或基团，如果有红外活性则没有拉曼活性；反之如果没有红外活性则拉曼活性比较明显。一般分子或基团多数是没有对称中心的，因此很多基团常常同时具有红外和拉曼活性。当然，具体到某个基团的某个振动，红外活性和拉曼活性强弱可能有所不同。有的基团如乙烯分子的扭曲振动，则既无红外活性又无拉曼活性。应用激光光源的拉曼光谱法，由于激光具有单色性好、方向性强、亮度高、相干性好等特性，激光拉曼光谱与傅里叶变换红外光谱相配合已成为分子结构研究的主要手段。

三、拉曼光谱在石油地质研究中的应用

在石油地质研究中，激光拉曼光谱的主要应用领域是流体包裹体研究，近年很多学者利用拉曼分子微探针（LRM）成功地测定了单个包裹体内气液相中各类分子基团的相对摩尔百分比，尤其在冷冻下定量测试盐水包裹体中的阴离子团（SO_4^{2-}、CO_3^{2-}、HCO_3^-、NO_3^-等）。以前人们认为烃类包裹体中的低碳烃类如 CH_4、C_2H_6、C_2H_4、C_2H_2、C_3H_8、C_3H_6、C_4H_6 和 C_6H_6 等可用拉曼检测出来。但烯烃和炔烃类（C_2H_2、C_2H_4、C_3H_6 和 C_4H_6）在成熟的石油中一般没有，因为它们在沉积物中很快用氢还原为链烷烃或用硫化氢还原为硫，即烃类包裹体中应该没有烯烃和炔烃类组分，用拉曼检测出烃类包裹体中的 C_2H_2、C_2H_4、C_3H_6 和 C_4H_6 组分的真实性有待认证。另外 CH_4、C_2H_6 和 C_3H_8 都是由甲基亚甲基组成，理论上讲共同的基团组成的拉曼特征应是相同的，并且在石油中低碳烃含量很低，大部分高碳烃类具有与低碳烃类相同的基团。烃类包裹体是被包裹在矿物中的石油、天然气或石油和天然气的混合，在对大量的烃类包裹体测试中发现，多数烃类包裹体拉曼光谱图是以荧光宽缓拉曼峰为特征，少量是有明显拉曼峰，但也大体相似，并不是每一个烃类包裹体都有一个特征的拉曼光谱图。

在石油中，饱和烃主要是由甲基、亚甲基、异构烃基、环烃基等几个有限的烃基团组成无限种饱和烃，但拉曼谱图是由烃基团决定的，所以可以将无限的饱和烃混合物变成有限的烃基团拉曼特征峰谱图，从而解读出拉曼谱图中的有用信息。总体上拉曼谱图有以下几个特征：表现为在 $2700 \sim 2970 cm^{-1}$ 区域有强烈的拉曼谱峰（图 11-16），其中直链烷烃类是以甲基对称拉曼效应（$2872 cm^{-1}$ 左右）最强，带异构骨架链烷烃类是以亚甲基拉曼效应（$2911 cm^{-1}$ 左右）最强，环烷烃类是以亚甲基对称拉曼效应（$2857 cm^{-1}$ 左右）最强；异构骨架在 $748 cm^{-1}$ 处有一强的拉曼效应；烷烃六环基在 $804 cm^{-1}$ 处有一个强的拉曼效应；不同的烃或烃混合物，一定有不同的碳数，但若结构基团相同，其拉曼光谱图也相同。

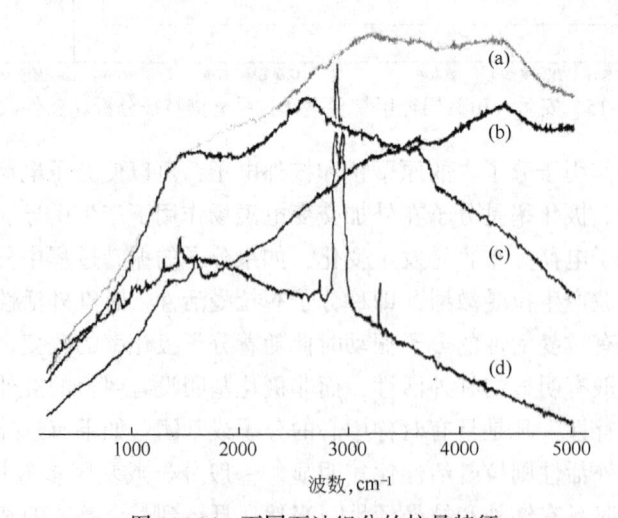

图 11-16 不同石油组分的拉曼特征
(a) 芳香烃类拉曼谱线；(b) 沥青类拉曼谱线；(c) 非烃类拉曼谱线；(d) 饱和烃类拉曼谱线

油气中的沥青质虽然是结构复杂、分子量大的烃类组分，但通过大量的测试发现，不同

的沥青质拉曼谱图荧光宽缓拉曼峰可能在不同的波数上，但总有 2 个成对（1360cm^{-1} 和 1620cm^{-1} 左右）的拉曼峰值是一致的（图 11-16），这二个拉曼峰值非常稳定，尤以 1620cm^{-1} 左右拉曼峰突出。这是高碳化沥青的拉曼特征，此峰可以作为烃类包裹体沥青组分的象征。

油气中的芳香烃类的分子结构在有侧链、直链、饱合环，同时还含有芳香环，理论上应具有丰富的拉曼谱，苯环的 2 个拉曼特征峰（988cm^{-1}、3058cm^{-1} 左右）是芳香烃典型代表。但因芳香烃类荧光特强，由于荧光干扰而使拉曼光谱曲线拱起，反而不易测到有尖峰的拉曼谱线（图 11-16）。芳香烃的拉曼谱图就是荧光宽缓拉曼峰，并多以 3 个宽缓隆起为主特征，可能荧光宽缓拉曼峰的拉曼波数会不一样，这就体现了烃组分的复杂性，但进一步分析出荧光宽缓拉曼峰所在位置原理或预示什么样的组分特征就非常困难了。石油中芳香烃组分的存在，是导致烃类包裹体因荧光效应而不能检测出有效的拉曼谱峰的重要原因，这也就是许多烃类包裹体拉曼光谱图为荧光宽缓拉曼峰的问题所在。若烃包裹体中含有一定量的芳香烃，其拉曼谱图必会以荧光宽缓拉曼峰的形式出现；反之，有荧光宽缓拉曼峰拉曼谱图的烃包裹体一定含芳香烃类较高。

油气中的非烃组分主要是含氧、氮、硫三种元素的有机化合物，分子结构上的最大特征是有了一些 O、N、S、卤族与 C、H 结合的键，而这些键的拉曼峰强度是比较弱的。前人认为，烃类含卤族元素杂质，多在 400~700cm^{-1} 之间有一系列弱拉曼峰，-SH 多在 2590~2560cm^{-1} 之间有一系列弱拉曼峰，-CS 多在 600~760cm^{-1} 之间有一系列弱拉曼峰，-C≡N 多在 1600~1700cm^{-1} 之间有一系列弱拉曼峰，-C=O 多在 1700~1800cm^{-1} 之间有一系列弱拉曼峰。以上拉曼峰本来就弱，又因非烃类中的芳香环的荧光干扰，使非烃类拉曼光谱图总体上以荧光宽缓拉曼峰为主。在上面单个饱和烃标样拉曼测试时，未见荧光干扰，如苯的拉曼特征峰也很突出。但在石油组分拉曼测试中，除饱和烃外，基本都有荧光效应，推测荧光效应主要是大链芳香烃基的影响，由于芳香烃和非烃类中都含有大量的大链芳香烃基，强烈的荧光效应是拉曼测试中这二类烃类区分的最大障碍（图 11-16）。

第十二章
储层敏感性分析

几乎所有油气生产井的含油气层都会受到不同程度的损害，油气层损害必然导致储层渗流能力下降、产能损失与产量下降、增产措施效果降低、油气最终采收率减小。油气储层对于各种类型地层损害的敏感性程度，即为油气储层敏感性。

储层中普通存在着碳酸盐矿物、黏土矿物、含硫矿物等。在油气田勘探开发过程中的各个施工环节，钻井、固井、完井、射孔、修井、注水、酸化、压裂直到多次采油，储层都会与储层外流体以及它所携带的固体微粒接触。如果储层外流体与储层内矿物或流体不匹配，会发生各种物理、化学作用，使储层孔隙结构和渗透性发生变化，导致储层伤害或被污染，此种变化性质及程度就是储层敏感性。为了防止油气储层被污染、伤害，使其充分发挥潜力，就必须对储层的岩石性质、物理性质、孔隙结构及储层中的流体性质进行分析研究，并根据油气藏开发过程中所能接触到的流体进行模拟试验，对储层的敏感性开展系统的研究和评价。

外来流体的盐度降低引起油气储层中黏土矿物的水化、膨胀，因而缩小了储层的孔隙喉道。微粒运移堵塞油气储层的孔隙喉道。外来流体使储层原有的沉淀—溶解平衡被破坏，因而生成沥青、石蜡或无机沉淀，造成储层孔隙或裂缝、射孔孔眼、井筒或采油设备堵塞。外来流体使储层矿物发生化学反应，出现碱溶或酸溶，形成反应产物的沉淀以及胶结物被溶解产生的碎屑微粒堵塞孔喉。外来流体使油气储层润湿性改变，降低油气的相渗透率，或形成高黏度的乳化液，堵塞油气储层的流动通道。这涉及油气田勘探开发过程中造成储层伤害的酸敏性、碱敏性、盐敏性、水敏性和速敏性五个方面因素，即常说的"五敏"（表12-1）。对每一敏感性综述其室内实验和现场施工中的表现，从损害机理、定量/半定量评价和保护措施几方面开展研究。

表12-1　储层的五敏性（据于兴河，2009）

敏感性	含义	形成因素
酸敏性	酸液与地层酸敏矿物反应产生沉淀使渗透率下降	盐酸或氢氟酸与含铁高或含钙高的矿物反应生成沉淀而堵塞孔隙，引起渗透率降低
碱敏性	碱液在地层中反应产生沉淀使渗透率下降	地层矿物与碱液发生离子交换形成水敏性矿物或直接生成沉淀物质堵塞孔隙
盐敏性	储层在盐液作用下渗透率下降造成地层伤害	盐液进入地层引起盐敏性黏土矿物的膨胀而堵塞孔隙和喉道
水敏性	与地层不配伍的流体使地层中黏土矿物变化引起的地层损害	流体使地层中蒙皂石等水敏性矿物发生膨胀，分散而导致孔隙和吼道的堵塞

续表

敏感性	含义	形成因素
速敏性	流速增加引起渗透率下降造成地层的伤害	粘结不牢固的速敏矿物在高流速下分散、运移而堵塞孔隙和喉道

第一节 速敏性分析

速敏性，又称为流速敏感性（velocity sensitivity），是指因流体流动速度变化引起储层岩石中微粒运移从而堵塞喉道，造成储层岩石渗透率发生变化（多下降）的现象。

一、储层速敏性机理

在不同类岩石储层内部，总是不同程度地存在着非常细小的微粒，这些微粒或被牢固地胶结，或呈半固结甚至松散状分布于孔壁和大颗粒之间。当外来流体流经储层时，这些微粒可在孔隙中迁移，堵塞孔隙喉道，从而造成渗透率下降。

储层中的流体一旦开始流动，首先随之移动的是那些与基质结合力最弱、粒径较小的黏土矿物微粒，较大的微粒则仍是静止的。这些半径等于或小于孔喉半径的细小颗粒在岩层中几乎无法形成"桥堵"，因此不会明显增加流动阻力。

外来流体不是一成不变的，当外来流体的速度或压力波动时就会出现不同微粒的运移。当流速增至某值时，与喉道直径相匹配的微粒开始移动。一方面这部分微粒可以在喉道处形成较稳定的"桥堵"，另一方面由于此时流速较大，成"桥"过程中流体对微粒的冲击力也较低速时为强。因此，导致岩石中的喉道在较短时间大量地被堵塞、提高20%及以上，造成多孔介质渗透能力骤然减小。此时的流速即为临界流速（V_C）（图12-1），它不是微粒运移的开始，而是稳定"桥堵"的形成。

外来流体的速度或压力波动造成储层中微粒的启动和堵塞孔喉，形成渗透率下降的现象，即储层的速敏性。速敏性研究的目的在于了解储层的临界流速及渗透率的变化与储层中流体流动速度的关系。

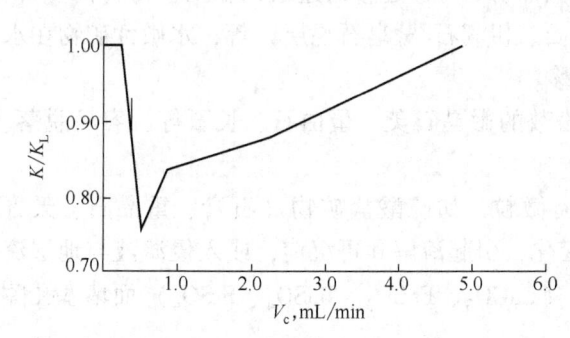

图12-1 岩石流动实验曲线（据吴胜和等，1998）

1. 流动状态对速敏性的影响

流动状态的改变将破坏已有的流动平衡，出现细粒物质在喉道处平缓地沉积，一定数量的微粒在喉道产生"桥堵"堵塞流动通道，较大颗粒恰好嵌入喉道形成"卡堵"，三种形式的岩石内微粒堵塞孔喉，导致渗透率下降。

在较高的流速下，大量微粒"桥"已经形成。此时，若将流速降至较低值，将使冲击微粒"桥"的水动力减弱，并有助于原处于高速运移中的地层微粒聚积起来形成新的"桥堵"，使渗透率进一步下降。

临界流速（V_C）所标志的并不是微粒运移的开始，而是稳定"桥堵"的形成。临界流速后将有一段渗透率随流速增加而急剧下降的区间。此时，流速增加将导致岩石渗透率的大幅度降低，对其渗透率的损害可达原始渗透率的20%~50%，甚至超过50%。但这个区间很短，这是由于与喉道匹配的微粒数目通常只占地层微粒的一小部分，当流速超过一定值时，启动的微粒粒径过大，与喉道直径不匹配，难以形成新的"桥堵"，而随着流速的进一步增加，高速流体冲击着微粒和"桥堵"，一部分微粒可能被流体带出岩石，从而使渗透率回升（图12-1）。

流体流动状态的改变还包括流动方向的变化。由于流动方向的突然改变，反向水动力的作用可使"桥堵"出现短暂的解除，渗透率上升。随着流动过程的延续，新的平衡的逐步建立，孔喉内形成新的"桥堵"，渗透率又开始下降。显然，依靠反向流动并不能达到真正的解堵，但对检验是否存在微粒运移是一种很好的方法。

因此，现场作业中应尽可能保持流动状态的相对稳定，尤其是应保持比较平稳的流速。

2. 储层物性对速敏性的影响

储层物性对速敏性也有一定的影响，特别是喉道的大小、几何形状对速敏性的影响较大。储层为大孔粗喉型，其内微粒粒径相对越小、微粒数量越少、孔喉尺寸越大，速敏性则相对要小些。凡是使储层的微粒数目增多、孔喉尺寸缩小、孔隙喉道直径差别大、喉道多呈复杂的片状和弯片状的因素都将加速储层速敏性。

3. 微粒的种类对速敏性的影响

地层内部可迁移的微粒包括三种类型：

（1）储层中的黏土矿物，包括随流速增大而易于分散迁移的速敏性黏土矿物（高岭石、毛发状伊利石等）和水敏性黏土矿物（蒙皂石、伊利石/蒙皂石混层）等，水敏性矿物在水化膨胀后，受高速流体冲击即会发生分散迁移。

（2）胶结不坚固的碎屑微粒，如胶结松散的微晶石英、蛋白石、长石等，容易脱落、分散，常以微粒运移状堵塞孔隙喉道。

（3）油层酸化处理后被释放出来的碎屑微粒，如硫酸盐矿物（石膏、重晶石、天青石）、硫铁矿、岩盐等，由于温度和压力的变化，引起溶解和再沉淀，或入侵滤液与地层流体发生有机结垢（石蜡、沥青）和无机结垢（$CaCO_3$、$FeCO_3$、$BaSO_4$、$SrSO_4$）而堵塞孔隙喉道。

微粒迁移后能否堵塞孔喉和形成桥塞，主要取决于微粒大小、含量以及喉道的大小。当微粒尺寸小于喉道尺寸时，在喉道处既可发生充填，又可发生去沉淀作用，喉道桥塞即使形成也不稳定，易于解体；当微粒尺寸与喉道尺寸大体相当时，则很容易发生孔喉的堵塞；若微粒尺寸大大超过喉道尺寸，则发生微粒聚集并形成可渗透的滤饼。微粒含量越多，堵塞程度越严重。另外，颗粒形状对孔喉堵塞也有影响，细长颗粒不能单独形成桥堵，而球状颗粒能形成相对稳定的桥堵。

较低盐度的流体将使黏土矿物水化膨胀，缩小孔隙喉道，使之产生稳定"桥堵"的流速减小，导致岩心临界流速值减小。同时，由于黏土矿物在低盐度流体中的先水化，再分散，释放出更多更细小的黏土微粒，以及由黏土矿物作为胶结的其他矿物微粒，使地层微粒的数量增加。因此，地层微粒以水敏性黏土为主或含较多水敏性黏土时，降低盐度将导致速敏性的增强。

高流速可使黏土颗粒破碎，使粒度减小。当储层中的微粒主要是黏土微粒时，部分碎片有可能在地层孔隙中自由移动。若运动的微粒主要是石英颗粒时，由于石英碎屑结构坚硬，不会在流体的冲刷中破碎，因此将有可能产生比仅有黏土微粒存在时强的速敏性，而且是永久性的。

二、储层速敏性评价实验

对储层的各种敏感性进行研究和评价的目的，是为了在油气生产过程中避免各种敏感性的发生，保护油气产层，实现合理高效开采。油气产层保护就是要搞清楚油气层可能的伤害类型以及伤害的程度，从而采取相应的开采对策。在储层伤害评价研究中，储层敏感性评价是最主要的手段之一。

储层敏感性评价包括两方面的内容：一是从储层物质构成的角度出发，评价储层的敏感性矿物特征，研究储层自身潜在的伤害因素；二是在岩石物质构成基础上选择有代表性的岩石样品，进行敏感性实验，通过测定岩石与各种外来工作液接触前后渗透率的变化，来评价工作液对储层的伤害程度。前者在本书前几章进行了详细的论述，本章实验主要是阐述后者实验及评价——不同工作液对储层伤害实验及评价，最常见敏感性评价实验是岩心流动实验，即通过岩心驱替法测定不同工作条件下的储层损害程度。

1. 岩心流动实验

岩心流动实验是储层敏感性评价的重要组成部分。通过岩样与各种流体接触时发生的渗透率变化，评价储层敏感性的程度。通过评价实验，据酸敏性确定酸化用液，据盐敏的临界盐度数值提供合理的盐水浓度，据水敏性选择合理的水质，据流速敏感性为采油和注水作业提供合理的临界流速，据系列流体评价为现场选择最佳的钻井液、完井液、修井液提供依据。

1）实验方法原理

根据达西定律，在实验设定的条件下注入各种与地层损害有关的液体，或改变渗流条件（流速、净围压等），测定岩样的渗透率及其变化，以判断临界参数，评价实验液体及渗流条件改变对岩样渗透率的损害程度。

岩样渗透率测定条件必须满足达西定律的要求，考虑气体滑脱效应和惯性阻力对测定结果的影响，选择使用合理的压力梯度或流速，通常采用达西方程允许的最大压力梯度，或者根据卡佳霍夫的雷诺数 Re 计算服从达西定律的最大流速，测定相关数据后计算岩样气体渗透率和岩样液体渗透率。

2）岩样准备

钻样，即从岩心中钻取实验用岩心柱，其方法基本同于钻取煤油法检测储层物性的岩心柱，直径一般为 2.54cm 或 3.81cm 左右，长度不小于直径的 1.5 倍。要求柱塞样品的钻取方向应与储层液体流动方向一致，岩心制备过程应保证岩心矿物成分及孔隙结构不发生改变；岩样端面与柱面均应平整，上端面应垂直于柱面，不应有缺角等结构缺陷。

岩样清洗，将钻好的岩心柱中原来存在的所有流体全部清洗干净。依据岩样成分采用不同的洗液，未知岩石成分时采用酒精与苯的混合物清洗油污，地层水矿化度高于20000mg/L或未知地层水资料时，需要采用甲醇等试剂进行除盐处理。

岩样烘干，依据岩样成分采用不同的烘干方法。如果烘干前未知岩石组分，烘干温度应控制在不高于60℃，相对湿度控制在40%~50%。每块岩样应烘干至恒重，烘干时间不小于48h，48h后每8h称量一次，两次称量的差值小于10mg。

3）测定空气渗透率、岩样饱和及孔隙体积

依据最新油气行业渗透率测定标准与规定测定空气渗透率。测定渗透率时，要求岩样两端的压差或驱替流速保持10min以上不改变，连续测定三次，用达西定律计算的渗透率，其相对误差应小于3%。

岩样饱和及孔隙体积测定。将烘干后的恒重岩样相关标准与规定抽真空，饱和测定初始渗透率所用流体；岩样饱和应针对岩样渗透率及胶结情况，采取不同的饱和压力，加压时间不低于4h，以保证岩样充分饱和；岩样在饱和液中浸泡至少40h以上，测定饱和液体后岩样的质量；计算岩样的有效孔隙体积和孔隙度。

4）实验流体配制与处理

实验盐水通常根据评价区块地层水分析资料室内配制，也可采用与地层水矿化度相同的标准盐水或氯化钾溶液。如果地层水资料未知，可采用矿化度为8%（质量分数）的标准盐水或氯化钾溶液。

工作液通常为现场实际用液，或根据现场配方室内配制。所有敏感性评价实验用水均应在实验前放置1d以上，环境或实验温度较高时应在实验用水中加入杀菌剂，然后用$0.22\mu m$的微孔滤膜除去微粒物质。工作液评价实验根据实验目的和工作液类型，可采用不过滤或用不同孔径的滤膜过滤的方式。实验用油为精制油等。

5）实验流程

实验流程如图12-2所示，适用于恒速与恒压条件下的评价实验。

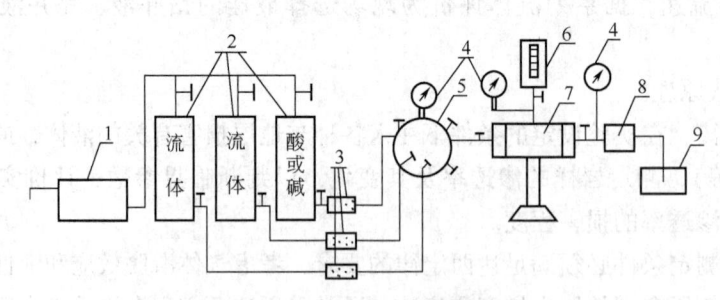

图12-2 岩心流动实验流程图
1—高压驱替泵或高压气瓶；2—高压容器；3—过滤器；4—压力计；5—多通阀座；
6—环压泵；7—岩心夹持器；8—回压阀；9—出口流量计量

2. 速敏性评价实验

速敏性评价实验的目的在于了解储层渗透率的变化与储层中流体流动速度的关系，如储层有速敏性则要找出其开始发生速敏的临界流速（V_C），并评价速敏性的程度。

在岩心流动实验装置中利用不同流速完成速敏性评价实验。此实验按照$0.10cm^3/min$、

0.25cm³/min、0.50cm³/min、0.75cm³/min、1.00cm³/min、1.50cm³/min、2.00cm³/min、3.00cm³/min、4.00cm³/min、5.00cm³/min 和 6.00cm³/min 的流量等级，依次测定渗透率。对于气体渗透率大于 0.500μm² 的岩样，可以从 0.25cm³/min 开始测定。当测出临界流速（V_C）后，流量等级间隔可以加大。若一直未测出临界流速，应作到最大排量 6.00cm³/min 为止。而压力梯度已大于 2MPa/cm 时，可结束实验。

储层速敏性岩心流动实验的实验流体选用。考虑到在不同作业方式下流体性质的不同，如采油作业和注水作业中流体的性质截然不同，采油作业中油的流动速度变化（即产量变化）所造成的渗透率变化是油田开发中确定单井合理产能的主要依据；而注水作业中水流动速度的变化所造成的渗透率变化是油田开发选择合理注水速度的重要依据。因此原则上应分别用地层原油或地层盐水作为流体来做速敏试验，以便认识不同流体流动条件下由于微粒运移造成储层渗透率发生变化的规律。考虑到地层原油以及地层盐水的获取较为困难，因此室内试验可用室内配制与现场流体性质接近的模拟地层水或黏度接近的精制油作为实验流体。对于地层流体资料缺失的储层，可选择中性煤油或8%（质量分数）标准盐水作为实验流体。

开展换向流动实验，在一定的流速及不间断流动的情况下，迅速切换流体注入方向，通过岩心正反向渗透率的变化来研究颗粒运移对岩心渗透率的影响程度。换向流动实验的选择可针对有特定需求研究的实验进行。

岩样的非均质性导致流体在岩心中流动时正向与反向渗透率有所差别，这会对速敏实验结果的判断造成一定的影响，因此换向流动实验应选择正反向空气渗透率接近的岩样进行实验速敏伤害程度的确定。

通过数据处理计算岩心渗透率，特别测算岩样初始渗透率、不同流速下所对应的岩样渗透率，计算不同流速下所对应的岩样渗透率变化率，利用实验流量换算成渗流速度，判定临界流速。

以流量（cm³/min）或流速（m/s）为横坐标，以不同流速下岩样渗透率与初始渗透率的比值为纵坐标，绘制流速敏感性评价实验曲线图。

与速敏性有关的实验参数主要为临界流速、渗透率伤害率及速敏指数。

速敏强度表示，当某些岩样的临界流速相近时，速敏性产生的渗透率伤害率越大，其速敏性越强。但实际情况往往复杂得多，有些岩样虽然渗透率差值较小，但临界流速可能也小，前者反映速敏性较弱，而后者反映速敏性较强。为此，需综合这两个参数进行综合评价，即用速敏指数来表述速敏性的强弱，它与岩样的临界流速成反比，与由速敏性产生的渗透率伤害率成正比。

在速敏试验中，流速大于临界流速以后，储层中的微粒开始在储集空间中运移，但并不一定都使渗透率降低，有时随着流速的增加，渗透率非但不降低反而增高，表明部分堵塞喉道的微粒可能被流体带出，使喉道变粗、渗透率增大，这也是一种速度敏感性。

三、储层速敏性评价指标

储层速敏性的强弱可由速敏性产生的渗透率伤害率 D_K 来评价：

$$D_K = \frac{K_{\max} - K_{\min}}{K_{\max}} \tag{12-1}$$

式中　D_K——渗透率伤害率；
　　　K_{max}——伤害前岩样液体渗透率；
　　　K_{min}——伤害后岩样渗透率的最小值。

速敏损害程度评价指标见表12-2。

表12-2　速敏伤害程度评价指标

伤害程度	速敏伤害率，%
无	$D_K \leq 5$
弱	$5 < D_K \leq 30$
中等偏弱	$30 < D_K \leq 50$
中等偏强	$50 < D_K \leq 70$
强	$D_K > 70$

第二节　水敏性分析

水敏感性是指较低矿化度的注入水进入储层后引起黏土膨胀、分散、运移，使得渗流通道发生变化，导致储层岩石渗透率发生变化的现象。产生水敏性的根本原因主要与储层中黏土矿物的特性有关，如蒙皂石、伊/蒙混层矿物在接触到淡水时发生膨胀后体积比正常体积要大许多倍，并且高岭石在接触到淡水时由于离子强度突变会扩散运移。膨胀的黏土矿物占据许多孔隙空间，非膨胀黏土的扩散释放许多微粒，因此水敏感性实验的目的在于评价产生黏土膨胀或微粒运移时引起储层岩石渗透率变化的最大程度。黏土矿物含量的高低直接影响着储层水敏感性的强弱。此外，影响储层水敏感性伤害程度的因素不仅与黏土矿物的种类和含量有关，还取决于黏土矿物在地层中的分布形态及地层的孔隙结构特征等。

一、储层水敏性机理

储层中的黏土矿物是由微小（通常都小于 $4\mu m$）的片状或棒状铝硅酸盐矿物组成。所有硅酸盐矿物的主要结构单元都是二维排列的硅—氧四面体和铝—氧或镁—氧八面体，只是它们之间的结合方式与数量比例不同，使各类黏土矿物具有不同的水敏特性。高岭石为1∶1层型矿物，层间缺乏阳离子，阳离子交换能力弱，其内聚能主要是范氏引力增扩的静电能，层间膨胀非常弱，只有表面水化能会有效地撑开晶层，同时高岭石比表面又较小，故高岭石几乎无膨胀性，因此高岭石类黏土矿物具有不太强的水敏性。伊利石、蒙皂石、绿泥石矿物属2∶1层型矿物，伊利石虽具有较大的层电荷，并且层间具有较强的静电吸引力，但为钾离子所补偿。2∶1层型蒙皂石的硅离子、铝离子常被其他较低价的阳离子所取代，造成正电荷不足、负电荷过剩，因而产生了带负电荷的表面；此类黏土矿物常常吸引溶液中的阳离子，形成扩散双电层；同时黏土矿物表面与晶层间所吸附的离子又吸引了大量的极性水分子，导致黏土矿物的体积膨胀，其膨胀率和阳离子交换量都远远大于其他黏土矿物。虽伊利石和蒙皂石同属 2∶1 层型黏土矿物，但由于补偿晶层净负电荷的阳离子通常为钾离子，而钾离子的大小刚好与相邻晶层上晶面对晶面的两个六氧环形成合适的 12 次配位，分布在两个相对的孔穴构成的空间里。注水时，晶层不分开，层间钾离子并不发生交换作用，故层间不发生水化膨胀，因此，伊利石只发生外表面水化，其阳离子交换量与膨胀率均小于蒙皂石。所以层间的钾离子对交换作用是无效的，只有在外表面的钾离子能同其他阳离子产生交换作用。因此，伊利石只产生晶体的表面水化，其膨胀率和阳离子交换量均远远小于蒙皂石。

黏土矿物的膨胀性主要与阳离子交换容量有关。水溶液中的阳离子类型和含量（即矿化度）不同，那么其阳离子交换容量及交换后引起的膨胀、分散、渗透率降低的程度也不同。在水中，钠蒙皂石膨胀的层间间距随水中钠离子的浓度而变化。如果水中钠离子减少，则阳离子交换容量增大，层面间距增大，钠蒙皂石从准晶质逐渐变为疑胶状态。在常见黏土矿物中，蒙皂石的膨胀能力最强，其次是伊利石/蒙皂石和绿泥石/蒙皂石混层矿物，而绿泥石膨胀力弱，伊利石很弱，高岭石则无膨胀性。

总之，储层水敏性与黏土矿物的类型、含量和流体矿化度有关。储层中蒙皂石（尤其是钠蒙皂石）含量越多或水溶液矿化度越低，则水敏强度越大。

二、储层水敏性评价实验

水敏性评价包括岩心驱替和非岩心驱替（膨胀率测定、阳离子交换量测定）两类实验。

1. 岩心驱替法评价—岩心流动实验

水敏性评价实验的目的是了解这一膨胀、分散、运移的过程，以及最终使储层渗透率下降的程度。

水敏性评价实验主要是测定三种不同盐度（初始盐度、盐度减半、盐度为零）的液体的渗透率。初始盐度的盐水通常为地层水，在无地层水资料的情况下用标准盐水代替。水敏性评价实验中采用的驱替速度必须低于临界流速，此时产生的渗透率变化才可认为是仅由于黏土矿物水化膨胀引起的。

1）实验流体

初始测试流体是指测定岩样初始渗透率所用流体。初始测试液体应选择现场地层水、模拟地层水或同矿化度下的标准盐水。无地层水资料的可选择 8%（质量分数）标准盐水作为初始测试流体。

中间测试流体为 1/2 初始流体矿化度盐水，其获取可根据流体化学成分室内配制，或用蒸馏水将现场地层水、模拟地层水或同矿化度下的标准盐水按一定比例稀释。

2）实验步骤

实验样品制备与设备准备如速敏岩心流动实验，实验流速的选择参考速敏实验结果，流速应略小于临界流速、防止"桥堵"发生。采用初始测试流体测定岩样初始液体渗透率。测定岩样初始液体渗透率后，用中间测试流体驱替，驱替速度与初始流速保持一致，驱替 10~15 倍岩样孔隙体积、调整实验流速以保持驱替压力不高于地层水或标准盐水驱替时的最高值；停止驱替，保持围压和温度不变，使中间测试流体充分与岩石矿物发生反应 12h 以上；将驱替泵流速调至初始流速，再用中间测试流体驱替，测定岩心渗透率；同样的方法进行蒸馏水驱替实验，并测定蒸馏水下的岩样渗透率，并计算岩样的渗透率变化率。

简而言之此岩心驱替实验分三个步骤：先用地层水（或模拟地层水）流过岩心，然后用矿化度为地层水一半的盐水（即次地层水）流过岩心，最后用去离子水（蒸溜水）流过岩心，其注入速度应低于临界流速，并分别测定这三种不同盐度（初始盐度、盐度减半、盐度为零）的水对岩心渗透率的定量影响，并由此分析岩心的水敏程度，其结果还可以为盐敏性评价实验选定盐度范围提供参考依据。

3）实验结果

岩心驱替实验首先得到水敏实验中初始测试流体对应的岩样渗透率，即初始渗透率。能获得不同类型盐水所对应的多种岩样渗透率，在此基础上以系列盐水的类型或系列盐水的累积注入倍数为横坐标，以对应不同盐水下的岩样渗透率与初始渗透率的比值为纵坐标，绘制储层水敏性评价实验曲线。利用岩样渗透率和初始渗透率计算出本岩样的水敏损害率。

2. 非岩心驱替法评价水敏性

1）岩石的膨胀试验

沉积后强烈的压实作用，使黏土矿物层状铝硅酸盐矿物紧密固结，但是经过液体浸泡，就会有水分子进入黏土矿物层间，造成黏土体积膨胀。黏土膨胀过程可分两个阶段。第一阶段是由表面水合能引起的，即外表面水化膨胀，黏土矿物颗粒周围形成水膜，水可由渗透效应吸附，并使黏土矿物发生膨胀。但当溶液的盐度低至临界盐度时，膨胀使黏土矿物层间距离超过一定值（相当于4个单分子层水），表面水合能不再那么重要，而层间内表面水化膨胀（双电层排斥）成为黏土膨胀的主要作用，此时进入黏土膨胀的第二阶段。第二阶段又被称为渗透膨胀阶段，即内表面水化阶段，黏土体积的膨胀率远远大于水化膨胀阶段，其体积膨胀率有时可达100倍以上。不同黏土矿物膨胀率不同，蒙皂石类的膨胀性最强，有时能增大体积几十倍，甚至数百倍，而伊利石、高岭石的膨胀性则较弱。了解岩石的膨胀性可以知道岩石与外来流体接触后的变化程度，测定岩石的膨胀率，可以定性判断储层中是否含有膨胀性黏土，预测储层岩石与外来流体接触后的水敏性程度，同时也可以帮助分析流动试验中岩样渗透率变化的原因。

黏土膨胀测定的方法主要有两大类。其一为比较简单的量筒法，取一定量通过100目筛网的粉碎岩样放入量筒，注入被测液体（水、处理剂溶液、钻井液滤液等），定时记录岩样体积，直到膨胀达到平衡，求出样品的膨胀率。另一种方法是通过膨胀仪测定的，取一定量通过100目筛网的粉碎岩样，在膨胀仪的样品测量室中压实后，加入被测液体，通过千分表或传感器记录样品的线膨胀率或体膨胀率，记录并绘制膨胀动力学曲线。

2）阳离子交换实验

阳离子交换能力是矿物的一种特性。有水存在时，晶层表面的补偿阳离子容易被溶液中存在的其他阳离子交换，不同的矿物其阳离子交换量也不相同。结合膨胀率测定结果，可以定性地预测岩石水敏性的可能程度。通过阳离子交换实验，测定阳离子交换容量等特征，用于判断岩石所含黏土矿物颗粒吸附各种添加剂的能力、黏土的水化膨胀和分散性等。这有利于储层的水敏性研究。

黏土矿物的阳离子交换性质主要是由晶体结构中电荷不平衡而产生的。当黏土矿物与含离子水溶液接触时，黏土矿物的某些阳离子就与溶液中的其他阳离子交换，并且同时存在包括阴离子交换的阴离子等价效应。虽然其他有机和无机的天然胶体也显示离子交换性质，但在地质体系中，黏土矿物的离子交换作用能力最强。影响离子交换作用反应程度的因素有：所含黏土矿物的种类、结晶程度、有效粒级，该类黏土矿物及水溶液的阳离子（或阴离子）化学性质，该体系中的 pH 值。通常，黏土矿物离子交换能力依次降低的顺序是蒙皂石、伊利石、绿泥石、高岭石。

蒙皂石的阳离子交换能力最强。由于蒙皂石中存在的阳离子数少，这就容易造成层间阳离子的水化和溶解，以及可逆的晶内膨胀。阳离子水化和层状结构的膨胀扩展，就使原来的阳离子与溶液中的其他离子进行交换，例如：

$$Na^+ + KCl \Longrightarrow K^+ + NaCl \tag{12-2}$$

在该反应中，混合的 Na、K 氯化合物溶液之间建立了平衡。在浓度高的溶液中，原始的层间阳离子（R^{2+}）能完全被其他阳离子置换。在这类反应中，R^{2+} 置换 R^+ 比 R^+ 置换 R^{2+} 容易。蒙皂石的离子交换能力基本上取决于层间阳离子数目。

在中—低渗透率范围内，驱替法和非驱替法得出的结果基本上是一致的。

三、储层水敏性评价指标

非驱替法评价水敏性的指标见表 12-3，其中的参数 T 仅作参考。

表 12-3 水敏性分析的指标

水敏性程度	T, %	H, %	CEC, cmol/kg
弱	0~10	0~3	0~1.4
中等	10~20	3~10	1.4~4
强	大于 20	大于 10	大于 4

注：H 为膨胀率，CEC 为阳离子交换量，T 为水敏性黏土总量（即 S、I/S 的总量）。

驱替法评价水敏性采用水敏指数 I_w，其定义如下：

$$I_w = \frac{K_l - K_w^*}{K_l} \tag{12-3}$$

式中，K_l 通常为等效液体渗透率，为标准盐水渗透率或地层水渗透率，K_w^* 为测定去离子水的渗透率，$10^{-3} \mu m^2$。

参照美国 Marathon 石油公司对水敏性强度的分级标准，将水敏性强度与水敏指数的对应关系定义如下：

无水敏 $I_w \leq 0.05$

弱水敏 $0.05 < I_w \leq 0.30$

中等偏弱水敏 $0.30 < I_w \leq 0.50$

中等偏强水敏 $0.50 < I_w < 0.70$

强水敏 $0.70 \leq I_w < 0.90$

极强水敏 $I_w \geq 0.90$

四、防膨剂研究

防膨剂是一类在水中少量加入即可明显抑制或解除黏土矿物水敏性的化学剂，其主要化学分类为：无机盐、无机聚合物、有机聚合物等。目前，在国内外应用最广、使用效果较好的主要是有机阳离子聚合物中的胺盐。

现场进行防膨处理之前，应首先进行室内的筛选实验，其研究程序为：
(1) 采用化学研究方法筛选出最佳的防膨剂；
(2) 优选防膨剂最佳浓度；
(3) 选择合适的添加剂；
(4) 采用上述实验所得防膨剂最佳配方进行动态吸附研究，考察防膨处理的最佳关井时间；
(5) 通过岩心驱替实验评价防膨效果；
(6) 应用计算机数值模拟技术，计算现场使用防膨剂的最佳注入量（段塞尺寸）；
(7) 现场实际应用。

第三节　盐敏性分析

盐度敏感性是指一系列矿化度的注入水进入储层后引起黏土膨胀或分散、运移，使得储层岩石渗透率发生变化的现象，简称盐敏性。盐度敏感性是各类油气层敏感性伤害中最常见的一种。盐度敏感性评价目的在于了解储层岩石在接触不同矿化度流体时渗透率发生变化的规律。

一、盐敏性机理

当不同盐度的流体流经含黏土的储层时，随着盐度的下降，岩样渗透率变化不大。但当盐度减小至某一临界值时，随着盐度的继续下降，渗透率将会大幅度减小，此临界点称为临界盐度。黏土膨胀过程可分外表面水化膨胀阶段和内表面水化的渗透膨胀阶段，第二阶段使得储层的渗透率急剧下降，临界盐度是这两个过程的交点。外表面水化膨胀是可逆的，即随着含盐度的增加，渗透率基本上可以恢复，而当盐度低于临界盐度时的内表面水化膨胀是不可逆的，虽随着含盐度的增加渗透率也会有所上升，但恢复程度很低。

储层产生盐度敏感性的根本原因是储层黏土矿物对于注入水的成分、离子强度及离子类型很敏感。盐度敏感性伤害机理与水敏性伤害机理相似，如蒙皂石、伊/蒙混层矿物与低矿化度流体接触时发生膨胀、高岭石在储层流体离子强度突变时会扩散运移等。盐度敏感性是各类油气层敏感性伤害中最常见的一种，大量的研究结果表明，对于中、强水敏地层在选择入井液时应避免低矿化度流体。但在室内研究和现场实践中，也存在高于地层水矿化度的入井液引起渗透率降低的现象，这是因为高矿化度的流体压缩黏土颗粒扩散双电层厚度，造成颗粒失稳、脱落，堵塞孔隙喉道，所以入井液矿化度的选择应针对具体情况进行评价后再合理选择。

二、储层盐敏性评价实验

盐敏性评价实验的目的是了解储层岩样在系列盐溶液中盐度不断变化的条件下，渗透率变化的过程和程度，找出盐度递减的系列盐溶液中渗透率明显下降的临界盐度，以及各种工作液在盐度曲线中的位置。因此，通过盐敏性评价实验可以观察储层对所接触流体盐度变化的敏感程度。

储层盐敏性评价方法有絮凝法和岩心驱替法两种，这两种方法是等价的。

1. 岩心驱替法

岩心驱替法实验基本同于水敏性岩心流动实验，测定不同矿化度盐水对应的岩样渗透率，并计算不同矿化度盐水对应的岩样渗透率变化率。

该试验通常在水敏性岩心流动试验的基础上进行，即根据水敏试验的结果，选择对渗透率影响最大的矿化度范围，在此范围内，配制不同矿化度的盐水，由高矿化度到低矿化度顺序，依次将其注入岩心（按照盐度减半的规划降低盐度），并依次测定不同矿化度盐水通过岩样时的渗透率值。当流体盐度递减至临界盐度时，出现岩样的渗透率下降幅度骤然变大。这一参数对注水开发中注入水的选择和调整有较大的意义。

以系列盐水的矿化度为横坐标，以对应不同矿化度下的岩样渗透率与初始渗透率的比值为纵坐标，绘制盐度敏感性评价实验曲线。对于盐度降低敏感性评价实验曲线，横坐标应按盐水矿化度降低趋势绘制，盐度升高敏感性评价实验按盐水矿化度升高趋势绘制。从结果曲线上可判定临界矿化度，即随流体矿化度的变化，岩石渗透率变化率大于20%时所对应的前一个点的流体矿化度。可以利用渗透率变化率代替储层受不同矿化度盐水造成储层伤害程度，并评价储层盐敏性。

盐敏性是地层耐受低盐度流体的能力量度，而临界盐度（S_c）即为表征盐敏性强度的参数，单位为 mg/L。另外，盐敏性与流体中所含离子的种类有关，对于同一地层来说，对单盐（如 NaCl）的临界盐度通常高于复合盐（如标准盐水）的临界盐度。

2. 絮凝法

絮凝和分散是胶体体系特有的两个相反的过程，絮凝使体系的透光率增大，分散则使体系透光率减小。因此，可将絮凝值定义为如下透光率的函数：

$$I = \left[\int_0^{60} T(t) \mathrm{d}t\right] / 60 \qquad (12-4)$$

式中　I——絮凝值，%；

　　　t——时间，min；

　　　$T(t)$——t 时间的透光率值，%。

絮凝法盐敏性实验程序：

（1）已洗油洗盐的岩样（或其他固体试样），经研磨后过 180 目筛，于 80℃下烘干；

（2）按 0.3g/100mL 的固液比配制试液，摇匀后放置水化 24h；

（3）将试液充分摇动后，以蒸馏水作参比液，在 500nm 波长下连续测定 1h 内的透光率值；

（4）用积分法或称重法求絮凝值 I（%），用式(12-4)求得。

（5）绘制絮凝曲线。

三、储层盐敏性评价指标

为了便于各油田及同一油田中井层之间进行比较，通常在实验中采用一种高盐度、无结

垢倾向的盐水作为标准盐水，其配方为

$$NaCl : CaCl_2 : MgCl_2 \cdot 6H_2O = 7 : 0.6 : 0.4（重量比）$$

盐敏性的程度采用临界絮凝浓度（F_c）或临界盐度（S_c）及水敏指数来评价，通常使用标准盐水（复盐）进行实验，评价指标为：

无盐敏　　　　　　　　　　$I_w \leqslant 0.05$
弱盐敏　　　　　　　　　　$F_c \leqslant 1000$
中等偏弱盐敏　　　　　　　$1000 < F_c < 2500$
中等盐敏　　　　　　　　　$2500 \leqslant F_c \leqslant 5000$
中等偏强盐敏　　　　　　　$5000 < F_c < 10000$
强盐敏　　　　　　　　　　$10000 \leqslant F_c < 30000$
极强盐敏　　　　　　　　　$F_c \geqslant 30000$

使用 NaCl 盐水（单盐）进行实验时，评价盐敏性的指标（临界盐度）应适当增大。

第四节　酸敏性分析

酸敏性（acid sensitivity，或称酸敏感性）是指酸液进入储层后，酸液与储层矿物接触发生反应，产生凝胶、沉淀或释放出微粒，导致储层岩石渗透率发生变化的现象，主要是致使储层渗透率下降。酸敏与酸化不同，酸敏实验一般反映的是酸化过程中的残酸自身变化及与储层岩石矿物发生反应对储层岩石渗透率造成的影响。酸敏感性评价实验的目的是了解酸液是否会对地层产生伤害及伤害的程度，以便优选酸液配方，寻求更为合理、有效的酸化处理方法，为油田开发中的方案设计、油气层伤害机理分析提供科学依据。

一、储层酸敏性机理

油气层酸化处理是油气生产过程中的主要增产措施之一，酸化的主要目的是通过溶解岩石中的酸溶物质以增加油井周围的渗透率。但在岩石矿物质溶解的同时，可能产生大量的沉淀物质。如果酸处理时的溶解量大于沉淀量，就会导致储层渗透率的增加，达到油气井增产的效果；反之，则得到相反的结果，造成油气产层伤害。

酸敏感性是指酸液进入储层后致使储层渗透率下降的性质。酸敏感性是酸与岩石、酸与原油、酸与反应产物、反应产物与反应产物及酸液中的有机物等与岩石及原油相互作用的结果。酸敏感性导致地层伤害的形式主要有两种：一是产生化学沉淀或凝胶；二是破坏岩石原有结构，产生或加剧速敏性。

酸敏矿物是指储层中与酸液发生反应产生化学沉淀或酸化后释放出微粒引起渗透率下降的矿物。在对碎屑岩和碳酸盐岩储层的酸化处理中，多用盐酸处理碳酸盐岩储层和含碳酸盐胶结物较多的砂岩含油气层，用盐酸和氢氟酸的混合的土酸处理碎屑岩油气层（适用于碳酸盐含量较低、泥质含量较高的砂岩含气油产层），所以酸化过程中的酸液包括盐酸（HCl）和氢氟酸（HF）两类。

碳酸盐岩地层盐酸酸化时，主要的酸敏性离子为 Al^{3+}、Fe^{3+}，且主要以氢氧化物的形式沉淀，氢氧化物的沉淀条件见表12-4，故其酸敏性与pH值的变化密切相关。由于碳酸盐岩与盐酸反应过程的pH值上升很快，故酸敏性将可能对渗透率产生相当的影响。

表12-4 酸处理作业中氢氧化物的生成条件

残酸中阳离子	氢氧化物的溶度积	沉淀条件（pH值）
Fe^{3+}	$3.8×10^{-38}$	1.9~3.2
Al^{3+}	$1.3×10^{-33}$	3.0~4.7
Fe^{2+}	$4.8×10^{-16}$	6.3~8.8
Mg^{2+}	$1.8×10^{-11}$	8.8~11.1
Ca^{2+}	$5.5×10^{-8}$	11.6~13.9

注：假定沉淀完全时阳离子浓度为 10^{-5} mol/L。

在砂岩的酸处理作业中主要采用盐酸或土酸酸化，砂岩与盐酸的反应能力一般比碳酸盐岩低得多，但反应产物却比碳酸盐岩与盐酸的反应复杂得多。砂岩主要组分矿物石英、长石及黏土矿物等与盐酸反应后释放出大量阳离子，并生成硅酸。虽然，砂岩与盐酸反应时不直接生成沉淀物，但酸-岩反应产物之间进一步的化学反应将产生溶解度很低的二次沉淀，主要为硅酸盐和硅铝酸盐。当残酸pH值上升后，还将生成 $Fe(OH)_3$ 和 $Al(OH)_3$ 沉淀。由于溶解过程使某些离子浓度提高，还将导致某些无机垢的生成。土酸不仅能像盐酸一样快速地与碳酸盐岩反应，而且能溶解砂岩中的石英、长石等盐酸不溶或难溶的矿物，尤其是其对黏土矿物的溶解能力强于任何其他酸的溶解。盐酸、土酸与岩石反应的主要生成物及二次沉淀综合列于表12-5，显然，砂岩与土酸反应产生二次沉淀（酸敏性）的可能性最大。

表12-5 酸-岩反应中的二次沉淀

岩性	盐酸 反应产物	盐酸 二次沉淀	土酸 反应产物	土酸 二次沉淀
碳酸盐岩	金属离子	$Fe(OH)_3$、$Al(OH)_3$、FeS、S	—	—
砂岩	金属离子 H_4SiO_4	$NaSi_{11}O_{25}(OH)_4$ 等 $K_2Al_2Si_{10}O_{24}$ 等 $Fe(OH)_3$、$Al(OH)_3$ FeS、S、无机垢	金属离子 H_2SiF_6 H_3AlF_6 CaF_2、MgF_2	K_2SiF_6 等，Na_3AlF_6 等 CaF_2、MgF_2、BaF_2 等 $Fe(OH)_3$、$Al(OH)_3$ FeS、S、无机垢

注：金属离子主要为 Si^{4+}、Al^{3+}、Fe^{3+}、Fe^{2+}、Ca^{2+}、Mg^{2+}、K^+、Na^+。

石英、长石和伊利石通常不会引起盐酸的酸敏性，在砂岩与土酸的反应中引起酸敏性的矿物除蒙皂石、绿泥石等外，还有高岭石和长石（表12-6）。

产生酸敏的因素很多，一般而言，储层酸敏潜在因素有：

（1）储层含绿泥石、菱铁矿、辉铁矿等含铁矿物较多，易形成铁的氢氧化物沉淀，当pH值升高时，铁离子会产生不溶性的氢氧化物沉淀，堵塞孔隙喉道，使酸化效果降低。

（2）氟化物沉淀，土酸中的 F^- 与 Ca^{2+}，Mg^{2+} 反应生成不溶性的 CaF_2，MgF_2，同时石英可以和氢氟酸反应生成氟硅酸盐和水化硅凝胶，堵塞孔隙喉道，导致渗透率下降。

（3）酸化释放出的黏土矿物颗粒发生膨胀运移，也可降低酸化效果。

表12-6 砂岩矿物的酸碱反应能力比较

矿物名称	含量 %	溶失率,%		
		盐酸	土酸	碱
石英	98	微	6	1.3
钾长石	85	0.5	19	2.0
钠长石	95	0.5	20	1.3
伊利石	96	0.7	22	5.3
高岭石	93	2.0	39	4.0
蒙脱石	90	10.7	40	7.3
铁矿石	—	16	39	—

注：盐酸浓度HCl15%，土酸浓度10%HCl+4%HF。实验条件为60℃下，1.5g岩样与10mL酸反应1h。钾长石矿中约含15%钠长石，铁矿石为铁矿粉。碱为1%NaOH，反应时间4h。

不同的地层，应有不同的酸液配方。配方不合适或措施不当，不但不会改善地层状况，反而会使地层受到伤害，影响措施效果。

二、储层酸敏性评价实验

酸敏是储层敏感性中最为复杂的一类，其评价实验的目的在于了解准备用于酸化的酸液是否会对地层产生伤害及伤害的程度，检验岩样与盐酸、氢氟酸等接触后的反应产物对储层渗透能力的影响，以便优选酸液配方，寻求更为有效的酸化处理方法。

1. 化学法酸敏性评价

1）浸泡观察

浸泡观察时，分别用盐酸、土酸、氯化钾溶液和蒸馏水浸泡岩样，观察是否有颗粒胶结或骨架坍塌等现象，并可进行同步录像与定时间断性显微照相，观察浸泡前后岩样表面的显微变化。

2）溶失率测定实验

将已洗油的岩样（或碎块）经研磨后过0.175mm孔径标准筛，筛出物在80℃下烘至恒重后备用。按固液比为1.5g岩样/10mL酸液，酸液体积不超过30mL；在电子天平上称取两份岩样，置于50mL塑料离心管中，同时称量滤纸和空称量瓶的质量。离心管中分别加入选定酸液（多为15%HCl）后，放入恒温水浴振荡器中，反应温度常为60℃，以一定频率振荡，约每10~30min手工振荡离心管一次，经1h后取出离心管。将取出的离心管在3000r/min下离心5min到10min。用浓度约0.1%的NaOH溶液洗涤分离出的滤液至接近中性后，再用蒸馏水洗涤至中性，碳酸盐岩样品可直接用蒸馏水洗涤。用已称量过的滤纸过滤反应物，滤渣连同滤纸一起置于已称量的称量瓶中，在80℃下烘干至恒重，计算出滤渣的质量。比较岩样酸溶前后的质量差，计算出溶失率（失重百分数）。同时测定残酸中酸敏性离子的浓度。

3）酸溶分析

酸溶分析的目的是通过静态实验，检验酸—岩反应过程中是否存在产生二次沉淀的可能性。由于同一储层岩样在不同条件下进行酸处理，其溶失率和释放出来的酸敏离子的数虽是不同的，而且不同储层岩样在同一条件下进行酸处理，其溶失率和释放出的酸敏性离子的数量也可以是不同的，因此需要分别改变反应时间、反应温度，在不同条件下进行酸溶分析，测定对应岩样的酸溶失率及残酸中酸敏感性离子的种类与含量等。主要的酸敏感性离子为 K^+、Na^+、Ca^{2+}、Mg^{2+}、Fe^{2+}、Fe^{3+}、Al^{3+} 和 Si^{4+}，根据酸敏感性离子随反应条件的变化，分析产生二次沉淀产生的可能性和类型。

选择酸化用酸的种类与最佳酸浓度。在不同酸种类与尝试的酸溶试验中，在不同的温度和时间下，测定不同条件下溶解速度和岩样的溶失率，找到同时还取浸泡岩样后的盐酸残液进行滴定，标定残酸浓度，确定残酸中酸敏性离子的种类及含量等。以二次沉淀不能发生、同时溶失率相对较高来确立选择用酸。如选择盐酸酸化，应作盐酸浓度与其溶失率的关系曲线，找出酸化效果最好（溶失率高）且用酸量较少的盐酸浓度。如选择土酸酸化，须测定一系列不同浓度土酸的溶失率，找到达到溶蚀酸化效果，同时不能产生二次沉淀的土酸配方。

2. 酸敏性评价驱替法实验

驱替法流动酸敏评价实验采用确定的酸配方进行，比较岩样在酸处理前后渗透率的变化情况，测定驱替过程中 pH 值及流出液中酸敏性离子浓度的变化，判断岩样酸处理后的损害程度等。

选择长度等于或大于 5cm，直径 2.5cm 的岩样，用与地层水相同矿化度的氯化钾溶液测定岩样酸处理前的液体渗透率。砂岩样品反向注入 0.5 倍~1.0 倍孔隙体积酸液（注酸量不能太大，否则反映的是酸化效果，而不是酸敏效果，酸化效果评价时注入酸液量为 $5V_P$ 以上），碳酸盐岩样品反向注入 1~1.5 倍孔隙体积 15%HCl。停止驱替，关闭夹持器进出口阀门，砂岩样品与酸反应时间为 1 小时，碳酸盐岩样品与酸反应时间为半小时。酸—岩反应后正向驱替与地层水相同矿化度的氯化钾溶液，测定岩样酸处理后的液体渗透率。

流动酸敏评价的驱替法实验用酸为不同浓度的盐酸或氢氟酸，用化学纯浓度的盐酸、氢氟酸和蒸馏水配制而成。常规实验酸液为 15%HCl 或 12%HCl+3%HF 的混合酸（土酸），碳酸盐岩储层酸化实验直接选用 15%HCl 为常规实验酸液。按盐酸 5%、10%、15%、20%、25%、28%，土酸固定其中的盐酸浓度为 12%，调整氢氟酸分别为 1%、2%、3%、4% 系列配制酸液。砂岩样品最佳酸浓度的选择原则是溶失率在 20%~30% 之间。

通过注酸前后岩样的地层水渗透率的变化来判断酸敏性影响的程度，先后测定岩样的渗透率，并计算酸敏损害率（D_a）。

三、酸敏性评价指标

1. 化学法酸敏性评价

通过测定 1.5 克岩样在 10 毫升 15%HCl 中的溶解度（R_w）来选择酸化用酸：

$R_w \geqslant 20\%$　　普通盐酸酸化（15%HCl）

$R_w < 20\%$　　土酸酸化或浓盐（20%~37%HCl）酸化

通常选择溶失率大于 20% 且小于 30% 时的土酸浓度作为土酸酸化的最佳浓度。

酸敏性的预测比较复杂，目前只能根据酸溶实验中残酸中的酸敏性离子含量的变化定性预测其酸敏性。

2. 驱替法酸敏性评价

驱替法酸敏性实验测得酸液驱替前后的渗透率变化，并以此确定酸敏损害率（D_{ac}）如下：

$$D_{ac} = \frac{K_i - K_{ia}}{K_i} \tag{12-5}$$

式中　K_i——酸化前用标准盐水（或地层水）测定的岩样渗透率；
　　　K_{ia}——酸化后用标准盐水（或地层水）测定的岩样渗透率。

酸敏损害程度评价指标见表12-7。

表 12-7　酸敏损害程度评价指标

损害程度	酸敏损害率，%
无	$D_{ac} \leq 5$
弱	$5 < D_{ac} \leq 30$
中等偏弱	$30 < D_{ac} \leq 50$
中等偏强	$50 < D_{ac} \leq 70$
强	$D_{ac} > 70$

第五节　碱敏性分析

碱敏性又称碱敏感性（alkaline sensitivity），是指外来的碱性液体（pH值大于7）与储层矿物接触发生反应，产生沉淀或引起黏土分散、运移，堵塞孔隙喉道，导致储层岩石渗透率发生变化，主要造成储层渗流能力下降的现象。

碱性工作液与地层岩石反应程度比酸反应程度弱得多，参见表12-6。但由于碱性工作液与地层接触时间长，故其对储层渗流能力的影响仍是相当可观的。

一、碱敏性机理

地层流体pH值一般分布在4~9范围，如果进入储层的外来流体pH值过高或过低，都会引起外来流体与储层的不配伍问题。碱性工作液通常为pH值大于7的钻井液或完井液，以及化学驱中使用的碱性水。这些流体进入储层，使其产生碱敏性的机理主要有以下几个方面。

（1）黏土矿物在碱性工作液中发生离子交换，成为较易水化的钠型黏土，使黏土矿物的水化膨胀加剧，导致水敏性，有

$$MH + NaOH \longrightarrow MNa + H_2O \tag{12-6}$$

（2）碱性工作液还会与储层矿物发生一定程度的化学反应，高pH值碱液对黏土矿物及石英、长石等矿物有溶解作用。与碱的反应活性从高到低依次为：高岭石、石膏、蒙皂石、伊利石、白云石和沸石，而长石、绿泥石和细石英砂的反应活性中等。碱与矿物反应的结果

不仅导致阳离子交换，甚至有可能生成新的矿物，例如：

$$硅酸盐+OH^- \longrightarrow Si(OH)_4 \tag{12-7}$$

$$Si(OH)_4+OH^- \longrightarrow Si(OH)_3O^- + H_2O \tag{12-8}$$

这些新生矿物沉积在储层中，可引起渗透率降低与地层伤害。

高 pH 值（pH>9）的碱液可与高岭石、石英发生溶解作用生成胶体或沉淀而影响储层渗透率。由于反应形成了 H_4SiO_4，在高温及 pH>9 的条件下，其与高岭石反应形成蒙脱石，造成对储层的进一步伤害。高 pH 值（pH>9）的碱液还与长石在一定条件下发生水解反应，生成高岭石与石英，高岭石与石英又可与高 pH 值（pH>9）的碱液反应生成沉淀，这种矿物间的循环反应，使得储层渗透率降低。

常见的碱敏感性矿物为隐晶质类石英、碳酸盐、黏土组分中的高岭石、蒙脱石等。黏土矿物在不同类型碱中的溶解量大小顺序为：$NaOH>KOH>Na_2CO_3>NaHCO_3>Na_2O \cdot 3.56SiO_2$。

（3）由于碱性工作液与储层矿物或储层流体不配伍，破坏了储层原有的离子平衡，产生碱垢，降低储层的渗透率。

$$2NaOH+Ca^{2+} = Ca(OH)_2+2Na^+ \tag{12-9}$$

$$Na_2SiO_3+Ca^{2+} = CaSiO_3+2Na^+ \tag{12-10}$$

$$Na_2CO_3+Ca^{2+} = CaCO_3+2Na^+ \tag{12-11}$$

（4）高 pH 值环境使矿物表面双电层斥力增加，部分与岩石基质未胶结的或胶结不好的地层微粒，将随碱性工作液运移，并在喉道处"架桥"，堵塞孔喉。

二、碱敏性评价实验

碱敏感性评价实验的目的在于了解各种入井的碱液对储层是否造成伤害及伤害程度的大小。如钻井过程中的钻井液、水泥浆，油层压裂改造使用的压裂液等碱性工作液进入储层，与岩石矿物反应，造成微粒运移形成对储层的伤害；碱驱及复合驱过程中，高矿化度碱性工作液与储层长时间接触，不仅与储层中岩石矿物反应，还造成岩石矿物的溶解，形成对储层的伤害。

碱敏性评价实验是近些年才在国内外开展起来的，其评价方法还在摸索之中。目前比较常用的方法为：

1. 碱水膨胀率测定

由此评价已知碱配方使地层岩石产生水化膨胀的程度，其操作方法及评价指标参见水敏性评价实验。

2. 化学碱敏实验

实验操作方法与化学法酸敏性实验基本相同。

3. 流动碱敏实验

采用与地层水相同矿化度的氯化钾溶液，无地层水资料的可选择 8%（质量分数）氯化钾溶液作为实验流体。选择用氢氧化钠溶液或氢氧化钾溶液来改变实验流体的 pH 值。不同碱液的配制：pH 值从 7.0 开始，调节氯化钾溶液的 pH 值，并按 1 个~1.5 个 pH 值单位的间隔提高碱液的 pH 值，一直到 pH 值为 13.0。至少配备五个以上 pH 值的碱液系列为测试实验流体。

用与地层水相同矿化度的氯化钾溶液测定初始渗透率。向岩样中注入已调好 pH 值的碱液，驱替 10~15 倍岩样孔隙体积，停止驱替，使碱液充分与岩石矿物发生反应 12h 以上；再用该 pH 值碱液驱替，测量液体渗透率，碱液注入顺序按由低到高进行，实验过程中实验流速保持一致。利用不同 pH 值的碱液系列重复以上规定操作，直到 pH 值提高到 13.0 为止。

根据系列 pH 值的碱液的渗透率与氯化钾溶液测定初始渗透率的比值，评价其碱敏性。以 pH 值为横坐标，以不同 pH 值碱液对应的岩样渗透率与初始渗透率的比值为纵坐标，绘制碱敏感性评价实验曲线。并由此得到碱敏性伤害率与临界 pH 值。临界 pH 值为岩石渗透率随流体碱度变化而降低时，岩样渗透率变化率大于 20% 时所对应的前一个点的流体 pH 值。

4. 模拟碱驱的碱敏实验

在室温或油层温度下，模拟现场碱驱作业程序进行岩心实验，其实验步骤为：
(1) 注入一定浓度的 NaCl 溶液（模拟 NaCl 预冲洗），并测定其渗透率 K_i；
(2) 采用现场碱驱配方进行碱水驱替，通常需注入 30~50Vp，测定岩心渗透率 K_{sb}；
(3) 用一定浓度的 NaCl 溶液测定岩心渗透 K_s，并计算其碱敏性指数。

三、碱敏性评价指标

碱敏性评价与酸敏性评价相同，均是评价伤害程度，并以此确定不同油田生产使用的碱液种类与浓度等。

碱敏伤害程度评价指标见表 12-8。

表 12-8 碱敏伤害程度评价指标

伤害程度	碱敏伤害率,%
无	$D_a \leqslant 5$
弱	$5 < D_a < 30$
中等偏弱	$30 < D_a \leqslant 50$
中等偏强	$50 < D_a \leqslant 70$
强	$D_a > 70$

第六节　储层的应力敏感性分析

应力敏感性（stress sensitivity）指岩石所受净上覆压力改变时，孔喉通道变形、裂缝闭合或张开，导致储层岩石渗透率发生变化的现象。它反映了岩石孔隙几何学及裂缝壁面形态对应力变化的响应。

一、储层应力敏感性机理

在油气藏的开采过程中，随着储层内部流体的产出，储层孔隙压力降低，储层岩石原有的受力平衡状态发生改变。根据岩石力学理论，从一个应力状态变到另一个应力状态必然要引起岩石的压缩或拉伸，即岩石发生弹性或塑性变形，同时，岩石的变形必然要引起岩石孔隙结构和孔隙体积的变化，如孔隙体积的缩小、孔隙喉道和裂缝的闭合等，这种变化将大大影响到流体在其中的渗流。因此，岩石所承受的净应力改变所导致的储层渗流能力的变化是储层岩石的变形与流体渗流相互作用和相互影响的结果。

变形介质的渗透率随地层压力变化的程度是孔隙度的 5~15 倍，渗透率的应力敏感性远比孔隙度的应力敏感性强，因此，在高压作用下，渗透率的变化是非常大的。在实际生产过程中，随着开发的进行，地层压力逐渐下降，导致有效应力增加，岩石中微小孔道闭合，从而引起渗透率的降低。渗透率的下降必然会影响储层渗流能力的变化，进而影响油井的产能。因此，当前的应力敏感性研究均以渗透率的应力敏感性为研究重点。

在不同的储层中，渗透率的应力敏感程度差异较大，储层渗透率应力敏感性受内外因素控制。储层性质（岩石岩类和组成、胶结和蚀变的程度、胶结物类型、孔隙结构、颗粒分选性及接触关系等）是影响应力敏感性伤害程度的内在因素，孔隙中流动介质性质、孔隙压力变化规律等是影响应力敏感性外在因素。

储层初始渗透率越小，储层渗透率随有效应力的变化越显著，储层渗透率应力敏感性越强。这是由于渗透率的变化主要与储层的孔隙结构有关。对于低渗岩心，其渗流通道主要是小孔道，影响储层渗透率的平均喉道半径较小，有效应力的增加很容易造成这些小喉道的闭合，从而使得储层渗透率下降较大，所以有效应力对低渗储层渗透率的影响比较明显。相反，对于中、高渗储层，孔隙喉道较大，有效应力的增加对这些大孔喉的影响不及对小孔喉的影响大，因此有效应力对中、高渗储层的渗透率影响不明显。

储层岩石颗粒的硬度越大，岩石越不易被压缩，因此其应力敏感性越弱，反之亦然；一般而言，砾岩砂岩的应力敏感性最强，岩屑砂岩的应力敏感性次之，石英砂岩的应力敏感性很弱。岩石胶结得越好，越不易变形，渗透率变化就越不明显。泥质和杂质是非常容易变形的，而且它们很容易堵塞孔喉，造成渗透率的明显降低；因此，泥质和杂质含量增大，渗透率的应力敏感性将显著增强。

储层岩石饱和液体后，其孔喉表面会附着一层不可流动的液体。当岩石受到压缩时，这些不可流动层加剧了岩石渗透性能的降低，因此，含水或含油饱和度越大，其应力敏感性越强。

二、储层应力敏感性评价实验

应力敏感性评价实验的目的在于了解岩石所受净上覆压力改变时孔喉喉道变形、裂缝闭合或张开的过程，并导致岩石渗流能力变化的程度。在实验过程中要根据实际油气藏的具体情况选取初始渗透率的测定条件以及加载方式等实验条件。

实验流体类型不同对应力敏感性评价的实验结果有影响，岩石饱和不同流体时其应力应变规律不同，因此，应力敏感性评价实验时，应尽量使用目的储层的岩心，根据储层类型及所处的不同开发段，分别选用气体、氯化钾溶液、中性煤油作为实验流体。实验流体驱替方式可根据实际情况采用恒速方式或恒压方式，其数值的选择参考流速敏感性实验结果。

如果研究对象是气藏，可采用空气或氮气作为流动介质进行应力敏感性实验。如果研究对象是油藏，在储层未投入开发前或开发初期，采用中性煤油作为实验流体进行应力敏感性评价实验。如果研究开发后期油藏，注水井及采油井含水饱和度较高，可直接采用与地层水矿化度相同的氯化钾溶液作为实验流体。无地层水资料时可选择8%（质量分数）氯化钾溶液作为实验流体。

储层敏感性实验是采用改变围压的方式来模拟有效应力变化对岩心物性参数的影响。实验以初始净应力为起点，按照设定的净应力值缓慢增加净应力，净应力加至最大净应力值时停止增加。净应力间隔可参照2.5MPa、3.5MPa、5.0MPa、7.0MPa、9.0MPa、11MPa、15MPa、20MPa执行，也可根据油藏实际情况及实验研究需要进行选择，设定的净应力点不能少于5个。在每个设定净应力点处应保持30min以上，测定与计算每个压力点持续30min后岩样孔渗数据，计算不同净应力下的渗透率和净应力增加过程中不同净应力下岩样渗透率变化率。净应力加至最大净应力值后，按照实验设定的净应力间隔，依次缓慢降低净应力至原始净应力点；在每个设定净应力压点处应保持1h以上，测定每个压力点持续60min后岩样相关数据，计算净应力降低过程中不同净应力下岩心渗透率与岩心渗透率变化率。

以净应力为横坐标，以不同净应力下岩样渗透率与初始渗透率的比值为纵坐标，绘制净应力增加和净应力减小过程的应力敏感性实验曲线。计算不同净应力下岩样渗透率变化率，判定临界应力，计算最大渗透率伤害率和不可逆渗透率伤害率，从而确定应力敏感性伤害程度。随净应力的增加，岩石渗透率变化率大于20%时所对应的前一个点的净应力值为临界应力。

三、储层应力敏感性评价标准

利用初始净应力下的岩心渗透率和恢复到初始净应力点时岩心渗透率之差与初始净应力下的岩心渗透率之比，计算应力敏感的伤害率 D_y，表示应力敏感性伤害程度。应力敏感性伤害程度评价指标见表12-9。

表12-9　应力敏感性伤害程度评价指标

伤害程度	应力敏感性伤害率,%
无	$D_y \leq 5$
弱	$5 < D_y \leq 30$
中等偏弱	$30 < D_y < 50$
中等偏强	$50 < D_y \leq 70$
强	$D_y > 70$

参 考 文 献

陈福利，金勇，张淑品，等，2007. 用核磁 T_2 谱法评价原始气藏流体饱和度：以大庆深层火山岩复杂气藏为例 [J]. 天然气地球科学，18 (3): 412-417.

陈丽华，等，1991. 电子探针波谱及能谱分析在石油地质上的应用. 北京：石油工业出版社.

陈丽华，姜在兴，1994. 储层实验测试技术. 东营：石油大学出版社.

陈丽华，缪昕，于众，1986. 扫描电镜在地质上的应用. 北京：石油工业出版社.

陈丽华，王家华，李应暹，等，2000. 油气储层研究技术. 北京：石油工业出版社.

狄明信，李淳，田海芹，等，1997. 矿物岩石学实验技术. 东营：石油大学出版社.

福尔 G，1983. 同位素地质学原理. 潘曙兰，乔广生，译. 北京：科学出版社.

戈尔茨坦 J I，等，1988. 扫描电子显微技术与 X 射线显微分析. 孙大同，译. 北京：科学出版社.

郭舜玲，等. 1994. 荧光显微镜技术. 北京：石油工业出版社.

李家熙，朱玉伦，1990. 现代岩矿分析技术格局与展望. 岩矿测试，9 (1): 1-8.

李玉梅，陈践发，1999. 稳定同位素在石油天然气地质中的应用与进展 [J]. 地质地球化学，4: 105-109.

廖立兵，熊明，杨中潏，1999. 岩矿现代测试技术简明教程. 北京：地质出版社.

廖立兵，王丽娟，尹京武，等，2010. 矿物材料现代测试技术. 北京：化学工业出版社.

林西生，等，1990. X 射线衍射分析技术及其地质应用. 北京：石油工业出版社.

刘成林，2011. 非常规油气资源. 北京：地质出版社.

刘德汉，卢焕章，肖贤明，2007. 油气包裹体及其在石油勘探开发中的应用. 广州：广东科技出版社.

刘德汉，肖贤明，田辉，2008. 含油气盆地中流体包裹体类型及其地质意义. 石油与天然气地质，29 (4): 493-500.

刘伟新，把立强，张美珍，等，2003. 石油地质分析测试技术新进展. 石油实验地质，25 (6): 777-782.

刘岫峰，1991. 沉积岩实验室研究方法. 北京：地质出版社.

刘勇胜，屈文俊，漆亮，等，2021. 中国岩矿分析测试研究进展与展望（2011—2020）[J]. 矿物岩石地球化学通报，40 (3): 515-539.

柳少波，田华，马行陟，等，2016. 非常规油气地质实验技术与应用. 北京：科学出版社.

卢焕章，范宏瑞，倪陪，等，2004. 流体包裹体. 北京：科学出版社.

罗平，应凤祥，2002. 储集岩基础实验分析新技术与新方法. 北京：石油工业出版社.

任磊夫，1992. 粘土矿物与粘土岩. 北京：地质出版社.

宋志敏，等，1993. 阴极发光地质学基础. 武汉：中国地质大学出版社.

童鹏，刘鹏飞，赵英俊，等，2018. 磁化率在太和钒钛磁铁矿钻孔岩芯分析中的应用. 中国矿业，27 (增刊1): 301-306.

王汝成，翟建平，陈培荣，等，1999. 地球科学现代测试技术. 南京：南京大学出版社.

王行信，周书欣，1992. 砂岩储层粘土矿物与油层保护. 北京：地质出版社.

王衍琦，等，1996. 阴极发光显微镜在储层研究中的应用. 北京：石油工业出版社.
王毅民，1992. 岩石矿物元素的整体分析、显微分析与分布分析. 分析化学，20（7）：850-856.
王毅民，陈幼平，2008. 近30年来我国地质分析重要成果评介. 地质论评，54（5）：653-669.
王毅民，王晓红，高玉淑，2001. 地质分析的历史发展及当今热点. 分析化学，29（7）：845-851.
吴胜和，熊琦华，等，1998. 油气储层地质学. 北京：石油工业出版社.
吴淑琪，2013. 中国地质实验测试工作六十年. 岩矿测试，32（4）：527-531.
谢庆宾，朱才伐，朱毅秀，等，2009. 地质工程实验指导书. 东营：中国石油大学出版社.
徐书荣，王毅民，潘静，等，2010. 关注地质分析文献，了解分析技术发展：地质分析技术方法类评述论文评介. 地质通报，29（8）：12-25.
许怀先，陈丽华，万玉金，等，2001. 石油地质实验测试技术与应用. 北京：石油工业出版社.
尹明，2009. 我国地质分析测试技术发展现状及趋势. 岩矿测试，28（1）：37-52.
于兴河，2009. 油气储层地质学基础. 北京：石油工业出版社.
曾芳，毛治超，2010. 稳定碳同位素分析技术及其在地球化学中的应用. 石油天然气学报，(2)：228-231.
张铭杰，唐俊红，张同伟，等，2004. 流体包裹体在油气地质地球化学中的应用. 地质论评，50（4）：397-403.
张鼐，宋孚庆，王汇彤，2006. 石油中饱和烃类的拉曼特征. 矿物岩石地球化学通报，25（1）：33-36.
张志龙，陈寿根，蔡树型，1992. 岩石矿物分析. 分析试验室，7（5/7）：95-120.
郑永飞，2000. 稳定同位素地球化学. 北京：科学出版社.
中国石油化工集团公司油气勘探开发继续教育无锡基地，2006. 石油地质样品分析测试技术及应用. 北京：石油工业出版社.
周自立，赵澄林，陈丽华，等，1992. 发光显微学和光谱学及其在地质上的应用. 北京：海洋出版社.
朱华东，罗勤，周理，等，2013. 激光拉曼光谱及其在天然气分析中的应用展望. 天然气工业. 33（11）：110-114.
朱宜，等，1991. 扫描电镜图像的形成处理和显微分析. 北京：北京大学出版社.
朱毅秀，金振奎，金科，等，2021. 中国陆相湖盆细粒沉积岩岩石学特征及成岩演化表征. 石油与天然气地质，42（2）：494-508.
朱毅秀，王欢，单俊峰，等.2018. 辽河坳陷茨榆坨潜山太古界基岩储层岩性和储集空间特征[J]. 石油与天然气地质，39（6）：1225-1236.
朱毅秀，谢庆宾，季汉成，等，2013. "地质分析测试技术"课程建设探讨. 中国地质教育，(86)：117-121.
朱毅秀，杨程宇，陈明鑫，等，2013. 安塞油田杏河区长6储层成岩作用及对孔隙的影响. 特种油气藏，20（3）：51-57.
朱毅秀，杨程宇，王欢，等，2019. 燕山地区冀北坳陷元古界下马岭组沥青砂岩岩石学特征和沉积环境. 古地理学报，21（3）：431-440.
朱自莹，顾仁敖，陆天虹，1998. 拉曼光谱在化学中的应用. 沈阳：东北大学出版社.

邹才能, 等, 2013. 非常规油气地质. 北京: 地质出版社.

BERENBLUT B J, DAWSON P, WILKINSON G R, 1971. The Raman spectrum of gypsum. Spectrochimica Acta Part A: Molecular Spectroscopy, 27 (9): 1849-1863.

CORLISS J B, DYMOND J, GORDON L I, et al., 1979. Submarine thermal springs on the Galápagos Rift. Science, 203 (4385): 1073-1083.

DELANEY J R, Robigou V, MCDUFF R E, et al., 1992. Geology of a vigorous hydrothermal system on the Endeavour Segment, Juan de Fuca Ridge. Journal of Geophysical Research: Solid Earth, 97 (13): 19663-19682.

DICKSON F W, BLOUNT C W, TUNELL G, 1963. Use of hydrothermal solution equipment to determine the solubility of anhydrite in water from 100 degrees C to 275 degrees C and from 1 bar to 1000 bars pressure. American Journal of Science, 261 (1): 61-78.

FIROUZI M, RUPP E C, LIU C W, et al., 2014. Molecular simulation and experimental characterization of the nanoporous structures of coal and gas shale. International Journal of Coal Geology, 121: 123-128.

FLEURY M, 2016. Romero – Sarmiento M. Characterization of shales using $T_1 - T_2$ NMR maps. Journal of Petroleum Science and Engineering, 137: 55-62.

FREEDMAN R, LO S, FLAUM M, et al., 2001. A new NMR method of fluid characterization in reservoir rocks: experimental confirmation and simulation results. SPE Journal, 452-464.

GAITE J M, IZOTOV V V, NIKITIN S I, et al., 2001. EPR and optical spectroscopy of impurities in two synthetic beryls. Applied Magnetic Resonance, 20 (3): 307-315.

GRIFFITH W P, 1969. Raman spectroscopy of minerals. Nature, 224 (5216): 264-266.

HOEFS J, 2009. Stable isotope geochemistry. Berlin: Springer-Verlag.

HOU T, ZHANG Z C, ENCARNACION J, et al., 2012. Petrogenesis and metallogenesis of the Taihe gabbroic intrusion associated with Fe-Ti-oxide ores in the Panxi District, Emeishan Large Igneous Province, Southwest China. Ore Geology Reviews, 49: 109-127.

KAUSIK R, FELLAH K, RYLANDER E, et al., 2016. NMR relaxometry in shale and implications for logging. Petrophysics, (57): 339-350.

LIU K, EADINGTON P, 2005. Quantitative fluorescence techniques for detecting residual oils and reconstructing hydrocarbon charge history. Organic Geochemistry, 36: 1023-1036

MANOOGIAN A, 2011. The electron spin resonance of Mn^{2+} in tremolite. Canadian Journal of Physics, 46 (2): 129-133.

MOOK W G, 1971. Paleotemperatures and chlorinities from stable carbon and oxygenisotopes in shell carbonate. Palaeogeography, Palaeoclimatology, Palaeoecology, 9 (4): 245-263.

YEH H W, EPSTEIN S, 1981. Hydrogen and carbon isotopes of petroleum and related organic matter. Geochimica et Cosmochimica Acta, 45 (5): 753-762.

附录

图版

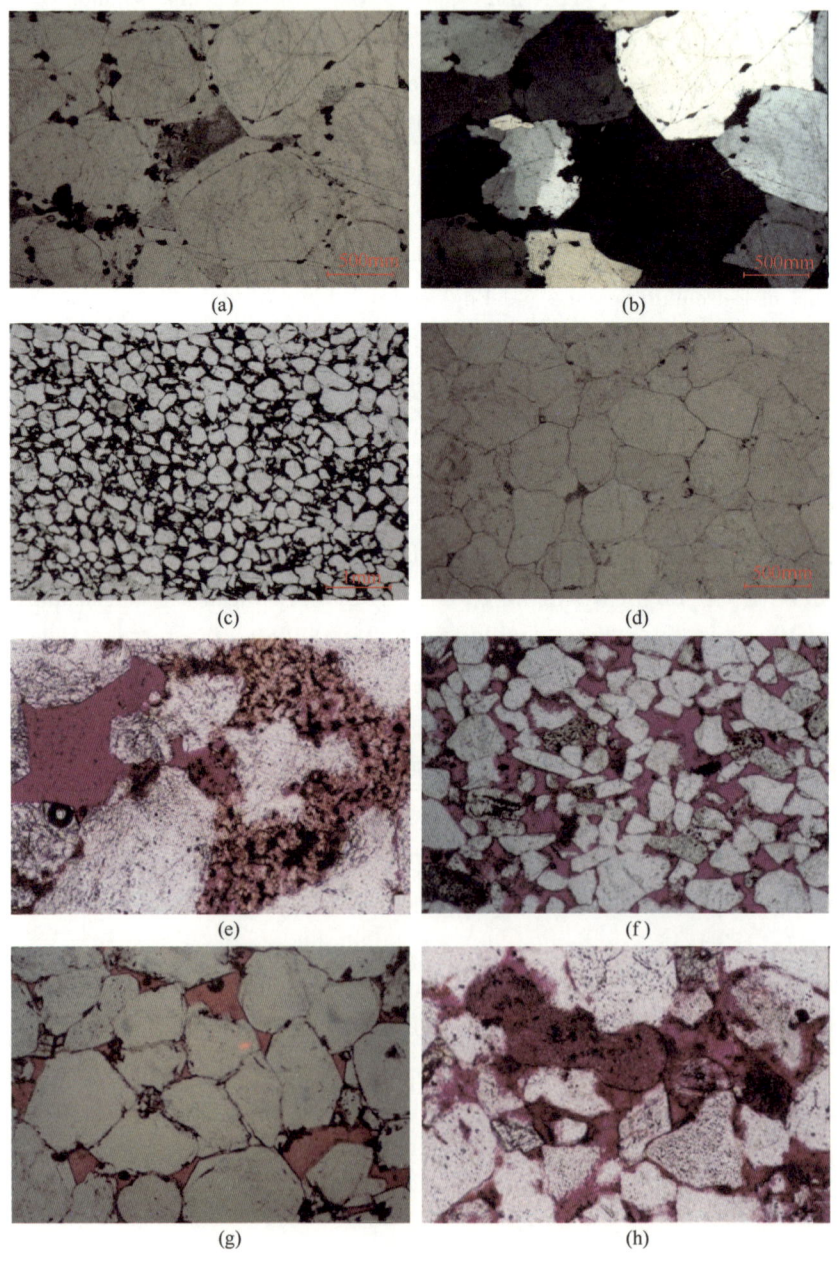

(a)

(b)

(c)

(d)

(e)

(f)

(g)

(h)

图版 1　薄片照片——沥青砂岩

（a）、（b）含沥青石英砂岩。石英颗粒浑圆状，石英次生加大与恢复自形。单偏光与正交光。

（c）沥青砂。岩石疏松。单偏光。

（d）石英砂岩。硅质镶嵌状胶结。单偏光。

（e）石英砂岩。粒间充填沥青与高岭石矿物，铸膜孔、晶间微孔与粒间粒内溶孔。

（f）石英砂岩。粒间充填沥青，粒间孔发育，高成分成熟度、中等结构成熟度。

（g）石英砂岩。粒间充填沥青与不均匀的粒间溶孔。高成分高结构成熟度砂岩。

（h）石英砂岩。粒间充填沥青与高岭石矿物，粒间粒内不均匀溶孔与溶缝。

（e）至（h）长×宽=0.125mm×0.094mm，铸体薄片。单偏光。

图版 2　薄片照片——长石砂岩

(a) 岩屑质长石粉细砂岩。杏7-2井，1419.35m. 单偏光。

(b) 岩屑质中粒-细粒长石砂岩。微斜长石发育。杏17-17井，1493.5m. 正交偏光。

(c) 岩屑质长石细砂岩。云母定向排列。杏7-8井，1494.343m。0.244mm×0.184mm，单偏光。

(d) 岩屑质细粒长石砂岩。岩屑与长石溶蚀作用强烈。杏4-11井，1413.535m。单偏光。

(e) 含方解石细粒长石砂岩，方解石呈连晶状胶结颗粒并交代碎屑。杏2-5井。正交偏光。

(f) 岩屑质中粒长石砂岩，方解石交代石英。杏14-10井。正交偏光。

(g) 细粒质中粒含岩屑长石砂岩，压实作用使得长石破裂。杏4-11井，1420.65m。正交偏光。

(h) 岩屑质细粒长石砂岩，大量的黄铁矿胶结物。杏10-21井。0.244mm×0.184mm，正交偏光。

(a)、(b)、(d)、(e)、(f)、(g)：长×宽=0.125mm×0.094mm。

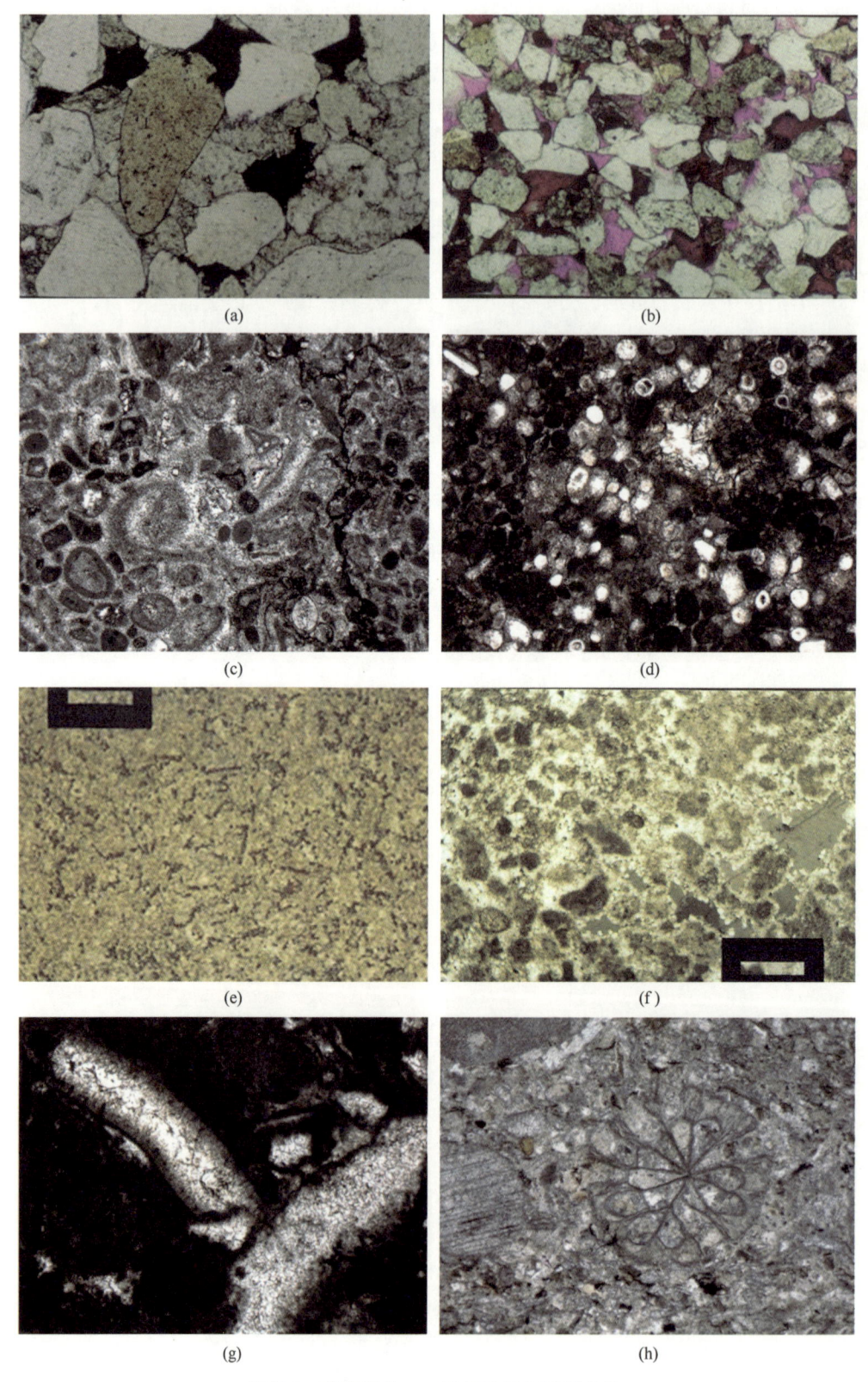

图版3　薄版照片——岩屑砂岩与碳酸盐岩

(a) 岩屑中砂岩。灰质及铁质充填粒间。单偏光。0.244mm×0.184mm。
(b) 细粒长石质岩屑砂岩。粒间孔不均匀发育。铸体薄片，单偏光。0.244mm×0.184mm。
(c) 生物碎屑灰岩。单偏光。0.244mm×0.184mm。
(d) 砂屑灰岩。单偏光。0.244mm×0.184mm。
(e) 含石膏泥晶灰岩。单偏光。0.125mm×0.094mm。
(f) 含石膏砂屑灰岩。单偏光。0.125mm×0.094mm。
(g) 生物碎屑灰岩。单偏光。0.244mm×0.184mm。
(h) 生物碎屑灰岩。单偏光。0.244mm×0.184mm。

(a) (b) (c) (d) (e) (f) (g) (h)

图版 4　薄片照片——细粒岩与与凝灰岩

（a）、（b）灰黑色含粉砂质页岩。灰黑色，含少量笔石，不染手，加稀盐酸微弱起泡，矿物成分以伊利石为主，普遍含有分散质或斑点状有机质，局部呈条带状，水平纹层发育，纹理主要为石英碎屑与粘土矿物相对集中；镜下呈含粉砂泥质结构和显微定向构造；粉砂成分主要为石英约占10%，另外含少量（2%左右）碳酸盐矿物颗粒，其中不乏可见一些白云石自行晶。龙一段上部，YS106井，1397.70m。

（c）、（d）灰黑色灰泥质页岩。含丰富的笔石化石，不染手；水平纹理发育，粉砂级碳酸盐颗粒为主（自形—半自形白云石、方解石），含少量的泥土级，约占50%；含少量2%的石英粉砂，含有40%左右的泥机质（黏土矿物与有机质的混合物），它们在薄片中以纹层形式出现或围绕碳酸盐颗粒和石英粉砂呈网纹分布。龙一段中部，YS106井1428.80m。

（e）、（f）凝灰岩。溶孔与充填，部分为石膏充填。单偏光与正交偏光，0.244mm×0.184mm。

（g）沉积凝灰岩。粒内溶蚀。单偏光。0.244mm×0.184mm。

（h）凝灰质粉砂岩。单偏光。0.244mm×0.184mm。

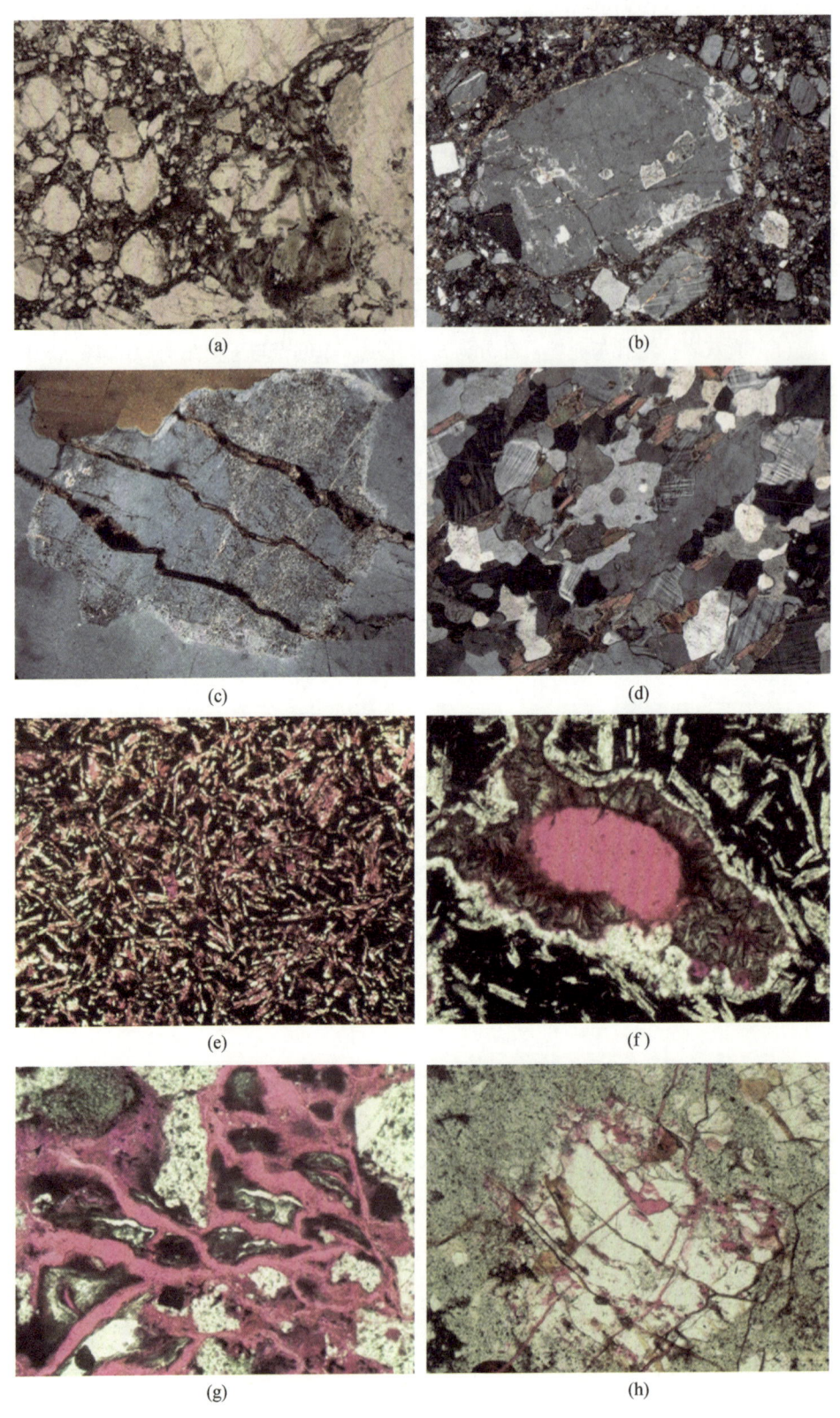

图版 5　薄片照片——岩浆岩与与变质岩

（a）碎裂岩。茨21井，2310m。单偏光，0.6mm×0.46mm。

（b）碎斑岩。茨21井，2314m。单偏光，0.6mm×0.46mm。

（c）混合花岗岩，长石矿物中裂隙发育。茨11井，2404.3m。正交偏光，0.354mm×0.265mm。

（d）花岗片麻岩。富含深色矿物。牛76井，2964.8m。正交偏光，0.676mm×0.506mm。

（e）玄武岩。间粒间隐结构，暗色微晶溶蚀出现微溶孔发育。单偏光。0.244mm×0.184mm。

（f）玄武岩。气孔构造，泥质半充填。单偏光，0.244mm×0.184mm。

（g）英安岩。溶蚀网状缝。单偏光。0.244mm×0.184mm。

（h）英安岩。硅质斑晶中裂缝与没缝溶蚀。单偏光。0.244mm×0.184mm。

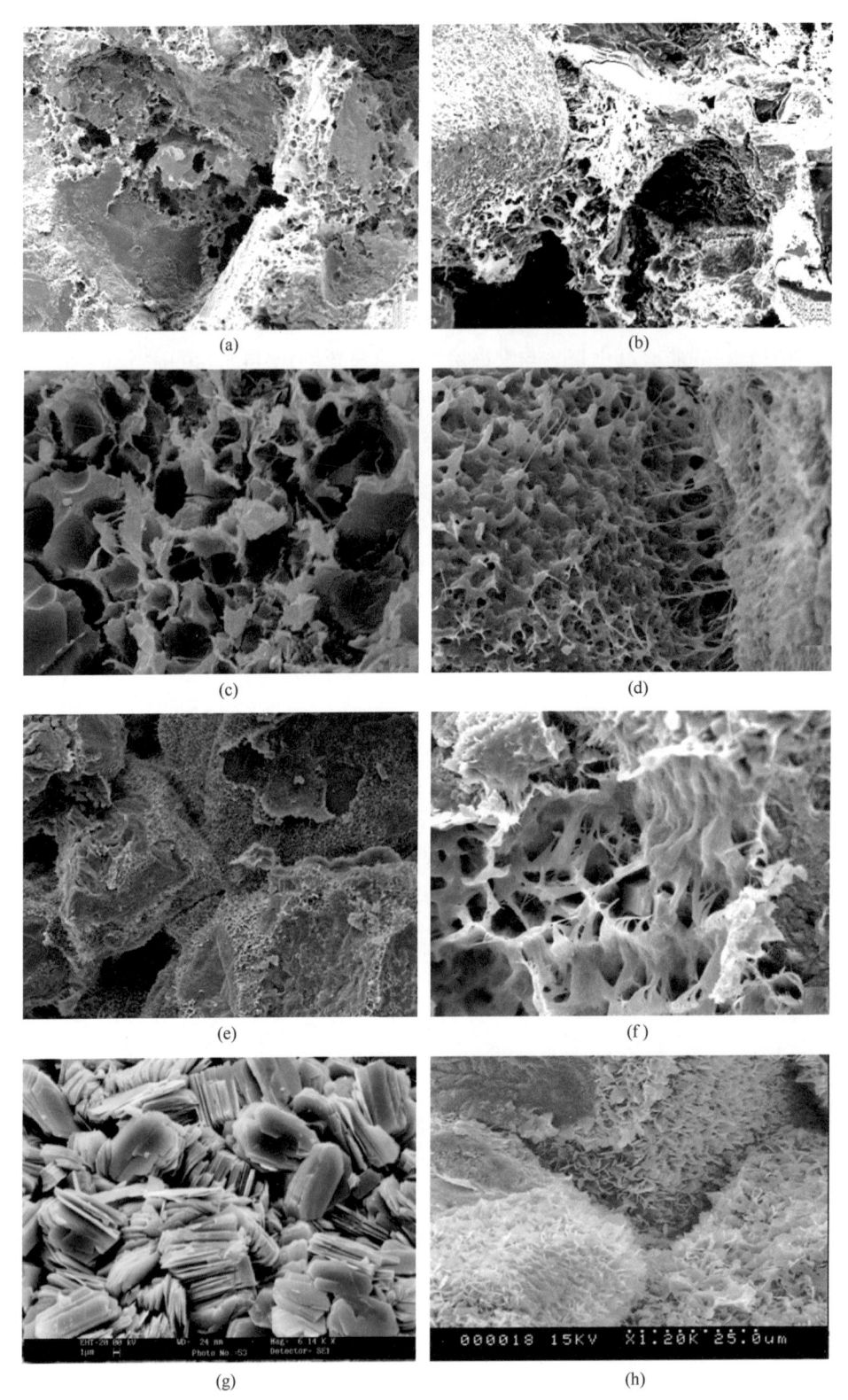

图版6　扫描电镜之一

(a) 蜂窝状伊蒙混层与晶间孔。
(b) 粒间伊蒙混层。
(c) 蜂窝状伊蒙混层及伊利石化。
(d) 自生伊利石桥式胶结。
(e) 粒间自生伊利石胶结与粒间孔及黏土膜。
(f) 粒表自生伊利石与晶间微孔。
(g) 高岭石假六边形晶与书页状集合体。
(h) 杏2-5井，1431.4m，绿泥石薄膜。

(i)　(j)

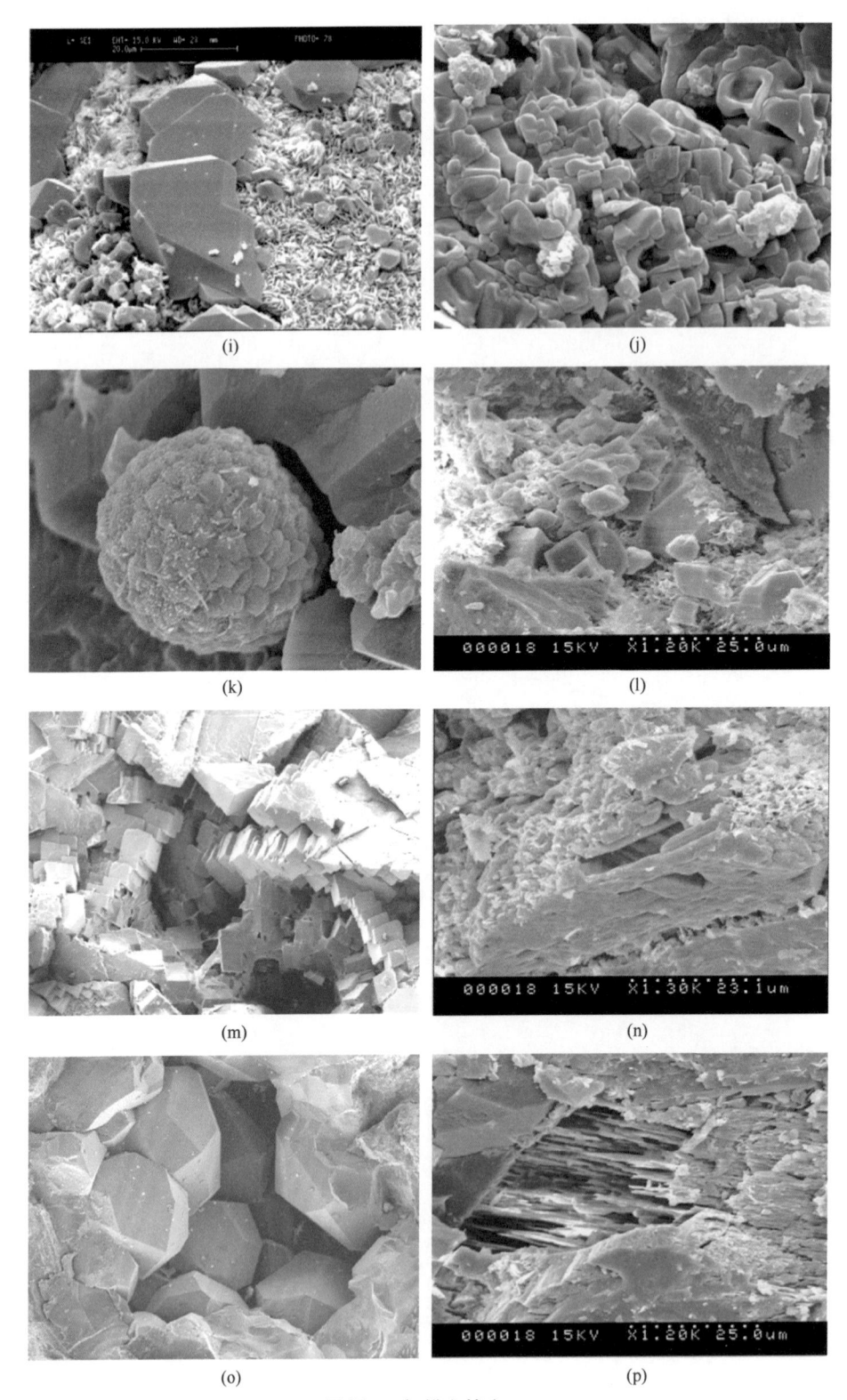

(k)　(l)

(m)　(n)

(o)　(p)

图版 7　扫描电镜之二

(i) 自生石英与针叶状绿泥石。
(j) NaCl 立方形晶体与其溶蚀状。
(k) 黄铁矿晶体。
(l) 杏 16-20 井，1596.7m，方解石和沸石充填孔隙。
(m) 方解石菱面体形晶体充填粒间。
(n) 杏 1-11 井，2-206/272，沸石溶蚀。
(o) 自生石英充填粒间孔。
(p) 杏 3-9 井，1480.1m，长石溶蚀。

(q)

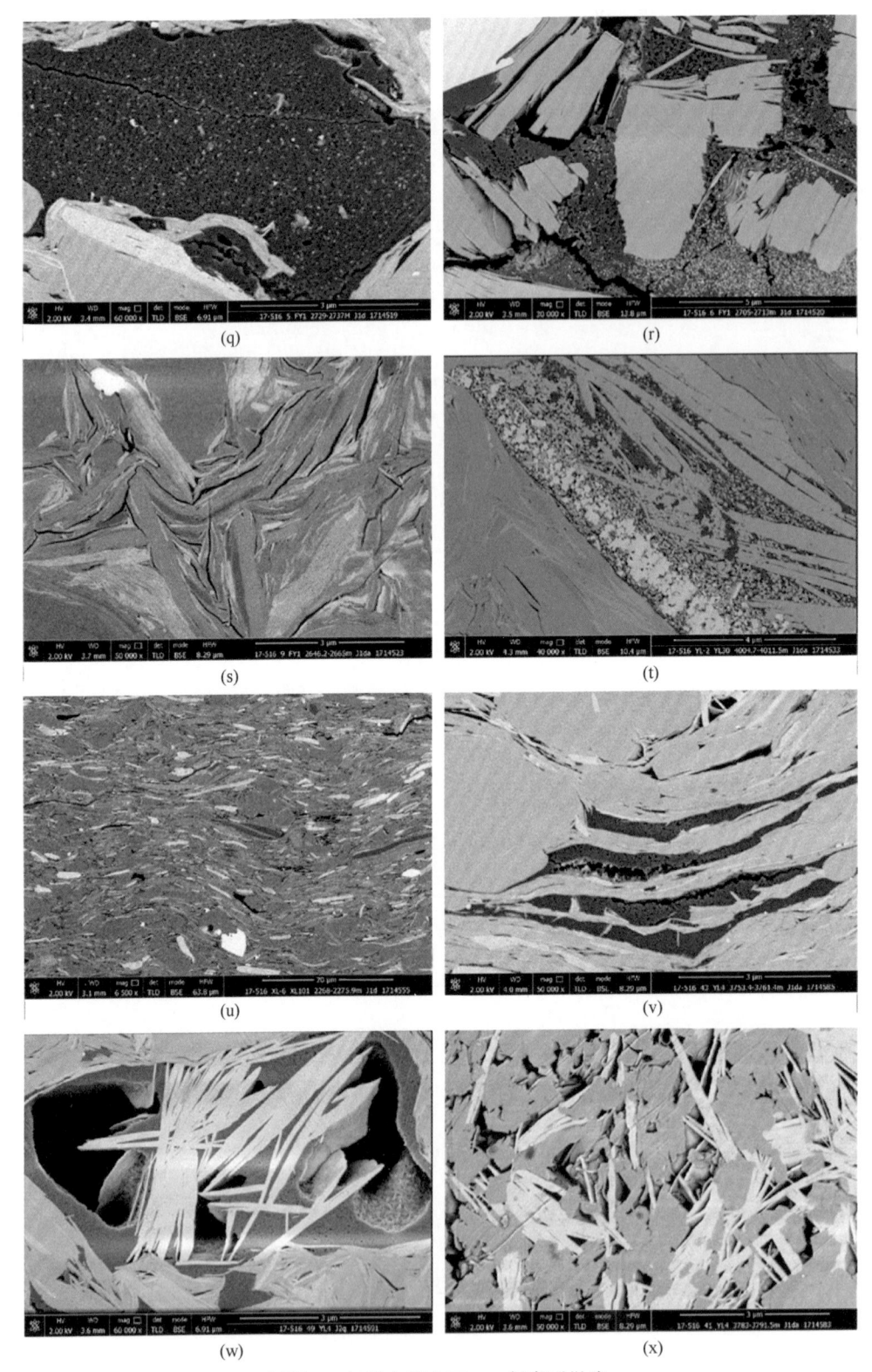

(r)

(s)

(t)

(u)

(v)

(w)

(x)

图版 8　扫描电镜之三——氩离子抛光

(q) 含碳质页岩。发育丰富的有机质微孔隙。

(r) 含碳质页岩。有机质与高岭石，微孔隙发育良好。

(s) 粉砂质泥岩。伊利石与云母片间微孔隙发育与变形。

(t) 含碳质灰质粉砂质泥岩。有机质与黄铁矿、磷灰石微晶混杂，有机质孔发育。

(u) 含碳质灰质页岩。黏土矿物、微壳片、云母片、少量有机质微纹层排列，显微纹理。

(v) 含介壳碳质粉砂质页岩。有机质内发育丰富的微孔隙。

(w) 碳质介壳页岩，绿泥石晶体与有机质微孔。

(x) 含碳含介壳粉砂质页岩。书页状高岭石（灰色）和绿泥石（灰白色）混杂，无机微孔隙发育良好。

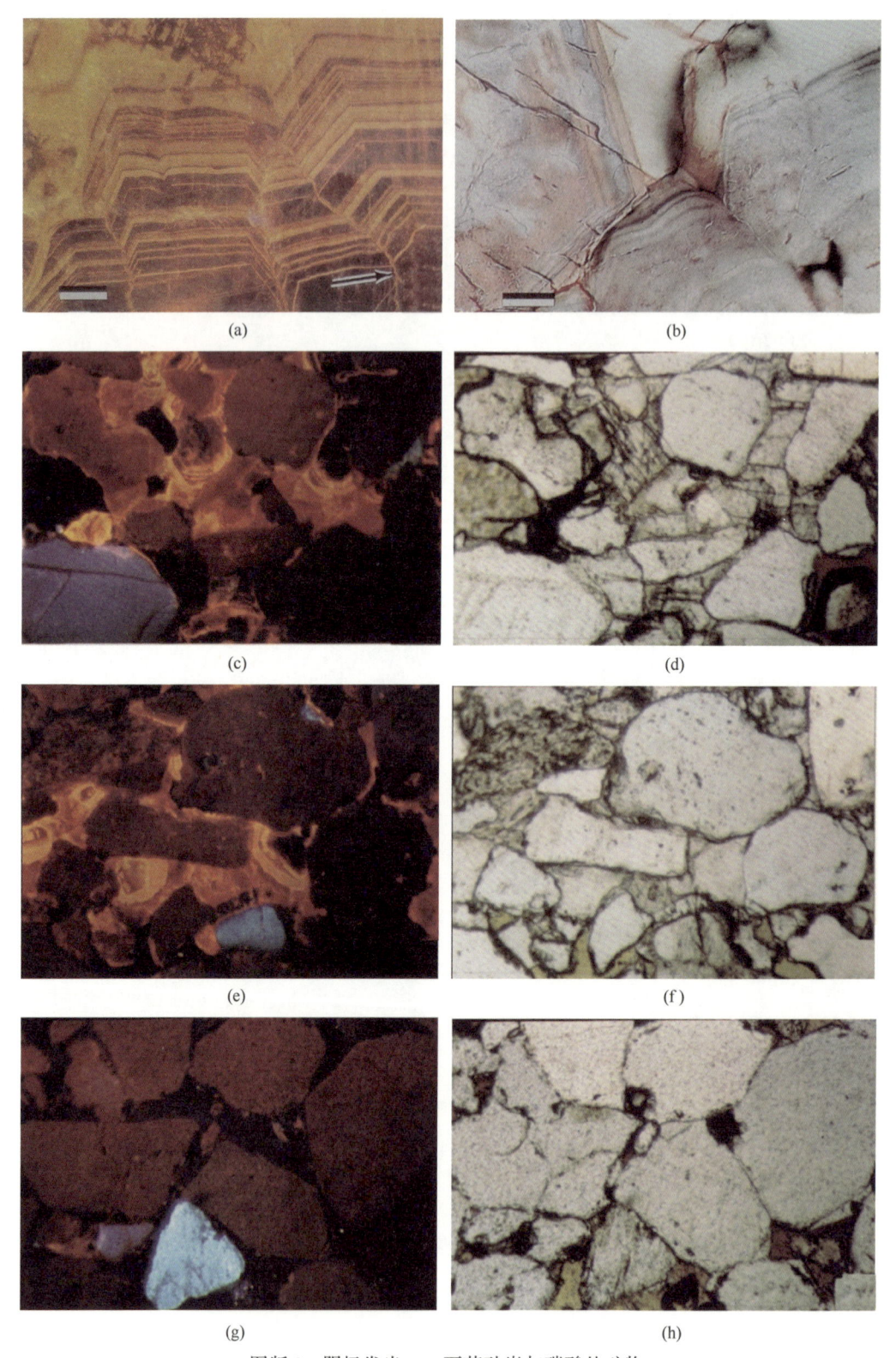

图版9 阴极发光——石英砂岩与碳酸盐矿物

（a）方解石胶结物环带构造中同心状分带方式的阴极发光显微照片。同心状分带方式反映了胶结物成分的变化，并提供了关于成岩流体成分连续性变化的证据。被胶结物充填的小型裂隙（箭号处）穿插于环带构造中，并提供了关于在裂隙事件之后形成的胶结物类型的有关资料。标度尺长 75μm。

（b）用茜素红—S 和铁氰化钾染色后的方解石胶结物的透射光显微照片。蓝染色的生长带反映了方解石胶结物中含铁量的增加。标度尺长 75μm。

（c）、（d）石英砂岩，不同源石英与不同期方解石胶结。0.244mm×0.184mm。

（e）、（f）石英砂岩，石英与长石、不同期方解石胶结。0.244mm×0.184mm。

（g）、（h）石英砂岩，不同源石英与长石颗粒，石英次生加大，硅质胶结。0.244mm×0.184mm。

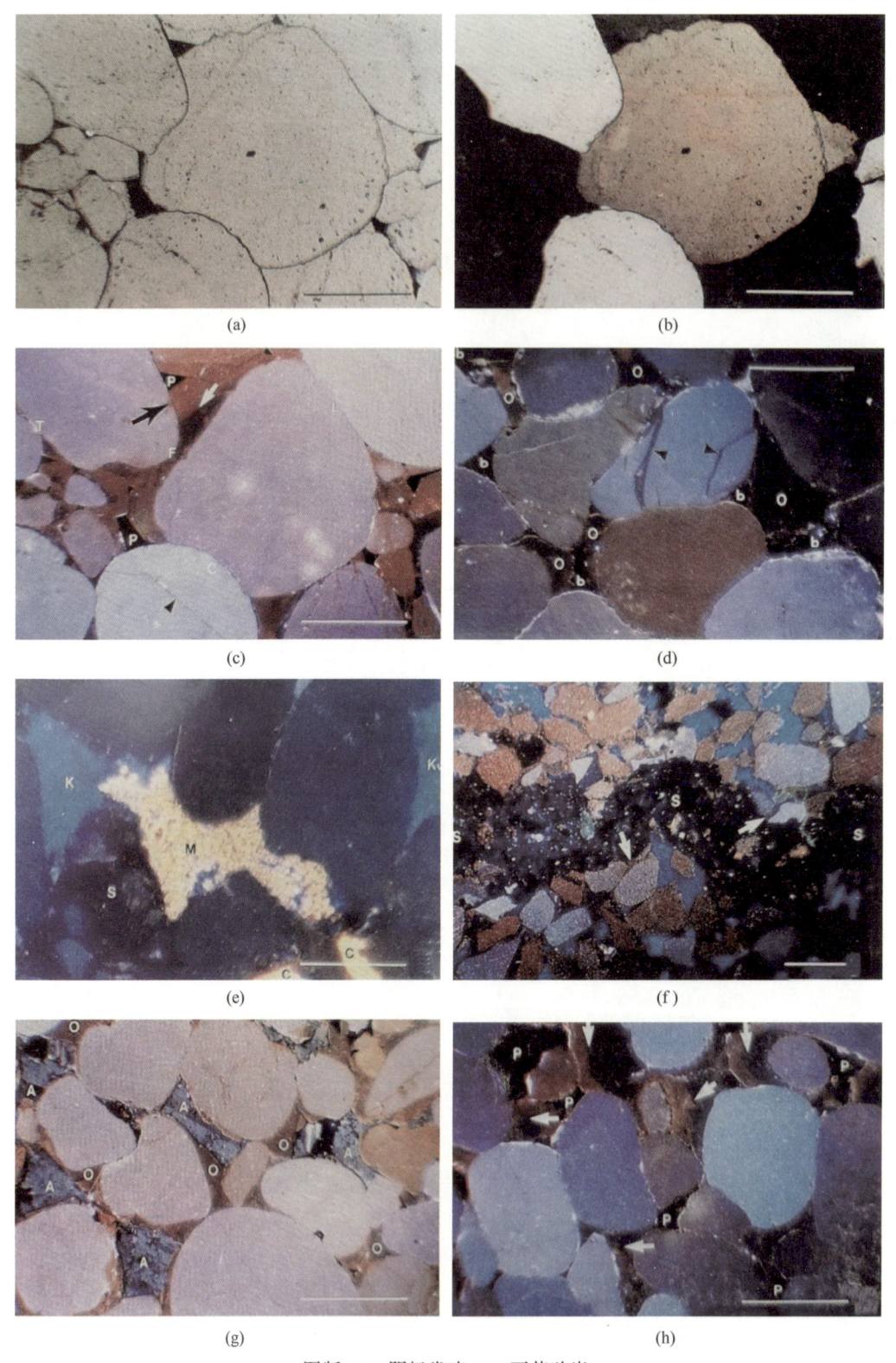

图版 10　阴极发光——石英砂岩

(a) 俄克拉荷马州的 Bromide 砂岩样品单偏光下的显微照片。说明颗粒与胶结物关系模糊不清，视域内有石英颗粒，石英胶结物以及少数粒间孔隙（由于电子束轰击，暗蓝色环氧树脂略微褪色显棕色），一些颗粒和胶结物之间有脏边，但不能客观地确定颗粒边界。

(b) 与 (d) 同一视域的正交偏光显微照片。说明正交偏光也不能分清颗粒与胶结物的关系。

(c) 与 (a) 和 (b) 同一视域的阴极发光显微照片。可以清楚地分清颗粒与胶结物的关系。孔隙以及透射光显微镜下不出现的另外一些细节。颗粒接触关系可见有：漂浮接触 (F)、点接触 (T)、线接触 (L) 和凹凸接触 (C)，无缝合线接触。石英加大可见清晰的环带，早期环带发暗光，晚期环带发亮光（白色箭头指出了晶带的接触部位），以一个颗粒为核、石英加大嵌入其他颗粒的圆形边（白色箭头所指），说明一些颗粒自生石英绕核生长，比另一些颗粒能更好地占据空间。照片下部发蓝光颗粒有一条被自生石英愈合了的裂隙（黑色箭头所指）。

(d) 俄克拉荷马州的 Bromide 砂岩样品的阴极发光显微照片。可见被自生石英愈合的颗粒边缘扩张裂缝（黑色箭头所指），还可见到粒间压溶的颗粒接触边界、环带石英加大 (O) 和孔隙 (P)。

(e) 绿河盆地石炭系上部砂岩样品的阴极发光显微照片。可见机械压实过程中压碎的塑性岩石碎片和泥晶灰岩的塑性变形。注意泥晶灰岩碎片同粗晶方解石胶结物（黑体字母 C）的区别。还可见孔隙充填高岭石（发亮蓝色光、标有字母 K）和硅质岩碎片 (S)，所有其他颗粒为石英。

(f) Power 河盆地石炭系下部泥质砂岩阴极发光显微照片。可见沿缝合线 (S) 截开的颗粒和胶结物，注意石英颗粒和石英胶结物（白色箭头）都被沿着缝合边断开。缝合线由缝合线作用过程中沉淀的自生伊利石（相对不发光或黑色）以及包括长石（绿色）和石英颗粒残余（红-棕色）在内较难溶硅酸盐矿物的积聚物组成。孔隙充填高岭石为亮蓝色。所有颗粒都是石英。照片较粗糙，是薄片抛光不好的结果。

(g) 伊利诺斯盆地圣彼特砂岩样品阴极发光显微照片。说明没有显示粒间压溶的颗粒接触关系，可见发光很暗的加大石英 (O)、以及明显晚于石英加大的硬石膏胶结物（发条带状暗蓝或红蓝光，标字母 A）。所有颗粒都是石英。

(h) 与图版中 (g) 样品同一地区相近深度的圣彼特砂岩阴极发光显微照片。可见显示粒间压溶的颗粒接触形状，早期石英加大的环带发很暗淡光（白色箭头），晚期石英加大环带发明亮光，还可见残余粒间孔 (P)。所有颗粒都是石英。

所有比例尺长约 200μm。

图版 11　阴极发光——长石砂岩

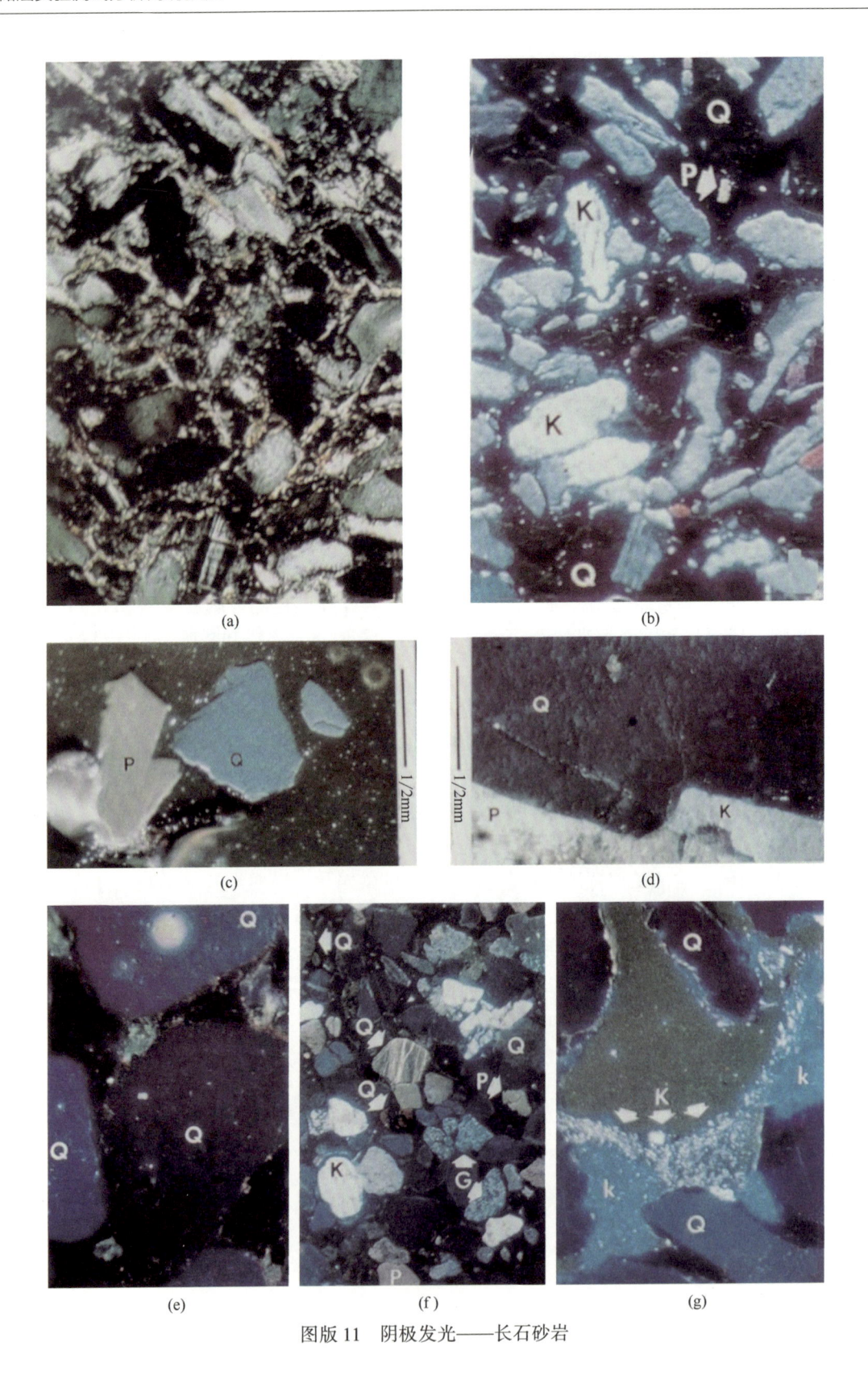

（a）、（b） a 为透射光，b 为阴极发光。阴极发光可显示出在透射光下不明显的砂岩的某些岩石学特征。在（a）中，特征的双晶和某些解理面仅在少数颗粒上可见，而阴极发光显示长石含量高得多（b）。K 为钾长石，P 为斜长石，Q 为石英、云母片不发光。Monkton 石英岩（寒武系）。Winooski，Vermont。

（c）来自火山岩石英的淡蓝色阴极发光。绝大部分火山石英的阴极发光为浅蓝色，有时它们边缘附近具微弱带状（不是这个样品）。斜长石（P）显示绿色阴极发光，但在其它岩石中变化很大。Bishop 凝灰岩，（全新世）加里福尼亚州长谷。

（d）来自侵入岩的石英阴极发光为暗蓝—紫色。侵入岩石英比喷出岩石英发光更暗蓝色，但并不完全如此。可见亮蓝色钾长石（K）和浅绿色斜长石（P）。加里福尼亚州 Yosemite 国家公园的花岗岩。

（e）典型的砂岩显示了各种石英阴极发光颜色，主要为蓝色和红褐色。在中间颗粒的左部边缘可见暗褐色石英胶结物。注意：顶部中央围绕着微小锆石包裹体形成环状放射性损害色晕。Potsdam 砂岩（寒武系-奥陶系），纽约州，Hamnawa，Falls。

（f）在这细粒砂岩中，可见几种不常见的阴极发光颜色。中部可见具纹理的浅黄色阴极发光颗粒，在此岩石中相当普遍，但在其他地方还未见过。见血红色石英。注意明显去玻化的火山玻璃颗粒（G）在透射光下显示"似燧石"。亮蓝色钾长石（K）和浅绿色斜长石（P）。Dakota 砂岩（白垩系），科罗拉多州丹佛。

（g）透射光下该岩石仅显示暗色、被黏土环边的孔隙。阴极发光显示该孔隙是由钾长石颗粒（尘状的亮蓝色）分解形成的，分解残余位于孔隙底部，成示底标志。高岭石（K）和石英胶结物［围绕石英（Q）的暗色环边］也可见。长石石英砂岩，产地不明。

图中 a、b、e、f、g 短边为 2mm。

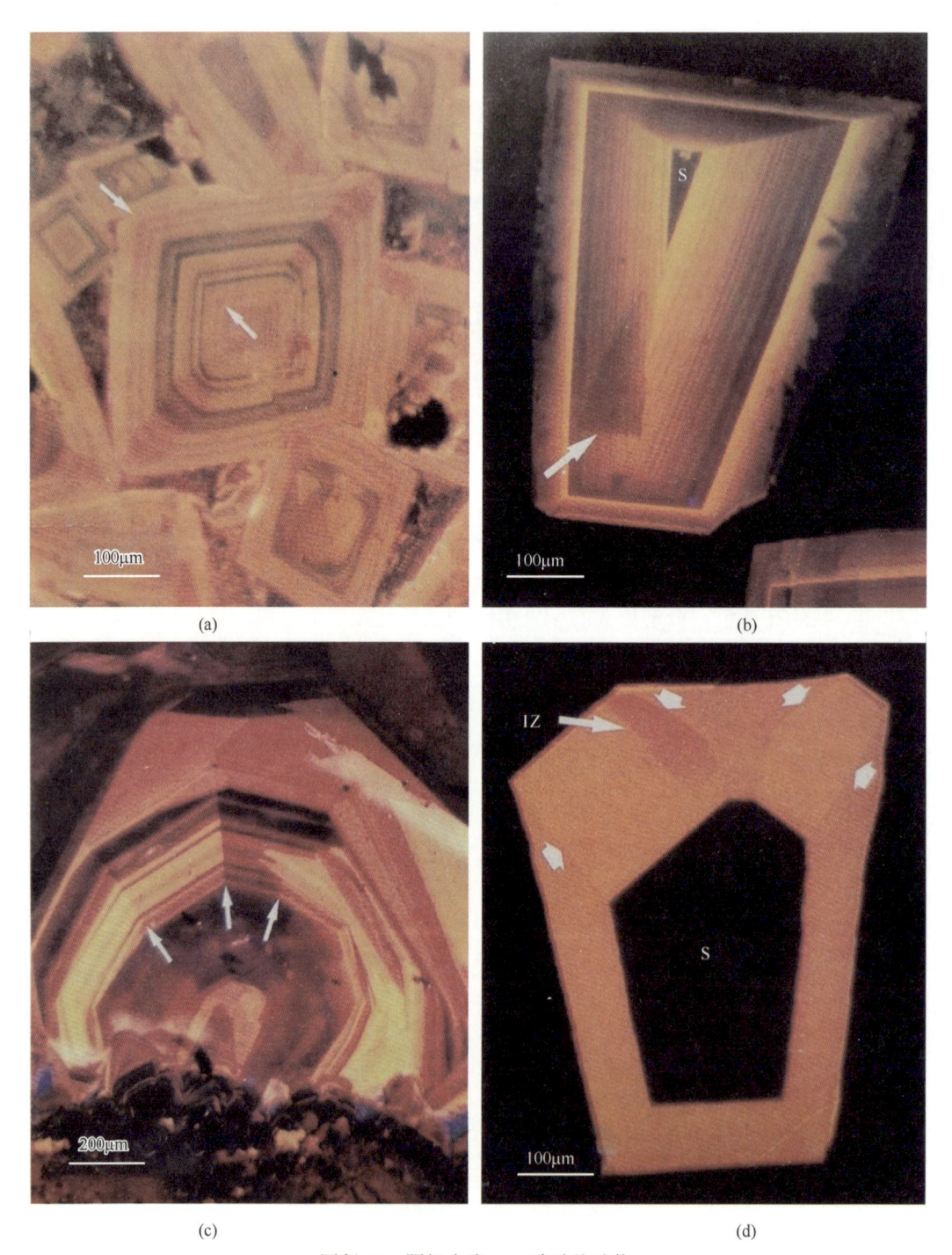

图版 12　阴极发光——碳酸盐矿物

（a）自形钙质白云石中的同心环带。请注意同心环带的方位在穿过生长扇边界时（箭头之间）发生改变。两个相向的窄生长扇体的阴极发光强度所显示出的总的差异表示出扇状环带的存在（据 Reeder 与 Prosk，1986）。

（b）加 Mn 的合成方解石晶体中的韵律同心环带，不发光的种晶标明"S"。扇内环带在左边的生长扇中发育。请注意同心环带切穿扇内环带（箭头所指）的成分界面（据 Reeder 等，1990）。

（c）方解石胶结物晶体中的扇状带之上发育的同心环带。请注意阴极发光的总强度在生长扇边界处发生变，一些变化如箭头所指（据 Reeder 和 Grams，1978）。

（d）加 Mn 的合成方解石晶体具扇状环带及扇内环带。不发光的种晶标明为"S"。生长扇边界处（短箭头所）发光强度突变处出现扇状环带。扇状环带发育在左上方的［10T4］扇体内，此扇体由相应的［10T4］晶面生而成。弱同心环带（照片见不到）在切穿扇内环带（IZ）成分界面（长箭头所指）时仍保持平直、连续。

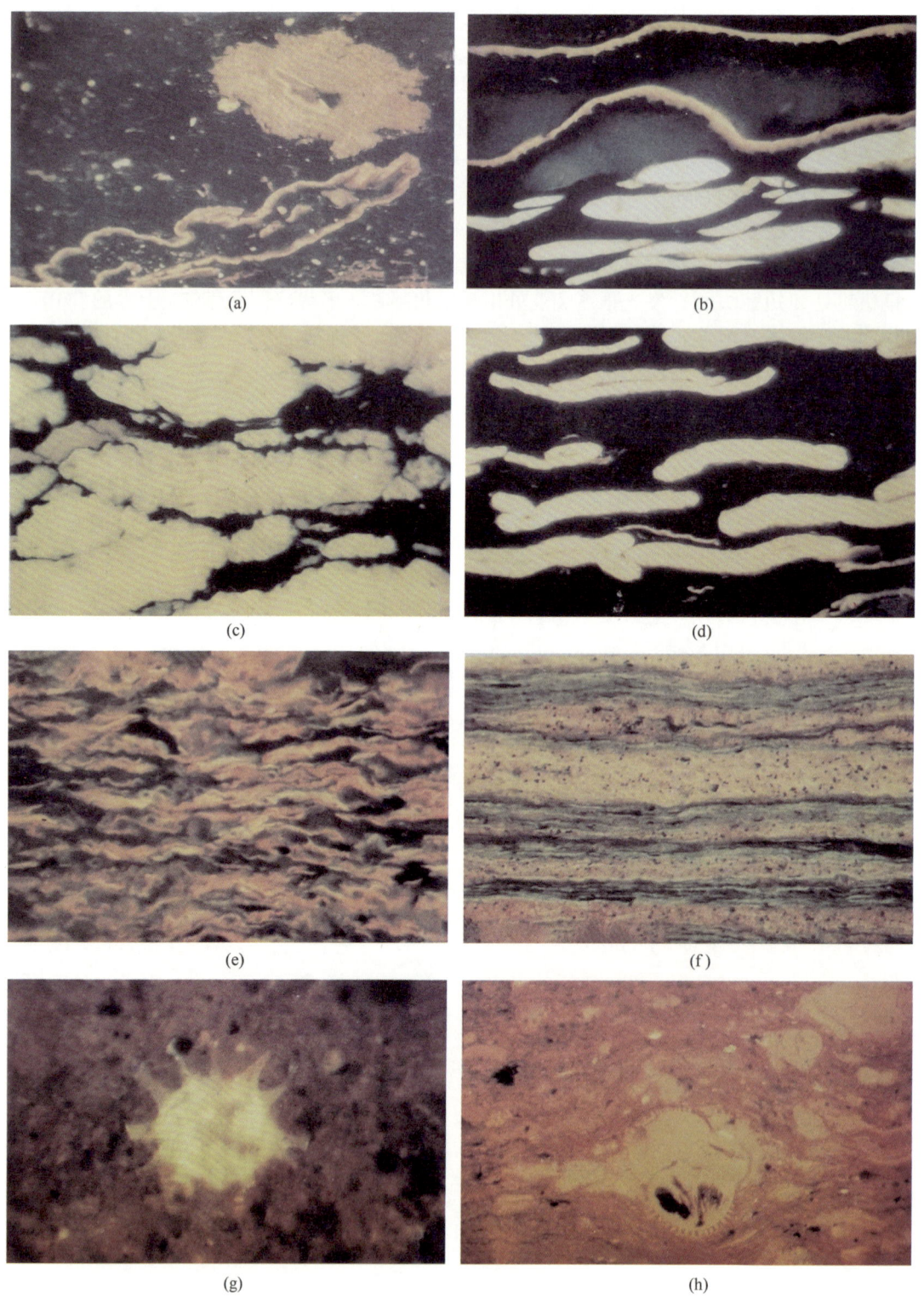

图版 13 荧光发光之一

(a) 澳大利亚昆士兰州 Nagoorin 的油页岩沉积的褐煤中具树脂体小气泡的角质体和孢子体（大孢子）。视域 $d=0.44$mm。

(b) 澳大利亚昆士兰州 Lowmead 油页岩沉积的褐煤中的角质体和树脂体。视域 $d=0.44$mm。

(c) 澳大利亚昆士兰州 Carnarvon Creek 富碳油页岩中来源于轮奇藻属的结构藻质体。视域 $d=0.34$mm。

(d) 美国 Antrim 页岩中源于塔斯马尼亚藻的结构藻质体。视域 $d=0.56$mm。

(e) 澳大利亚昆士兰州 Condor 油页岩中的源于盘星藻属群体的纹层藻质体。视域 $d=0.18$mm。

(f) 美国 Mahogany 地区绿河组油页岩中的纹层藻质体。视域 $d=0.56$mm。

(g) 沟鞭藻属，海相油页岩中纹层藻质体先质之一。视域 $d=0.12$mm。

(h) 约旦海相油页岩中，充填于有孔虫中含有沥青质体的沥青。视域 $d=0.56$mm。

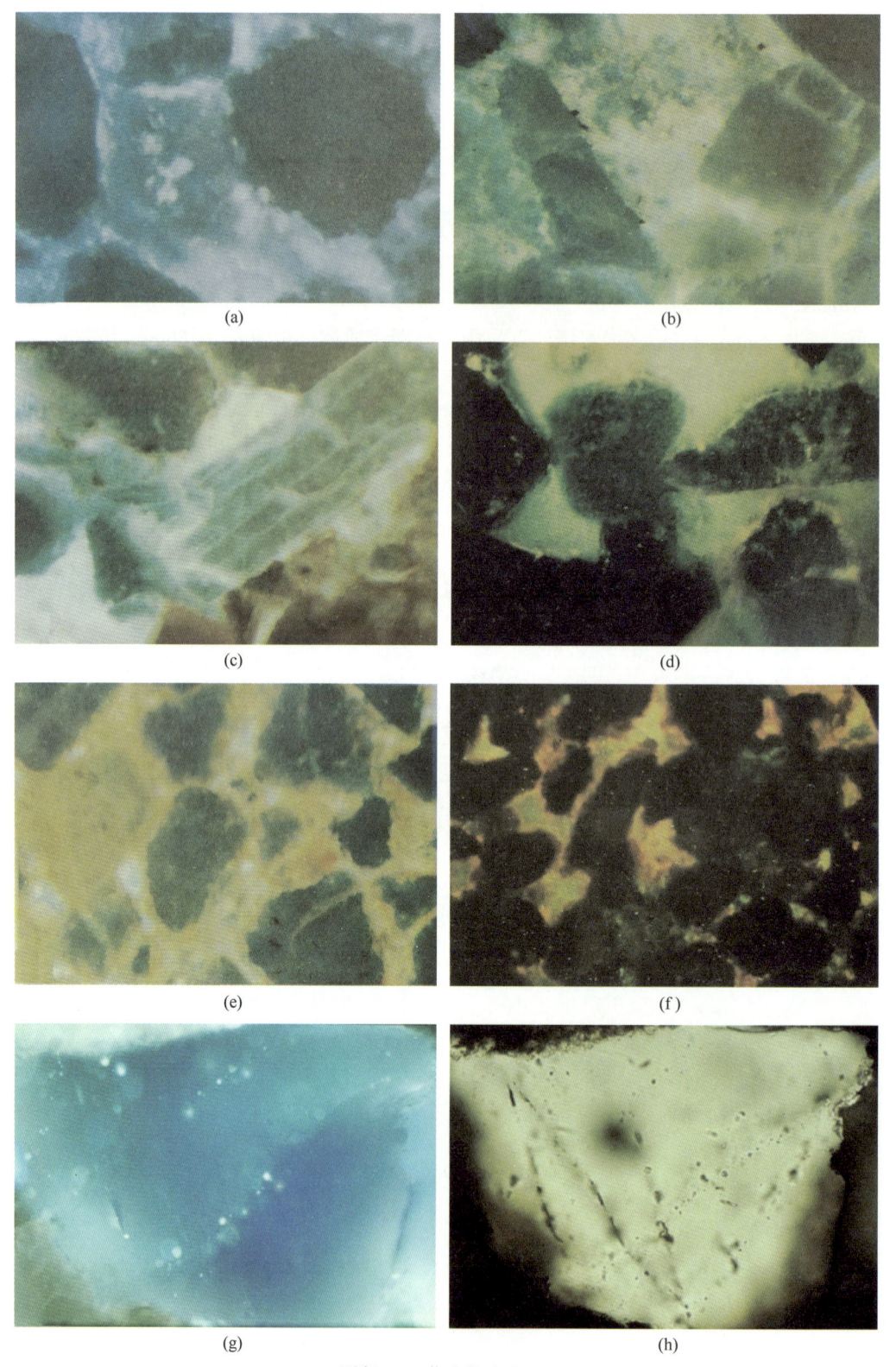

图版 14　荧光发光之二

(a) 粒间含油，发蓝白色光，发光中—强，台参一井，2933.69m，岩屑中粗砂岩，侏罗系 J_2S。

(b) 粒间含油，发亮绿色、绿白色光，发光强，温一井，2498.7m，长石岩屑中砂岩，侏罗系 J_2S。

(c) 粒间孔及粒内缝均含油，发亮白色光，发光强度中等，双资 2 井，1727.55m，细砂岩，古近—新近系核三段 J_2S。

(d) 粒间孔隙含油发黄绿色光，新疆，Y63-10，轮南 2 井，4915.82m，三叠系，含砾中粒岩屑石英砂岩。

(e) 粒间孔隙含油发橙及橙黄色光，东河一井，石英砂岩，石炭系，×100。

(f) 粒间溶孔含油发橙黄色光，发光强，柯克亚柯 30 井，3650.95m，粗粉—细粒石英砂岩，古近—新近系 N_1X_{27}。

(g)、(h) 石英砂岩。石英粒缘中含烃包裹体。荧光与单偏光。

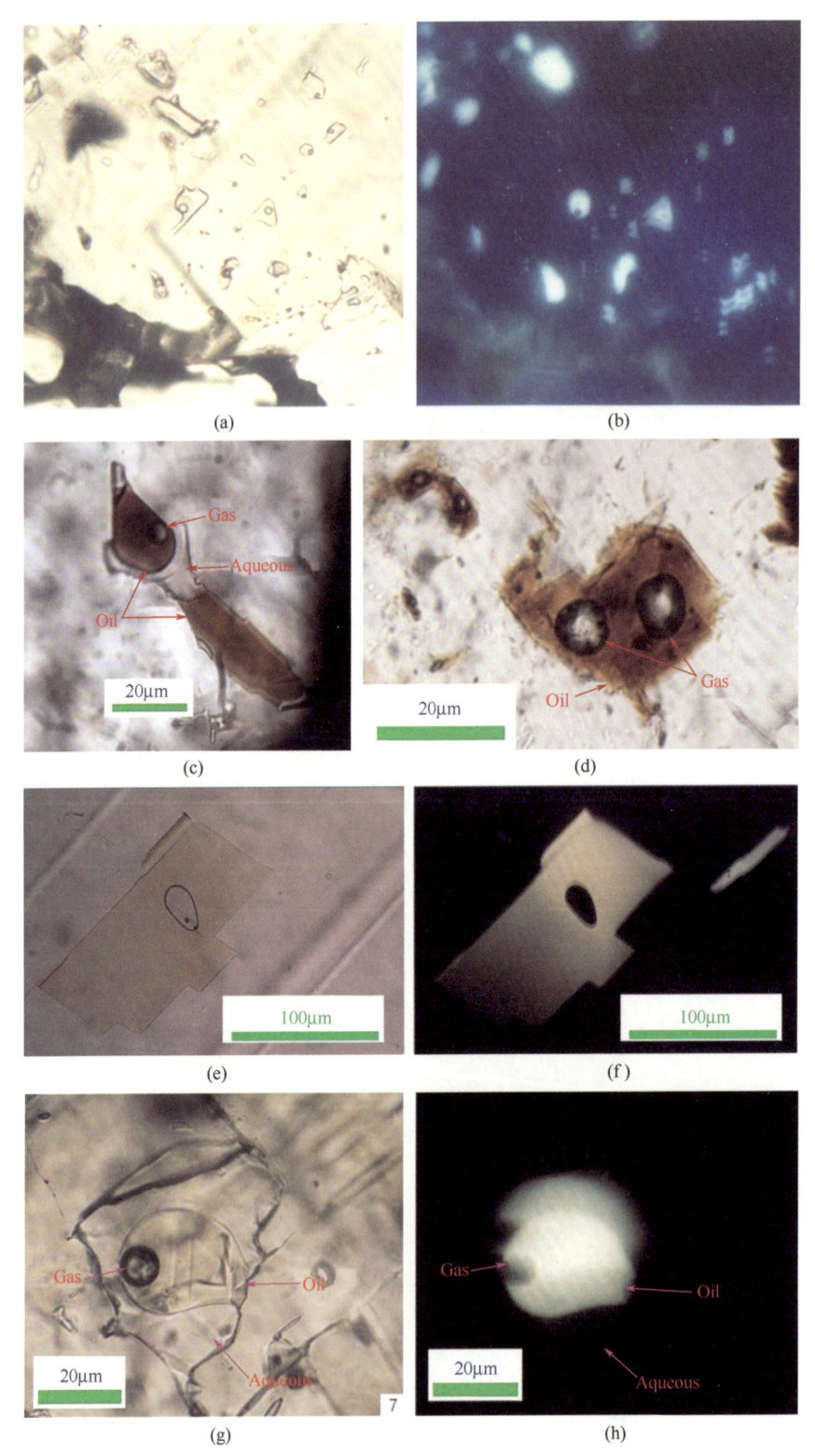

图版 15　包裹体之一

(a) 烃类流体包裹体群，单偏光。
(b) 烃类流体包裹体群，荧光。
(c) 同时含油、气、水的包裹体，单偏光。
(d) 同时含油、气的包裹体，单偏光。
(e) 方解石中的负晶形烃类包裹体，单偏光。
(f) 方解石中的负晶形烃类包裹体，荧光。
(g) 同时含油、气、水的包裹体，单偏光。
(h) 同时含油、气、水的包裹体，荧光。

(a) 石英中的负晶形烃类包裹体，单偏光。

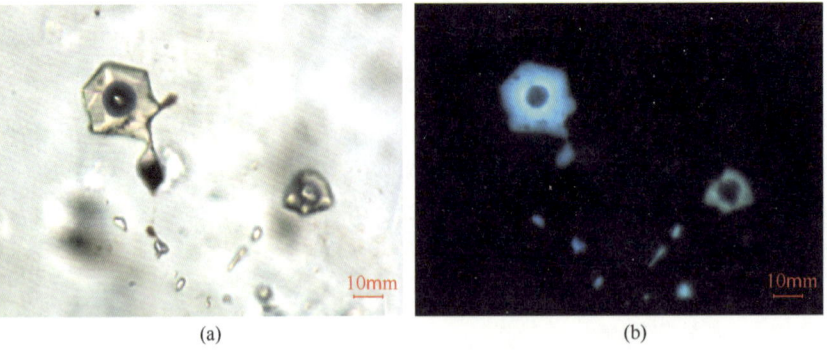

(b) 石英中的负晶形烃类包裹体，荧光。

(c) 方解石中的负晶形盐水包裹体群，单偏光。

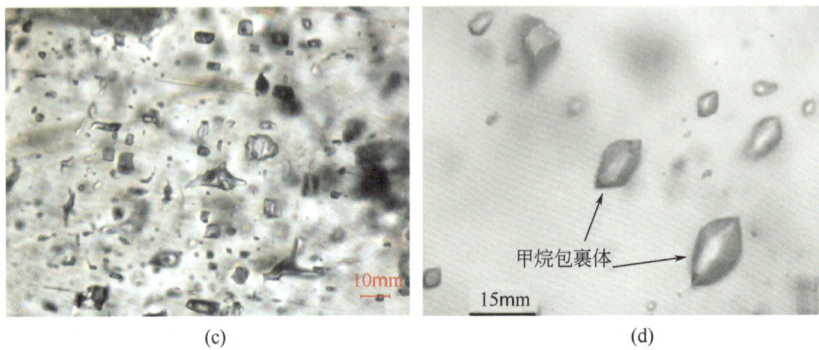

(d) 石英中的纯甲烷包裹体，单偏光。

(e) 烃类流体包裹体群，单偏光。

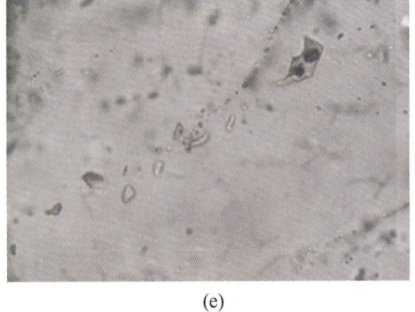

(f) 烃类流体包裹体群，荧光。

(g) 同时含油、气、沥青的包裹体，单偏光。

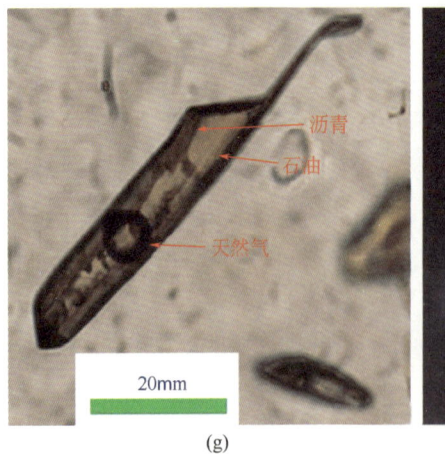

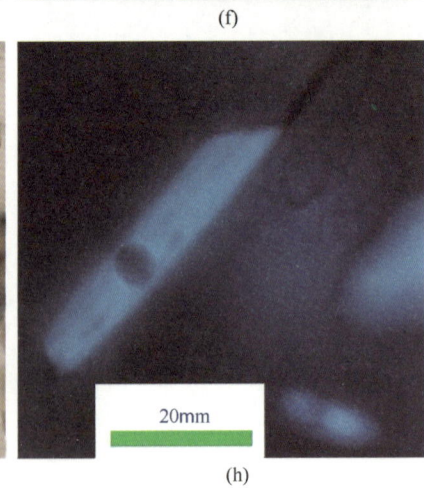

(h) 同时含油、气、沥青的包裹体，荧光。

图版 16　包裹体之二